无人组网集群协同测绘系统关键技术研究与应用

中水珠江规划勘测设计有限公司
赵薛强　　柏文锋　　闵　星　　等　著

黄河水利出版社
·郑州·

内 容 简 介

本书围绕国家智慧城市、水利、海洋、交通、市政等建设的重大需求和重大工程建设对基础地理信息资源快速获取的迫切需求，瞄准前沿，针对大型工程项目中无人机、无人船等智能无人平台高效协同测绘面临的技术挑战，系统地阐述了无人组网集群协同测绘系统的关键技术理论与方法，提出了同构/异构无人平台同域/跨域集群协同测绘的技术方法。主要内容包括：无人组网集群协同测绘系统关键技术研究的背景、目标和方法；无人组网集群协同测绘系统的总体架构、平台主体设计、自组网通信技术、智能协同技术、集群管控平台研发、多源数据的融合获取与智能处理等关键技术；无人组网集群协同测绘系统的相关研究成果和实例应用；无人组网集群协同测绘系统的技术特点和应用前景；无人组网集群协同测绘系统的未来发展方向等。

本书可供水利、海洋、交通、市政等测绘领域以及智慧城市、水利、海洋、交通等数字孪生领域科技人员及高等院校有关专业的师生阅读参考。

图书在版编目(CIP)数据

无人组网集群协同测绘系统关键技术研究与应用/赵薛强等著. —郑州：黄河水利出版社，2023. 3

ISBN 978-7-5509-3525-9

Ⅰ. ①无… Ⅱ. ①赵… Ⅲ. ①测绘学-研究 Ⅳ. ①P2

中国国家版本馆 CIP 数据核字(2023)第 045129 号

组稿编辑：王志宽 电话：0371-66024331 E-mail：278773941@qq.com

责任编辑 郭 琼 责任校对 韩莹莹
封面设计 黄瑞宁 责任监制 常红昕
出版发行 黄河水利出版社
地址：河南省郑州市顺河路 49 号 邮政编码：450003
网址：www.yrcp.com E-mail：hhslcbs@126.com
发行部电话：0371-66020550
承印单位 广东虎彩云印刷有限公司
开 本 787 mm×1 092 mm 1/16
印 张 18.25
字 数 420 千字
版次印次 2023 年 3 月第 1 版 2023 年 3 月第 1 次印刷

定 价 145.00 元

本书作者

赵薛强　中水珠江规划勘测设计有限公司

柏文锋　广州地铁设计研究院股份有限公司

闵　星　广州地铁设计研究院股份有限公司

王小刚　中水珠江规划勘测设计有限公司

黎新欣　中水珠江规划勘测设计有限公司

刘　斌　北京劳雷海洋仪器有限公司

孙　文　广州中科云图智能科技有限公司

李言杰　北京海兰信数据科技股份有限公司

刘　斌　广西大藤峡水利枢纽开发有限责任公司

李锡佳　广西大藤峡水利枢纽开发有限责任公司

前　言

近年来，我国工程建设的总体规模与速度前所未有，智慧城市、水利、海洋等数字孪生新基建工程建设不断推进，以往的测绘技术方法难以满足工程建设和国民经济发展对基础地理信息资源快速获取的迫切要求，以无人机、无人船为代表的智能无人平台独自搭载传感器的类型和数量有限，针对我国丰富的地理信息资源及大量的工程建设需求，仅使用个体无人平台作业，仍然存在提高效率不显著、成本偏高等问题，而以无人机、无人船等智能无人平台为载体构建的组网通信和集群协同技术，多是在军事和民用表演等领域进行示范应用，应用方式较为单一且复杂环境下作业精度和安全性不理想，未能实现对水上、水下多源融合信息的智能感知和获取，难以满足工程实践的应用需求。因此，解决大型工程、智慧城市、水利、海洋等建设所需的基础地理信息资源高效获取的关键问题是多目标荷载的无人平台作业安全与精度、多源无人系统的集群协同技术融合、同构/异构无人平台同域/跨域集群作业管控和多空间维度的无人系统集群协同测量应用。

针对上述关键问题，中水珠江规划勘测设计有限公司、广州地铁设计研究院股份有限公司等历时 10 年在国家重点研发计划项目、省部级科研项目、一大批重大工程项目以及 2021 年流域重大关键技术研究项目“粤港澳大湾区水安全要素‘空-天-地’立体观测关键技术”（项目编号：202109、2022KY04）支持下，以技术创新为主导，借助系统研发、应用实践手段的方法优势，与网络通信、计算机软件、人工智能等学科交叉，完成了“无人组网集群协同测绘系统关键技术研究与应用”项目。该项目以无人机和无人船的高精度定位、自组网通信、跨域集群协同控制等关键技术研究为基础，开展了无人机和无人船集群管控平台的研发，系统提出了面向大型工程和数字孪生工程的无人组网集群协同测绘技术方法体系。该项目成果先后荣获珠江水利委员会科学技术奖一等奖、广东省工程勘察设计行业协会科学技术奖一等奖和广东省科技进步奖二等奖等奖项。

本书是在“无人组网集群协同测绘系统关键技术研究与应用”项目研究成果提炼凝结的基础上，综合近年来的研究成果，系统阐述了无人组网集群协同测绘系统的系统架构、平台设计、通信组网技术、智能协同技术、集群管控平台研发、多源数据的融合获取与智能处理等相关理论与方法。本书创新性地提出了面向测量安全性的多目标无人平台复合优化设计方法和基于多目标荷载的无人平台优化设计方法，构建了基于无人机和无人船等无人平台的同构/异构集群协同技术，提出并实践了基于无人机和无人船组网的测量作业体系。本书整体上体现了无人组网集群协同测绘系统最新的理论研究成果和实践应用情况，形成了较为完备的无人组网集群协同测绘技术体系，补充完善了无人智能集群测绘相关学科的知识体系结构。本书通过大量的实例，给出了各相关技术的应用情况、精度指标等，对实践具有指导作用。

本书前言、第 2 章由赵薛强（中水珠江规划勘测设计有限公司）、王小刚（中水珠江规划勘测设计有限公司)、刘斌(北京劳雷海洋仪器有限公司)、李言杰(北京海兰信数据科技股份有限公司)、孙文(广州中科云图智能科技有限公司)撰写;第1章、第3章、第4章和第5章由柏文锋(广州地铁设计研究院股份有限公司)、闵星(广州地铁设计研究院股份有限公司)、黎新欣(中水珠江规划勘测设计有限公司)、刘斌(广西大藤峡水利枢纽开发有限责任公司)、李锡佳(广西大藤峡水利枢纽开发有限责任公司)撰写,全书由赵薛强统稿。其中,赵薛强撰写9万字,王小刚撰写3万字,刘斌撰写2万字,李言杰撰写1万字,孙文撰写2万字,柏文锋撰写5万字,闵星撰写5万字,黎新欣撰写9万字,李锡佳撰写3万字,刘斌撰写3万字。

本书代表了当前先进的无人智能集群测绘技术水平,本书的部分研究成果已应用于广西大藤峡水利枢纽开发有限责任公司、广州地铁集团等单位,并在广西大藤峡水利枢纽、广州地铁四号线等工程中得到成功应用,部分实践应用选为本书的实例。本书得到各级领导和项目组的大力支持,并参阅了国内外大量资料。笔者在此一并表示感谢。

限于笔者水平,书中难免有不妥之处,敬请读者批评指正。

作 者

2023年2月

目　录

第1章 绪 论

1.1 研究背景

2014年3月14日，习近平总书记在中央财经领导小组第五次会议上，从全局和战略的高度出发，提出了“节水优先、空间均衡、系统治理、两手发力”的新时代水利工作“十六字”治水思路，为治理水问题指明了新方向，为新时代各项水利工作确定了新目标、新要求、新任务。

2015年2月10日，习近平总书记主持召开的中央财经领导小组第九次会议强调，保障水安全，关键要转变治水思路，按照“节水优先、空间均衡、系统治理、两手发力”的治水思路治水，统筹做好水灾害防治、水资源节约、水生态保护修复、水环境治理。

水利部部长李国英指出，新阶段水利工作的主题为推动高质量发展，根本目的是满足人民日益增长的美好生活需要。要围绕全面提升国家水安全保障能力这一总体目标，全面提升水旱灾害防御能力、水资源集约节约利用能力、水资源优化配置能力、大江大河大湖生态保护治理能力，为全面建设社会主义现代化国家提供有力的水安全保障。李国英部长强调，推动新阶段水利高质量发展，必须坚持以“十六字”治水思路为指导，把“十六字”治水思路不折不扣落实到水利高质量发展的各环节、各过程。李国英部长要求，推动新阶段水利高质量发展，要重点抓好六条实施路径；一要完善流域防洪工程体系；二要实施国家水网重大工程；三要复苏河湖生态环境；四要推进智慧水利建设；五要建立健全节水制度政策；六要强化体制机制法治管理。

习近平总书记强调，高质量发展是“十四五”乃至更长时期我国经济社会发展的主题，关系我国社会主义现代化建设全局。李国英部长强调，新阶段水利工作的主题是推动高质量发展，根本目的是满足人民日益增长的美好生活需要。因此，水利工程勘测工作和发展的主题也就是为推动我国经济社会和水利工作高质量发展提供更有力的技术支撑，也就是要求加快推动水利工程勘测技术发展，尽快提升数字孪生工程预报、预警、预演、预案“四预”能力，更加快速地提供全面、准确的基础地理信息数据底板信息，以满足我国经济社会发展和水利工作的需要。

河道地形资料作为水利行业的基础地理信息数据，为新时期防洪、灌溉、河道环境污染治理等做出了重要贡献。随着人类文明的不断发展，人们对健康水生态、宜居水环境的需求日益迫切，传统的河道地形测量方式由于作业效率低、成本大、精度低、危险系数大等缺点，越来越难以满足水利工程和大型水利基础建设等对基础河道基础测绘资料的迫切需求。

近年来，随着无人机、无人船等智能无人系统的发展，以及无人机航拍技术和无人船测量技术的普及，以无人机、无人艇为代表的无人自治平台由于其智能化、灵活化、快速化等优点得到了飞速发展。在水利水电工程测绘中，无人机航空摄影测量技术、无人船水下地形测量技术由于其效率高、精度高、成本低等优势而被广泛采用。但目前这些平台搭载传感器的类型和数量有限，针对我国丰富的地理信息资源及大量的工程需求信息，单使用单架无人机、单艘无人船参与工作，仍然存在提高效率量不显著、成本偏高及操作复杂等问题，难以满足水利水电测绘和智慧水利建设等对多源数据产品的需求。此外，虽然无人机、无人船技术经过几十年的发展取得了进步，但是单体作业的各项数据与性能以及工作效率有限，且受天气、作业环境等的影响较大。测量区域现场照片见图1-1、图1-2。

图1-1　测量区域现场照片(一)

相比而言，多智能无人设备集群协同测量则可有效弥补上述局限性，具有提高国土、水利和海洋等基础性测绘的测量效率和智能化水平的优势，已成为当前测量装备的发展趋势和测量技术研究的热点。过去几年，在无人机组网集群应用方面，前人已经做了很多相关研究。例如，薛艳丽等提出了基于北斗/移动通信技术的无人机飞行监管技术、方法与标准，研制了小型化、轻量级、高频次无人机飞行监管终端，开发了无人机监管网络综合运行管理平台，建立了无人机飞行监管与组网观测链路体系，在华北和包头示范验证了多架、异地、同步在线无人机监管的可靠性；徐栋等从体系架构和通信链路等多个层面对无人机组网通信技术的研究进展进行总结，并将多机协同应用于海洋观测；冯啸等基于无人机倾斜摄影测量技术，完成了在四川省茂县叠溪镇山体滑坡实景三维模型制作。在无人船集群作业方面，华中科技大学的无人艇编队演示显示，在巡逻过程中，编队自主发现可疑目标，“一”字编队自发切换成圆形编队，迅速追击目标，对目标实施围捕。围捕任务完

图1-2 测量区域现场照片(二)

成后编队自动返回预先指定区域。该研究成果可针对围捕任务变换合适的队形,充分体现了无人艇的自主性;珠海云洲智能科技有限公司进行了多次的集群演示,实现了无人艇集群队形保持、动态任务分配、队形自主变换、协同避障等多项功能。陈鼎豪等通过采用大、中、小3种不同型号的无人船，搭载多波束和单波束探测系统，对广东省珠海市磨刀门河口地区进行集群同步测量，全面获取了河口区域的水下地形数据。

综上所述，目前无人机编队主要应用于海洋监测、灾害预测等领域；无人船编队控制研究主要针对水下地形监测等。虽然已有不少针对同类型无人智能平台的组网观测研究，但在跨平台、跨域组网并形成机动集群系统方面的应用实践仍处于起步阶段，难以满足工程应用的需求。

基于上述背景，为了提高大型项目和水利工程的测量效率，及时为流域管理、建设、防洪应急救援和孪生流域建设提供多源的基础地理信息数据集，借助无人机、无人船协同控制理念，开展无人机、无人船等无人平台组网测量系统总体设计以及航行/测绘一体化、组网拼接、伴随控制等关键技术的研究，解决跨平台、跨域组网的集群测量关键技术问题，提高测绘效率，开展集成无人机、无人船等的无人组网集群测量系统研究是十分必要的。

1.2 无人机国内外研究现状

科学技术的进步拓宽和提升了人类认识世界、改造世界、利用世界的能力，机械化、电气化拓展和提升了人类的体能，信息化、智能化提升了人类的智能，智能无人系统将机械化、电气化、信息化、智能化集成融合为一体，将人类认识世界、改造世界、利用世界的能力提高到一个新的历史水平，并推动生产方式、生活方式、社会文化和社会治理等方面发生深刻的、颠覆性的改变。21世纪以来无人系统快速发展，从空中到空间，从陆地到海洋，从物理系统到信息系统，各种类型的智能无人系统大量涌现，无人机、无人车、无人舰船、无人潜航器及各种机器人在工业、农业、物流、交通、教育、医疗保健等领域得到了广泛应用。智能无人系统是推动经济发展、社会进步的新引擎，在智能无人农业、智能无人医疗、智能无人教育、智能无人驾驶等方面的发展起着举足轻重的地位。中国共产党第十九次全国代表大会报告提出，要加快推进农业农村现代化发展，推动我国从农业大国向农业强国迈进。智能无人系统是实现农业农村现代化，推动农业高质量发展、绿色发展的重要技术途径。医疗是当前社会大众关注的热点，关注焦点在于看病难、看病贵，以及优质医疗资源利用不充分、分布不平衡。智能无人医疗可以使优质医疗服务向大众化、精准化、精细化发展，是解决民生医疗问题的重要途径。21世纪以来，人民对于教育需求不断提高。教育也是当前社会关注的一个热点，关注的焦点仍然是优质教育资源不充分、不平衡的问题。中国共产党第十九次全国代表大会报告提出，要把教育事业放在优先位置，深化教育改革，加快教育现代化。智能无人教育是实现教育现代化，办好人民满意教育的主要技术途径。《国家教育事业发展“十三五”规划》中提到，支持学校建设智慧校园，综合利用大数据、人工智能和虚拟现实技术探索未来教育教学新模式。交通出行作为当前社会关注的热点问题，关注焦点是交通拥堵、停车难和尾气排放问题，而智能无人驾驶是解决这些问题的一个重要技术途径。

综上所述,不难看出国家对于智能无人系统的重视程度。随着社会的快速发展,智能无人系统正在成为新一轮科技革命和产业变革的重要着力点。目前,智能无人系统尚处于初级阶段,还要在发展中不断完善。

1.2.1 民用无人机定义

1.2.1.1 我国相关法律文件对民用无人机的定义

根据中国民用航空局(简称民航局)2015年12月出台的《轻小无人机运行规定(试行)》和2016年7月出台的《民用无人机驾驶员管理规定》(简称《驾驶员管理规定》)中的释义,民用无人机是民用无人驾驶航空器的简称,是指由控制站管理(包括远程操纵或自主飞行)的航空器,也称远程驾驶航空器。

而根据中国民用航空局空管办于2016年9月21日发布的《民用无人驾驶航空器系统空中交通管理办法》(简称《交通管理办法》)的规定,民用无人驾驶航空器是指没有机载驾驶员操作的民用航空器。可以看出,《交通管理办法》中民用无人机的概念相较于上述两个文件中的定义有了进一步扩充。

从法律效力上来看,上述几份文件均属于中国民用航空局发布的咨询通告,因而在法律性质上均属于行政规范性文件。合法有效的行政规范性文件,可以作为行政主体实施具体行政行为的依据,可以作为行政相对人的行为标准和规则,甚至可以作为司法裁判的理由和证据。因此,在目前《中华人民共和国民用航空法》和中国民用航空局的部门规章中尚未对民用无人机的概念进行规定的情况下,上述文件中的定义具有一定法律效力和参考价值。

1.2.1.2 国际民航组织相关法律文件中对于民用无人机的定义

2011年,国际民用航空组织(国际民航组织)发布了《无人机系统(UAS)手册》,对于与民用无人机相关的国际民航组织出台的法律框架、无人机的定性、与无人机相关的法律问题、无人机的运行及人员资质等问题做了系统阐述,以期为成员国的国内立法提供指导性意见。《无人机系统(UAS)手册》在其前言中阐明国际民航组织在无人机航空领域的目标在于致力于通过标准和建议措施、空中航行服务支持程序和指导材料来为无人机的系统运行提供如同有人驾驶航空器的运行一样安全、和谐和无缝的基本国际监管框架。而该手册则是实现这一目标的第一步。因此,通过以上表述来看,该手册在性质上属于国际民航组织发布的国际标准建议与措施。这种国际标准和建议措施的法律性质可以被描述成“理想的指导材料”或“一厢情愿的想法”。即“这些国际标准和建议措施从性质上来说属于‘软法’,对各成员国没有强制执行力,只具有建议作用,成员国完全可以制定不同于国际标准和建议措施的标准。”因此,国际民航组织制定的这一手册,虽然对我国没有强制性约束力,但是作为其为统一无人机领域国际标准和为各国提供指导意见的努力,相关概念和制度构建值得我国借鉴。而《无人机系统(UAS)手册》中同样使用了“Unmanned Aircraft”这样的表述,并且将其定义为“没有机载驾驶员操作的航空器”。

1.2.1.3 民用无人机定义的比较

在中国民航局出台的包含民用无人机定义的相关文件中,最新出台的《交通管理办法》相较于《轻小无人机运行规定(试行)》和《驾驶员管理规定》中的定义有所扩充。之前的民用无人机被定义为“由控制站管理的航空器”,这一定义与《交通管理办法》中对于遥控驾驶航空器的概念相吻合,即“遥控驾驶航空器是指由遥控站操纵的无人驾驶航空器。”而《交通管理办法》同时规定,遥控驾驶航空器是无人驾驶航空器的亚类。可见,《交通管理办法》对于民用无人机的概念进行了扩充性规定,使民用无人机的概念不再局限于遥控驾驶航空器的特性。再者,比较国际民航组织出台的《无人机系统(UAS)手册》中关于无人机的定义与我国相关文件中的定义,可以发现其与我国《交通管理办法》中对于民用无人机的定义基本一致。可见,我国相关文件中对于民用无人机概念的修订很大程度上也体现了向国际民航组织制定的国际标准靠近,以便更好地接轨国际并为民用无人机系统制度的统一奠定基础,是一种进步的趋势。

1.2.2 无人机分类

无人机涉及传感器技术、通信技术、信息处理技术、智能控制技术以及航空动力推进技术等,是信息时代高技术的产物。无人机的价值在于形成空中平台,结合其他部件扩展应用,替代人类完成空中作业。

近年来,国内外无人机相关技术飞速发展,无人机系统种类繁多,用途广泛,特点鲜明,使得其在尺寸、质量、航程、航时、飞行高度、飞行速度、性能以及任务等多个方面都有较大差异。由于无人机具有多样性,出于不同的考量会有不同的分类方法,且相互交叉、边界模糊,故较难准确分类。本书从无人机飞行平台构型、用途、尺度、活动半径、任务高度等方面进行如下分类。

1.2.2.1 按飞行平台构型分类

按飞行平台构型分类,无人机可以分为固定翼无人机、旋翼无人机、无人飞艇、伞翼无人机、扑翼无人机等。

1. 固定翼无人机

固定翼无人机(见图 1-3)由动力装置产生推力、固定的机翼产生升力,在大气层内运行的重于空气的航空器。机体结构通常包括机翼、机身、起落架、尾翼、发动机等。它依靠发动机螺旋桨进行动力滑跑或弹射方式起降,飞行高度高、速度快,适用于大范围航拍、长距离高速勘测等。

2. 旋翼无人机

旋翼无人机又称旋翼航空器(见图 1-4),类型很多,分类方法也有多种,这里介绍两种分类方法。

1)按起飞重量分类

(1)微型旋翼无人机。微型旋翼无人机的空机质量小于或等于 7 kg,多数的多轴无

图1-3 固定翼无人机

图1-4 旋翼无人机

人飞行器属于这个级别。

(2)轻型旋翼无人机。轻型旋翼无人机的空机质量大于7 kg,但小于或等于116 kg,如FH-1共轴式无人直升机。

(3)小型旋翼无人机。小型旋翼无人机的空机质量大于116 kg,小于或等于5 700 kg,如RQ-8A火力侦察兵无人机。

(4)大型旋翼无人机。大型旋翼无人机的空机质量大于5 700 kg。目前这个级别的无人机还没有实用的系统。

2)按结构形式分类

(1)单旋翼带尾桨式无人直升机。该机装有一个旋翼和一个尾桨。旋翼的反作用力矩，由尾桨拉力相对于直升机重心所构成的偏转力矩来平衡。虽然尾桨消耗一部分功率，但这种结构形式构造简单、操纵灵便，应用极为广泛。

（2）双旋翼共轴式无人直升机。该机在同一转轴上装有两个旋转方向相反的旋翼，其反作用力矩相互平衡。它的特点是外廓尺寸小、气动效率高，但操纵机构较为复杂。

（3）多轴无人飞行器。该机是一种具有两个以上旋翼轴的无人旋翼航空器。它由每个轴末端的电动机转动带动旋翼，从而产生上升动力。旋翼的总矩固定，不像直升机那样可变。通过改变不同旋翼之间的相对速度，可以改变推进力和扭矩，从而控制飞行器的运行轨迹等。

（4）其他类型。旋翼无人机的其他类型包括自转旋翼无人机、变模态旋翼无人机、复合旋翼无人机等。

3. 无人飞艇

飞艇是人类文明史上最古老的航空器。美国联邦航空局编制的飞艇设计准则，把飞艇定义为“一种由发动机驱动的、轻于空气的、可以操纵的航空器”。这个定义明确了飞艇是航空器，并区分了飞艇与气球等依赖于气体浮力升空的浮空器。

无人飞艇（见图1-5）有不少种类。按结构来分类，无人飞艇可分为三种：一是软式飞艇；二是硬式飞艇；三是半硬式飞艇。软式飞艇气囊的外形是靠充入主气囊内浮升气体的压力保持的，因而这类飞艇也叫压力飞艇。硬式飞艇具有一个完整的金属结构，并由金属结构保持主气囊的外形，浮升气体充入构架内的几十个或更多的相互独立的小气囊内，以产生飞艇所需的浮升力。半硬式飞艇基本上属于压力飞艇，虽然以金属或碳纤维龙骨做支撑构架，但其气囊外形仍需要靠浮升气体的压力来保持。

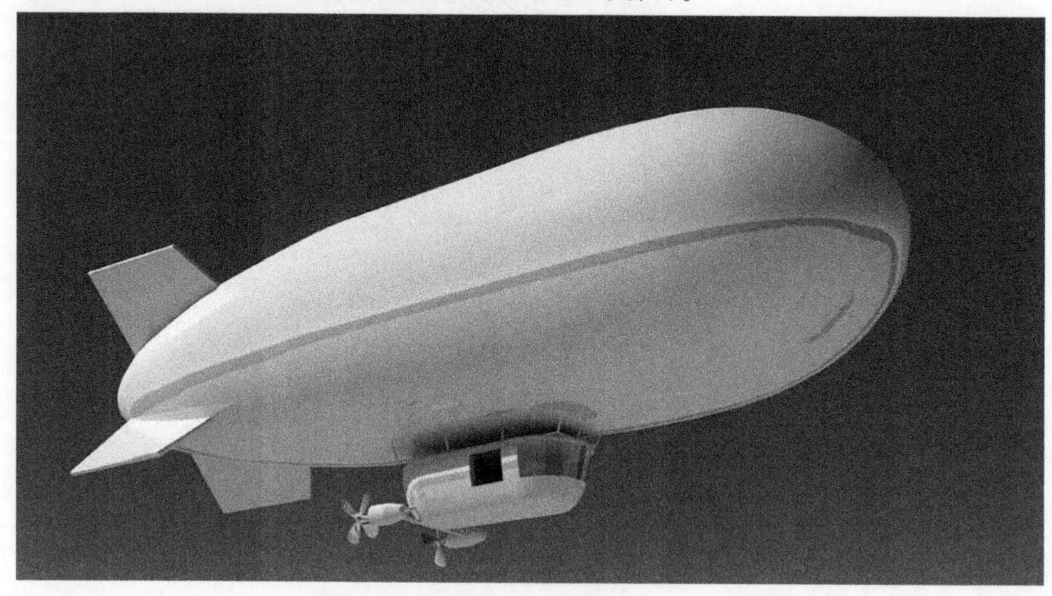

图1-5　无人飞艇

按填充气体来分类，飞艇的种类有氢气飞艇、氦气飞艇和热气飞艇。世界上早期的飞艇（习惯上把第二次世界大战前的飞艇称作早期飞艇）都是氢气飞艇，但由于氢气具有易燃易爆的特性,易引发燃烧爆炸的危险,自1937年德国“兴登堡”号飞艇发生爆炸事故以后,世界各国都禁止使用氢气作为填充气体。现代飞艇以氮气飞艇居多。

4. 伞翼无人机

伞翼无人机(见图1-6),顾名思义,是以伞翼作为动力而飞行的无人机,近年来得到了很大发展。伞翼无人机的制造技术是,冲压翼伞通过翼伞操纵绳与结构舱体连接,翼伞操纵绳控制器通过翼伞操纵绳与冲压翼伞相连,结构舱体的左右两侧均安装有翼伞操纵绳控制器,结构舱体的前后两端分别装有发动机,发动机的输出端连接螺旋桨,减震起落架安装在结构舱体的底部。操纵系统包括地面控制站以及置于结构舱体内部的接收器。地面控制站传输控制指令,接收机接收地面控制站的控制指令,分别控制翼伞操纵绳控制器及发动机控制器,实现伞翼无人机控制飞行及发动机的点火、熄火动作。该技术能有效地消除空中某个发动机发生故障而造成的动力缺失问题,构建了一套安全可靠的伞翼无人机飞行系统。

图1-6 伞翼无人机

与固定翼无人机相比,伞翼无人机的特点是由于将伞翼作为升力面,因而具有体积小、载荷大、续航时间长、起降距离短、自身稳定、控制简单、雷达反射面积小等优点。可见,在当前条件下,为满足低成本、大载荷、长航时、野外起降等需求,伞翼无人机应该是一种优选的无人飞行器。伞翼无人机的不足之处是飞行速度慢,且易受气流影响。

5. 扑翼无人机

扑翼无人机即扑翼飞行器(见图1-7),是指像鸟一样通过机翼主动运动产生升力和前行力的飞行器,又称振翼机。其特征是机翼主动运动,以机翼拍打空气产生的作用力作为升力及前行力,通过机翼及尾翼的位置改变来进行机动飞行。

图 1-7 扑翼无人机

人类的飞行梦就是从扑翼飞行器开始、由固定翼飞行器初步实现的。目前,固定翼飞行器已经可以将人类送上蓝天,但扑翼梦还在进行中。因为扑翼空气动力学还未成熟,无法指导飞行器设计;材料要求特别高,不仅要质量轻,而且要强度大;扑翼机结构复杂。但是,扑翼无人机一旦研制成功,将具有诸多优点:无须跑道,垂直起落;动力系统和控制系统合为一体;机械效率高于固定翼飞机。其局限是难以高速化、大型化。

1.2.2.2 按用途分类

按用途分类,无人机可分为军用无人机和民用无人机。近年来,随着公安机关使用无人机维护公共安全的进程加快,警用无人机又从民用无人机中脱颖而出,这就有了军用、警用、民用三类无人机,以下主要介绍警用和民用两类无人机。

1. 警用无人机

警用无人机是警用无人驾驶飞机的简称,是警方、保安组织执行多种任务的专用无人机。它以无人机飞行平台为载体,通过负载相关任务模块,精准执行侦查、处置、打击等警务工作。

警用无人机是警方的专业警用装备,在当前警察系统中有着十分广泛的应用,已经成为公安部门七大警种、二十三项警务工作的技术手段和支持。

公安机关借助于无人机的独特优势,将其广泛应用于反恐除暴、侦查缉捕、紧急救援、禁毒铲毒、治安巡逻、交通监管、大型活动安保、突发事件应急处置等方面,节省了大量警力、财力,减少、避免了人员伤亡风险,取得显著成效。

警用无人机一般为多轴无人机,对飞行器的稳定性、云台精度的要求较高,需要摄影设备具有一定的变焦功能,可以在远处实现悬停,并在对焦后能够清晰地拍摄车牌号、人脸等局部细节。同时,也需要较长的续航时间。

2. 民用无人机

随着无人机研发技术的逐渐成熟,其制造成本大幅降低,无人机在各个领域得到了广泛应用,除警用外,还包括农业植保、测绘巡检、地质勘探、环境监测、森林防火、抢险搜救、林业监管、海事监管、海洋监测、航空物探以及影视航拍等民用领域,且其适用领域还在随着相关科技的发展而迅速拓展。

民用无人机按照其具体用途,又可分为植保无人机、气象无人机、勘探无人机以及测绘无人机等。植保无人机使用最广,主要用于农业大田作物(如小麦、棉花、玉米等)的病虫害防治(航空施药),以及化学除草、叶面施肥、森林病虫害防治、草原灭蝗等。使用航空施药可以及时有效地控制大面积病虫害的发生,与地面喷雾相比,具有工作效率高、不受地形因素的限制、施药均匀且穿透性好等优点。同时,施药时人机分离,能够降低药剂对人的影响,飞机产生的下旋气流可有效减少药剂的漂移,减少对环境的危害。

民用无人机多使用多轴无人机,质量轻,载重小,续航时间较短。

1.2.2.3 按尺度(重量)分类

无人机的尺度有大小,质量有轻重。按尺度(重量)分类,无人机可分为微型无人机、轻型无人机、小型无人机和大型无人机。

1. 微型无人机

微型无人机是指空机质量小于或等于 7 kg 的无人机。

2. 轻型无人机

轻型无人机是指空机质量大于 7 kg,但小于或等于 116 kg 的无人机,且全马力平飞中,校正空速小于 100 km/h,升限小于 3 000 m。

3. 小型无人机

小型无人机是指空机质量小于或等于 5 700 kg 的无人机,微型和轻型无人机除外。

4. 大型无人机

大型无人机是指空机质量大于 5 700 kg 的无人机。

1.2.2.4 按活动半径分类

不同型号的无人机,活动范围不一。按活动半径分类,无人机可分为超近程无人机、近程无人机、短程无人机、中程无人机和远程无人机。

1. 超近程无人机

超近程无人机的活动半径在 15 km 以内。

2. 近程无人机

近程无人机的活动半径为 15~50 km。

3. 短程无人机

短程无人机的活动半径为 50~200 km。

4. 中程无人机

中程无人机的活动半径为 200~800 km。

5. 远程无人机

远程无人机的活动半径大于 800 km。

1.2.2.5 按任务高度分类

无人机驾驶员使用无人机承担的任务不同,它的飞行高度也就不完全一样。按任务高度分类,无人机可以分为超低空无人机、低空无人机、中空无人机、高空无人机和超高空无人机。

1. 超低空无人机

超低空无人机的任务高度一般为 100 m 以下。

2. 低空无人机

低空无人机的任务高度一般为 100~1 000 m。

3. 中空无人机

中空无人机的任务高度一般为 1 000~7 000 m。

4. 高空无人机

高空无人机的任务高度一般为 7 000~18 000 m。

5. 超高空无人机

超高空无人机的任务高度一般大于 18 000 m。

1.2.2.6 按技术特征分类

不同类型的无人机,有不同的技术特征。按技术特征分类,无人机有固定翼无人机、多旋翼无人机、无人直升机和特殊构型的无人机等。

1. 固定翼无人机

固定翼无人机是专业级应用的选择机型,由于机体结构的关系,高巡航速度、长航时与长航程是其最突出的特点,其飞行速度多在 120 km/h 以上,飞行距离可超 100 km,续航时间为 1~3 h。它通常采用滑跑或轨道弹射方式起飞,着陆通常采用滑跑或者伞降方式。

固定翼无人机在巡航速度、续航时间等方面都明显优于多旋翼无人机,但对起降场地的要求较高,应用场景不广。同时,由于固定翼无人机无法在空中悬停,仅能在特定区域内不断盘旋,因此面对需要定点监测的应用场景便无法胜任。

2. 多旋翼无人机

多旋翼无人机具有体积小、质量轻、成本低等优点。得益于飞控系统、无刷电机、电子调速器等关键元素的迅猛发展,电动多旋翼无人机操控简单,机身姿态控制平稳,拥有自动驾驶功能。同时,其垂直起降方式对于起降场地的要求不高,在复杂城市环境下作业效果较好。

多旋翼无人机的机型结构,使其对各个旋翼的控制需要高速响应与高精度控制,无刷电机和电子调速器是关键,故大多数多旋翼无人机均采用无锂电池作为动力来源。受制于锂电池能量密度有限的特点,大部分多旋翼无人机续航的时间小于1 h,飞行速度较慢,飞行半径较小。

常见多旋翼无人机有四旋翼、六旋翼、八旋翼等。四旋翼无人机在体积、质量、便携性等方面具有优势,但其安全冗余度较低,一旦其中一个旋翼的电机出现问题,则无人机会坠落。而六旋翼、八旋翼无人机拥有一定的安全冗余度,即便有一个旋翼停桨,其余旋翼可以配平动力,使得紧急状况下仍然能保证飞行安全。

另外,多旋翼无人机还有共轴双桨机型(×8 布局),兼顾了四旋翼机型的便携性,又在一定程度上满足升重比、控制性能和安全冗余的需求。

3. 无人直升机

根据平衡旋翼反扭矩(与驱动旋翼旋转等量但方向相反的扭矩,即反作用扭矩)的方式,无人直升机可分为单旋翼和多旋翼两大类。

常见的无人直升机多为单旋翼带尾桨式,其结构简单,气动、平衡、操纵稳定性以及操纵问题较易解决。在续航时间、负载能力和巡航速度等指标上,略好于多旋翼无人机。但此类机型需要尾桨来平衡主旋翼的反扭矩;若尾桨失效,则整机安全受到威胁。

4. 特殊构型的无人机

特殊构型的无人机有复合翼、回转旋翼、扑翼等。为了兼顾旋翼的垂直起降和固定翼的续航优势,近年来许多民用无人机企业开始着手研制这类特殊构型的无人机。

1.2.2.7 按应用领域分类

按应用领域分类,无人机可以分为消费级、专业级(行业级)和军事级三大类,以下主要介绍前两类。

1. 消费级无人机

消费级无人机一般面向终端消费者,售价较低,有数千元至万元人民币不等,大多数消费级产品以航拍为主要应用。消费级无人机更注重用户使用过程中的娱乐体验。例如法国 Parrot 公司的 Bebop 系列无人机以轻便著称,可使用手机进行短距离操控。而零度智控的 Dobby 13 代无人机,则在此基础上主推“便携”定位、小巧机身、掌上起降、一键自拍等功能,满足了消费者的个性化需求。

2. 专业级无人机

专业级无人机又称为行业级无人机,用于工业、农业、服务业、运输业等方面,售价在数万元至数千万元不等,主要为提高各行业中的作业效率,降低作业成本,现在已经广泛应用于气象监测、土地测绘、环境保护、应急监控、电力巡检、快递运输等领域。专业级无人机根据不同行业的需求,机型选择及性能侧重点有所不同,但在总体上,它对稳定性、可靠性、耐久性与续航的要求都比较高。

1.2.3　无人机的优势

近年来,采用无人机进行航空摄影的领域逐渐增多,无人机以其便捷性、灵活性强等优点在航摄工作中发挥着不可替代的作用,主要有以下四点突出优势:

(1)突出的时效性与性价比。

与传统测绘相比,无人机航空摄影测量优势更明显。首先,所用时间更短,能够更加快速地为人们提供测量信息。其次,能够更有效地控制成本,并且其作业范围受地形、天气等因素的限制较小。因此,无人机航空摄影测量具备无可比拟的时效性与性价比。

(2)超强的响应能力。

无人机航空摄影测量活动区域主要位于低空段,也就是说一般的气候条件对其影响较小,测绘更加灵活;对于起降场地的要求也不是很高,只要地形较为平坦即可,在整个测绘过程中,不论是响应能力还是操作方式等都比较强大;同时,无人机运输起来也比较方便,无繁重的设备负担。实践证明,无人机航空摄影测量每天基本上可以保证数百平方公里的测绘范围。

(3)快速获取地表数据。

无人机航空摄影系统可携带设备包括数码相机以及彩色数字摄像机等,可以在测量时获取高速、精确、高质量的数字影像与数据。凭借其出色的能力,无人机航空摄影系统可以快速地生成三维可视化数据以及三维正射影像等,这些数据的快速获取与快速建模都能为测绘工作提供便捷、高效的辅助。

(4)强大的综合应用能力。

无人机航空摄影测量技术与其他技术的协同作业能力也有目共睹,在与卫星遥感技术、航空测绘技术、地面监测技术以及无人船测量技术等合作方面也高效兼容,达到事半功倍的目的,体现出强大的综合应用能力。

1.2.4　无人机的发展与应用

随着科学技术的快速发展,无人机技术已成为国内外争相研究和开发的热点,许多研究学者慢慢将无人机技术应用于测量中。例如,毕卫华等研发的基于智能手机的无人机低空倾斜摄影测量系统分别应用于不动产测量、城市建筑物三维重建、露天矿开采监测领域;袁建飞利用多波束测深仪、智能无人测量船和无人机相结合的方式完成了深水区、浅水区和沼泽区全覆盖、无盲区大比例尺水下地形测量;赵彬基于无人机倾斜摄影技术从测绘空间、航高、摄影参数等方面建立符合实际标准的不动产测绘三维空间模型。然而以往研究基于单一无人机测量,既费时又费财。相比于单一的无人机控制,多无人机的效率更高,容错性更好,并且适应能力更强。

集群行为是一种常见于自然界中鱼群、鸟群、蜂群等低等群居生物的集体行为,生物群中的个体仅依靠局部感知作用和简单的通信规则自主决定其运动状态,并且从简单的局部规则涌现出协同的整体行为。受此启发,提出了无人机集群作战的概念。实际上,国内外诸多研究团队一直不断积累无人机集群飞行相关理论。随着近年来无人机技术的发展与成熟,集群无人机的实现也成了可能。2013 年,华中科技大学的丁明跃等针对海上无人机路径规划问题,提出了一种基于量子行为粒子群优化的混合差分进化算法,用于在不同威胁环境下生成一条安全和可飞的路径。粒子群算法模拟鸟群飞行捕食行为,相比遗传算法规则更为简单,求解速度更快,但容易陷入局部收敛。2016 年, 沈阳航空航天大学的梁宵等针对复杂环境下对移动目标的路径跟踪问题, 采用滚动时域优化结合人工势场法,获取无人机的前进方向,实时给出针对移动目标的最优轨迹。

无人机集群起源于军方的协同作战。随着现代科技的不断进步,无人机技术不断成熟,无人机的灵活性和简便性奠定了其在测量领域的巨大优势,在当前的测量领域已经发挥了举足轻重的作用,大大地降低了测量的人力成本。无人机在测量领域的应用往往以遥感技术为前提,能够很大程度地克服恶劣环境,能够以更精确的方式完成测量任务。随着大疆等民用无人机的普及,无人机组网集群也从军方进入我们的日常工作中。

近年来,随着电网的快速发展,电网设备量极速增长,运维工作量大幅增加、人工巡检作业效率低、人员严重短缺等问题日益突出,且高原地形复杂多样、气候环境恶劣,传统的人工巡检方式存在作业效率低、安全风险高、巡视视野受限等缺点。为解决此类难题,通过不断探索,逐步形成了“直升机+无人机+人工”协同巡检的作业新模式,由于无人机、直升机巡检效率高、质量好、受地形条件影响小等优点,运维检修质量和效率显著提高。

2020 年,中国国家电网青海省公司利用一键控制 5 架无人机开展高风险地区的电力巡检,一键启动多架无人机,无须人工手动操控,自主智能开展线路巡视,这是中国电力系统内首次利用一键控制 5 架无人机新技术开展输电线路巡检。当前阶段,无人机巡检对操作人员技术要求高、起降条件要求高,必须由专人操控,无人机在电力巡检中的价值尚未得到充分发挥。如今,“一控五”集群自动化巡检技术的应用不仅减少了对作业人员数量的需求,巡检效率较以往单人单机巡检提升了 5 倍,而且大幅降低了对操作人员的技术要求,巡检范围半径理论可达 7 km。虽然电力行业无人机集群得到了广泛应用,但目前无人机组网集群在水利、测绘等行业的应用相对较少。在无人机集群测量方面,针对我国丰富的地理信息资源及大量的工程需求信息,仅使用单架无人机参与工作仍然存在提高效率不显著、成本偏高及操作复杂的问题。另外,虽然无人机技术经过几十年的发展取得了进步,但是单机的各项数据与性能毕竟有限,使用单架无人机进行摄影测绘所能完成的工作量也就相应较少。相比而言,多无人机协同地貌测量则可有效弥补单机工作带来的效率、成本及工作量方面的问题。多无人机协同控制达到的效果不是单架无人机效果的累加,而是整体效能的大大提升,远远超过了单架无人机效果的累加。

过去几十年,许多研究者针对该问题进行相关研究。例如,李猛等开展了基于多无人机协同的地貌测量关键技术研究,但仅停留在理论研究阶段,未实现同域组网集群测量和进行相应的示范应用。盛海泉等基于无人机倾斜摄影测量进行土方量计算,并将结果与 GNSS 的测算结果进行对比。结果表明,无人机倾斜摄影测量数据精度可靠,能够满足大比例尺测量精度要求,并且计算的土方量具有较高的精度,证明无人机倾斜摄影测量的土方量测算在生产建设中具有可行性与可靠性。孙建华基于多旋翼无人机进行矿山1:1 000地形图绘制,对低空无人机在矿山地形图测量中的技术流程,包括航摄设计方案、航飞与成图主要流程、影响精度因素与检验等方面进行了探讨。无人机集群测量面临作业环境复杂,尤其是在高原、平原、山地等地形复杂的地区,视野盲区多、信号传播不稳定等因素可能会导致无人机作业半径受限、动力不足等,影响无人机作业。通过在无人平台上搭载雷达、视觉、激光、AIS传感等设备,基于卫星、惯导、激光雷达和机器视觉定位的组合导航定位算法,可有效解决在水电站、水库、河道近岸、浅滩等复杂环境下的高精度实时动态导航定位和智能避障等技术难题,实现集成多传感器对地形地貌等要素的智能协同感知,获取正射影像、激光点云、倾斜摄影模型等多源地理信息数据,全面支撑大型工程测量、数字孪生流域和工程建设。

1.3 水面无人艇国内外研究现状

1.3.1 无人艇定义

无人艇(本书所述的无人艇和无人船是同一个概念)指的是通过远程遥控、自主方式或两者结合的方式在水面上作业的无人驾驶船只。而欲分析无人船的法律定位,需要先对其概念及用语进行分析。

1.3.1.1 有关国家及国际组织对于无人艇的术语界定

目前关于无人艇的定义尚未完全统一,不同国家之间的用语差异较大。

美国学者Daniel Vallejo将无人艇定义为“用于在海上航行并提供防御的海上船只”。Paul W. Pritchett(保罗·W.普利切特)将无人艇定义为“通过远程遥控、自主方式或者两者结合的方式在水面上作业的无人驾驶船只”。

欧洲国家多采用“Autonomous Ship/Vessel”指代无人艇,例如英国的《海上水面自动船舶——英国实务守则》沿用了国际海事组织的“海上水面自动船舶”(maritime autonomous surface ships),即可在无人操作的情况下运行的船舶;欧盟的海上智能无人导航网络项目(maritime unmanned navigation through intelligence in networks)将自动船舶(autonomous vessel)定义为“通过先进的决策能力被远程半自主或完全自主控制的船舶”。欧洲学界也存在使用“unmanned ship”概念的情况,如英国学者Robert Veal对无人船(unmanned ships)的定义为“在船上没有船员情况下,能够在水面上控制、自行推进运动的船舶”。

联合国处理海上安全事务和发展海运技术方面的专门机构国际海事组织的海上安全委员会(Maritime Safety Committee)于2018年5月召开第99届会议,将海上水面自动船舶定义为“在不同程度上可以独立于人类而运行的船舶”。国际海事组织选择“autonomous ship”的术语,是为了扩大自动化船舶的外延,较为周延的定义可将配备船员、远程遥控或完全自动化的船舶都纳入考量范围,之后可根据实际情况对"autonomous ship"进行细分,以适当缓解立法的滞后性。

我国的相关业界、研究机构多采用"智能船舶"的称谓,意为"利用传感器、通信、物联网等技术手段,自动感知并获取船舶自身、海洋环境、物流、港口等方面的信息和数据,基于计算机、自动控制和大数据处理分析技术,在航行、运输方面实现智能化运行的船舶"。整体看,"无人船""海上水面自主船舶"等用语的使用,基本沿用了国外学者、国际海事组织的定义,在此不再赘述。

1.3.1.2 对"无人艇"不同术语界定的评析

不同国家、不同领域对无人艇采取的术语差异也体现了各国、各领域所关注的侧重点的差异。这些术语一方面强调"自动(autonomous)",另一方面则强调"无人(unmanned)"。"自动(autonomous)"强调船舶的操作模式以及最终呈现的结果,而"无人(unmanned)"侧重船舶上不配船员,通过分析国际条约对船舶的规定,可得对船舶定性、航行要求影响较大的是"是否有服务于船上的船员"而非"船舶的操作模式";再者,由于当下无人船自动化水平发展层次存在差异,有的还需远程控制,有的可实现自动化航行,根据国际海事组织对于船舶自动化程度的划分,较低自动化等级的船舶上可以有船员存在,即有可能存在"manned autonomous ship",并不能将"无人(unmanned)"同"自动(autonomous)"等量齐观。

本书探讨的重点在于船上并不配备船员情形下无人船法律地位问题,并非船舶的操作模式,因此采用较为直观和贴切的"无人船"这一称谓。综合学界的主流定义趋势,即对无人船的定义既应强调"无人"的特殊性又应顾及船舶的操作模式,本书采用英国学者Paul W. Pritchett"通过远程遥控、自主方式或两者结合的方式在水面上作业的无人驾驶船只"这一定义。

总而言之,学界对"无人船"采取不同的定义有多重考量因素,有的偏重船舶的自动化程度,有的强调船舶不配备船员的特殊性。本书结合操作模式以及无人特性确定了无人船的定义,即无人船是通过远程遥控、自主方式或两者结合的方式在水面上作业的无人驾驶船只。

1.3.2 无人艇的优势

水面无人艇作为一种新型的无人化系统平台,与水面有人艇相比,主要具有以下几个方面的优势:

(1)小型轻量,艇型丰富。

水面无人艇呈现小型化特点,船体长度较小,以5~10 m较为常见。无人艇的艇型设计更加自由、灵活、丰富,主要有单体滑行艇型、水翼艇型、多体船艇型以及半潜式艇型等,艇型丰富,呈现多样化特点。

(2)机动灵活,反应快速。

由于无人艇具有较小的排水量、较浅的吃水设计,因此非常适合在浅水区域作业,且能够很好地适应复杂的水上环境并能快速地对外界环境的变化做出反应。

(3)推进方式多样。

无人艇的推进方式有螺旋桨式、喷水式、舷外机等。无人艇在低速行驶时,螺旋桨推进具有高效率、低成本等优点。无人艇在高速行驶时,喷水式具有传动机构机动性和操作性好、吃水浅、效率高等特点。舷外机质量较轻,安装方便,有利于提升无人艇在高速行驶时的航行性能。

(4)多功能,应用范围广。

由于无人艇大多数采用模块化设计,根据功能的不同,可采用多种不同模块。无人艇部署机动灵活,使用方便,可执行不同任务,并可独立自主执行任务,具有良好的费效比,避免了人员的生命危险。

(5)智能化、信息化。

一方面无人艇可以凭借自身所具备的人工智能以不同程度的自主性完成指定任务;另一方面无人艇可以同时与空中、水上和水下的平台系统进行通信,协同组成立体监测网络,有助于水面无人艇信息化的实现。

1.3.3　水面无人艇发展现状

1.3.3.1　无人艇发展现状

无人艇已广泛地运用于航运、环保、航道测量等民用领域。以下介绍几个比较著名的项目和无人艇。

1."Springer"无人艇

2004年英国普利茅斯大学MIDAS科研小组开始研发"Springer"无人艇(见图1-8)。该船为双体船,主要用途是在内河、水库和沿海等浅水水域追踪污染物,测量环境和航道信息,还可以用于传感器采集技术、测量技术以及能源控制系统研发等。该船用直流电机驱动,使用SLAM(simultaneous localization and mapping)技术克服GPS定位可靠性不够高的缺点,能基于船舶航行环境预估船舶下一位置。

2."Charlie"无人艇

意大利热那亚CNR-ISSIA研发机构研发的"Charlie"无人艇是一艘双体船(见图1-9),主要作用是在南极洲对海洋微表层进行取样和搜集大气海洋界面的数据,以及在浅水区域探测鱼雷。该船由无刷直流电机驱动,并在船上配备太阳能板。

图 1-8 “Springer”无人艇

图 1-9 “Charlie”无人艇

3. “UMV-H”无人艇和“UMV-O”无人艇

日本雅马哈公司研发了两种无人艇,一种是高速型“UMV-H”无人艇,另一种是海洋型“UMV-O”无人艇(见图 1-10)。“UMV-H”无人艇使用水喷射动力,最大功率达到 90 kW,长 4.44 m,既可以载人也可以无人航行,可携带一些常用的设备,比如水下摄像机和声呐。“UMV-O”无人艇是一个针对远洋航行的无人艇,主要任务是监控海洋和大气的生物地球化学和物理参数,具有很好的续航能力。

(a)“UMV-H”无人艇

(b)“UMV-O”无人艇

图1-10　“UMV-H”无人艇和“UMV-O”无人艇

1.3.3.2　无人艇应用现状

德国、日本、美国正在积极研究无人水面艇。中国无人水面艇的发展尚处于起步阶段,民用方面已取得进展,“天象1号”无人水面艇曾在奥运会青岛奥帆赛期间,作为气象应急装备为奥帆赛提供气象保障服务。

随着科技水平的发展,许多领域的研究趋向于自动化控制,并且研究的领域不仅仅局限于陆地空间,更多的是对天空中和海洋上自动化设备的研究。伴随着“工业4.0”概念的提出,人工智能、无人驾驶技术得到快速发展,无人船被广泛应用于搜寻救助、水文勘查、海洋环境监测等任务。

目前,无人艇技术已成为国内外争相研究和开发的热点,并且研究趋势已从单一无人艇向多无人艇技术拓展,发展势头迅猛。相比于单一的无人艇控制,多无人艇的效率更高,容错性更好,并且适应能力更强。广州中国科学院工业技术研究院演示在巡逻过程中,编队自主发现可疑目标,“一”字编队自发切换成圆形编队,对目标实施围捕,可针对围捕任务变换合适的队形,围捕任务完成后编队自动返回预先指定区域,体现了无人艇的自主性;哈尔滨工程大学沈佳颖针对多无人艇一致性编队控制提出基于行为法的领航-跟随编队控制方法,在此基础上采用改进的粒子群算法优化无人艇的基本行为权重参数,最后引入改进的人工势场法,实现了在动静态障碍物环境下基于避碰行为的多无人艇编队控制,并且取得了较好的效果,研究成果侧重于无人艇编队控制理论研究和仿真验证,但还需实际应用的检验。2021年9月,在第十三届中国航展上,云洲智能作为无人装备企业代表,携8款高精尖无人艇产品集中亮相,融合了实物、模型、互动体验平台、沙盘多媒体系统展示等多种形式,全方位、多角度、立体化展示云洲智能在无人艇领域的技术实力及创新成果。航展期间,云洲智能展出的8款无人艇产品,包括L30警戒巡逻无人艇、M75C高速无人训练艇、L85A高速通用无人艇、L90水下探测无人艇等,可以执行水上警戒巡逻、侦查取证、警告驱离、应急救援、物资输送、反恐缉私等任务。

值得注意的是,云洲智能在航展现场首次公开发布的无人艇集群控制核心技术成果——高速无人艇动态协同博弈技术,呈现了在高动态的复杂海洋环境下进行区域警戒巡航守卫,对海面不明机动目标进行联动预警、协同感知、高速追踪、侦查取证、博弈拦截、围堵驱离等全过程,标志着无人艇集群关键技术取得重大突破。该技术以无人艇协同控制、感知融合、态势共享、任务规划及自主决策技术为基础,基于集群中各单一无人艇运动状态和分布式态势感知,高效求解无人艇集群博弈最优策略,对集群内各无人艇进行自主任务规划和行动决策,呈现了多艘、多种无人艇的分布式组网集群,具有无中心、群控制、高涌现等集群特点,开创了高速无人艇动态协同博弈技术研究的新领域。

从以上分析来看,目前无人艇集群研究主要针对国防任务、集群表演等,如“蜂群”战术、“鲨群”战术,与水下地形测量作业结合相对较少。为了快速地包围、驱赶敌方,达到掩护己方的目的,应用“蜂群”战术等的协同控制要求具有迅速、复杂的队形变换和动态任务分配能力,而这些能力和水下地形测量及水文观测等作业紧密程度不高。无人艇集群测量作业时,数据覆盖会随着水深的不同而变化,无人艇不但要求能高精度跟踪测线,还可根据测量水深实时调整编队间的测线宽度。因此,对无人艇集群测量的研究,需要基于分布式测量一体化策略,重点解决无人艇实时自主规划航线,通过编队信息偏差计算,不断更新选择合适的协同跟踪控制策略,完成测量信息的实时拼接。

近年来,随着无人机、无人船等无人系统技术的发展,国家和地方政府均在鼓励采用无人机、无人船协同开展测量作业。例如,交通运输部2021年2月1日开始施行的《航道养护管理规定》,鼓励采用新技术、新材料,使用现代化的设施装备,积极推进航道养护智能化;长江航道局印发《无人机无人船在航道养护工作中的应用专项工作方案(2021—2024年)》,明确未来3年内在航道巡查、航道测量、整治建筑物观测、应急调度等主要生产业务领域加快推进无人机、无人船的推广应用,为长江航道高质量发展提供有力支撑。

无人机、无人船协同测量具有作业成本低、效率高等优点,不少研究单位已经开展了部分研究。例如,长江宜昌航道局胡合欢等利用无人机、无人船开展了无人系统协同作业的航道测绘应用;广东省水利电力勘测设计研究院有限公司的李庆松,利用无人机机载激光和无人船多波束下的水陆一体化三维测量技术开展了无人机、无人船的配合在水利水电工程测量中的应用研究。这些研究也仅仅停留在单架无人机、无人船的组合作业上,搭载传感器的类型和数量有限,未体现同平台、同域以及跨平台、跨域的组网集群测量,仅仅是测量设备和技术的组合,测量效率和测量技术手段并未发生质的变革,难以应对复杂多变的内部、外部环境,测量效率较为低下。当前,针对无人机、无人船等无人平台的组网集群测量技术研究国内外尚处于空白阶段。

1.4　研究目标

水利工程、水环境及河道、应急救援、轨道交通、智慧城市、水利、海洋等领域对基础地理信息数据的需求已从单一的地形数据转向多源的基础地理信息数据底板,传统的单体数据采集获取模式越来越难以满足应用需求。为提升多源基础地理信息获取的效率和质量,基于无人机低空遥感技术,研发复杂地形条件下长距离、超视距多旋翼无人机自动、高效的测量模式,通过可见光传感器、热红外、星光夜视与卫星定位系统进行系统集成的多旋翼微型无人机软、硬件系统,实现高速高效多架无人机集群协同测量,可快速获取高分辨率的正射影像、高清巡查视频、照片,通过一键式起降、自动航线规划、自动安全测量作业等功能,实现及时、全面、高效的无人机集群测量;基于无人船组网技术,研发复杂水域条件下的无人船协同导引和控制技术,通过开展多波束、GNSS、无人船等多系统集成的无人船集群测量系统,实现高速高效多艘无人船集群协同测量,可快速获取浅滩、近岸等困难区域的高精度水下地形测量数据。

利用GIS技术、卫星定位技术、无人机低空遥感技术、无人船测量技术,开展大型工程、应急救援、智慧城市、水利和海洋等行业应用领域的集群测量及全方位立体无人组网技术攻关研究,将获取的管理范围内的航摄视频、三维模型、正射影像、激光点云、水下地形点云等基础设施的相关数据,按其时空分布特性输入计算机,进行存储更新、查询检索、模拟分析、显示、打印和输出,服务于工程数据管理和三维可视化展示。可提高测量成果的信息化管理水平,实现数据采集工作的数字化、自动化、规范化,推动无人组网集群测量技术体系的建立和发展。

本书的主要研究目标主要有以下3个方面。

(1)构建无人机集群测量系统和技术体系:集无人机远程控制智能控制设备、“云-端”协同无人机集群管控技术、基于5G的多路无人远程视频回传技术于一体的无人机组网集群测量体系,开发无人机集群测量系统,实现无人值守下的多架次无人机智能集群测量。

(2)构建无人船集群测量系统和技术体系:基于无人船远程操控平台、协同导引和控制技术的无人船组网集群测量体系,开发可搭载多参数测量仪的无人船组网集群测量系统,实现浅滩、近岸等困难区域的水下高精度地形数据的高效获取。

(3)构建立体多层次、超高分辨率、全方位和全天候的"空-地-水"一体化协同测量技术体系:研发无人组网集群测量系统,通过无人机、无人船集群协同作业实现了水陆一体化三维时空信息数据的快速获取和无缝融合,完善时空多尺度数据映射,为全国河道、水利工程、交通、城管等行业的多源基础地理信息数据获取、实景三维中国建设和数字孪生流域建设奠定基础。

1.5 研究方法

为实现智慧化、智能化的无人组网集群测量,本书在充分研究分析无人组网集群测量系统架构的基础上,通过开展集成多旋翼无人机系统、高精度起降系统、远程控制系统、智能机巢、无人船、智能基站等多种硬件的集成研究构建智能无人平台,以及开展融合无人机远程控制智能控制技术、"云-端"系统无人机集群管控技术和多路无人机远程视频回传技术、航行测量智能控制与自主避障技术、面向任务的多平台协同与管理技术等多种技术的无人智能协同技术研究,然后基于 GIS 技术、人工智能技术、目标检测算法、深度学习、云计算、大数据技术等,开展无人组网集群管控平台的研发实现同构、异构智能无人的集群协同测量,形成一种面向水利工程测量、防汛应急抢险测绘和河湖管理测绘等的无人组网集群测量系统。无人组网集群测绘系统技术体系如图 1-11 所示。整体研究技术路线具体如下:

第一步,系统架构构建研究:以需求为导向,通过深入分析应用需求,开展无人组网集群测量系统的架构研究,主要包括设备端架构、网络端架构和中心端架构等构建关键技术研究。

第二步,智能无人平台研究:通过开展无人机、无人船平台主体的优化设计,控制平台以及无人智能自主控制和自主学习的研究,构建智能无人平台。

第三步,通信组网关键技术研究:为实现无人组网集群系统内部节点以及系统与外部控制台进行信息交互、操作控制和执行任务,开展基于 5G 通信网络、自由组网通信等的通信组网关键技术研究。

第四步,无人智能协同技术研究:通过对智能协同感知、导航定位技术、任务规划技术群安全管控、"云-端"协同、航行/测绘一体化、伴随控制等技术的深入研究,开展无人机、无人船智能协同技术体系的构建研究,以实现无人机、无人船同构或异构的智能协同集群测量。

第五步,无人集群管控平台研究:基于 GIS、计算机开发语言、物联网、4G/5G 通信技术等开展无人集群管控平台研发。

第六步,智能识别提取要素关键技术研究:基于无人机影像的深度学习算法,开展航拍正射影像地形地物的自动提取和拍摄视频影像的异常识别,以实现对海量数据的快速

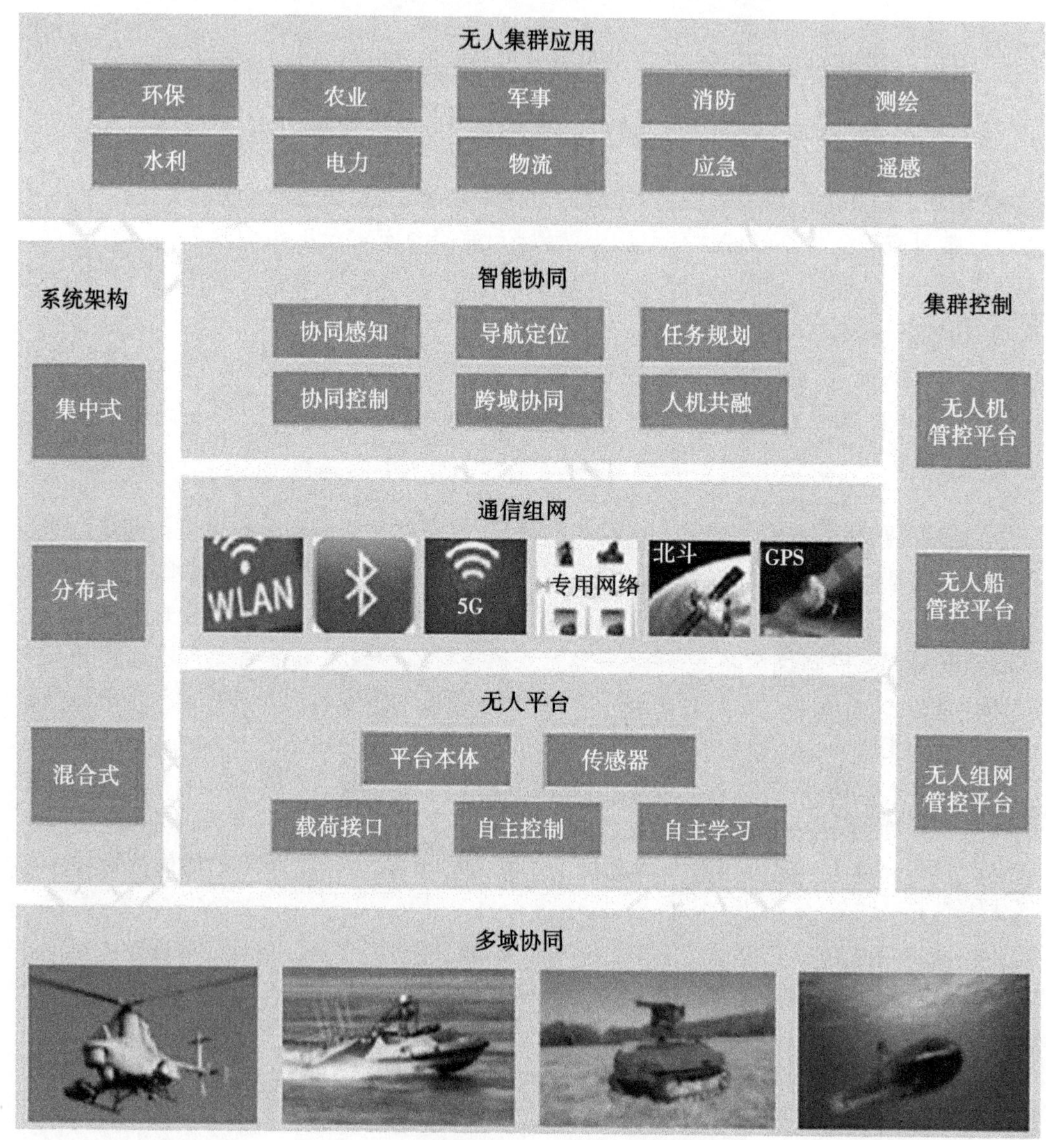

图 1-11　无人组网集群测绘系统技术体系

分析和提取。

第七步,开展无人组网集群测量系统的示范应用。

第2章　关键技术及研究进展情况

针对测量作业受外界环境影响制约较大的情况,为了提高大型项目和工程的测量效率,及时为流域管理、建设、防洪应急救援和孪生流域建设提供多源的基础地理信息数据底板。通过多种软硬件集成融合关键技术的攻关研究,设计集成无人机、无人船等的无人组网集群测量系统,构建立体多层次、超高分辨率、全方位和全天候的无人组网集群测量技术体系,为河道湖泊、水利工程等水利行业、智慧城市、海洋、水利建设以及防汛应急救援等对基础地理信息数据底板的迫切需求提供有力的技术支撑,形成了集无人机远程智能控制技术、"云-端"协同无人机集群管控技术、航行测量智能控制与自主避障技术、面向任务的多平台协同与管理技术、智能识别与深度分析技术于一体的无人组网集群测量系统,实现了无人值守下的无人组网自动集群测量以及多类地物信息的自动识别和提取。本书研究的关键技术路线如图2-1所示。

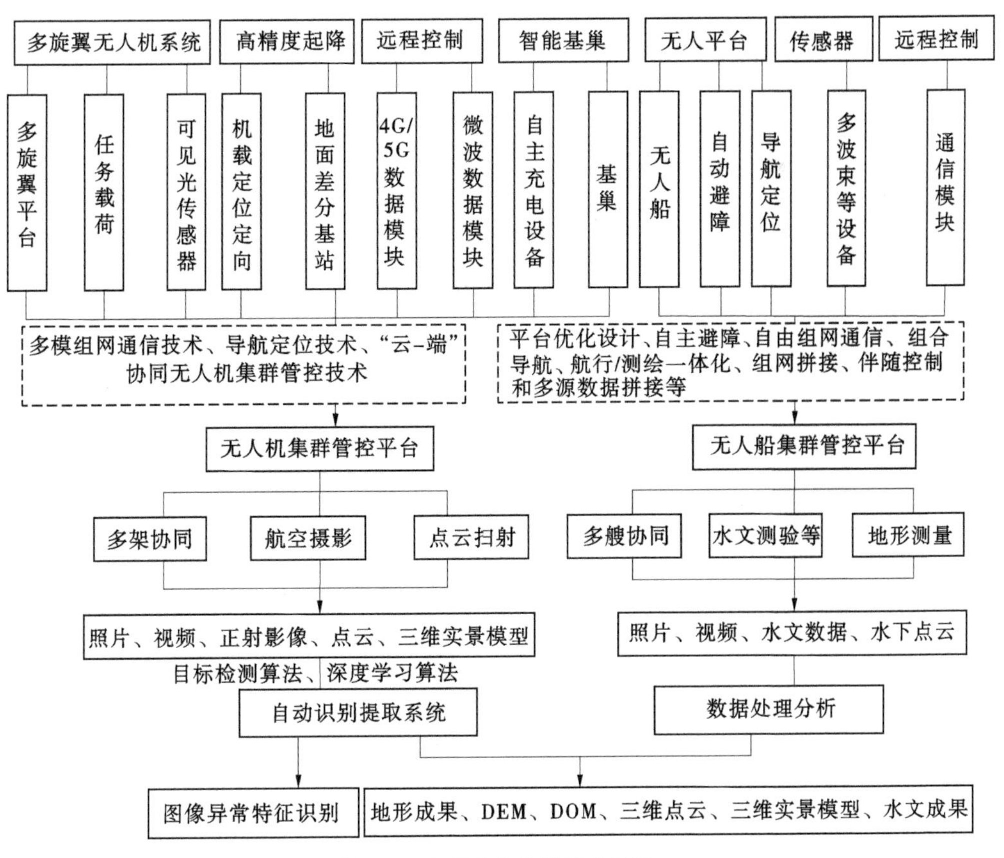

图2-1　本书研究关键技术路线

2.1 无人组网集群系统架构设计

无人组网集群系统架构是指无人集群系统的组织机构,包括各子系统的组成、关联性、交互模式等,是对系统的整体描述。它将无人机设备通信场景按照一定的逻辑关系有组织地结合起来,使之成为一个具有协同交互的群体,所以无人组网集群系统架构设计通常是解决集群通信问题的基础和前提。无人系统集群大致可以分为无人机集群、水面无人艇集群和无人水下机器人集群。其中,无人机集群技术发展得最迅速,在发展思路、技术途径等方面呈现出百花齐放的态势。20 世纪 80 年代,美、俄等国就已重视水下无人装备的运用。近 10 年来,这些国家加快了水下无人系统集群技术的验证,以及小规模应用。美国于 2016 年实现了水面无人艇集群自主执行目标探测与识别、跟踪、巡逻等任务。跨域异构无人系统集群指的是无人机、水面无人艇、无人水下机器人等不同类型的无人系统在空中、水面、水下等不同域之间的协同控制。截至目前,美、英、法等国重点验证了无人系统间跨域协同通信和指控能力,并均已取得一定的进展。目前,虽然尚无法全面准确地判断无人系统集群在未来的定位,但随着技术的不断进步,无人系统集群将逐步由概念走向实装应用,其所呈现出的应用场景也将越来越清晰。

无人机集群是由一定数量的单一功能或者多功能无人驾驶飞行器组成的空中移动系统,其以交感网络为基础,具有行为可测、可控、可用的特点。在无人系统集群类型方面,无人机集群研究最多,理念也最成熟。

无人机集群概念最早于 20 世纪 90 年代末由美国率先提出。根据国内有关报道,在无人机集群技术研究领域,国防科技大学、空军工程大学等院校开展了基础理论研究、无人机编队飞行演示验证。复旦大学、南京航空航天大学等高校开展了无人机集群编队、协同规划技术的研究,并取得了一定的研究成果。在原型系统研发方面,航天三院开展了一定数量的无人机半实物仿真实验,验证了集群技术原理;中国电科集团电科院、清华大学和泊松科技公司合作,于 2016 年 11 月在珠海航展上公布了 67 架规模的无 8 中国舰船研究第 16 卷人机集群编队飞行原理验证测试结果,2017 年 6 月,该团队还进行了 119 架固定翼无人机集群的飞行试验,演示了空中集结、多目标分组、编队合围、集群行动等动作概念,2018 年 5 月,完成了 200 架无人机集群飞行演示验证。

无人系统集群是以集群智能控制算法和协同感知、协同任务规划及高效低成本平台技术为基础,围绕任务目标,形成以无中心、群控制、高涌现等为特征的整体群组,可执行的任务复杂多样,自适应环境,对抗交换成本低,抗毁性高,直接通信量小。然而,无人系统集群需要具备通信自组网、协同态势感知、任务分配、航迹规划、编队控制和虚拟测试这些关键技术。

目前无人机集群的控制架构主要可以分为自上而下的集中式控制和自下而上的分布式控制两种。两者的主要区别在于无人机集群系统中是否有唯一的中心控制节点。

考虑到实际地形地貌复杂多样，为保证外业测量作业的高效性，无人编队需要根据各自测量任务的不同采取相应的协同控制方式及任务分配方法。根据实际需要，本书的系统架构主要有集中式架构、分布式架构和混合式架构。

2.1.1　集中式架构技术设计

集中式控制系统存在唯一的中心控制节点，该节点负责无人平台集群整体任务规划，将系统内其他无人平台搜集的信息进行汇总，通过对全局信息进行归纳分析，做出有利于集群任务执行的决策，指挥集群内其他无人平台执行任务。Saska 等在 GPS 信号受到干扰的情况下，提出了一种利用机载视觉识别设备获取无人机相对位置从而完成集群协同控制的方法；Park 等提出了一种在有限感知条件下的编队控制方法，通过实验仿真证明了该方法在解决系统的连通性和避撞问题上的有效性。集中式控制系统有着易于实现、结构简单的优点，但是对中心控制节点的要求较高，系统的鲁棒性和容错率都较低，适合小规模的无人机集群控制，控制方式本身的缺陷限制了集群的规模。

对于集中式求解算法而言，起步较早。集中式求解算法研究起步较早，在无人平台集群系统中存在中心处理节点，通过对全局信息的分析，对问题进行建模和求解，并将处理结果分发给下属无人平台单元。此类方法的优点是在于算法原理简单，易于实现，但是由于中心处理节点的限制，对于复杂度较高的问题难以处理，在动态环境中响应较慢，更多地应用于任务分配的静态求解。集中式求解算法主要包括最优化算法和启发式算法两类。

最优化算法是指在所有约束条件下根据目标函数得出最优值，此类方法在解决复杂度较高的问题时常出现求解时间长、计算量大等问题，常见的最优化算法包括枚举法、动态规划法、整数规划法等。枚举法主要适用于复杂程度较低、规模较小的任务分配问题。黄捷等在枚举法的基础上引入了满意度决策，通过建立选择函数和拒绝函数剔除满意度低的分配策略，有效提高了算法在解决多无人机平台任务分配问题的效率。动态规划法是一种自下而上的优化算法，将大问题分解成若干子问题，再对子问题进行求解，最后构造出整个问题的最优解。赵立慧等针对云任务分配问题，利用动态规划的思想将任务均分到不同的计算节点，有效降低了时间消耗，提高了资源利用效率。整数规划法是对一系列求解整数规划问题算法的总称，匈牙利算法、分支界定法等都是常用的整数规划法。张进等设计了一种改进的匈牙利算法，有效解决了武器—目标分配问题，通过统一效率矩阵创建了适用于所有类型目标分配的可适应匈牙利算法。

启发式算法与最优化算法不同，不需要得到某一精确的最优解，在求解时间和结果之间寻求平衡，得出符合条件的可行解。此类方法的优点在于求解速度快，可以解决复杂程度相对较高的问题，但灵活性和扩展性较差。常见的启发式算法包括遗传算法、群体智能算法等。遗传算法通过模拟生物进化的机制实现对问题的求解，具有较好的全局寻优能力。王树朋等设计了一种基于任务价值、飞行航程、任务分配均衡性的适应度函数，对传统遗传算法进行改进，有效避免了其易陷入局部最优解的问题，并通过实验证明了该方法在解决多无人平台任务分配问题上的有效性。宋育武等通过改进遗传算法中的编码方式、变异策略提高了遗传算法的寻优能力，大大降低了求解时间，提高了解决异构无人平台并行任务分配问题的效率。群体智能算法根据自然界中的生物集群行为发展而来，最常见的有蚁群算法（ACO）和粒子群算法（PSO）。蚁群算法通过模拟蚂蚁觅食的过程对问题进行寻优求解用来提高算法的搜索效率，通过实验仿真验证了改进后的算法具有更好的收敛性和更丰富的解级。张耀忠等针对无人平台任务分配中的离散性问题，使用二元矩阵对 PSO 粒子进行离散化，同时利用交叉变异原则增强粒子的多样性，并通过实验验证了改进后算法的有效性。

在本书中，基于多无人设备协同的集中式控制系统结构是指编队中的所有无人设备通过唯一的控制中心进行通信，实现信号传输及控制的一种系统结构。为实现无人船、无人机的统一集中式管理，研究设计了无人组网集中式架构，集中式控制系统的控制中心包括陆基平台、海基/船基平台等，集中式架构示例见图 2-2。

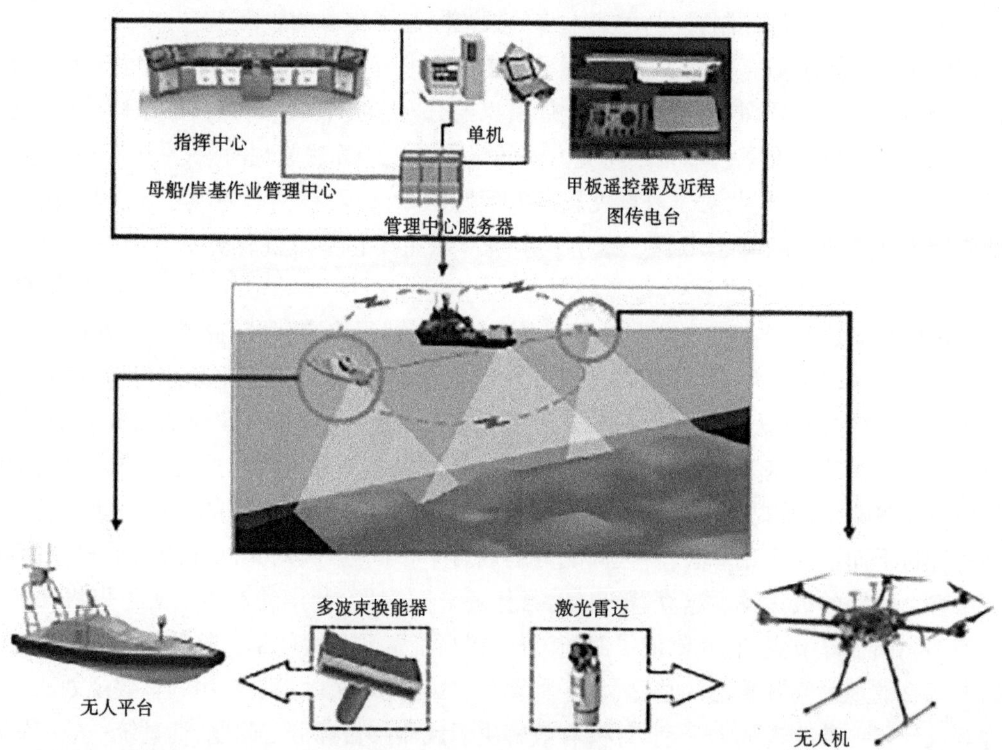

图 2-2　集中式架构示意图

该架构以陆基、船基为中心节点进行集中统一调度和下发指令实现多机、多船集群协同执行任务，而形成一站多机、中心辐射式的集中架构。控制中心时刻掌握编队中所有无人机、无人船的状态信息，并对编队中无人机传输回来的外部信息进行整合、分类、分析并决策，形成新的控制指令，发送给编队内的无人设备，以实现多无人机、无人船的任务分配。集中式控制系统结构能够保证编队的整体一致性，提高无人机编队的可控性。集中式架构是指每架无人机都与中心节点通信,并且由中心节点进行无人机的统一规划,搭建相对简单,集群之间不需要过多信息传输,但是对于中心节点而言计算量大,尤其中心节点出现故障整个集群将瘫痪,所以只适用于小规模集群。但是,由于无人机集群测量仅在空中按照既定的规划航线进行作业,不涉及编队航飞,因此无人机集群测量系统的架构采用集中式架构。

2.1.2　分布式架构技术设计

分布式控制系统中各无人平台之间地位平等,每架无人平台都有一定的自主性,具有独立的计算、决策能力,每架无人平台间存在通信拓扑结构,通过无人平台间的信息交互,协商完成任务的规划。郑伟铭等设计了一种面向四旋翼无人机集群系统的分布式编队合围控制方法,并通过数值仿真验证了方法的可行性;鲜斌等针对无人机集群的动态避障和路径跟踪问题,在一致性协议的基础上提出了一种分布式协同控制算法,并完成了多架无人机的协同控制和动态避障试验。分布式控制系统的优点在于鲁棒性较好,系统的整体抗干扰能力强,不会因为某一架无人机的损毁而导致整个系统的瘫痪,但对系统内部通信网络要求较高,高度依赖实时的信息共享。

对于分布式求解算法而言,其与集中式求解算法的主要区别在于没有中心处理单元,各无人机之间存在信息交互,通过协商处理来完成整个集群的任务分配。分布式算法具有鲁棒性好、灵活性高等特点,常见的分布式求解方法主要是基于市场竞争机制的合同网算法和拍卖算法。

合同网算法提出较早,于1980年由Smith提出,主要用来解决分布式系统中节点的动态信息交互问题,其主要思想为通过“招标—投标—中标”的机制实现任务与无人平台间的平衡。钱艳平等针对多无人机协同侦查问题,在初始任务分配的基础上,使用基于合同网的目标分配算法,经过迭代计算实现了合理的任务分配。张梦颖等在合同网算法的基础上,对投标者进行条件筛选,同时引入并发机制,使多个任务可以同时进行招标,有效缩短了算法运行时间,降低了无人机间的信息交互量,提高了任务分配效率。李娟等针对招标过程中无效竞标者较多、招标者评估负担重导致任务分配结果不合理等问题,提出了一种将任务负载率和令牌网概念结合的方法,有效解决了选择有效招标者和任务不合理等问题。拍卖法提出稍晚,但两者的原理机制相似,只是在拍卖算法中通过代价函数来衡量最后的分配结果。于文涛等在有限时间内使用拍卖算法综合考虑智能体完成任务的代价和完成任务的收益得出了较优的任务分配方案。许可等设计了一种带共享存储中心的分布式拍卖算法,通过无人机个体目标收益最大化实现集群整体收益最大化,最后结合最大一致性算法将共享存储中心移除,有效解决了异构多无人机系统的任务分配问题。

分布式求解方法的实现依靠无人平台集群的分布式体系结构,对无人平台个体的计算、分析、决策能力有较高要求,但目前个体无人平台的智能化水平较低,计算能力较差,导致分布式算法的求解质量不高。

分布式架构中没有控制中心,无人平台间可以互相通信,使集群具有灵活性和强鲁棒性,可以提升任务执行能力,并具有很好的拓展性,适用于大规模无人平台集群,是现在的主流研究方向。对于分布式架构设计,通常有两种方式,一种为大、小型无人平台协同,即领导者-跟随者(leader-follower)模式,其中存在显式的领导者,数据由下层跟随者进行反馈,并由领导者进行全局收敛统一调控,这种架构多用于无人平台集群辅助无线传感网络场景。另一种无人平台集群架构通过在集群中挑选簇头,使集群分簇,并且簇的数量和簇头可以根据条件改变,更适用于大规模集群,并且具有很高的自适应性。但无人船在水上作业,测量水下地形时要根据地形拼接情况不断调整航行,因此无人船集群测量系统架构采用单一的集中式架构或分布式架构难以满足应用需求,研究构建了混合式架构系统。

2.1.3　混合式架构技术设计

过去几年,无人平台集群领域进行了较多体系结构相关的研究。Sanchez-Lopez 等针对多无人平台系统提出了一种混合反应/慎思式的开源体系架构 Aero-Stack,包含了反应、执行、慎思、反思和社会等 5 层。Grabe 等提出一种异构无人平台集群的端到端控制框架 Telekyb,其高层任务(例如任务规划等)集中运行在地面端。Boskovic 等提出无人机群的 6 层分层结构 CoMPACT,有效结合了任务规划、动态重分配、反应式运动规划和突发式生物启发群体行为等,将任务执行分为任务、功能、团队、班排、无人机等级别。但是,上述工作均主要针对小规模四旋翼无人机集群,并没有针对固定翼无人机设计,特别是没有考虑固定翼无人机高速运动所需的强实时性。相比之下,Chuang 等提出了一个群体系统并演示了多达 50 个固定翼无人机的实时飞行试验。然而,该工作更多地集中在无人机集群的系统实现设计,包括自主发射、起降和飞行等,不支持集体行为和任务协调等。

总体而言,集群体系架构领域还存在以下挑战:①规模可扩展性:绝大多数工作只在小规模系统(通常 2~5 架)验证。随着规模的扩大,不论在理论还是系统实现上,集群系统的难度指数上升,体系结构设计也更有挑战。②多样性:现有方案通常只关注特殊领域,很少可以适用多种任务。然而,高度自治化的集群系统需要支持多样化任务。另外,目前集群架构设计主要针对旋翼无人机集群,还欠缺适宜于执行多样化任务的大规模固定翼无人机集群的体系架构。

对于混合式求解算法而言,混合式方法是集中式方法和分布式方法的组合体,同时兼具两者的优点,具有求解速度快、灵活性高、鲁棒性强、全局性好等特点。该方法首先将无人平台集群分解为若干小组,小组间和组内可以采取不同的任务分配方法进行分配,由于要进行小组划分、集中式计算、分布式计算等操作,混合式算法在原理设计上较为复杂,对无人机的性能要求较高。

近年来,混合式求解算法被研究人员广泛关注,取得了一定的研究成果。王然然等以合同网拍卖算法为基础,构建了无人平台集群任务分配拍卖架构和收益函数,并使用模拟退火算法来协调任务分配次序,确定了最佳任务执行次序,有效完成了多无人平台不同类型的任务分配问题。Wei 等将动态驱动应用系统原理应用到无人平台集群动态任务规划中,提出了一种混合控制框架,针对环境和任务性质的变化,有效解决了任务分配和调度问题。刘科等针对复杂的动态环境和 agent 的能力差异,提出了一种三层任务分配框架,在小组间采用分布式分配方法、小组内采用集中式分配方法,合理优化了任务分配过程。

简单来讲,混合式架构是介于集中式和分布式之间的智能无人集群系统架构,把整体编队按船种的不同分为若干个组。不同组之间,各组与控制中心之间可以进行平行的信息共享,同一层次上的无人机、无人船则采用集中分布系统。各无人船协同配合,根据实际地形拼接情况自动调节航线保持固定航距以实现对水下地形全覆盖扫测的目的。采用混合式架构技术的无人船集群测量系统集分布控制和集中控制优点于一体。在执行任务前控制中心会下发任务给不同的组,在执行任务过程中编队中不同的无人船编组会根据其任务与执行环境的实际情况(如测线间距达不到重合的要求)自主调控而不需控制中心下达明确的调整指令。极大节省了控制中心向编队发出指令的时间,使编队的机动性更高,更符合水下地形测量的实际要求。

2.2　无人平台设计关键技术研究

2.2.1　平台主体设计

2.2.1.1　无人机平台

集群无人机平台系统,包括平台和飞行控制系统,是集群形成能力的基础。集群具备的优势与无人机系统的特性息息相关,合理的平台设计和精确的飞行控制能大幅提升集群性能。

无人机平台是集群执行多种任务的载体,其性能和作用范围也在不断增加。伴随性能的增加,平台的成本也在不断增加,如何兼顾平台成本和性能是集群走向实战的必由之路。集群内部信息需要交互与反馈,动作需要协同与配合,任务需要分工与合作,这些都需要平台和载荷的参与。通常而言,集群采用低成本的常规中小型无人机(10~100 kg),其性能差异并不明显。单平台主要评价指标有:航时、巡航速度、最大航程、最大升限、载荷能力、机动性(最小转弯半径、爬升速率、下降速率等)、稳定性、跟踪定位性能等。此外,集群无人机平台更关注自组织、自适应和信息交互特性。特别地,考虑到集群的数量优势,集群无人机应特别注重成本控制,包括低成本结构设计、模块化组装调试、数字化精确飞控与导航、小型化能源动力和多功能组网通信等。以美国"小精灵"无人机为例,其设计目标为飞行半径 555~926 km;续航时间 1~3 h;设计载重 27.3~54.5 kg;飞行速度 0.7~0.8 Ma;推进系统可选型现役发动机、改进型发动机或全新设计型发动机;有效载荷功率 800~1 200 W;有效载荷模块化设计,应包括光电/红外传感器、无线电系统等;无人机至少可重复使用 20 次,具备空基发射回收能力;出厂单价(不包括载荷)低于 70 万美元/台。

近年来,无人机平台的发展取得了长足的进步,出现了各种性能优异的无人机。但是,由于无人机自身尺寸与载重能力有限,无人机难以携带一些体积较大、质量较大的作业载荷,这就限制了无人机作业的精度及范围。特别是随着无人机应用对自主性、智能化、多任务等方面的要求越来越高,无人机单机作业效能和智能水平已无法满足任务应用的需求。基于此，出现了无人机集群作业的理念，即通过多架无人机携带相同的载荷来增大无人机作业的范围，通过所携带的不同载荷相互配合来提高无人机作业的精度。无人机集群遥感观测的另一个作用是选取一部分无人机作为通信中继无人机。传统的通信中继方法有卫星网络中继、地面基站中继等，这些方法都存在部署不够灵活、依赖于现有的通信工具等缺点。通过无人机集群的方式，部分无人机充当通信中继无人机，部分进行作业任务，可提高无人机作业信息的传输距离。此外，单机飞行，有限的能量供给限制了飞行距离、作业范围，同时容易遭受各种网络攻击，通信可靠性不高。在此背景下，将多架无人机组成无人机群通信网络可有效提高无人机通信的可靠性，是未来无人机组网的发展方向。

无人机集群主要是依赖于先进开放的通信网络，无人机之间具备协同交互能力，整个系统呈现群体智能性、单节点具备可替代性。采用无人机群技术，可以快速有效地完成任务，同时整个系统具备较强的抗毁性、功能分布化等优势。本研究的无人机平台主要采用商用多旋翼无人机进行集成研究。

2.2.1.2　无人船平台优化设计

无人船可以替代人工在水域中完成耗费时间长、大范围、危险性高的任务。传统无人平台设计是采用无人船平台与测量传感器分开设计的方法，可能会导致无人平台航行产生气泡。气泡对声衰减及散射影响大，导致测量传感器无法工作；安装结构设计不合理、刚性不足或测量换能器安装不牢固，受航行时风、浪、流冲击影响，换能器自身与测量平台产生高频共振，导致测深换能器真实姿态与姿态传感器所测量数据不一致，产生系统偏差的问题（水深数据是多波束数据及其换能器姿态数据的组合，高频振动导致姿态传感器无法准确测量换能器姿态数据），地形数据呈波浪形、锯齿状（见图 2-3 和图 2-4）。为解决传感器的上述影响，开展了无人平台结构优化设计研究。

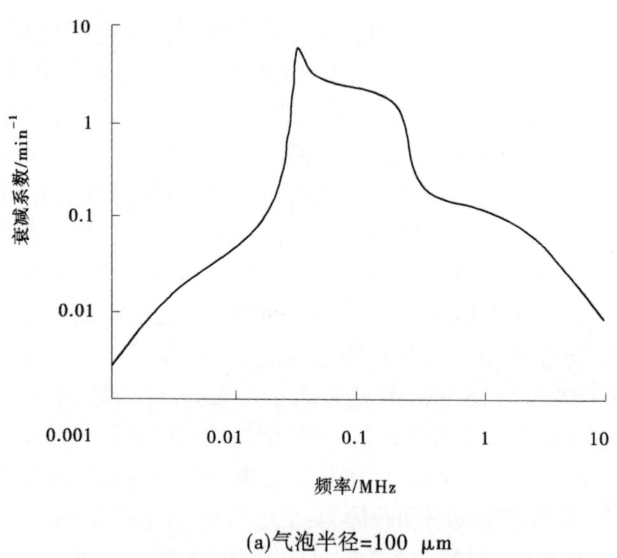

(a)气泡半径=100 μm

图 2-3　气泡群声衰减及反向散射特性仿真图

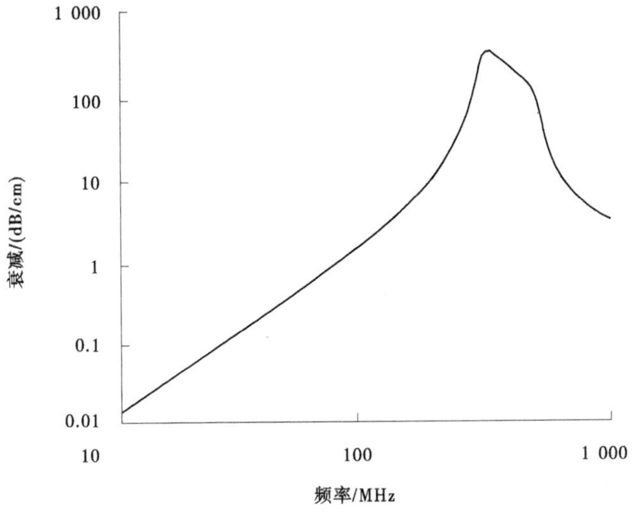

(b)气泡半径=20 μm(f=300 kHz)

续图 2-3

图 2-4　振动对传感器工作的影响

1. 艇型优化

目前,用于测量的无人平台常利用现有艇型进行普通集成,而现有艇型重快速、轻测量的问题被直接带入测量平台,集成后的平台也将面临低阻力和防气泡性能弱的问题,如表 2-1 所示。另外,以往 MBES 和 ADCP 等水下探测设备导流罩设计和船体线形设计大多是彼此分离,缺少关联分析。这种情况往往导致船体阻力性能好,但防气泡性能较差;或者防气泡性能好,但船体阻力性能差。因此,需要采用导流罩与船体线型一体化分析方法,并综合考虑实船航行过程中船体型线和导流罩型线之间的相互影响,经过优化分析设计全新艇型,如表 2-1(c)、(d)所示。

表 2-1　不同平台优缺点对比情况

常规艇型	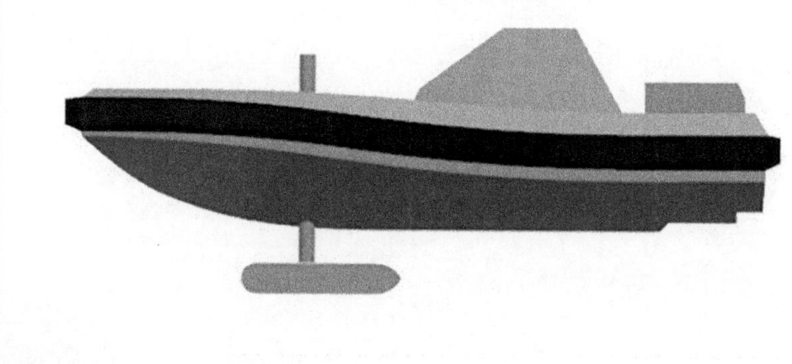 (a)外型
	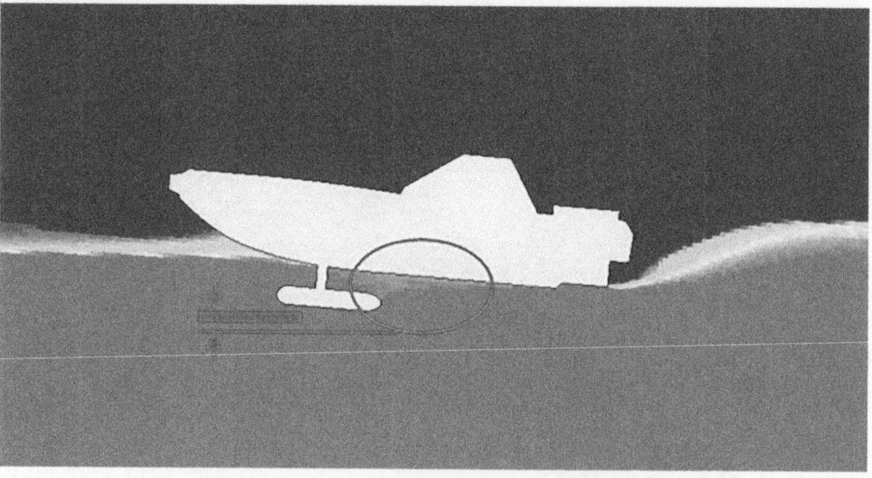 (b)防气泡性能
	缺点: ①表面气泡沿船底流经传感器附近,防气泡性能弱; ②航行时传感器横滚角大,α 角度达 4. 8°,不利于多波束正下方扫测,不适合做测量平台使用

续表 2-1

<table>
<tr><td rowspan="3">项目拟使用艇型</td><td>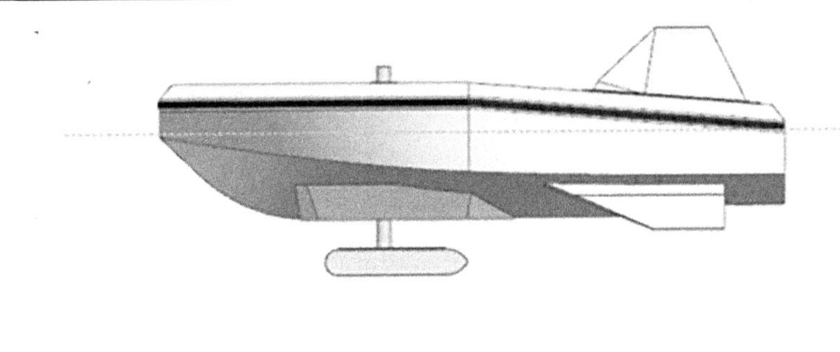
(c)外型</td></tr>
<tr><td>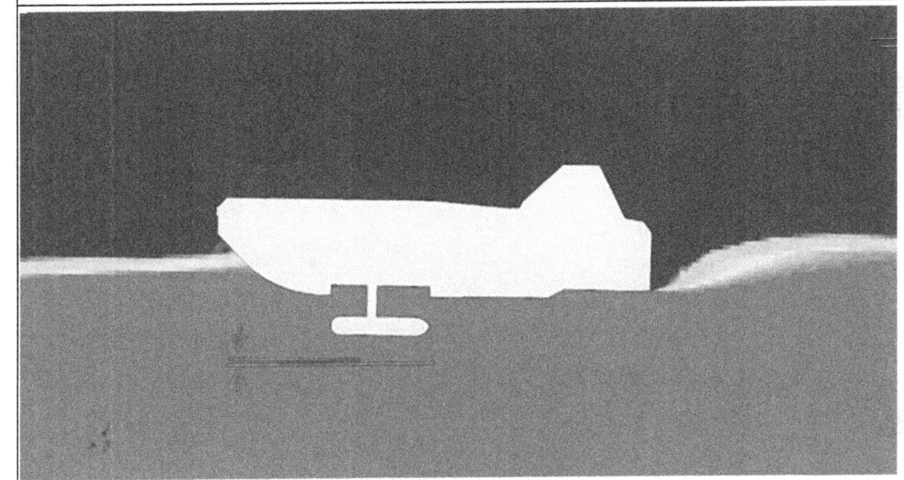
(d)防气泡性能</td></tr>
<tr><td>优点：
传感器周围无明显气泡，传感器横滚角小，为 1.0°，利于多波束正下方扫测，无气泡现象，具防气泡性能特点，利于测量平台使用</td></tr>
</table>

2. 动力及平台结构性能优化设计

船舶在航行时，各种激振力作用下船体产生不同程度的振动。过大的振动会影响测量传感器姿态数据的真实性，导致测量数据产生整体偏差，同时造成船体结构疲劳和仪器、设备失灵或损坏，影响船舶正常营运。为了有效地控制船体振动、保证测量传感器安全性和功能性，防止有害振动的发生，应对船体振动问题开展计算和研究工作。此外，为了在设计前进行局部振动预报，激振力准确地施加也是计算结果正确与否的关键问题之一，因此应该施加尽可能准确的激振力。

本书采取先进的有限元协同仿真技术,考虑流固耦合状态,进行干模态和考虑附连水质量的湿模态计算进行整体振动预报;利用已建模好的模型,施加准确的螺旋桨激振力和主机激振力,进行瞬态动力学分析,获得传感器安装位置处的振动情况;根据试验设计(design of experiment,DOE)方法,确定需要求解的设计重点,使用最有效率的方式得到最佳化结果。

3. 艇端设计

艇端的自动航行和测绘控制、数据采集功能由航行主控与测绘采集系统完成。航行主控与测绘采集系统主要由一台工控计算机及相应软件模块组成(见图 2-5),它作为无人艇的大脑,负责最上层的作业任务接收处理、导航计算、自主航行控制、测绘数据采集处理、数据记录与回传等上层事务的处理。所有这些事务将由两个软件模块来完成:自主航行控制软件,负责根据导航计算结果完成不同模式下的自主航行功能;导航与测绘采集软件,负责接收和处理作业任务指令、导航、测绘数据采集处理及上传等。

机舱控制采集系统主要包括单板计算机、控制信号输出模块、模拟信号采集模块,主要负责接受来自航行主控的各种操作控制命令,实现无人艇机舱设备的自检与控制,同时采集机舱反馈状态发送航行主控系统。

4. 船端(岸端)设计

艇端的测线规划、组网数据拼接、航行测绘控制功能主要由母船/岸基作业管理中心完成。母船/岸基作业管理中心,主要包括测绘管理数据中心和船队管理系统,其功能关系如图 2-6 所示。测绘管理数据中心功能由一台高性能的工控计算机来实现,具备高性能的多核 CPU 和高性能显卡,分别用于大量数据处理及实时图形效果显示。

2.2.2　自主控制关键技术研究

2.2.2.1　**飞行控制系统**

飞行控制系统为无人机提供了精确飞行和适应复杂环境的能力。低成本固定翼无人机的飞行控制具有较大的挑战性,主要包括以下几个方面:

(1)模型不精确:固定翼无人机气动复杂、操纵耦合,且可控制性不足。另外,由于成本原因,小型无人机很难采用风洞吹风等手段建立准确的动力学模型。

(2)交叉耦合:固定翼无人机的动力学和控制严重耦合。通常情况下,无人机平台控制采用解耦方法分内层姿态和外层位置控制。然而,这 2 层间是严重耦合的,如协调转弯时涉及滚转和航线控制,速度控制也通常和高度耦合。

(3)噪声:一般来说,传感器越昂贵,测量就越精确。因此,集群中对无人机的低成本要求导致了其获取信息的噪声和不准确。

(4)风扰:无人机飞行过程不可避免地受到风的干扰。风扰,尤其是侧风对无人机飞行影响重大。在集群任务飞行中,无人机常需低空飞行(通常低于 1 000 m,甚至不超过 100 m),以便对地面物体进行抵近观察。低空飞行的风扰对控制影响更为严重。对于小型固定翼无人机来说,气流扰动的速度会占到无人机巡航速度的 20%~60%。

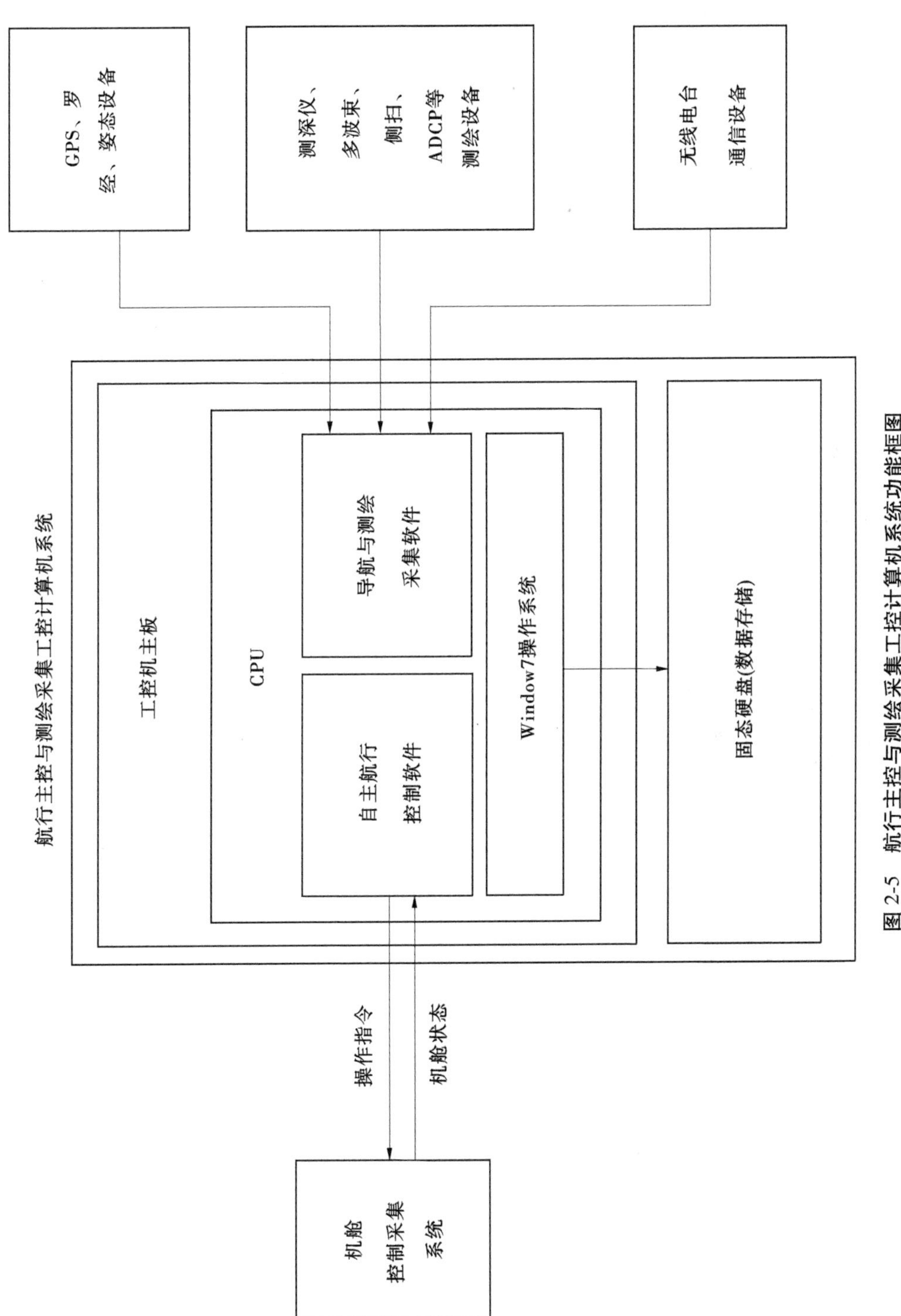

图 2-5　航行主控与测绘采集工控计算机系统功能框图

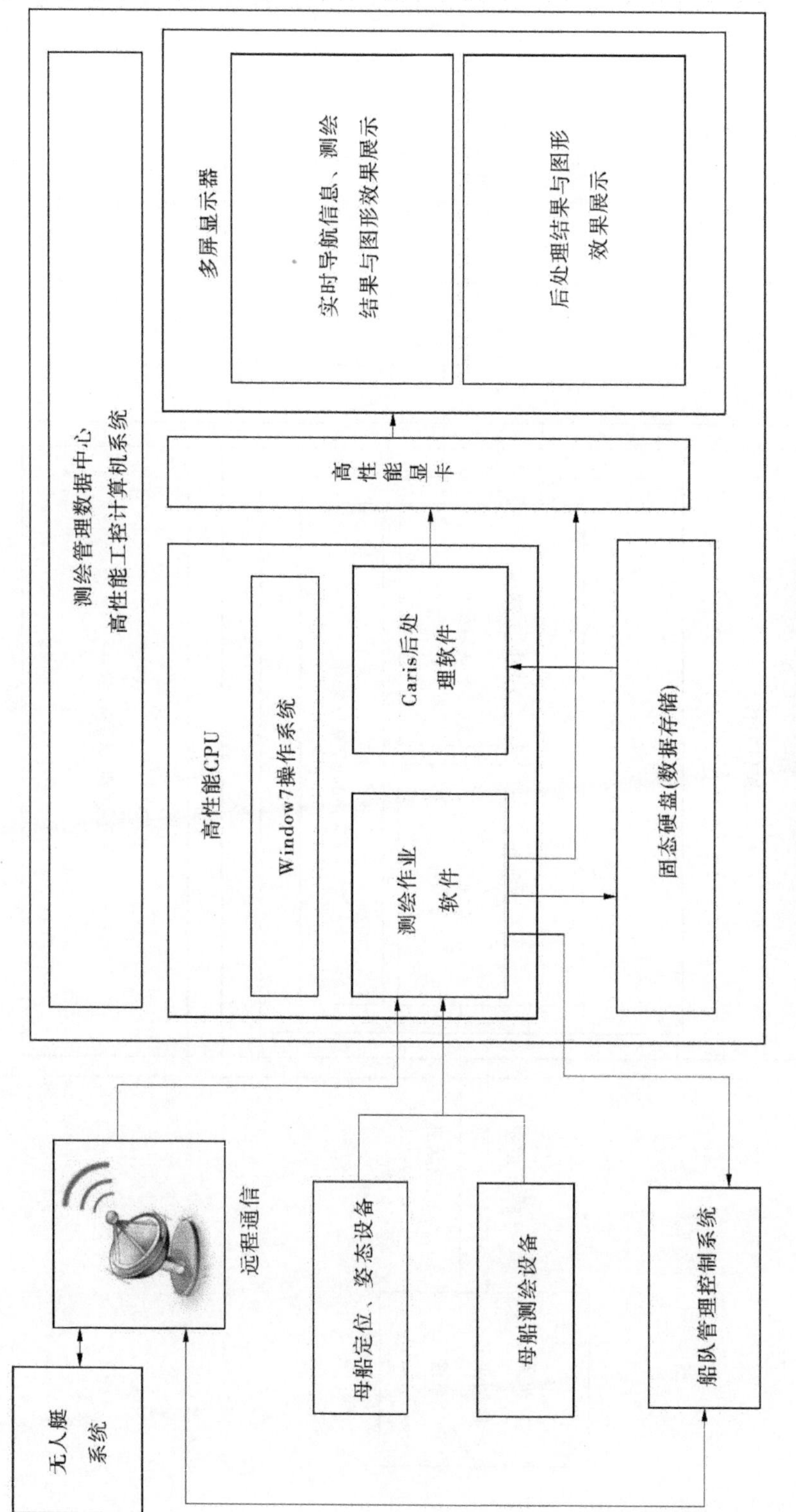

图 2-6　母船/岸基作业管理中心的功能构架关系

为解决飞行控制问题,研究人员开展了许多理论和工程研究。各种开源自驾仪被广泛地应用在小型固定翼无人机系统中。它们一般采用分层控制策略,通常包含位置层、姿态层和执行层,各层采用不同的控制频率。各层控制方法大多采用各种比例-微分控制或者自抗扰控制。包括轨迹跟踪和路径跟踪控制,作为无人机自主飞行的直接体现,在近年受到广泛关注。相比于轨迹跟踪,路径跟踪无须考虑时间参数化表示,在集群任务飞行中得到了广泛的应用。各类路径跟踪算法通常可以划分为线性控制方法和非线性控制方法。线性控制方法主要包括比例-积分-微分、线性二次型调节器等,非线性控制方法包括矢量场法、视线法、虚拟跟踪目标法、基于非线性控制理论方法等。研究者针对小型固定翼无人机的路径跟踪问题,分析比较了 5 种算法的性能,分别为逐点法、非线性导航律、纯追踪和视线法、LQR 和矢量场法。结论表明,在直线和圆形路径跟踪中,矢量场法的跟踪精度等性能最高。但是针对更一般意义上的曲线路径跟踪问题,目前还没有类似的比较性研究。

集群无人机另一个具有挑战性的问题为自主起飞和着陆。与单个无人机相比,集群无人机的自主起降具有更大的挑战性。需考虑以下 3 个方面的问题:

(1)鲁棒性。因为集群中的无人机可能具有不同负载、不同质量分布和不同机械条件,且在不同的风场条件中工作,故而起降控制在存在质量变化、机械不确定或风扰时应具有较好鲁棒性。

(2)快速性。因为集群无人机数量多,需要尽可能地降低单个无人机的起飞或着陆时间,以最大限度地延长任务时间。

(3)意外事件的快速处理。为避免连续起降过程中的连锁反应,应快速地处理起降过程中可能的突发事件。目前,专门针对集群无人机特性的起降控制研究还很少,还值得在理论和工程中进行进一步的探索。

2.2.2.2　集群自主飞行

集群自主飞行是无人机协同执行任务的基础,也是在复杂环境中执行集群突防、分布探测等基本任务。面对不同的任务剖面、环境约束或者任务变化,集群通常需要变换队形以高效完成任务。故而,队形保持和重构的效果决定了无人机集群协同执行能力的有效性。集群自主飞行与队形重构是指设计分布式控制律使无人机集群保持特定三维结构的姿态和位置稳定飞行,达到时间和空间的同步,并能自动根据外部环境和任务动态调整队形。但是,固定翼无人机欠驱动和输入受限等模型约束,以及外部干扰、信息不完全等不确定条件,使得传统的多智能体协同控制方法难以直接扩展应用。学者们围绕编队控制,产生了一大批丰硕的理论成果。

常用到的集群飞行控制方法脱胎于常见的多智能体协同控制方法,下面主要介绍领航-跟随法和虚拟结构法。

(1)领航-跟随法。将集群中某架无人机或引入一虚拟的无人机作为领航者(长机),其余无人机作为跟随者(僚机)一起随领航者运动。该方法是目前无人机编队控制中应用最普遍、最基础的一种方法。领航-跟随控制律主要是针对跟随者的控制律,领航者则需要采用其他的控制手段。例如,研究者采用无线电信号控制领航者,针对跟随者设计了跟踪领航者的编队控制律,实现了 2 架固定翼无人机的编队飞行;其中,跟随者控制律分为外环和内环2层,外环控制器以最小化跟随者相对于领航者的位置误差为目标,生成期望的滚转角和俯仰角交给内环控制。已有研究使领航者沿航线飞行,跟随者借助于机载的视角传感器估计领航者的位置,利用设计的编队控制律,实现了2架固定翼无人机按两倍翼展距离的紧密编队飞行。北京航空航天大学段海滨教授所在的研究团队将领航-跟随法结合已有研究中鸽群的分层策略,设计了小规模无人机集群的分布式控制方法,并通过8架无人机的集群仿真对算法加以验证。已有研究对20架固定翼无人机采用领航-跟随法进行了飞行验证,但是相关研究并未给出控制律的具体形式。而已有研究虽针对固定翼无人机设计了跟随领航者的控制律,但是未做闭环系统稳定性的分析,也未考虑固定翼无人机控制受限的影响。

值得一提的是,领航-跟随法作为最基本的编队控制框架,很容易与其他方法如势场法等相结合,还可应用诸如模型预测控制、滑模控制。领航-跟随法的主要问题是当领航者损毁后,可能会导致整个编队的瘫痪,为解决这一问题,很多研究使用虚拟领航者,并将编队中多个真实的个体作为虚拟领航者的直接跟随者,以避免全局领航者损毁后"牵一发而动全身"。Watanabe等研究了虚拟领航者的轨迹对各无人机已知的情况,以及虚拟领航者始终为当前无人机编队中心时的情况,并用3架固定翼无人机对控制律加以验证。Yu等研究了虚拟领航者的状态仅对部分无人机已知,需对其他无人机设计分布式估计器估计虚拟领航者的位置,从而实现协同控制的问题。

(2)虚拟结构法。其核心思想是每个无人机跟随一个移动的刚性结构上的固定点。加拿大多伦多大学的刘洪涛教授团队利用虚拟结构法研究了多无人机的运动协调问题,并进行了数值仿真。Chang等提出一种动态虚拟结构编队控制方法,可使固定翼无人机沿规划的编队轨迹飞行时完成队形变换。

虚拟结构法很好地避免了传统领航-跟随法当全局领航者损毁后,整个编队面临瘫痪的问题。事实上,虚拟领航者本质上也是将传统的领航-跟随法与虚拟结构法相结合。虚拟领航者可以看成是基于虚拟结构法确定,每个无人机相对于虚拟领航者保持期望的位形,这一点又类似于领航-跟随法中对于跟随者的控制。由此,虚拟结构法与领航-跟随法二者的界限在一定程度上也变得模糊。Rezaee等在基于虚拟结构法设计三维空间内固定翼无人机的编队控制策略时,基于虚拟结构法设计独轮车群体队形保持控制律时,都用到了虚拟领航者这一概念。对于小型固定翼无人机,由于受最小前向速度和非线性动力学的约束,集群飞行面临着新的挑战。

目前关于固定翼无人机集群飞行的研究还较少。Gu等设计了"外环导航/内环控制"的内外环结构的编队控制器;Xargay等研究了严格时序约束条件下的多无人机协同路径跟踪问题;美国研究院完成了50架规模的固定翼集群飞行演示验证,但并未涉及大规模集群的队形保持、队形变换等协同控制问题。故而,如何基于小型固定翼的平台性能约束,并考虑非理想通信等不确定性条件,实现大规模无人机集群飞行,仍然是一个挑战性问题。

2.2.2.3　基于行为的方法

基于行为的方法源于人工智能的行为主义学派,其基本思想是控制器由一系列简单的基本动作组成,该方法的核心是基本行为和行为协调机制的设计。

Reynolds在研究计算机图形学模拟鸟群、鱼群的群体行为时,于1987年提出了著名的Reynolds三原则,即碰撞规避(Collision Avoidance)、速度匹配(Velocity Matching)、向中心靠拢(Flock Centering),该项研究被视为集群行为主义的开端。Vicsek等在研究微观粒子运动时提出了 Vicsek 模型,即每个以正常速度运动的粒子,其下一时刻的朝向取决于一定范围内的邻居当前时刻的朝向。这些研究奠定了采用基于行为的方法实现编队控制的基础。该方法因其分布式、自组织的思想,逐步成为目前构建集群系统的重要方法。

Dorigo 所在的布鲁塞尔自由大学的研究团队,基于 Swarm-Bot 集群系统,开展了许多基于群体进化的集群行为生成方法研究:有研究者设计了简单的神经元控制器,通过演化算法不断优化控制器参数,最终形成期望的队形;有研究者将多个 Swarm-Bot 通过机械臂相连,通过人工演化,最终使这些 Swarm-Bot 可以在指定区域内搜索,并且避开区域内的"洞"。有研究者根据指定任务和机器人当前状态,基于概率有限状态机设计控制器,经过上万次的仿真优化后,可使 20 个 e-puck 机器人产生聚集、觅食等行为,但是该方案设计的控制器与手工设计的相比,效果仍有一定的差距;有研究者对优化算法进行改进,最终使控制器的效果超越了手工设计。

在基于行为的无人机集群控制方面,Vasarhelyi 等研究了受限空间内的集群协同控制问题,并结合演化优化的框架进行参数优化,最终完成了室外 30 架规模的多旋翼无人机集群编队;Hauert 等将 Reynolds 原则用于固定翼无人机,并进行了十机飞行验证。基于行为的方法的主要不足之处在于,通常难以从数学上分析集群的诸多特性,且闭环系统的稳定性不易证明,故而难以实现精确稳定的无人机集群编队飞行。

2.2.2.4　人工势场法

人工势场法借鉴了物理学中关于势场的概念,在集群的编队控制问题中,通过设计势场函数,使无人机收敛到期望的相对位置。人工势场法还可以将空间中的各类障碍设计为对无人机的排斥作用,从而使无人机规避各类障碍。Cetin 等基于人工势场法和滑模控制,研究了集群的聚集问题。Gazi 等在有通信延时的条件下,基于人工势场法实现了受非完整性约束的机器人的蜂拥控制将机器人聚集的同时,实现朝向一致,但其方法最终会使机器人停下来,因而并不适用于固定翼无人机。Kownacki 等针对固定翼无人机转弯约束以及最小空速必须为正的约束,提出一种非对称的局部势场法,并借助领航框架,使无人机的空速和航向角收敛至其领航者的空速和航向角。Bennet 等在传统势场法的基础上,提出一种分叉势场法,使用该方法设计的控制器不仅可以使无人机形成一定的队形,并且可以通过一个参数的改变,使无人机集群实现在某些队形之间的切换,该方法采用无人机的六自由度线性化模型,对 10 架无人机进行了队形变换的数值仿真。

人工势场法最主要的问题是容易存在局部极值,由此造成势场函数的设计以及闭环系统稳定性的证明都较为困难,例如针对固定翼无人机设计的基于人工势场法的编队控制律,都未证明闭环系统的稳定性。

2.2.2.5　协同路径跟随法

协同路径跟随也是实现无人机集群编队飞行的一种方式。由于固定翼无人机在飞行过程中有最小前向速度的约束,因而无人机必须在运动过程中保持或变换编队构形,其运动形式可以设定为无人机共同沿预先规划好的航线飞行,即协同路径跟随。协同路径跟随控制可以通过路径跟随控制与上述几种编队控制方法相结合来实现,如 Li 等即是将基于虚拟结构法的编队控制律与路径跟随控制律相结合实现编队的路径跟随。无人机集群通过协同路径跟随实现编队飞行的优势在于,当通信极度不畅或者受到干扰时,无人机依然能够沿航线飞行,从而尽可能保证整个集群系统的安全。早期的协同路径跟随控制研究主要针对一般的非线性系统,例如:Ihle 等证明了路径跟随系统的无源性,并结合无源性的协同策略,建立了基于无源性的协同路径跟随框架;Ghabcheloo 等研究了存在通信丢包和时延的协同路径跟随问题,并给出了系统稳定的充分条件。

作为满足非完整性约束机器人的简化,独轮车模型的协同路径跟随控制问题受到了许多研究者的关注。为处理独轮车模型的非线性特性,在设计协同路径跟随控制器时,常用的控制方法包括混合控制、反馈线性化、级联系统理论等。此外,许多文献还考虑了不同场景下独轮车的协同路径跟随控制,例如:Ghomman 等研究了各机器人之间的信息交互发生在量化通信网络上的协同路径跟随问题,并给出了闭环稳定性的充分条件;Jain 等研究了采用事件驱动的控制和通信策略的协同路径跟随问题;Chen 等研究了在时不变的流场中,独轮车沿不同的闭合曲线协同路径跟随的情形。

对于无人机的协同路径跟随问题,Birnbaum 等研究了多旋翼的情形。对于固定翼无人机而言,由于其独特的控制约束限制,针对一般的独轮车模型和多旋翼的协同路径跟随控制方法通常难以适用于固定翼无人机。在一些现有的固定翼无人机的协同路径跟随控制的文献中,讨论了部分控制限制:例如:Xargay 等研究了时间关键(time-critical)的协同路径跟随控制问题,其控制目标是使所有无人机沿航线飞行的同时,同步到达各自目标点,并采用两架无人机的室外协同飞行对算法进行了验证,其研究考虑了无人机的最小速度和最大速度的限制,但是未考虑航向角速率的约束,反而假设航向角速率的指令不会导致输入饱和;Cekmez 等研究了多无人机协同跟随一条可移动的路径的情形,并通过仿真对算法加以验证,该研究同样也考虑了无人机的最小速度和最大速度的限制,但是对于航向角速率的限制仅是保证了该约束能够在系统稳态时满足,而对于系统的瞬态过程,则忽略了这一限制。

总而言之,自主控制是指面对动态变化的外部环境,无人机、无人艇等无人系统依据既定作业任务和环境感知结果利用内建算法进行规划、决策和控制,已达到最终任务目标。自主控制技术解决的是在大时间尺度下的广义控制问题。在无人干预或大延时无人为干预的情况下,自主控制以确保无人系统规避风险、完成既定任务。为保障无人机、无人船的航行测量安全,本书主要开展了无人机、无人船的航行安全自主控制保障技术研究和基于复合分层主动抗扰动前馈控制方法的无人船事前控制自主航行关键技术研究。

2.2.3 无人机安全管控技术研究

近几十年来,无人机已广泛应用于军事和民用领域,用于监测、侦察、播种、天气预报、智慧城市和其他不同类型的任务。无人机的快速增加对飞行管控提出了重大挑战。对于人工操作的小型无人机,目前还缺乏有效的管理手段。管理方法的缺失也限制了无人机的应用范围。因此,研究无人机安全飞行问题迫在眉睫。

本书研究了无人机集群的飞行管控问题。一些现有的文献研究了无人机在包含禁飞区的空域中的飞行安全问题。一些文章提出了一种基于 GNSS 信息的预警系统,当无人机接近禁飞区边界时,将向操作人员发出警报。当无人机接近禁飞区边界时,系统会提醒操作人员,但系统无法阻止无人机侵入禁飞区;Hu 等提出了一种实时无人机飞行参数异常检测系统,通过实时判断无人机的飞行状态是否正常来保证飞行安全,但对于人在回路的无人机,预期的状态参数不能因为有人的操作而不可预测。

针对小飞机的空管问题,相关研究者针对小飞机的空管问题设计了一种基于"软墙"的柔性力场,但并未提及如何实现;Thirtyacre 等通过大量试验综合对比了多种无人机电子围栏系统,得出目前电子围栏系统跨平台兼容性差、效果差异较大的结论。针对人在环无人机控制问题,Agrawal 等提出了一种基于任务模板的混合控制方案,Feng 等研究了一种基于马尔可夫决策过程的混合控制协议,它集成了操作人员的状态和无人机在当前状态下寻找最佳控制方案,但以上研究都是针对如何提高任务效率,而不是飞行安全的相关研究。而针对无人机飞行安全这个无人机领域至关重要的问题之一,一方面必须通过立法和规定来管控无人机的使用,以及对无人机的安全风险评估提出一套行之有效的方法,例如 Drone Industry Insights 提出的 UAS 安全风险评估四阶段模型,该模型应用于无人机飞行许可和保险申请,建立了相对安全可靠的基本框架;另一方面,可以通过一些方法来提高无人机飞行的安全度。

2021 年底,有研究者提出了一个基于计算机视觉(computer vision)无人机飞行安全管线,在此之前,很少有研究者关注完整的无人机安全飞行和登陆管线。而随着人工智能和计算机视觉的飞速发展,也逐渐开始有研究人员将这些技术应用于无人机安全领域。约克大学的研究者设计了一种无人机自主着陆避障系统,该系统的出发点在于多架无人机在同一平台上无通信自主着陆存在碰撞风险,因此他们设计了该方法,采用了基于深度学习的方法如 YOLO v4 模型等来实现着陆过程中的避障。而无人机在实际飞行过程中,除了需要躲避常规的物理障碍,也需要尽量避免被各种电磁场影响,昆明理工大学的研究者们提出了一种基于多传感器数学融合算法的数学模型,用于测算无人机的安全距离,特别是无人机需要在有着复杂电磁场的环境中工作的情况下,经过他们的试验,该数学模型可以较为精确地测算出无人机的当前状态是否安全,并且根据当前状态和无人机周围的环境信息动态调整安全距离以确保飞行安全。

除此之外,现有的无人机算法依然存在着一些问题,比如一般无人机在执行任务的过程中,其飞行海拔一般是从起飞位置计算的,不会考虑特殊地形,因此当任务出发点附近的地形出现巨大的变化时,会导致控制系统崩溃或出现各种故障,而应对这种情况,一个可用的方式是利用较为易于获得的数字高程模型(digital elevation models, DEM)协助动态调整使无人机维持在一个恒定的海拔。

无人机目前在诸多公共安全领域有着非常重要的应用,并且依然具有巨大的发展潜力,但是为了确保无人机在这些领域应用时其自身的安全性,有许多挑战仍待解决。因此有研究者提出了一种安全起落区（safe landing zone，SLZ)算法,该算法基于飞行任务预估所需的执行时间以及剩余的预估飞行时间进行决策,从而在时间比较紧迫的情况下协助工作人员进行无人机决策和管理。而无人机的飞行安全除了物理意义上的避免碰撞和故障,也包括避免无人机受到非法控制,因为无人机目前可以在没有明确的统一身份验证和通信的情况下控制,因此它是比较容易受到非法控制的影响,而目前 UAV 的身份认证机制还无法实现“单人单机”级别的安全控制,一种基于行为的只能无人机识别和监督系统的算法在 2020 年应运而生,该算法利用机载飞行事故记录器提供的位置和飞行数据来实时获取无人机的信息,然后对无人机进行行为建模,对有潜在的非法行为的无人机发出警告。而随着无人机的安全控制算法和避障系统的日渐增多,如何来对各种算法和避障系统进行评估也成了一个问题。MIT 的林肯实验室的研究者们通过对数以百万计的无人机场景中的避障、防撞系统的模拟以及对各类算法和系统故障进行分析,提出了可以用于分析 Global Hawk UAV 上的交通警报和防撞系统（Traffic Alert and Collision Avoidance System,TACAS)的示范性结果。

无人机集群的安全控制是系统能够顺利执行飞行任务的关键技术之一,主要包括集群飞行安全和集群使用安全。集群飞行安全指在复杂环境中,集群能够无碰撞地飞行,主要包括集群内部的机间防撞和对集群外部障碍的规避。一方面,无人机集群的任务环境通常较为复杂,例如建筑物密布的城市环境、山峰悬崖林立的山区环境、树木飞鸟集聚的森林环境等,无人机集群飞行中不可避免地面临与环境中各种障碍物发生碰撞的危险;另一方面无人机的数量规模不断扩大,集群内各无人机在队形变换以及任务调度过程中极有可能因为路径交叉以及飞行不确定性等因素而发生碰撞冲突。

集群飞行安全控制问题的核心是碰撞规避问题。现有研究已经提出了各种各样的理论方法,综合考虑各种方法的作用时间、适用场景以及理论基础,本书主要采用路径规划、优化控制以及反应式控制这 3 类方法。

(1)基于路径规划的碰撞规避:无人机航路规划是根据无人机的特定任务,考虑地形、气象等环境因素以及无人机自身的飞行性能,在满足多约束条件的前提下,为每架无人机规划出从起始点到目标点的可飞航路,实现指定性能指标最优或较优的过程。针对无人机航路规划问题,国内外学者提出了许多算法,如人工势场法、模糊逻辑算法、A^* 算法、遗传算法、蚁群算法、粒子群算法等。

传统的人工势场法易陷入局部极小值,为了改善这个缺点,研究者提出了改进的人工势场法,通过修改斥力方向,设置本机与障碍物的距离小于临界值,并将其与自主建立虚拟目标牵引点相结合。在行走的过程中,若本机与障碍物的距离大于临界值,则采用修改斥力方向的方法进行路径规划;若本机与障碍物的距离小于临界值,则转入自主建立虚拟目标牵引点算法进行路径规划。模糊逻辑算法在多障碍物环境下具有良好的寻找路径能力,相关研究者构建了一套多障碍物环境下基于模糊逻辑的机器人避撞路径规划方法,该方法较好地解决了多障碍物环境下机器人局部规划路径的问题。蚁群算法的优点是可以进行全局路径规划，但是其搜索能力与收敛速度间存在相互制约的关系。

为了解决上述问题，研究者提出了优化禁忌表及双向蚂蚁群体的不同搜索策略来提高蚂蚁的搜索能力和算法的收敛速度。研究者针对航迹规划最优性和实时性问题，构建了改进粒子群无人机航迹规划算法。研究者还提出了快速扩展随机树的航迹规划方法，解决了无人机实时三维航迹规划问题。

这些基于先验信息的全局路径规划算法最先应用于障碍规避的相关研究中，相关算法也扩展到了多智能体系统，从而实现全局的协同路径规划，但是该类算法对动态环境障碍的可扩展性较低。目前，基于传感器在线感知的局部路径规划算法更多地用于动态环境的碰撞规避研究。

(2)基于优化控制的碰撞规避：基于优化控制的碰撞规避包括基于博弈论的方法、基于遗传的方法和基于预测控制的方法等。其中，模型预测控制方法凭借其预测模型、滚动时域和反馈校正3个机制，能够显式地处理各种约束条件，在碰撞规避问题中得到了大量的研究成果。

模型预测控制方法能够综合考虑智能体的碰撞规避和运动目标，并且很好地显式处理系统的动力学和轨迹约束，因此广泛应用于运动智能体的导航和避障控制系统。模型预测控制方法的基本原理是，在每个控制周期，通过求解与未来一段时间的系统状态有关的优化目标函数，得到一定预测时域内的最优控制序列，但是仅将控制序列的第一项作用于系统。通过在每一更新时刻重复这一过程，能够保证规划的稳定性和收敛性。模型预测控制方法和人工势场法相比，能够考虑障碍的约束影响和智能体的复杂模型，对系统不确定性和干扰都有较好的适应性，通常情况下拥有更好的闭环控制性能。

另外，模型预测控制扩展到多智能体系统的导航和协同碰撞规避，具有很好的控制效果。对于多智能体集群系统，集中式模型预测控制方法理论上能够很好地处理多智能体系统的运动协同与碰撞规避，但是对于数量规模较大的系统，底层的优化过程过于复杂，不适用于可随意扩展的实时大规模多智能体系统。将模型预测控制方法应用于分布式控制体系架构中，即得到分布式模型预测控制方法。分布式模型预测控制方法允许将集群系统的总体协同控制问题分解成多个更小的子问题并进行局部在线求解，适用于有耦合约束的多智能体系统。分布式模型预测控制方法大量应用于导航系统，能够产生利他行为来达到全局更优的控制性能。研究者采用分布式模型预测控制方法进行编队控制以及碰撞规避，每个子系统同步地进行优化求解，但是不能严格地满足子系统之间的耦合约束。研究者使用一种分布式模型预测控制方法，基于邻近无人机的信息规划处无碰撞的路径来实现个体之间的碰撞规避与目标控制，但是没有对系统的递归可行性和稳定性进行理论证明。在通信网络允许的情况下，研究者提出了一种迭代求解的分布合作式模型预测控制方法。目前，分布式模型预测控制的研究重点主要在含耦合约束的线性系统，在非线性多智能体系统的应用上还有很大的研究空间。

综上所述,基于路径规划的规避方法更新周期较长,适用于较远距离的碰撞冲突场景;反应式的规避控制方法更新周期短,对动态场景的响应速度快,适用于近距离尤其是各种突发的紧急碰撞冲突场景;模型预测控制方法能够同时处理任务目标和防撞约束,并且能够处理非线性模型、环境干扰等各种不确定因素,适用于高动态性和高不确定性的中短距离范围的冲突场景。

(3)基于反应式控制的碰撞规避:当规划时域趋近一个无限小的时间间隔,局部规划方法类似于一个反应式反馈控制器,将当前的感知状态映射到当前的控制输出。

相关的方法包括人工势场结合滑模控制的梯度上升方法,以及基于极坐标和李雅谱诺夫分析的运动控制方法等。反应式的避障方法不显式地生成围绕障碍物的规避路径,即不需要直接执行路径跟踪。它通常基于当前的障碍和无人机状态信息,利用设计的防撞控制律实时生成无人机的飞行动作,从而避开障碍。反应式方法通常可以推广到任意的动力学模型,包括加速度受限的运动智能体。这些方法预先考虑智能体动力学特性的扰动可能造成的影响范围,因此不需要考虑具体的模型。另一个方法通过确保智能体距障碍的距离始终大于"制动距离"来实现避障,可以用于智能体模型未知的情况。传统的动态窗口法和曲率速度方法就是为以单时间步长为预测时域的规划方法。基于不同的轨迹选取过程的轨道曲率方法(Lane-Curvature)和 Beam-Curvature 方法都是该方法的变体。这些方法对于地面智能体的简单模型展示出了比较有效的避撞效果。然而,这些算法的有效性都是基于智能体能够随时停止的假设。

基于人工势场的反应式控制方法也有比较好的控制性能。和基于人工势场的路径规划方法不同,该反应式控制方法直接根据现有信息计算得到控制输出。该方法用于双轮车类运动学模型,能够通过调整参考点的位置来提高算法的性能;相比于基于全局信息假设的方法,基于人工势场的反应式方法可以用于仅拥有障碍物最近点信息的场景,更适用于基于感知的导航控制;此外,可以通过设计势场的形状来改善系统的闭环性能,以及削减系统振荡。研究者考虑了系统的驱动器约束,但是不能直接满足加速度约束。

人工势场法同样适用于多智能体之间的防撞控制,并且由于不需要考虑智能体的变形问题,基于人工势场的反应式机间防撞方法甚至比其在避障问题中有更好的控制性能。该方法应用在防撞问题中能够有效地避免速度控制的多单轮类智能体和速度控制的多线性小车之间的碰撞危险。该方法的一种变体是使用吸引和排斥域的多智能体导航方程方法。该方法与模型预测控制方法相结合,为多智能体系统导航控制的抗干扰性提供了思路。人工势场法的弊端在于通常不能得到最优解,并且容易陷入局部极小值的困境。

其他反应式避障方法包括:一种随机选取切线方向运动的基于概率收敛的在线导航方法,确定性的 Tangent Bug 算法,以及通过保持切线与智能体运动方向的一个固定角度的一种避障方法;一种基于维诺图的导航控制律,描述一组与障碍物等距的点,用于速度控制的单轮模型来保持与障碍物之间的距离,但是该方法通常会产生一条比切线图更远的路径;还有一种方法直接给出一组无碰撞的速度集合,采用线性二次高斯(linearquadratic-Gaussian)来考虑不确定性,适用于不同的线性模型。针对动态障碍的场景,在对障碍的运动做出一些严格假设的条件下,反应式的路径导航方法仍然能够有效规避碰撞。当障碍在空间中足够分散时,速度障碍模型可以扩展应用到动态障碍的场景,有效地引导智能体到障碍的预测边缘。研究者将人工势场法扩展到动态障碍的场景,但是没有给出严格证明。基于碰撞锥模型还提出了一种分布反应式防撞方法,能够在满足最小速度约束的情况下实现防撞和运动目标。

针对多智能体的防撞,还有一些基于混合逻辑的防撞控制方法。例如离散逻辑规则被用于协调多个智能体的运动,通过将工作空间划分成独立的单元,使每个智能体在同一时间独占不同的单元来实现防撞。另外,针对有最小速度限制的智能体,设计了盘旋保持运动模式以及基于优先级和交通规则的在线运动模式切换规则。

2.2.3.1　飞行安全控制技术

1. 集群飞行控制总体结构

整个系统由无人机和地面站组成(见图2-7),地面站负责任务的设定和集群飞行路径的设定,在集群系统起到统筹规划的作用。每架无人机都有姿态检测和控制模块、导航模块、数据通信模块、碰撞检测模块等。地面站端有通信模块和无人机集群进行实时信息传递,位置检测模块实现对集群中无人机位置的实时检测、根据地图障碍物的信息和任务的需求对无人机集群进行航迹规划的对象规划模块,包含着各种控制命令的控制指令模块。地面站负责集群任务的航路规划,集群的主机会按照地面站规划的航路飞行,其他无人机则会按照设定的队形任务飞行,在飞行过程中各架无人机通过无线通信链路进行通信,传递位置信息并防止碰撞。

2. 集群飞行控制策略

编队控制方法包括主-从(leader-follow)结构法、行为(behavior)法、虚拟结构法、基于一致性和图论的方法。现在最常用的是主-从结构法,因为这种方法解决了集中式和分散式通信的不足,并且更易控制,且跟随精度高。

(1)主-从结构法:即从机跟随主机的控制策略。从机通过获得主机实时状态信息,将之与预先设计的期望值做对比,通过对其偏差进行控制调节,使得编队达到一致性要求,这种控制策略十分常见,在许多文章中都有这种方法的影子。2018年,A Burns提出了一种基于刚性理论的控制方法,用于构建具有冗余的持久领导者-追随者阵型;指定的机器人可能会遇到传感器链接故障,而不会失去形成的持久性。在此模型中,考虑了某些几何条件导致的特殊位置的影响,仿真结果验证了方法的有效性。2019年,赖云晖设计了基于扩展卡尔曼滤波器的位置估计方法,并结合主-从结构的思想设计了分布式无人机编队控制策略,使四旋翼无人机群可以根据局部得到的位置信息由主机带领以任意的编队队形运动。2020年,Wang等针对具有线性约束条件的异构多智能体系统,在外部输

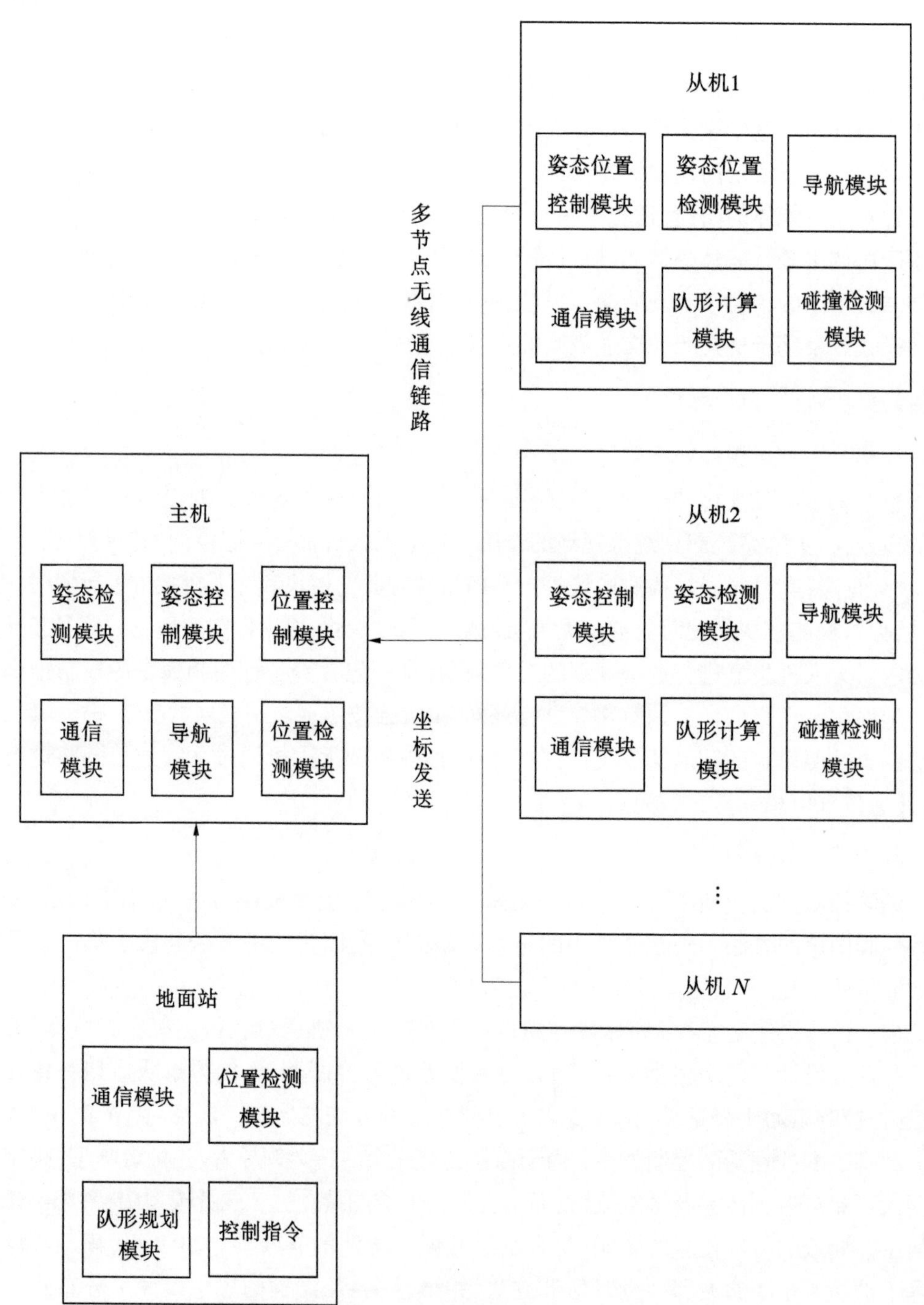

图 2-7　集群飞行控制总体结构

入信号存在未知扰动以及已知主机状态信息的情况下，实现了多智能体基于主-从结构的一致性。2021年，王祥科针对多个固定翼无人机的集群编队控制问题，提出具有分布式结构的多无人机群分层、分组控制框架，将集群内各无人机分成多个独立且不相交的群体，并将这些群体分成"主机层"和"从机层"，对各群体内的主机协同轨迹跟随设计控制律，使得主机能够收敛到其期望轨迹上的虚拟目标位置，通过对虚拟目标位置进行协调控制，进而实现各群组间的协同控制。同年，Sudip Misra提出了一种贪婪的启发式方法来选择无人机领导者，该方法通过较少的时间与地面基站进行实时通信。所提出的主-从模型通过提高信道资源的利用率来增强机群的可扩展性。

(2)行为法：行为法是具有仿生学思想的控制方法，本质上是一些行为动作的集合，如避障、集合、队形变换、队形保持等。每个动作对应着一种控制方法，并把权重赋予各个动作。基本思路是先对行为进行设计与协调，然后对行为的权重进行调整求和，实现期望的动作集合。2009年，Antonelli G基于零空间的行为方法，实现了地面多个机器人在应对动态和静态障碍物时有效避障。2017年，杨萍提出了一种基于麦克纳姆轮的全向移动机器人编队行为融合控制算法。仿真结果表明，基于行为的编队算法能够有效地控制编队队形并避开障碍物，其实现迅速，可靠性高。2019年，刘瑞轩根据主-从结构和行为法各自的缺点，将两种控制方法相结合，研究设计出了多个水下机器人队形控制所需要的几种基本子行为，之后利用粒子群算法优化行为方式并对其构建相应的适应度函数，最终提高了多机器人水下整体队形控制的容错率。基于行为的控制方法理论上简单且容易实现，在该控制方法下编队中的各无人机可以根据周遭环境与机间信息进行独立的自主决策，具有较好的扩展性。但是目前对于行为规律的研究还未取得突破性进展，基本行为互相融合产生的不确定性在目前来说是难以分析出结果的，这在一定程度上也限制了行为法的发展与应用。

(3)图论法：图论方法是一种用图论来表示编队内各无人机间通信的方法，其中单个无人机用图上顶点表示，用点与点之间的连线表示机间是否存在相关联系。由于目前对图论法的研究已经发展到可以得到无人机的刚性特征和最小约束结构，因此对其不断地深入挖掘具有很大的理论价值。2013年，Barca等提出了主-从结构下多机器人的编队控制方案，采用图论的方法推导出编队的控制系统，使编队内的各机器人能够在不进行机间通信的情况下移动的方法，并能在外部干扰致使编队队形变化时，重新准确地返回编队原位置。2014年，Luo等对多智能体系统中如何使编队达到最优且持久的控制算法进行了研究，根据编队内各多智能体对应的通信拓扑设计了最优持久编队的运动控制算法，最终仿真结果验证了该算法的有效性。2018年，赖云晖提出了一种基于图论法的三角形结构编队，将无人机编队整体视为一幅有向图，各无人机为有向图中的顶点，无人机间的距离及通信状态为有向图的边，结合主-从结构，根据距离反馈控制律对主机和从机的控制策略分开设计，最终使得三架无人机间的相对距离收敛为一个定值。

(4)虚拟结构法:为了解决主-从模式下编队过度依赖主机的问题,研究者提出了虚拟领航者的控制策略。即在实际编队中并不存在真正的领航者,而是在空间中虚构一个领航者,将其作为主机进行导航。2020 年,Zhao 等就是采用这种策略,通过将相邻无人机之间的相对距离与虚拟领航者之间的绝对距离进行迭代学习,最终设计出编队控制器。文献以多个四旋翼进行圆周运动为例,实验结果验证了该控制器的有效性。2019 年,芮可人提出一种将进化算法融入虚拟结构的优化模型,该方法将虚拟队形的中心位置与第一个设定节点的方向角作为变量,通过不断的进化迭代,从而得到最佳的期望队形。同年,吕永申等将人工势场法与虚拟结构法相结合,设计出新的编队控制方法,以此解决了传统人工势场在编队避障过程中出现的局部极小问题。

(5)一致性控制方法:在分布式网络中,编队中的各无人机通过与周边其他无人机进行实时信息交互,再对获得的信息与自身所处的环境进行重新分析处理,进而更新自身的状态,并在编队控制算法的影响下,使编队中所有无人机都处于一样的运动状态,达到编队整体一致性的结果。2015 年,Y kuriki 提出了一种将一致性理论结合主-从结构法的编队控制方法来解决编队协同飞行问题,该控制方法使主机可以向从机提供所需位置、速度、姿态等命令。最终仿真结果表明,在满足无人机组网大量假设的情况下,能够保持队形的稳定。2016 年,Zong Qun 针对飞行器产生的姿态同步问题,采用一致性与行为法相结合的主-从编队控制方法,最后通过 Lyapunov 函数判定其稳定性。2019 年,成浩浩等针对一致性控制策略无法有效解决无人机编队在复杂空间的避障问题,通过在编队飞行空间中建立虚拟势场,解决了编队与障碍物之间的碰撞问题,仿真结果表明新构建的控制协议能够使编队避障的同时保持队形。2021 年,徐珂针对非线性、强耦合特性的无人机集群系统在达到期望稳态队形时速度缓慢而影响作战效率的问题,提出基于多智能体一致性理论优化的无人机分布式编队控制算法,解决了具有非线性特征的集群分布式编队问题,最终仿真验证了模型的有效性。

和体系结构一样,规划决策可以采用集中式或分散式方法解决。集中式方法中,有一个中心节点可以获得所有无人机的信息,问题转化为对整个集群的单一优化问题。分散式方法中,每架无人机依赖获得的全局或者局部信息单独求解。介于两者之间的是半分散式系统,它充分利用无人机的分布式计算能力,但仍然需要中心节点进行信息融合或全局约束条件的判断。

无人机集群的规划决策可以涉及不同层次,部分算法直接作用于无人机的控制输入,部分算法则聚焦于无人机的任务或行为。POMDPs 提供了一种优化的数学框架来建模无人机与环境交互过程,可在同一框架内通过优化合并的目标函数实现不同层次策略的组合,因此得到了广泛应用。对于无人机集群系统,POMDPs 可以扩展为 MPOMDPs(集中式)或 Dec-POMDPs(分散式)等。进一步,为解决集群信息不一致和状态不确定问题,考虑信息融合的多无人机 POMDPs 求解算法也得到了研究。

集群任务的不确定性,给规划决策带来了极大挑战。任务规划通常是 PSPACE 完整的,寻求精确解的规划算法仅限于在低维系统可行。集群通常由大量个体组成,同时还具有底层空间的高维度特性,导致纬度巨大且计算复杂。规划算法对问题维度呈指数依赖,即使离线都难以求解。进一步,与地面机器人相比,无人机速度更快,动力学系统更复杂,机载计算能力更有限，故而，无人机的规划决策算法必须尽可能降低计算量，且具有强实时性。美国研究机构通过群间任务分配、群内任务协调、路径规划和轨迹优化 4 个层次的分层优化，使得无人平台能够针对复杂任务实现层次化协调，极大地减小了在线计算负载。但是，总体而言，为适应瞬息万变的复杂动态环境，如何实现兼顾优化性和快速性的动态决策和任务/航迹重规划，仍然还是挑战性的问题。本书针对实际情况主要采用以下控制策略进行无人机集群飞行控制。

(1)集中式控制策略。

当无人机群采用集中式控制策略(见图 2-8)时，集群中的每架无人机都会和其他无人机建立联系，以获取到其他无人机的信息同时让自身的信息被其他无人机接收。这些共享的信息包含当前无人机的 GPS 坐标位置、速度、高度等。每架无人机接收到其他无人机的数据之后根据集群队形的要求调整自身位置。这种控制策略的优点在于对队形的控制灵活，可对每架无人机的状态进行单独控制以实现多样的队形。集中式控制策略的不足是集群中各架无人机的信息传递量大，对通信链路的承载能力和主控芯片的处理能力提出较高要求，而且无人机上需要运行较复杂的队形控制算法。

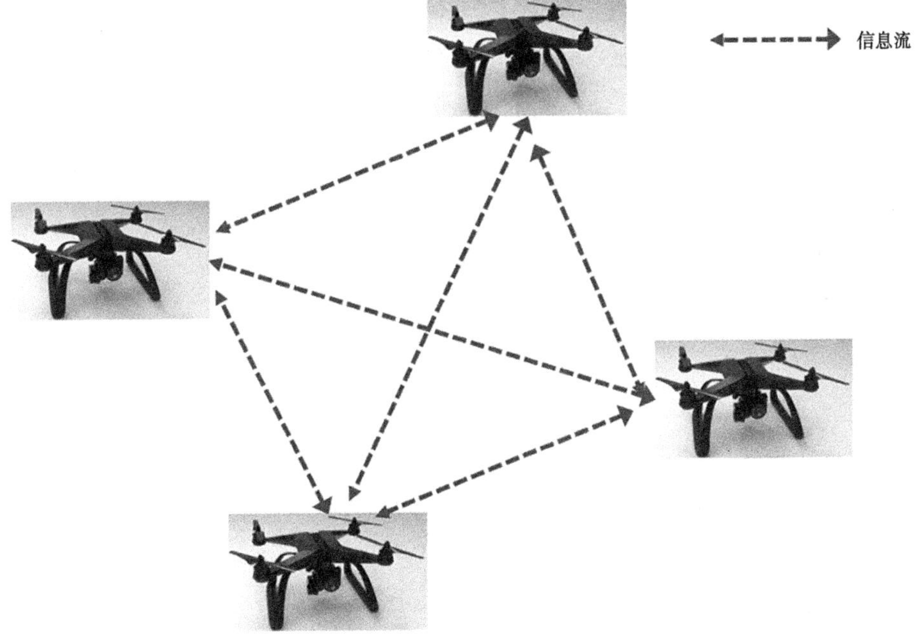

图 2-8　集中式控制策略图

(2)分散式控制策略。

在使用分散式控制策略(见图 2-9)的集群中，各架无人机只和设定的特定无人机进行信息互传，不跟其他无关的无人机进行通信。使用分散式通信策略集群系统之间的信息交互量相对于集中式控制要少很多，使得系统实现相对简单，同时控制算法也不会太复杂，结构最简单，尤其适合小规模的集群系统，但是飞行中发生碰撞的可能性比较大。

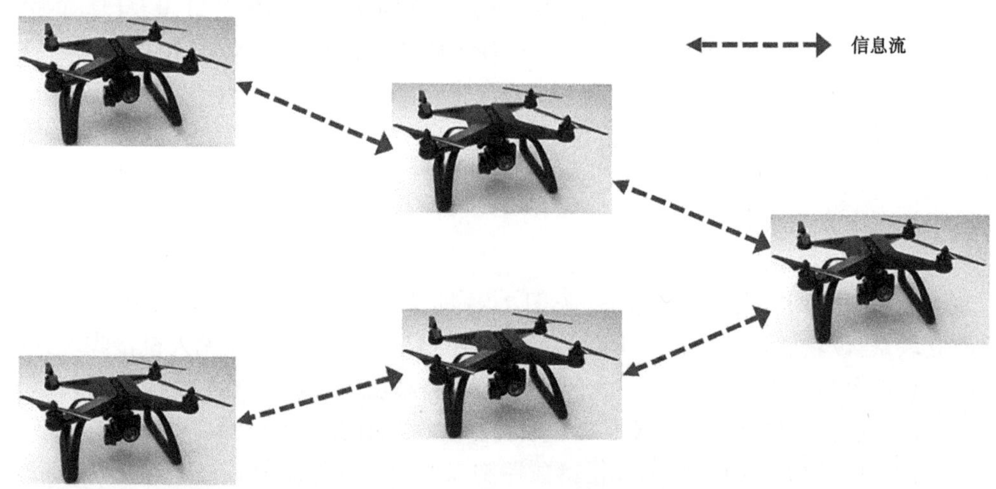

图 2-9　分散式控制策略图

(3)分布式控制策略。

集群飞行分布式控制策略指在无人机队形组织的时候,把原来整个无人机队形分成许多子机群,在子机群内部采用集中式控制策略,各个子机群之间采用分布式控制策略(见图 2-10)。这种控制策略采用了类似于分治法的思路,把一个大问题拆分成许多子问题来解决。尽管在整体的控制效果上分布式控制策略没有集中式控制策略效果好,但是这种控制策略能够在大规模无人机集群时,在保证控制效果的基础上大大减少网络中的数据传输量。从工程角度看,这样的结构便于实现和维护。此外,分布式控制策略能将遇到突发故障的无人机对整个机群的影响控制在子机群之内,大大提高了系统的容错性和稳定性。

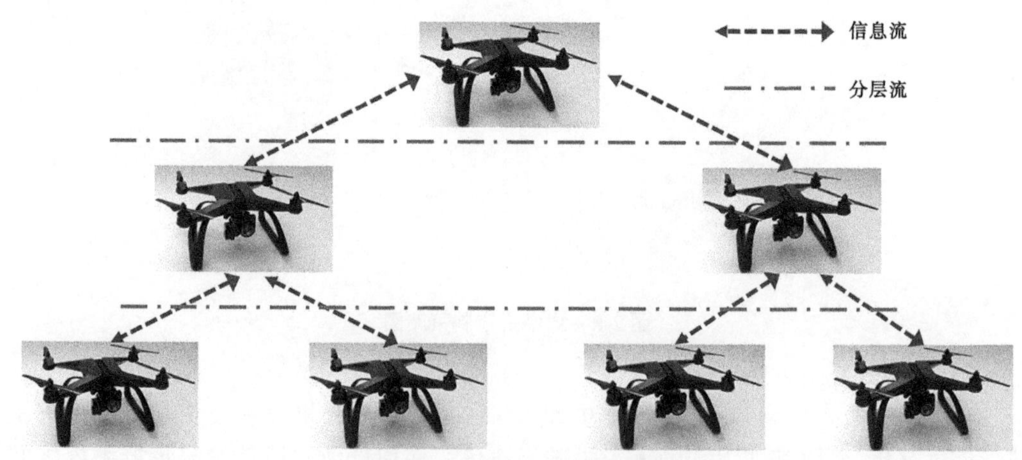

图 2-10　分布式控制策略图

尽管分布式控制策略有许多优点,但是缺点也不容忽视。当集群中小的集群单元因为动态效应或者 GPS 偏差导致实际位置和理论位置不一致时,整个子机群单元发生偏移。

2.2.3.2　飞行监控保障技术

1. 监控实时性保障

无人机在各个领域的成功应用,标志着以智能化、信息化、数字化为主导的无人机技术发展进入了新的时代。近百年时间,无人机也从最简单的有线控制,发展成现在的可视化、智能化飞行监控系统控制。20 世纪 20—30 年代,无人机暂时还没有配套的飞行监控系统,对无人机的监控都是利用一些辅助设备。例如:美国在 1918 年研发的第一架"柯蒂斯"式无人机利用陀螺仪指示飞行姿态和航向,利用无液气压计指示高度对飞机进行监控。英国费尔雷公司于 1933 年研制的"费尔雷昆士"号无人机利用无线电遥控实现飞行控制。20 世纪 60 年代,无人机飞行监控系统已经初步形成,利用飞行监控系统可以操控无人机执行各项任务。20 世纪 80—90 年代,美、英等发达国家研究设计了"捕食者"无人机飞行监控系统,该系统功能更加完善,可以实现对无人机的全天候、智能化监控,这时的无人机飞行监控系统设计已经逐步成熟。21 世纪以来,世界各国对无人机飞行监控系统的研究更加深入,各种新型的飞行监控系统相继出现。例如:以"影子 200"无人机飞行监控系统为代表的一体化系统,该系统由双重工作平台组成,能够控制无人机执行多种复杂任务。此外,大型无人机"全球鹰"的飞行监控系统,通过标准化数据协议 STANAG4586 的兼容性,驱动了无人机飞行监控系统与其他设备的互联互通,具备了和载人机、卫星、舰艇等装备进行数据通信的能力。

无人机技术的迅猛发展,推动了无人机飞行监控系统的研究与开发,飞行监控系统涉及实时数据传输、数据可视化显示、图像处理、航迹规划、无线电远程监控等多项技术,其设计已经成为各国学者的研究热点,目前,国内外各大院校、研究所和公司对无人机飞行监控系统已经展开了深入的研究,部分研究成果已经成功应用于实践。

国外对无人机飞行监控系统的研究起步早、基础好、研究成果显著。美国 3D Robotics 公司研发的开源飞行监控系统软件 Mission Planner 是自动无人驾驶平台 APM 的配套系统。该系统能够与安装有模拟飞行仿真系统的计算机进行数据链接,来实现无人机飞行仿真功能。此外,系统还提供了数据管理与显示、系统调试、地图导航和飞行定位功能,数据管理与显示功能用于接收无人机下传的遥测数据并利用虚拟仪表显示出来,系统调试功能可以为 APW 飞控系统固件提供最优配置方案,对飞控参数进行合理调整,地图导航模块可以通过谷歌地图显示无人机的位置信息和飞行轨迹,同时 Mission Planner 系统还能够为无人机提供航迹规划服务。

欧洲 UAV Navigation 公司研制的 Visionair 飞行监控系统软件具备友好的人机交互界面,由于软件内增加了多个图形助手,大大降低了操作的复杂度,有助于操作员更好地了解自动驾驶仪的飞行状态。Visionair 软件可以对无人机的飞行路径进行实时估计,在出现紧急状况时,会提示操作员采取躲避回旋或启动紧急程序对飞机进行控制。该软件的显示窗口以导航地图为背景,在地图上能够对无人机实时定位并显示无人机的飞行轨迹,同时可以根据任务预先规划无人机航迹,软件窗口下方为飞行状态显示仪表,可以实时监控无人机的飞行状态。

SPH Engineering 团队设计研发的 UGCS 无人机飞行监控系统是一款智能的中央管理

软件。该软件能够在多操作员模式下控制无人机执行多项任务。通过软件中提供的航迹规划服务可以将任务航线发送给无人机，实现无人机自主飞行功能；利用软件的数据显示功能可以实时监控无人机的飞行状态；在导航地图上，操作员可以实时跟踪无人机的位置，并标记感兴趣的地点进行详细的现场调查。该软件使用 UGCS 的模块化架构，简化了集成，增加了对新机或有效载荷的支持，并且可以利用离线映射工具，选择生成高程模型，创建高质量的影像地图。

我国对无人机飞行监控系统的研究相较英、美等发达国家起步较晚，但由于飞行监控系统应用前景广阔，国内许多科研机构对此做了深入的研究和探索，在该领域取得了一定的研究进展。DJI 软件是无人机制造领军企业大疆公司为其 Phantom 系列无人驾驶平台研发设计的飞行监控系统，它是在 Windows 环境下利用 C++语言编程实现的。其界面设计采用人机交互技术，改变了原有无人机飞行监控系统使用复杂、数据显示单一的现状，简化了任务规划的操作步骤，带来了良好的用户体验。其导航地图基于 Google 地图技术，支持地图在线更新、自由缩放和调整视角，操作人员可以在地图任意位置进行航迹规划。该软件还具备飞行数据仪表显示、飞行仿真模拟、状态实时监测等功能。

天行创科公司设计的 GS3 型飞行监控系统由飞行控制模块、远距离数据通信模块、高清晰视频传输模块和双屏显示模块组成，可以实现对无人机平台的超视距远程控制。该系统经过多次测试并根据用户反馈进行了结构设计的优化，取代了原始的手柄控制模式，应用分布式结构设计，实现了无人机与飞行监控系统远距离稳定连接，同时增加了智能控制功能，可以实现无人机的自主飞行。该系统还具备高清视频图像显示、遥测数据接收、自主起降、任务规划等功能，可以满足大多数用户的使用需求。

通过对以上几种国内外无人机飞行监控系统的界面设计、功能特点和实际应用效果进行分析总结，能够得出未来飞行监控系统的发展方向，简述如下：

(1)采用友好的用户界面。友好的用户界面具有数据显示清晰、功能分区合理、符合用户习惯、能够实时和用户沟通等优点。友好的用户界面设计可以使飞行监控系统的操作复杂度大大降低，有效提高系统的使用效率，能够带来良好的用户体验。

(2)良好的通用性。通用性的含义包括两个方面：一方面是指使用一套飞行监控系统可以实现对多种类型无人机的实时监控，在设计时需要对不同类型无人机的通信协议进行对接，制定通用化、标准化的协议格式，通过软件二次开发，在不改变原有系统硬件基础的前提下，实现系统的多类型无人机实时监控功能。另一方面是指飞行监控系统可以满足多种任务要求，既能够减少系统重复开发的投入，又可以推动飞行监控系统软硬件平台统一化。

(3)模块化设计结构。无人机飞行监控系统应当具备较强的功能拓展能力，各模块应具有良好的独立性，在进行功能拓展时可以直接在原有软件系统基础上增加新的模块，而不影响其他模块的功能，在实际应用中既可以使用单一模块功能又能进行多模块功能配合使用。模块化设计结构可以提升无人机飞行监控系统的整体功能，能够确保原有的研发投入不受损失，也有利于后续系统测试和软件升级。

(4)实时航迹规划。飞行监控系统须具备灵活可靠的实时航迹规划能力以适应复杂的飞行环境，当无人机遭遇突发事件或飞行任务需要变更时，实时航迹规划功能应迅速启动，将当前规划的航线数据发送给正在飞行的无人机，并删除之前的飞行计划。

目前使用的无人机飞行监控系统基本上都可以实现遥测数据接收与显示、简单的飞行控制、地图导航和航迹规划功能,但也存在许多不足。第一,软件一般不能跨平台使用,可移植性不强。多数飞行监控系统软件是在 Windows 环境下通过 Visual Studio 或 Visual Basic 软件平台进行开发,不能应用于用途广泛的 Linux 平台,降低了软件的重用性,不利于测试和维护。第二,不具备多机实时监控功能。当前大部分飞行监控系统仅能对一架无人机进行飞行状态监视和飞行控制,在执行复杂任务时,无法同时对多架无人机进行飞行监控,已经不能满足多机联合的要求。第三,导航地图功能不完善。现有的飞行监控系统一般使用二维平面作为导航地图加载场景,存在地图显示不够形象直观、可拓展性较差等缺点。针对以上三个问题,在对无人机飞行监控系统进行设计时,将利用可跨平台的 C++图形用户界面开发框架 Qt 作为开发工具,应用 UDP 传输协议和通用的数据结构体,实现多机实时监控功能,采用 osg Earth 地图技术,完成在三维地球模型上加载导航地图。

无人机管控平台,需要实时反映无人机的状态信息,才能使得操作人员第一时间掌控无人机的动态并做出重要指示。监控的实时性即监控数据的响应速度尽可能地快,针对无人机集群监控的场景,同一时间会从无人机收集大量的监控数据,如何采取一种高效的方式对监控数据进行处理、提高数据处理效率、加快数据响应速度、减少数据展示时的滞后时间,是需要解决的关键问题。

传统的监控系统设计,采用的是分时监控方式,即流水线的工作方式,将所需工作线性排列,利用单线程按照顺序逐一进行操作。在单线程消息处理过程中,会依次对无人机集群中的无人机化身 1、无人机化身 2、无人机化身 3 按照顺序进行消息处理,只有处理完当前时刻无人机化身 1 的数据,才会处理当前时刻无人机化身 2 的数据,只有处理完当前时刻无人机化身 2 的数据,才会处理当前时刻无人机化身 3 的数据(见图 2-11)。这样无法充分发挥 CPU 的计算效率,并且实时性比较差,越后面处理的无人机化身数据,其数据显示越滞后。

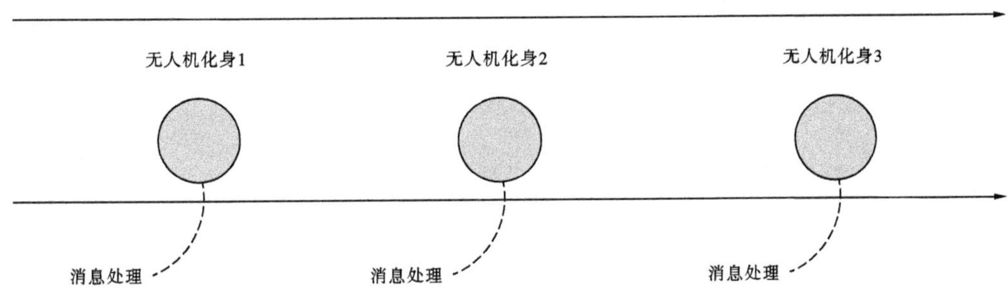

图 2-11　单线程处理策略示意

本书提出了一种多线程+分布式的消息处理策略。将每个无人机某一时刻的监控数据封装成一条消息,该消息包含消息 I、无人机 ID,以及经纬度、高度等关键属性信息。多线程+分布式的消息处理策略如图 2-12 所示,通过该策略可以保障完全并行化地进行消息处理,因此可以做到充分利用 CPU 资源,减少处理数据的时间消耗,提高数据响应速度。

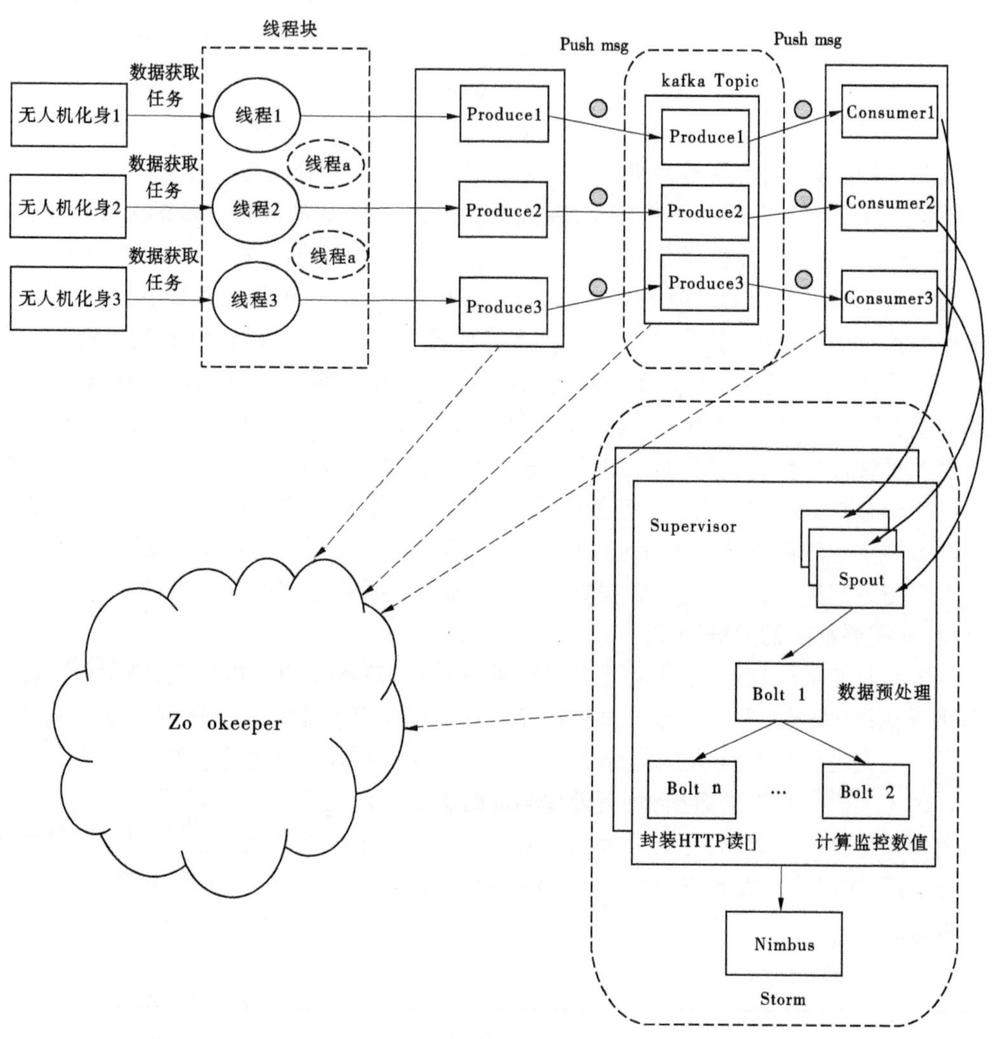

图 2-12　多线程+分布式处理策略示意

首先,对监控的数据处理流程引入线程池的思想,为每个无人机化身分别申请一个新的子线程单独去运行,分别进行无人机消息的获取,这样充分利用了 CPU 多核的优势,可以同一时间对所有无人机化身进行消息的获取,相对于无人机化身轮询方式排队获取消息,明显加快了消息获取的速度,接下来,将每个无人机化身收集的消息,放入消息队列 MQ 中。由于 Kafka 适合高吞吐量的场景,数据响应在 ms 级别,并且支持完全分布式的架构,适用于无人机集群数据监控的场景,因此本书选用 Kafka 作为监控实时性保障的消息队列 MQ。引入 Kafka 的主要目的是进行异步解耦,降低数据处理的响应时间,将非必要的业务逻辑由同步改为异步,以此来加快系统响应速度,从而减少数据处理时间,如图 2-13 所示。同时 Kafka 也作为数据缓冲区,降低大量数据对监控平台造成的数据压力。

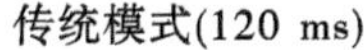

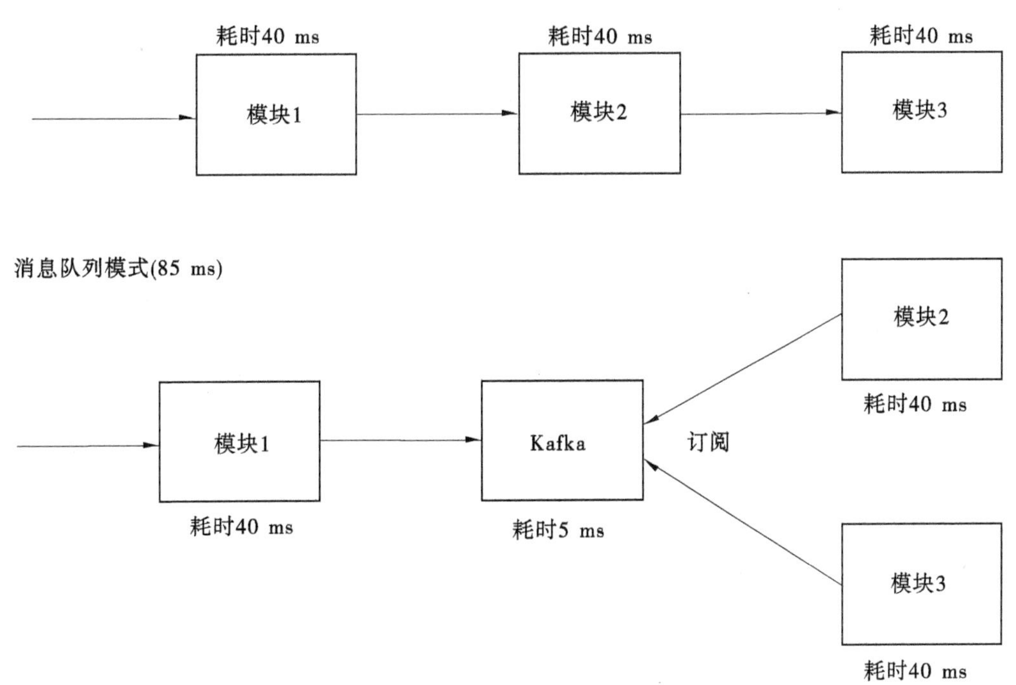

图 2-13　消息队列异步处理模式

Kafka 组件中最重要的概念是 topic(主题)和 partition(分区)。一个主题含有多个分区,主题可以被多个消费者订阅,用以区分大类,实际的消息存储在分区中,分区结构如图 2-14 所示,分区中定义的消费位置偏移量被称为 offset,每次消费到特定位置,需要将 offset 记录并提交。每个 Kafka 中的分区是 Kafka 并行操作的最小单元,分区的数量越多,意味着可以达到的吞吐量越大。基于如上分析,本节将无人机化身个数和 Kafka 中的 partition 个数相对应,将 partition 个数动态调整成无人机化身的个数,从而保证了监控消息处理吞吐量最大化。

最后,为了提高系统整体并行化处理速度,消费者采用 Storm 集群进行并行化处理。Kafka 中具有生产者和消费者的概念,生产者在对应分区内生产数据,消费者在对应分区内消费数据。

如上所述,生产者即为无人机化身,多线程保证了完全并行化向 Kafka 每个分区中写入数据信息。同样采用 Storm 完全并行化从每个分区中读取数据信息。Storm 是目前最为流行的实时数据处理框架之一,可以保障最短时间的数据响应处理。Storm 的处理模型是 Topology,由发射组件 Spout 和处理组件 Bolt 构成。Spout 发射消息给第一个 Bolt,第一个 Bolt 处理完毕进而发送给第二个 Bolt,以此类推,直到处理完成。由于在 Kafka 中一个分区只支持各消费线传来的消费信息,因此将 Storm 中的 Spout 消费线程数量动态调整为 partition 的数量,即无人机化身的数量,从而保证监控平台达到最大的吞吐量。Kafka 在并行处理时,每个分区仅由一个消费者使用,确保了消费者是该分区的唯一读者,并按顺

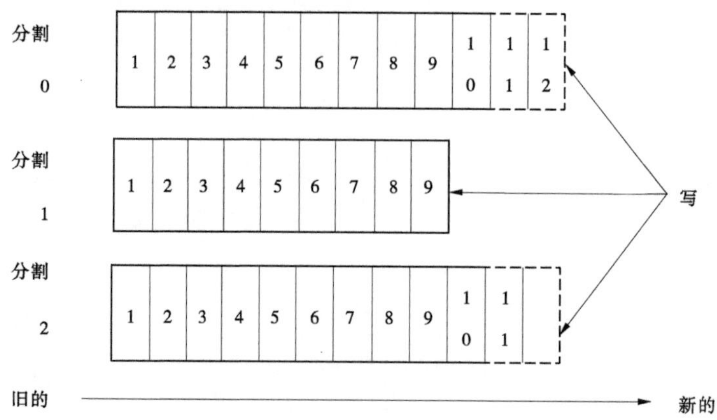

图 2-14　分区结构

序使用这些数据,因此不会造成每个无人机化身内部消息乱序的情况。多线程+分布式消息处理策略的整体流程如下:

(1)数据处理层通过无人机化身管理 map 获取无人机化身总共的数量。

(2)数据处理层根据无人机化身的数量,动态调整 Kafka 的 partition 的数量,使之与化身数量相等。

(3)数据处理层通过线程池,为每一个无人机化身分配一个线程处理,进行化身数据收集,并将数据封装为一条消息,写入对应的 partition 中。

(4)数据处理层调整 Storm 中 Spout 的消费线程数量,使之等于无人机数量,对应 Kafka 的 partition 进行消费。

2. 监控可靠性保障

监控可靠性体现在两个部分,分别是系统可靠性和计算可靠性。由于 Kafka 和 Storm 都是依赖于 Zo okeeper 实现的,系统运行时的状态信息都序列化在 Zo okeeper 中,由 Zo okeeper 的高可用即可保障 Kafka 和 Storm 的高可用,从而实现数据处理层的系统可靠性,而计算可靠性主要体现在分布式多节点多进程之间的通信,需要正确维护参与者的状态和依赖关系,也就是说,在处理消息期间,消息没有被重复处理。

Kafka 和 Storm 框架本身是带有可靠性保障机制的,可以保障框架内部消息的计算可靠性。本节首先对 Kafka 和 Storm 框架在保障消息可靠性时采取的关键机制进行介绍。

Kafka 的可靠性的保障来源于其副本策略。Kafka 中消息通过主题进行分类,命名为 topic,每个主题又分为多个分区,即 partition,分区是最小的单位。不同分区都存在多个副本,分布在多个 broker 机器上,每个副本又分为 leader 和 follower,当主机宕机,leader 会重新选举,因为有多个副本从而保证了 Kafka 消息计算的可靠性。

Stom 的可靠性保障来源于其处理策略,由 Spout 发射出来的数据单元会形成一个元组树,根为 Spout,其他节点为 Bolt,每当处理失败或者超时,处理策略都会通知 Spout 重新发送,通过重传保证了 Stom 框架内消息计算的可靠性。

引入了缓存策略,通过全局的唯一 ID,来判断消息是否已经处理。其中的内存缓存区使用 Redis 内存数据库创建,由前文可知,Redis 具有较高的内存读写性能和内存利用率,满足实时处理计算低延迟的特点,并且使用堆外内存缓存,不会被程序垃圾回收,而且访问速度非常快。具体表现为以下步骤:

(1)数据处理层在消费端获取消息,对消息进行解析。

(2)数据处理层获取消息 ID,即消息的唯一区分符,以此作为 key 在 Redis 内存缓存中进行查询,如果查询到,重复第(1)步,否则跳转到第(3)步。

(3)数据处理层选用 Redis 的 string 类型,存储格式为<消息 ID,消息内容>,将数据存储到 Redis 缓存区。

(4)数据处理层利用 Storm 对该消息进行处理。

数据处理层保障消息可靠性,采用缓存策略防止消息重复消费的伪代码算法。缓存策略在计算节点上开辟内存缓冲区,用以记录流式处理的消息是否已经进行过消费行为,以实现监控过程中消息的可靠性。通过该策略,将 Kafka 消息队列中拉取的消息每次消费之前先进行缓存查询比对,判断该消息是否已经消费过,如果没有消费过则交由 Storm 进行处理,否则忽略掉,从而保障了监控过程中消息计算的可靠性。

2.2.3.3　无人机电子围栏

无人机的智能化使无人机市场走向大众化,促使整个无人机行业的繁荣。但是,也使得使用者飞行门槛降低。此外,随着使用者的增多,坠机、“黑飞”等无人机飞行安全事件频发。这不仅与飞行器本身飞行稳定性有关,同时也与无人机操作员缺乏飞行安全知识和飞行经验有很大的关系。由于无人机不能向监管部门传输实时飞行数据,使得民航空管部门无法监控其飞行情况,从而无从了解无人机的安全飞行状态。

鉴于民用无人机飞行高度的限制,现有的低空雷达并不能满足低空飞行的安全要求。一方面,低空雷达对低空的覆盖不完全,地形的复杂性阻碍了雷达信号,存在雷达盲区;另一方面,随着民用无人机数量的增加,以及民用无人机飞行时间的灵活性,即使被检测到也无法排除安全隐患。广播自动相关监视技术(ADS-B)在地面上需要相当数量的地面服务站等基础设施作为硬件支撑,且 ADS-B 机载设备价格高,维护困难,其信号也容易受到复杂低空地形的影响,因此使用 ADS-B 来解决无人机监管问题,既不现实又难以实现。因此,我们有必要针对民用无人机这一特殊的飞行器,开发低成本、有效的民用无人机监管系统,降低无人机“黑飞”的安全隐患,提高公共安全、民航飞行安全以及通航飞行安全。

随着云计算、大数据、互联网技术以及 GIS 电子围栏技术在各个领域的普遍应用,人们寄希望于现有的技术实现对民用无人机的规范化管理。例如,云世纪信息科技研发了基于大数据的“云世纪无人机综合管控系统”,该系统能够实时获取无人机位置、无人机操纵者位置信息,可设置无人机飞行(动态)电子围栏、超高报警、超速报警、禁飞区告警等监管策略。中国航空器拥有者及驾驶协会发起建设了“优云”(U-Clould)无人机系统,该系统以云计算为基础进行无人机的监管,无人机飞行时的航迹、高度、速度、位置、航向等数据都会传输到系统上,以便系统根据这些数据进行相关的预警、避让以及安保工作。上述监管平台具有有效管理无人机实时飞行状态的优点,但是存在无人机飞行区域管理、无人机实名制管理和无人机详细信息缺失等缺点。

电子围栏一般可以分为传统电子围栏和网络电子围栏两大类,传统电子围栏主要包括以下四种:

(1)电子脉冲式电子围栏,它是最为常见的电子围栏设备,兼具防盗、报警功能。由于这种围栏由带脉冲的电子线缆构成,当电子围栏触发时,电子线缆可以产生非致命脉冲高压来击退入侵者,实现防盗的功能。同时,系统会将入侵信号发送到终端,提醒工作人员,从而发挥告警的功能。

(2)张力式电子围栏,它由金属丝线和张力探测器组成。当有外力作用时,围栏将力大小的差异转换成电信号,从而达到告警的目的。

(3)振动式电子围栏,它是由振动感应线缆和振动感应器组成。当设备有外力作用时,振动感应器会接收到振动传感从而实现告警功能。由于其感应设备对不同力的感应十分敏感,其监督十分高效、灵敏。

(4)埋地式感应设备,它由埋地式电缆和入侵探测器组成,通过埋藏在地下的探测传感器形成的磁场来实现告警功能。网络电子围栏由电子围栏主机、智能控制键盘和管理软件构成,是网络电子围栏技术与网络技术相结合的新一代电子围栏产品。传统电子围栏主要应用到传统周界防范报警系统当中,而网络电子围栏则越来越多地应用到伴随虚拟边界的场景当中,如基于移动终端的电子围栏系统、共享单车电子围栏系统、无人机电子围栏系统。

近年来,无人机市场空前的繁荣,如何确保无人机安全和规范化使用,成为民用航空技术发展的重点。

目前,无人机监管有以下三大技术:

(1)无人机电子围栏,它是指为防止民用无人机飞入或者飞出禁飞区域,在相应电子地理范围中画出其虚拟边界,并配合飞行控制系统,保障区域安全的软硬件系统。

(2)无人机云,它通过身份信息的识别、飞行数据的分析、飞行轨迹的追溯,为监管部门提供执法依据并进行执法。

(3)探测打击,通过对无人机的探测和身份信息的比对,迫使违法、违规无人机降落。

目前,主要的无人机探测技术有以下几种:

(1)雷达,根据雷达的工作原理发现、追踪目标,最后用干扰器将目标击落。

(2)声音探测,通过声音降噪确定无人机从而迫使其降落。

(3)无线电扫描无人机与操控者之间的控制电路,阻断无人机与操作者之间的通信迫使其降落。

目前,电子围栏规划能够有效地解决无人机监管过程中的问题,因此电子围栏规划的发展越来越受到人们的重视。一些电子围栏规划平台也相继出现,如云世纪信息科技基于大数据研发的“云世纪无人机综合管控系统”,中国航空器拥有者及驾驶员协会以云计算为基础建设的“优云”(U-Clould)无人机系统。上述监管平台具有有效管理无人机实时飞行状态的优点,但是存在无人机飞行区域管理、无人机实名制管理和无人机详细信息缺失等缺点。

无人机电子围栏是指为防止民用无人驾驶航空器飞入或者飞出禁飞区,在相应电子地理范围中画出其区域边界,并配合飞行控制系统,保障区域安全的软硬件系统。无人机电子围栏模型一般采用4维空间结构,包括平面投影区域:纬度、经度、限制高度、有效时间。图2-15为无人机电子围栏模型图。

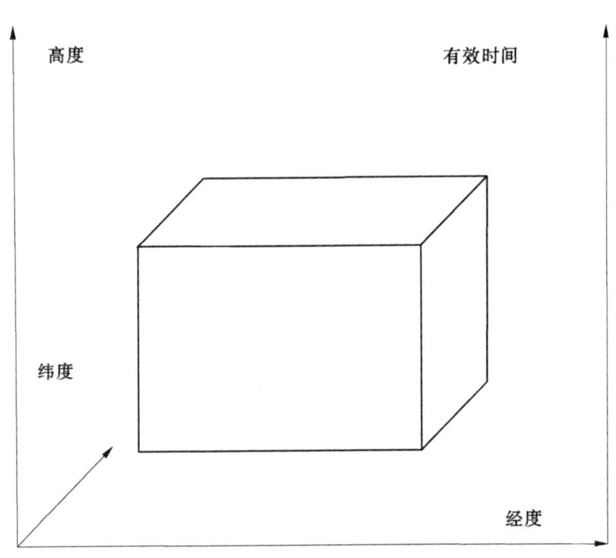

图2-15　无人机电子围栏模型图

无人机电子围栏作为无人机集群测量的限制区域,为确保无人机集群测量的安全性以及满足监管的需求,需实时掌握和了解电子围栏的范围与区域,严禁进入围栏区域内航行。为实时掌握电子围栏的位置和分布,保障无人机集群测量的安全和航行自由,开展了无人机电子围栏管控技术研究。无人机电子围栏管控技术是基于无人机电子围栏,针对具体地域具体划分,除国家规定的禁飞区外,根据建设单位明文禁止的飞行控制区域,在无人机集群管控平台中规划相应无人机禁飞区,自主研究构建无人机电子围栏数据库,实现无人机适飞区域的规划设计,使无人机在划定区域内飞行。通过对无人机适飞、禁飞区域进行管理,可保证专业无人机安全作业。

若无人机飞到适飞区边界范围,会采取悬停、返航或报警等措施进行快速反应;若无人机作业途中触及禁飞区边界,无人机会立即告警悬停。通过无人机电子围栏管控技术实现无人机的安全、自由航行作业,提高作业效率。

2.2.4　无人船复合分层主动抗扰动前馈控制方法

在水域中航行的USV,由于受到海浪等外部环境的干扰,会产生六个自由度的摇荡运动,其中横荡、纵荡及舷摇对水面USV的负面影响最大。剧烈的摇荡运动不仅会影响船载测量传感器的正常工作、降低工作效率,而且还可能造成航迹、航向偏离期望设定。

无人平台的大惯性、强时滞等特点以及近岸浅水域浪流涌信息的多变性、无规律性,使现有的抗干扰控制方法存在许多问题。如果能够事先预报出水面艇在未来短时间内的摇荡姿态,则可设计基于主动式(前馈)控制策略的减摇设备控制算法,实现反馈与前馈复合的控制策略,以达到更好的减摇荡效果。

2.2.4.1 船舶运动极短期预报技术国内外研究概况

舰船运动极短期预报是指确定未来几秒或十几秒内的舰船运动姿态。舰船在海浪中航行,由于受到风、浪和流的影响,将产生六个自由度的运动:横摇、纵摇、舷摇、横荡、纵荡、垂荡。对舰船运动的未来有效时间内的姿态进行预报,以此引导舰载机安全起降,可以大大提高舰船的适航性,放宽对舰载机的性能要求,降低飞机成本,而且最重要的是应用预报技术可以极大地减少事故的发生。因此,舰船运动极短期建模预报具有重要的实际意义。舰船运动极短期预报在国外已研究多年,从理论分析、模型建立到实船试验,都取得了许多有价值的成果,而且很多成果已经应用于实际,在所采用的方法中既有频域分析法也有时域分析法。归纳起来主要有如下几种。

(1)统计预报法。

Wiener 提出平稳时间序列预报方法,该方法是以积分方程为分析工具并使均方差为最小的最佳线性预报,J. T. Fleck 等将这种方法用于研究波浪频率比较低的舰船运动预报,结果表明对于纵摇能相当满意地预报到 1 s,之后,随着预报时间的增加,误差明显增大。这种方法需要把预报与滤波结合起来,最终要求对输入信号的历史数据进行数学运算,从而得到未来时刻的短期预报,因要求预报的信号是一个随机信号,它只能通过统计参数来实现,最重要的统计参数就是功率谱。

利用 Wiener 预报方法必须完全和准确地知道预报信号的功率谱,但是计算随机过程的功率谱相当复杂,需要对测量数据进行长时间的处理,而且功率谱必须能用游离函数来近似,才能获得预报装置的变换函数的表达式。另外,航向的变化和海风的影响使舰船运动的功率谱也随时间而明显变化,这会使功率谱的处理更加难以实现。因此,这种预报方法,应用于实际的舰船运动预报显然有许多限制因素。

(2)卷积法。

P. Kaplan 最先应用卷积法对舰船运动进行了预报,即采用基于可测量的艏前某处波高作为输入信号,并将其与舰船响应核函数进行卷积,得到舰船运动预报,基本步骤如下:

①测量舰艏前 x 点处波浪高度及方向;

②把波浪扰动作为测量点 x 所在 x 轴变化的位置和时间的函数,求出作用在舰船上的水动力、纵摇力矩;

③将当前和过去的波浪扰动作为输入,利用舰船的响应核函数作卷积进行预报计算。

这种方法因需要精确地响应核函数和波高测量函数,故在实际应用中受到限制。

(3)卡尔曼滤波法。

卡尔曼滤波是一种递推的线性最小方差滤波器,适用于在线的实时计算。Sidar 和 Dodin 研究了利用卡尔曼滤波对舰船在海浪中运动的实时预报的可行性,美国麻省理工学院信息决策系统实验室的 M. S. Triantafyllou、M. Bodson 及 M. Athans 等运用这种方法对舰船在海上运动的状态估计和极短期预报进行了研究。通过一些基本假设和舰船的本身特性,从舰船在海上的受力分析开始运用力学的基本定理,推导出舰船运动的状态方程,以此获得卡尔曼滤波的多部预报器。M. S. Triantafyllou 指出:卡尔曼滤波法的估计和预报精度受海况和海浪频率及方向的影响很大。无噪声情况下,对横摇可以预报到 8~10 s,纵摇可以预报到 5 s,有噪声情况下,对横摇可以预报到 6~8 s,纵摇可以预报到 2~3 s。可见,对于横摇的预报方法还是有效的。由于该方法需要舰船的状态方程,当水动力参数和环境发生变化时,状态方程很难准确给出,因此尽管卡尔曼滤波能处理有噪声干扰的情形,而且比较有效,但是实际中直接应用是相当困难的。

(4)时间序列分析法。

用时间序列分析法预报舰船运动,避免了用卡尔曼滤波法时须知舰船运动准确的状态方程的麻烦,只需利用舰船或海浪的历史数据,建立时间序列模型来预报舰船运动未来值。舰船运动的时间序列模型,即 ARMA 模型。Enochson 最先讨论了由舰船数据建立 ARMAX 模型的问题,由于在当时缺少对大型矩阵进行处理的设备,要处理 ARMA 建模中的大矩阵只能在大型计算机上进行,而且操作很烦琐,所以当时没能把该方法应用到实船上。

(5)投影寻踪法。

投影寻踪(Projection Pursuit,简称 PP)是处理高维数据,尤其是高维非正态数据的一类统计方法。PP 方法最早出现在 20 世纪 60 年代末,Kruskal 把数据投影到低维空间,通过极大化某个指标,以发现数据的聚类结构。Switzer 和 Wright 也通过高维数据的投影来解决化石的分类问题。1974 年,Friedman 和 Tukey 提出一种新的投影指标,通过计算机对模拟数据和历史数据成功地进行了分类和聚类分析。

20 世纪 80 年代中国船舶科学研究中心对海上实船运动的极短期预报作了可行性研究,采用时间序列分析方法应用 AR 模型对某船的实航资料作了试验研究,结果表明:对零航速横浪纵摇运动的预报一般可达 3~5 s,相位 1~2 个周期,均方误差可控制在 25%以内,但是抗干扰能力较弱。處兰生和戴仰山进行了船舶自适应预报方面的研究,仍采用 AR 模型,实时在线辨识模型,用新数据修改过去的模型,并用新模型进行预报,从实船数据试验结果看,可以满意地预报纵摇为 6 s。戴仰山等分别采用时域方法和谱分析方法预报快艇在不规则波中的运动响应,分别对舰船横摇运动进行了数学-物理模拟方法,统计特性的估算,并对其线性运动进行了预报;周正全等采用实域中的非线性波浪力和波浪力矩的理论预报模型,预报了潜艇近水面航行时的非线性波浪力和力矩。

对于舰船运动极短期预报的方法有哈尔滨工程大学采用的周期图法和艏前波法。艏前波法即是以艏前波作为外部输入的 ARX 模型方法,预报精度比周期图法、AR 模型法及神经网络法都高,试验数据表明,可以满意地预报到 4~6 s。周淑秋等针对舰船姿态的非线性特征,采用正交化的手段得到辅助模型,进而对辅助模型进行辨识,推导出舰船姿态超前多步预报器,可使预报结果能达到 15 步。

下面分别介绍上面几种方法:

(1)周期图法:利用周期图法可以进行舰船的运动预报,预报可达 1 s,但其预报结果与真值往往相差一个相角。

(2)艏前波法:利用艏前波法进行舰船姿态运动预报的最好预报结果可达 8 s,误差为 3.5%,效果好,但需要得到艏前波的信息。简单地说,艏前波法是基于前馈控制,利用系统干扰的预报值来预报系统状态的未来值,而通常所用的预报方法是利用系统干扰及系统状态的过去和现在值预报系统状态的未来值。这种方法首先应测出舰船前方一定距离处的波浪波高,基本原理就是利用舰船摇摆观测数据和舰船艏前波浪的观测数据,对舰船摇摆建模及预报,所采用的模型为 ARMA(自回归滑动平均和)模型。

利用艏前波法进行预报的步骤一般如下:首先分析波浪和舰船姿态运动的历史数据,利用递推最小二乘法便是模型的参数,用艾克准则判断模型的参数,建立预报模型,利用测得的艏前波幅数据,根据预报模型来预报。运用艏前波法进行船舶姿态预报时遇到的主要问题是对舰船一定距离处的浪高测定很困难。因此,这种方法已在很长一段时间未见突破性进展。

1965 年,Dalzell 打算对舰船斜角甲板的运动进行预报,并计划在舰艏安装一个海浪波幅传感器,预报模型用 ARMA 模型,其参数从水池试验中获得。Kaplan 在 1968 年也试图验证一下这种方法,但传感器在舰船的剧烈颠簸中均遭到破坏,这些试验都没有获得结论性的成果。

(3)经典谱估计法:经典谱估计方法有两种,即周期图法和自相关法。周期图法又称直接法。自相关法又称间接法或 BT 法。自相关法是周期图法被广泛使用前常用的谱估计方法。

除上面介绍的几种方法外,在国内有人专门研究了建模预报法、非线性建模预报法、利用灰色系统理论建模预报法、基于神经网络的建模预报法及小波网络的建模预报方法。

综上所述,在国内外对舰船运动极短期预报的研究中,所采用的方法既有频域分析法也有时域分析法。在频域分析法中,最常用的方法是卷积法。在时域分析法中,最有效且最容易实现的方法是时间序列分析法。目前,人们对时间序列分析法是最感兴趣的,这种方法采用线性模型,计算量小且容易实现,但是它的预报精度和时间长度还不能满足更高要求,分析其原因,很重要的一点是舰船在海浪中的运动是一个非线性随机过程,特别是在高海况的情况下更明显。所以,有待进一步探讨更有效的预报方法。

2.2.4.2 无人艇控制技术研究进展

控制系统是无人艇系统的关键,良好的控制能力代表着无人艇的自动化水平。无人艇需要在复杂多变的海洋环境中作业,研究优秀的运动控制方法,提高系统的稳定性、鲁棒性,使其安全顺利地工作是无人艇控制技术的核心目标。无人艇运动控制系统是典型的非线性系统,包含航速与航向控制子系统,稳定快速地收敛到期望航向和航速,是无人艇安全航行的保障。无人艇的技术发展主要与航向控制系统有关,航向控制是无人艇控制研究中相对重要的一环。1920 年,德国研发了机械式自动舵,该舵能进行简单的比例控制,但精度很低;20 世纪 50 年代,PID 自动舵诞生,它显著提高了船舶控制精度;20 世纪 90 年代,具有自学习、自由化的智能控制等功能的方法开始应用于船舶航向控制,包含模糊逻辑、神经网络等。无人艇控制朝着具有自适应、自优化,提高鲁棒性、稳定性的方向前进。目前常用的控制方法有 PID、反步法、模型预测控制、自适应控制、滑模控制、强化学习、神经网络等。无人艇运动控制的主要挑战如下:

无人艇大多是欠驱动的,无人艇通常具有 1~2 个推进器和 1 个方向舵,其运动涉及 3 个自由度的运动,但只有 2 个执行器可以控制它们,螺旋桨推力用于控制船舶的前进速度,方向舵用于控制横向位移和航向角。

模型不确定性:随着速度和质量的变化,无人艇的模型参数会不断变化;水动力系数往往是时变的,无法准确估计;海洋作业的特点是随时间变化的外界干扰,体型较小的无人艇由于惯性小,对环境的扰动更为敏感;无人艇建模时通常需要忽略无人艇系统的某些特性,进行适当的假设得到简化的模型,如忽略非对称性,进行常数和慢时变假设。因此无人艇具有显著的模型不确定性,难以建立精确的数学模型。无人艇系统的复杂性与不确定性给无人艇的控制器设计带来了挑战,良好的无人艇控制器必须对模型不确定性和不可预测的环境条件具有较强的鲁棒性。下面对近年来学者们关于无人艇的控制技术的研究进行讨论分析。

吴玉平等以距离误差和航向角偏差作为输入,设计了模糊控制器调节两侧推进器的电压,从而实现了无人艇的直线航迹跟踪,仿真结果表明该方法可以避免 PID 控制产生的大超调和大迂回现象。

彭艳等针对无人艇控制的大时滞特性,引入了广义预测理论(GPC),设计了 GPC-PID 串联控制器,通过仿真验证了该方法有较强的鲁棒性。张臣等针对模型参数不确定、风浪流干扰问题,采用三层控制结构,外环根据偏航误差输出期望航向,中环根据航向误差输出期望舵角,内环使用模糊 PID 控制器调整舵角,实现了位置控制与方向控制的分离,仿真结果表明,无人艇在直线、连续折线跟踪中都能取得较好的效果,控制可靠性更高。董早鹏等基于 Takagi-Sugeno 模糊控制技术和神经网络控制技术,设计了 T-S 模糊神经网络直线航迹跟踪控制器,仿真结果表明该方法对模型不确定性和外界环境干扰具有较好的抵抗能力。Sonnenburg 等提出了一种非线性反步控制器,仿真结果表明该控制器在速度和航线角度有很大变化的轨迹跟踪方面有更好的表现。廖煜雷等通过引入 SF 坐标系和全局坐标变换简化了控制器结构,结合动态滑模控制、自适应法和反步法,提出了一种反步自适应滑模控制器,仿真结果表明该控制器有较强的鲁棒性。Park 等针对执行器饱和的无人艇,提出了一种半全局输出反馈控制器,该方法不使用自适应或智能技术来补偿模型的不确定性和外部干扰,结构简单。Park 等提出了一种适用于无人艇轨迹跟踪的输出反馈控制方法,该方法考虑了无人艇模型的质量矩阵和阻尼矩阵的非对称性,且模型参数和非线性都假定未知,仿真结果表明该控制方案对输入饱和及模型不确定的无人艇是有效的。Chen 等考虑了无人艇质量矩阵和阻尼矩阵的非对称性以及输入饱和问题,利用神经网络对无人艇未知的外部扰动和不确定流体动力学进行了近似分析,设计了能够保证暂态性能的欠驱动无人艇自适应轨迹跟踪控制算法,仿真和试验结果验证了该方法的优越性。Moe 等考虑欠驱动无人艇在未知定常无旋海流作用下的航迹跟踪,提出了一种由海流观测器、制导法则、控制器和更新法则组成的制导控制系统,采用改进的龙伯格观测器提高控制系统的鲁棒性,仿真结果验证了该方法的有效性。

Siramdasu 等考虑欠驱动无人艇轨迹跟踪的输入饱和问题,提出了一种非线性模型预测控制器,在确定控制输入时包含了输入约束和状态误差,根据当前的状态变量计算未来的控制输入,仿真结果表明该控制器对解决输入饱和问题的有效性。Liu 等提出了一种带扰动观测器的模型预测控制器,利用扰动观测器的三阶模型预测控制律降低环境干扰的影响,提供平滑的控制指令,以“HEU-3”无人艇进行了试验,结果表明该算法能够较好地抵抗海洋环境中的干扰,但在某些路径点上仍存在一些误差,应该提高干扰观测器的准确性。王常顺等设计了基于混沌局部搜索策略的双种群遗传算法在线优化控制器参数的无人艇自抗扰控制器,仿真结果表明该方法具有较好的抗干扰能力,对海洋环境干扰和模型摄动不敏感。Shin 等提出了一种基于动态模型的无人艇自适应路径跟踪控制算法,文中利用粒子群优化算法来识别模型中的未知参数,采用虚拟控制和动态面控制方法设计了自适应速度和航向角跟踪控制器,通过实船试验验证了该方法的有效性。

综上所述,无人艇控制具有模型不确定、欠驱动、执行器饱和、外界干扰等多种特性,是一个很有挑战性的课题,针对上述特性,学者们进行了大量的研究。在控制器设计中,大多采用不同的控制方法和结构相结合的方式设计控制器,因为这种技术可以极大地提高受控系统的性能,但这样同样增加了控制器的复杂程度;部分控制器设计依赖于较为理想化的动态模型,使用较为严格的假设,在仿真中表现良好,但在实践应用中则有适应性问题。无人艇的模型大多是通过离线识别,在线识别则是具有潜在研究价值的方向,目前相关研究逐渐增多,在线识别可以增强无人艇的自适应性和抗扰动性,研究基于一般在线动态模型的控制方法是有明确意义的。

本书基于极短期预报相关理论,给出船舶运动姿态预报方法,并根据无人平台的操纵与机动特性提出基于广义预测的前馈控制方法,实现无人平台真正意义上的事前控制,保证平台在外界干扰作用下航向、航迹保持稳定,实现更稳定更安全地航行。无人平台抗扰动控制实现技术路线如图 2-16 所示。

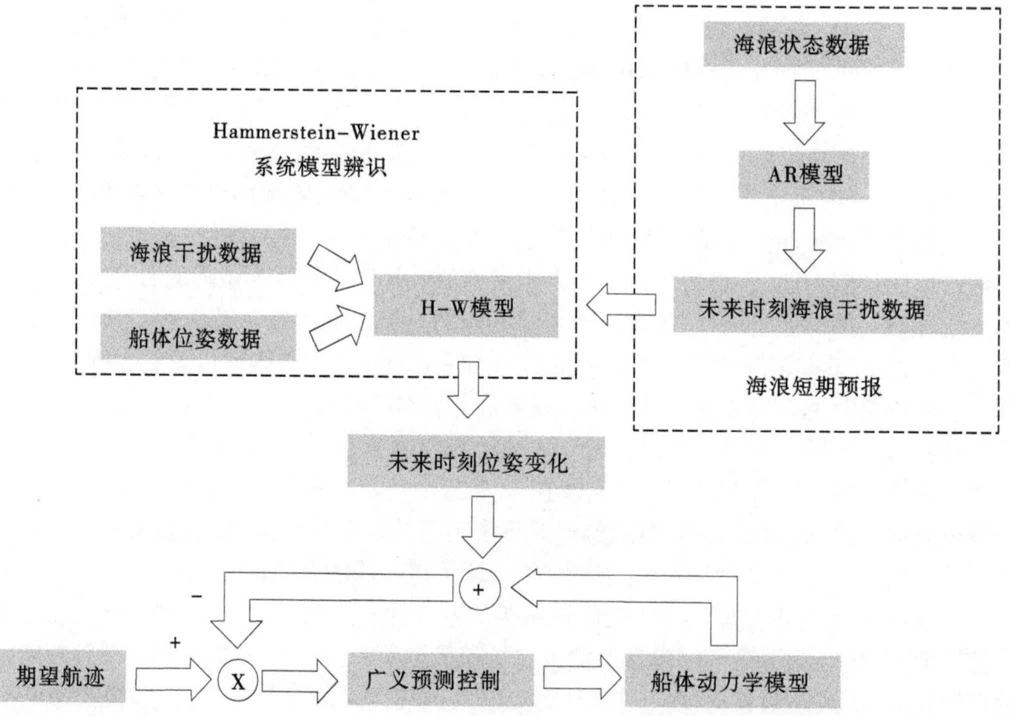

图 2-16　无人平台抗扰动控制实现技术路线

2.2.5　基于多传感器感知的无人平台自主避障技术

实现无人平台的自主避障需要依靠两个方面共同完成，即障碍物感知和路径的规划。障碍物感知以视觉传感器为基础，具体包含两个方面：视觉识别和定位跟踪。

2.2.5.1　障碍物感知

1. 多传感器特点

障碍物感知可以帮助无人平台在复杂未知的环境中重复观测以确定周围障碍物的分布情况以及获取其当前位置和运动趋势，为其自主导航提供重要的信息依据。与基于多源传感器的障碍物感知技术已经在室内移动机器人、水下潜航器、无人车、无人机、增强现实等领域得到了广泛应用不同，该技术在 USV 的应用上仍然面临很多挑战，如非结构化的海面环境、运动模型的非线性和未知的突发危险情况等。在船舶环境感知技术研究领域，自身运动状态及障碍物信息主要由电磁雷达、激光雷达、水下声呐、摄像机、GPS/惯导、AIS 船台等设备提供。

多种传感器提供的障碍物信息各不相同，即便是同一种信息，它们的表现方式也不同。针对同一个障碍物，由视觉摄像机、水下声呐和雷达采集到的信息表现方式有光学图像、超声波图像、雷达图像多种模态。除采用不同传感器获得不同模态的目标信息外，以单源传感器的障碍物感知仍为目前的主流方法，例如：利用激光雷达的障碍物感知方法发展相对成熟，像 HectorSLAM、KartoSLAM、CoreSLAM、LagoSLAM、Gmapping 和 Cartographer 这些算法已经应用于电力巡线无人机、Google 无人车、扫地机器人等领域。利用水下声呐的障碍物感知方法在水下潜航器、水下机器人领域比较常见，典型的算法有基于扩展卡尔曼滤波、扩展信息滤波、粒子滤波、容积卡尔曼滤波。

与激光雷达和水下声呐不同，视觉摄像机成本低廉、容易安装集成，是 USV 自主导航过程中需要配备的常规传感器之一。通过视觉摄像机获取序列图像，并依据图像信息结合成像模型恢复环境与摄像机间的关系，根据摄像机运动递增式地确定周围障碍物的分布信息。随着计算机视觉、数字图像处理、人工智能等技术的进步，利用视觉传感器的障碍物感知方法发展相当迅速。根据视觉传感器类型的不同，可以细分为单目视觉、双目视觉、RGBD（深度相机）三类。

2. 障碍物视觉识别方法

障碍物视觉识别对 USV 的自主航行有重要意义，尤其是在交通繁忙的未知水域航行时。障碍物检测识别是障碍物感知的基础，对后续制定不同的避障策略有重要影响。由于现有的障碍物检测识别目标大多是船舶，故以船舶作为主要目标，对障碍物检测识别方法进行分类介绍。现有的船舶检测识别方法可以分为传统的机器视觉检测识别方法和深度学习目标检测识别方法两大类，具体介绍如下：

（1）传统的机器视觉检测识别方法。

传统的机器视觉方法进行检测识别时，主要包括船舶目标特征提取和二元分类（即船和非船）两个部分，其中目标特征提取的主要实现手段有图像阈值分割和显著性检测

等。采用传统机器视觉识别技术的船舶目标特征提取方法又可以细分为以下四类:

①边缘轮廓特征法。先采用边缘轮廓特征提取算法,如 Canny 边缘提取或者 Hough 变换等提取视觉图像中的水平线信息(Horizon line)。视觉图像整体分为水平线以上和水平线以下两部分,由于有威胁的障碍物主要分布在水平线以下的区域,在该区域采用全局阈值分割算法进行船舶目标提取。这类船舶目标提取方法计算量小且原理简单,被广泛用于船舶目标检测领域。但这类方法只适用于简单视觉场景,要求水平线信息清晰且完整,一旦水平线信息被目标或者背景阻断就会造成该方法失效。

②纹理特征法。由于水面纹理特征与船舶目标明显不同,基于水面纹理特征的船舶目标提取方法往往充分利用两者的显著差异性。例如:Kumar 等将色彩和纹理特征相结合,提出了基于局部二值化模式(Local Binary Pattern,LBP)的船舶识别检测方法。Loomans 等开发了多尺度梯度直方图(Histogram of Gradients,HOG)的鲁棒目标识别器。Everingham 等提出了基于 HOG 的可变形部件模型(Deformable Part Model,DPM),该模型能够识别包括船舶在内的 20 个物体类别,并取得了较好的识别效果。Zhang 等设计了基于 HOG 离散余弦变化的船舶识别方法,通过在浮标和船舶等非固定平台上安装相关设备,实现对水平线以下区域的船舶识别检测。

③背景建模法。通过将只含有背景信息的图像与同时含有背景和目标船舶信息的图像相减,从而获取目标船舶信息。背景建模方法适用于视频流中船舶目标的检测,通过求取连续 n 帧图像的平均值,或者用高斯函数对水面背景信息进行建模,再将两者进行相减。Kristan 等提出通过语义分割算法进行障碍物检测的图模型,生成对应的水域分割的掩模板,并将掩模板之外的所有对象都视为背景。这类方法主要依赖背景图像的质量,即要求背景信息相对稳定,这对移动中的 USV 来说难以满足。而且有学者研究发现当船舶目标距离较近时,背景建模法存在目标融合问题;当水面波光或者目标船舶的颜色与水面颜色接近时,容易出现船舶分体或者错误识别的情况。

④注意力机制法。模拟人眼视觉只关注部分显著特征的原理,通过目标与周围背景像素之间的强对比度来区分船舶。例如,Liu 等采用立体视觉注意力模型加强显著特征实现了舰船目标检测。Agrafiotis 等将视觉显著特征图与高斯混合模型(Gaussian Mixture Model,GMM)相结合,实现了海上目标监视器中船舶目标的检测识别。Bovcon 等利用视觉注意力机制,并结合船载 IMU 提供的船侧倾和俯仰角度,实现了 USV 视角下船舶目标检测。这类方法要求目标特征相比周围像素而言要足够显著,否则将会导致视觉显著图提取失败,从而不能准确提取目标船舶的信息。

(2)深度学习目标检测识别方法。

目标检测的任务是确定图像中所有感兴趣目标的位置、大小以及所属类别,是计算机视觉领域中的研究热点,对后续的高级视觉任务如实例分割、视觉关系理解、人体姿态估计以及自动驾驶等起着关键性的作用,并广泛应用于智能视频监控、机器人导航、工业检测等诸多领域。但在实际的应用场景中,不同种类的物体或目标因为形状外观、姿态差别、遮挡情况以及不可避免的天气光照条件等各种因素的产生,导致物体目标的精确检测存在着许许多多的困难,这也一直是计算机视觉领域中最具有挑战性的问题。

传统的目标检测算法过程主要分为下面三个步骤:①生成候选区域;②对候选区域进

行特征提取;③分类器实现分类回归。具体地讲,首先在生成目标候选区域的过程中,由于感兴趣区域(Region of Interest,ROI)可能出现在图像中的任意位置,而且区域目标大小都各不相同,所以直观的想法就是采用滑动窗口法对输入图像进行整体搜索。将输入图像调整为不同尺度的图像,并利用不同尺度、不同长宽比例,以及不同滑动步长的滑动窗口对这些输入图像进行遍历搜索,生成不同的目标候选区域。其次要判断这些候选区域是否为感兴趣区域目标,需要对这些生成的候选区域进行特征提取,传统方法中所提取的特征都是人工设计的,如 Haar 小波特征、方向梯度直方图特征、尺度不变性特征以及加速鲁棒特征等,这些人工设计的特征提取的好坏直接影响分类回归的效果。最后,利用提前训练好的特征分类器对这些候选区域的特征完成打分识别,并对感兴趣目标进行位置回归,其中常用分类器有支持向量机、级联学习和 AdaBoost 等。

传统目标检测算法中,大多数成功的算法都是在设计功能强大分类器的基础上,着重考虑区域目标的特征提取,从而增强目标的特征表示使其具有辨别能力,可以在公开目标检测数据集 PASCAL VOC 上取得好的检测结果。值得注意的是,可变形部件模型是经典人工特征突破性的检测算法,连续三年获得 VOC 挑战赛目标检测冠军。但是,在后续的几年中,传统目标检测算法一直处于瓶颈时期,没有太大的突破,从而也证明了基于人工设计特征的检测算法具有一定的局限性,主要总结为以下几点:

①基于滑动窗口的算法生成候选区域会造成窗口大量冗余,导致计算量增大,时间复杂度高,检测效率低;同时窗口的大小以及长宽比例都是手动和启发式设计的,不能很好地匹配感兴趣目标。

②手工提取的特征会因光照遮挡等因素使得目标多样性变化而造成鲁棒性较差,同时人为设计特征描述符号很难在复杂的上下文中获得判别性语义信息。

③传统目标检测算法中每个步骤都是分别单独设计和优化的,无法获得整个系统的全局最优解。因此,传统检测算法难以满足实际工业环境中高精度以及实时检测的应用需求。

深度学习从 2012 年的兴起及其近几年快速的发展,实现了由人工设计特征向卷积神经网络(CNN)提取特征的成功转变。其中,不同深度层级的卷积神经网络可以获悉由原始像素级特征,到中低级特征,再到高级抽象语义特征的更为丰富的多层级特征表示,因此深度卷积网络提取的特征可以在复杂情况下表现出更具判别性的表达能力。此外,得益于深度学习的强大学习能力,可以通过更多更大的数据使得卷积神经网络能够获得不同目标的更好更具判别性的特征表示。然而,人工设计特征不具这样的优势,由于其学习能力固定不变,即使拥有更多更大的训练数据其目标检测性能也止步不前。因此,基于深度卷积神经网络的目标检测算法不仅可以实现端到端的优化,而且具有更强大的特征表示能力,使得目标检测性能有了显著的提升。

自 2012 年 Krizhevsk 等成功地利用卷积神经网络在大规模视觉识别挑战赛实现了创历史新高的图像分类准确度之后,计算机视觉领域中其他视觉任务的研究核心就相应地转移到深度学习上,随之,目标检测领域就涌现出许许多多的基于深度学习的方法,与传统方法相比取得很大的进展。其中,第一个利用深度卷积神经网络 AlexNet 实现的目标检测算法是在 2013 年 Sermanet 等提出的 OverFeat,在数据集 ILSVRC 2013 ImageNet 上获得 24.3%的平均检测精度。2014 年伯克利大学 Girshick 等提出开创性的两阶段目标检测网络算法。对于每张图像,该算法首先采用选择性搜索方法生成若干个候选框,目的是可以去掉大量背景,然后将每个候选框裁剪并调整为固定大小的区域,通过深度卷积神经网络进行特征提取,并将提取到的特征经过 SVM 分类器进行分类识别,最后利用回归器对候选框的位置大小进行进一步的精确调整实现目标定位。

利用迁移学习的力量,R-CNN 采用 ImageNet 上预训练的卷积网络权重作为目标检测训练网络的初始值,对整个目标检测器进行微调,从而获得了 53.7%的 mAP,检测性能大幅度提升。但是,R-CNN 同样会面临一些缺陷:①每个候选框区域特征都要经过深度卷积网络 CNN 提取,没有任何共享计算,从而导致大量重复的计算。因此,R-CNN 的训练和测试都非常耗时。②R-CNN 从生成区域候选框到特征提取再到区域分类都是各自独立完成的,整个目标检测框架无法以端到端的方式进行优化,从而难以获得全局最优解。③区域候选框进入卷积神经网络前要求必须固定尺度大小,这样很容易造成图像因为调整大小而导致原本重要信息丢失,从而影响检测效果。针对 R-CNN 的弊端,微软亚洲研究院 kaiming He 等受空间金字塔匹配的启发,提出空间金字塔池化网络来改进 R-CNN。SPP-Net 空间金字塔池化层的设计使得输入到 CNN 网络中的输入图像可以是任意尺度大小的图像或候选区域,这样不会引起由于固定尺度大小而导致图像失真丢失信息的问题。同时,SPP-Net 共享卷积层的思路极大地降低了计算量,使得 R-CNN 算法在利用共享卷积层思想后的模型在速度上提升很多,相比于原始模型提升为 24~102 倍,但检测精度变化不大。此外,SPP-Net 仍需要分步训练,导致训练速度降低,训练过程复杂,同样无法进行全局优化,影响了整体的检测性能效果。

针对 R-CNN 和 SPP-Net 分阶段训练的弊端,Girshick 等在 2015 年提出 Fast R-CNN 算法,将原来 SVM 分类器采用 Softmax 分类器代替进行分类,并通过多任务损失函数进行目标位置回归,实现了端到端的训练,同时输出边界回归框,很大程度上提升了原始 R-CNN 的速度。此外,Fast R-CNN 对特征图上的感兴趣目标进行池化操作,目的是将不同尺度大小的目标候选区域利用最大池化操作将其调整为相同尺度大小的特征图,方便后续的多类别目标分类以及不同位置回归。但是,Fast R-CNN 仍然使用 Selective Search 方法生成候选区域,因此速度上仍然受到限制。于是,2016 年,Faster R-CNN 算法提出区域候选框生成网络 RPN 用来提取候选框,代替前面介绍的滑动窗口和 Selective Search 方法,同时 RPN 与目标检测网络 Fast R-CNN 共享卷积特征,减少计算量,极大地提升检测框的生成速度,并同时完成了真正端到端的训练。此外,RPN 网络引入了先验框锚框(Anchor)去提高目标检测召回率,通过设置不同大小和长宽比的 Anchor 去适应不同大小的目标。回顾从 Overfeat 算法到 Faster R-CNN 算法,它们的思想大致都是首先根据输入图像生成感兴趣区域候选框,然后对生成的区域候选框进行特征提取并实现分类回归完成目标检测。因此,研究者们将这些算法统称为两阶段目标检测算法,不同阶段的实现一般都需要不同的子网络分步进行计算,耗费时间,即使检测速度最快的 Faster R-CNN 算法也仅仅实现了 7 帧/s 的速度,难以满足实际应用的实时要求。针对此缺陷,单阶段目标检测算法利用回归思想直接将上述不同阶段中的所有任务整合在同一个网络内且仅在一个阶段内完成目标的分类与回归,减少大量重复的计算,既实现端到端的全局优化,又满足实时的应用需求。

2016年,基于回归思想的目标检测主流算法YOLO和SSD在图像的测试速度上实现了质的飞跃。YOLO是首次采用回归思想将单个卷积神经网络CNN应用于整个图像,将图像分成大小相同的网格,从而直接预测每个网格的类别和边界框的实时目标检测算法,可以达到45 FPS的测试速度。同时由于YOLO没有设置相应的先验框,因此该算法与两阶段目标检测算法相比,其性能有所下降,对感兴趣目标的位置信息预测得不够精确。随后,单阶段目标检测算法SSD将两阶段目标检测算法Faster RCNN的锚框Anchor设置机制思想和单阶段YOLO的目标检测回归思想进行结合,并在此基础上提出卷积神经网络内部不同层级的多尺度特征预测思想。因此,单阶段目标检测算法SSD在速度方面比最快的YOLO还要快,可以达到59 FPS的实时性。此外,在检测精度方面可以和Faster R-CNN相媲美,在公开数据集PASCAL VOC 2007上达到77.2%的mAP。

自此,基于深度学习的目标检测主流算法被分为两类:一类是类似于Faster R-CNN的两阶段目标检测算法,这类算法检测精度高,但速度慢。因此,后续一些两阶段目标检测算法如R-FCN和Light-Head R-CNN等在Faster R-CNN基础上进行改进从而提高检测速度;另一类是类似于YOLO和SSD单阶段目标检测算法,这类算法检测速度快,但精度有待提高。所以,后续一些算法如YOLO、YOLO v3、DSSD和在保证实时的基础上相应提高了检测精度。

上述无论是两阶段目标检测算法,还是单阶段目标检测算法,它们都是依赖于锚框Anchor的设计进行目标预测,因此将上述这些算法称为基于锚框的目标检测算法,它们尽管取得了很大的成功,但同时仍然存在一些弊端:①Anchor-based目标检测网络中Anchor的尺度以及长宽比都是固定不变的,所以网络很难处理尺度变化较大的目标,特别是对于小目标很难检测到,为了提高检测精度,Anchor需要根据不同数据集中目标尺度大小的分布需要人为地精细设计,所以网络泛化性较差。②为了提高目标召回率,网络要考虑Anchor覆盖目标位置空间的密集度,这样会引入额外的超参数,增加计算量以及内存占用量。③由于图像中的感兴趣目标数量有限,大量覆盖在图像上的Anchor大多数框在训练过程中被标记为负样本,只有一小部分Anchor被认为是正样本,这样会造成训练过程中正负样本之间的严重不平衡,导致性能下降。④在训练过程中,Anchor只有与真实值IOU足够高时才会被充分训练,对于一些极端物体如过大或过小的目标难以达到高的IOU值时就很难得到较好的训练。⑤由于感兴趣目标的形状是各式各样不规则的,但利用规则的Anchor来预测目标会给检测性能带来一定的干扰。因此,研究者们试图利用网络直接对目标进行回归,无须引入Anchor,提出无锚框机制(Anchor-free Mechanism),该算法已成为近几年来目标检测研究领域的又一个核心内容。

基于无锚框机制的目标检测方法大致可分为两种:一种方法是首先找到几个预定义或自学的关键点,然后利用这些关键点去限定目标的大小,将这种类型的无锚框检测器称为基于关键点的检测方法。2018年ComeNet网络将其目标检测转化为关键点检测作为突破口,从而可以通过预测目标物体的左上角和右下角两个关键点得到目标的预测框,然后利用嵌入(Embedding)技术判断左上和右下两个角点是否属于同一个目标,最后通过角点池化(Comer Pooling)简单的操作更好地适应角点的检测。ComeNet 算法虽然具有出色的检测性能,但后期处理成本较高。ComeNet-litd 是 ComeNet 两种有效变体 ComeNet-Saccade 和 ComeNet-Squeeze 的组合,ComeNet-Saccade 采用注意力机制避免了对图像中所有像素要进行处理的需求,同时将 ComeNet 单阶段检测器变为两阶段检测器,其检测性能相比于 ComeNet 网络有所提升;ComeNet-Squeeze 引入新主干网络(Backbone)架构,是一个轻量级的沙漏网络,可以在不牺牲精度的情况下提高效率。CenterNet 在 ComeNet 基础上增加了目标的中心关键点,可以充分有效地利用目标内部的特征信息,这样同时使用三个关键点即一对角点和一个中心关键点去预测边界框,提高检测性能。ExtremeNet 利用 Hourglass Network 对每个类别的最上部、最左侧、最底部、最右侧以及一个目标中心点这五个关键点进行预测,该算法的预测方式不再是正规的矩形框,而是更符合目标的实际形状,有利于目标的检测。但这些基于关键点的目标检测方法都是利用沙漏状网络(Hourglass Network)进行特征提取,该网络计算量较大,无法实现实时效率。

另一种方法是利用目标物体的中心点或中心区域确定正样本,然后预测从正样本中心点到目标边界框的四个距离实现目标分类回归,将该无锚框检测器称作为基于中心点的检测方法(Center-based methods)。2015 年 Densebox 采用统一的端到端全卷积神经网络实现目标中心点到边界框距离的回归,完成目标所有像素的类别置信度和边界框的预测。UnitBox 在 DenseBox 的基础上提出了一种新颖的交并比 IOU 损失函数,便于实现更好的边界框回归。CSP 则采用单个 FCN 实现行人检测,验证单一中心点对于目标检测定位是可行的。FCOS、FSAH、FoveaBox 和 Dubox 算法都是采用特征金字塔网络作为特征提取的主干网络,都是利用多层级特征实现基于中心点的多尺度预测,相比于基于关键点的检测方法,计算量大大下降。其中,FSAH 和 FCOS 算法都通过预测目标的中心点到四个边界的距离来确定物体的位置和大小。FSAH 的目的是让图像中每个目标都能够自主选择最适合的特征层,因此在特征层级选择中就不需要再进行 Anchor 的设置,实现了 Anchor-free 的思想。在训练过程中,该网络会根据损失函数的大小自动选择最佳的特征层级,便于目标后续的回归和预测。FCOS 方法借鉴了 FCN 的思想,对每个像素进行直接预测,非常有效直观,另外为了去掉大量的低质量位置回归以及减少误检框,作者引入了 Center-ness 思想,过滤掉大部分的低质量回归框,该算法相比于 Anchor-Based 检测算法以及 Anchor-Free 检测算法均达到了最优。总之,上述无论哪一种 Anchor-free 检测器都不需要设置与 Anchor 有关的超参数,而且能够取得类似 Anchor-Based 检测器的性能,使它们在泛化能力方面更具潜力。

在本书中,基于各传感器数据感知,综合利用雷达、视觉、激光和 AIS 等多源传感器信息,以提升整体感知系统对环境目标感知的能力。针对雷达、视觉、激光的感知数据进行处理,并同 AIS 进行融合,提升无人平台感知环境的准确性和信息的完备性,技术路线如图 2-17 所示。

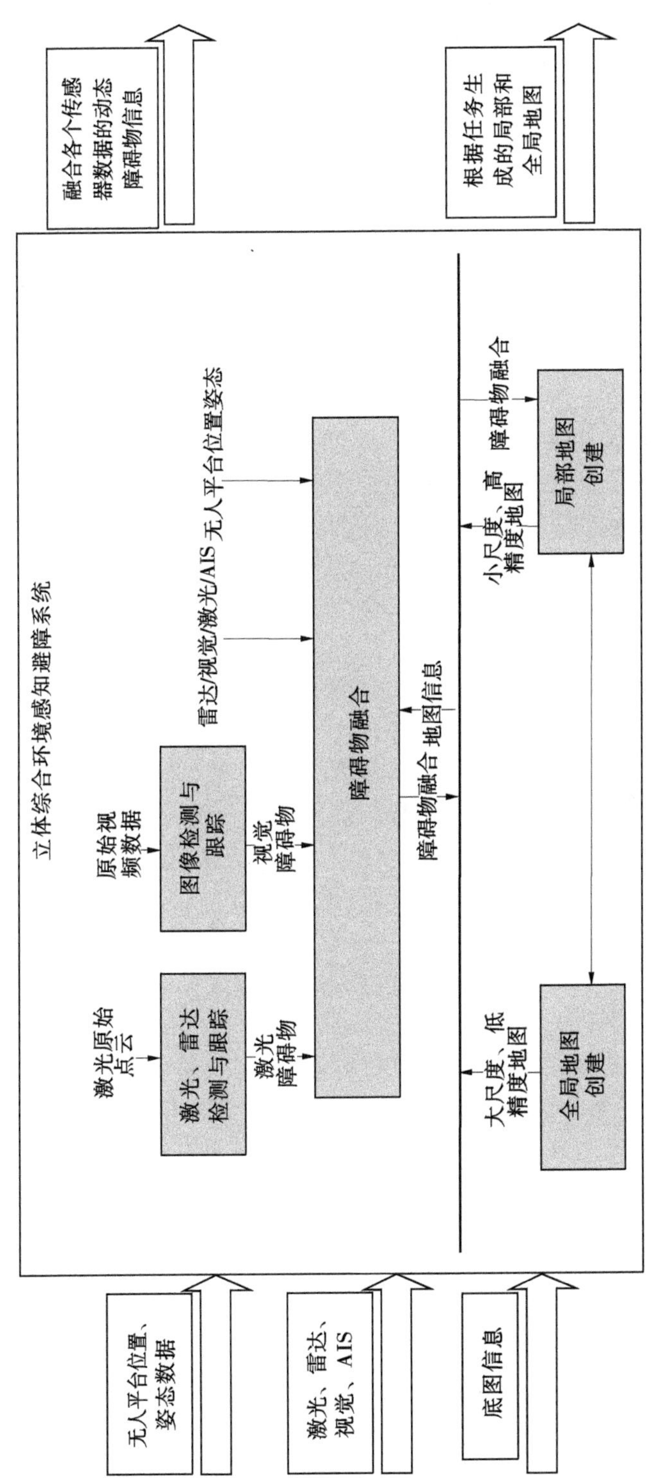

图 2-17　多源目标立体综合环境感知系统

3. 视觉目标跟踪

视觉目标跟踪是多无人机协同目标跟踪技术的核心算法之一，所研究问题可以总结为给定初始视频帧的目标包围框，要求在后续视频帧中持续跟踪目标，并得到目标在像素坐标系下的位置信息。虽然经过检测识别能够大致判断障碍物的方位，但为了保障无人平台在自主航行过程中不与周围障碍物发生碰撞事故，还需要对它们进行定位跟踪以获得更准确的运动轨迹信息。主要通过视频图像处理来判断障碍物的存在与否，并识别它们的具体类型，障碍物定位跟踪则是通过方位计、GPS、AIS 等设备来对目标进行实时定位和运动趋势提取，并在雷达图像、声呐图像、视觉图像或者电子地图上显示出障碍物的位置及相应的运动趋势，以此建立障碍物运动轨迹的运算过程。USV 具备准确定位跟踪障碍物的能力，是实现局部避障路径优化的根本。然而，在无人机跟踪目标过程中，视野角度变化、目标尺寸变化、目标被遮挡、背景杂乱等问题会导致视觉跟踪效果不佳，进而降低无人机的目标定位精度，甚至导致目标从机载相机视野中丢失。现有的目标定位跟踪方法大多是基于单源信息，基于多源信息融合则是目标定位跟踪方法的发展趋势。

2010 年以前，聚类算法、粒子滤波、卡尔曼滤波是视觉目标跟踪领域的主流算法。2010 年以后，基于检测的跟踪方法、基于相关滤波的跟踪方法和基于孪生网络的跟踪方法等优秀算法被提出，视觉目标跟踪性能逐步提高。在这期间，OTB50 和 OTB2015、VOT、UAV123 等数据集为该领域提供统一有效的性能衡量方法，加速了视觉目标跟踪的发展。其中，OTB2015 包含 100 个视频序列，以精确度和成功率为指标对比了不同视觉目标跟踪算法的性能，是该领域最早的公开数据集之一。VOT 是该领域每年一度的算法竞赛，从 2013 年开始举办，截至目前已经成功举办了 9 届，是该领域最权威的评估平台之一。多旋翼无人机能够搭载相机在低空和超低空场景下灵活飞行，容易获得较为丰富且具有挑战性的图像。视觉跟踪评估平台 UAV123 使用真实无人机采集的图像序列构成评估数据集，常用于评估无人机所采集图像下的视觉跟踪效果。大量视觉跟踪评估平台的出现，促进了视觉目标跟踪技术的发展。

主流的视觉目标跟踪研究方向有孪生(Siamese)网络和相关滤波两类。相关滤波跟踪方法最早可追溯于 2010 年的 MOSSE，其基本思想是：在线学习滤波器，据此与候选区域做相关运算，并使用最高响应位置作为跟踪结果。得益于强大的模板更新机制和快速傅里叶变换带来的速度提升，相关滤波跟踪方法长期占据 OTB 评估平台的最佳表现(state-of-art)位置，是该领域表现最突出的一类算法。孪生网络跟踪方法利用端到端深度学习技术，通过海量标注数据离线学习一个相似性度量函数，并基于该函数求解目标模板和搜索图像块的相似度响应得分，最后以响应得分最高的图像块作为跟踪结果。从首次使用 Siamese 网络结构的 SINT 和 Siam FC，到加入相关滤波层的 CFNet，再到引入区域提议网络(Region Proposal Network，RPN)的 Siam RPN，孪生网络跟踪方法逐渐增多，并在性能上得到质的飞跃。截至 2020 年，最新的基于孪生网络的视觉目标跟踪算法 Siam RPN++(2019 年)和 Siam BAN(2020 年)已经在 OTB、VOT 等多个权威评估平台上达到 state-of-art 级别。

然而，现有算法仍然存在以下问题：其一，大多数基于相关滤波的目标跟踪算法在 UAV123、UAV20L 等真实无人机采集的图像数据集上表现不佳，主要原因是无人机采集的图像序列具有更为频繁的视野角度变化、背景杂乱和目标尺寸变化等情况，容易导致基于相关滤波的目标跟踪算法学习到错误的背景信息。其二，离线训练的孪生网络跟踪模型放弃了模板更新，其跟踪性能依赖孪生网络跟踪模型的最后一层特征的表征能力，在目标发生明显的表观变化时，其鲁棒性较差。此外，在目标跟踪阶段，基于孪生网络的目标跟踪算法以响应得分最高的图像块作为目标跟踪结果，当目标的附近位置出现相似语义对象时，容易因为模型的辨别力不足导致跟踪出错。其三，大部分基于相关滤波或孪生网络的目标跟踪算法主要关注短时跟踪（跟踪时长通常不超过 30 s），不能判断目标丢失或者在目标丢失后不对目标进行重新定位，对于无人机目标跟踪这类具有挑战性的长时跟踪任务（通常假设 5 min 以上）不够友好。

因此，直接运用现有视觉目标跟踪算法到本书的多无人机协同目标跟踪系统中是不合适的。总体而言在视觉目标跟踪领域，基于相关滤波技术的跟踪算法在跟踪速度上表现十分优异，但是其原理还是模板与目标的匹配，滤波器模板的更新容易出现目标漂移现象，跟踪鲁棒性较差；同时模板匹配类问题由于其搜索区域有限，很难解决海面目标剧烈抖动问题；对于无人平台视野下的目标尺度变化极大，目标也很少有算法能够做出针对性的解决方案。

在未来，将多种来源信息融合应用到障碍物定位跟踪领域是主要趋势，例如：将视觉和激光雷达融合，或者视觉与 GPS 融合等。Dan 等将视觉和激光雷达融合开发了一套适用于高速 USV 的目标跟踪系统，但激光雷达的检测距离比单目摄像机更短，使其检测距离被限制在 175 m 以内。张祥力等提出了新的基于空间角度的视觉和雷达定位跟踪方法，该方法具有较高的真阳性率且误报率较低，融合结果比单源传感器更可靠。萧正莫等通过集成单目摄像机、GPS 和罗盘姿态传感器信息，提出了静态障碍物定位跟踪方法，其试验跟踪距离提高至 500~1 000 m。时俊楠利用单目摄像机并考虑了目标位置和尺度的实时变化，通过快速判别尺度跟踪算法进行目标位置与尺度联合估计，再结合姿态变化信息进行目标跟踪。此外，由于在交通繁忙的港口区域或受城市影响严重的内河流域，卫星 GPS 定位信号容易被干扰，使动态障碍物的定位难度增大。Jacques 等提出了使用新型海洋制图系统的自主水面航行器定位跟踪方法，解决了桥梁或树叶冠层附近 GPS 遮挡问题。Ma 等为了克服 GPS 定位信息容易缺失及被干扰的问题，提出了一种基于雷达和卫星图像的实时定位算法。

综上所述，在目标检测领域，随着深度学习技术的发展，检测的精度和速度都有显著的提升，但是目前大多数检测算法针对的对象都是静态的单张图像，丢失了视频数据中图像上下文联系的信息，造成目标漏检现象；同时，目前的目标检测算法只能解决目标类别的判别，无法做到针对目标实例的检测；无人平台视野下的海面目标具有尺度变化极大、抖动显著等特点。同时基于上述目标跟踪和检测算法的研究现状，提出了一种融合了视频图像数据中时间和空间上下文信息的目标跟踪系统。其中，使用相关滤波跟踪方法中的模板更新过程完成对图像时间上下文信息进行利用，使用回归网络检测算法中的卷积操作对图像空间上下文信息进行利用，融合以上两种信息，可以在保证算法运行实时性的同时，提高目标跟踪的鲁棒性，克服了跟踪漂移和目标漏检等难点。

为了实现长期目标跟踪的任务，在上述目标跟踪系统中加入目标重识别模块，形成了基于回归网络检测与相关滤波的目标跟踪方法,用于应对目标受遮挡以及目标出视野等情况。

综合上述,我们的无人平台视觉目标跟踪系统可以实时地完成对海面目标的持续鲁棒跟踪。该目标跟踪系统具体的实施过程如下:

(1)使用深度回归网络检测出海面上的目标类别。

(2)根据人为决策,确定需要跟踪的目标实例。

(3)利用深度回归网络对图像中的目标进行检测同时更新滤波器参数,利用相关滤波模板捕捉图像中的待跟踪目标,检测结果与跟踪结果的融合策略如下:①在上一帧目标周围确定一个目标检测搜索区域,在该区域内检测到目标时则采用该目标检测结果,并跟踪滤波器模板;②在检测范围内没有检测结果时采用目标跟踪结果,并且不更新滤波器模板。

(4)在对目标跟踪的过程中训练一个随机森林分类器用于判别目标与背景以达到目标丢失后重新识别的目的,图2-18是基于回归网络检测与相关滤波的目标跟踪的框图。

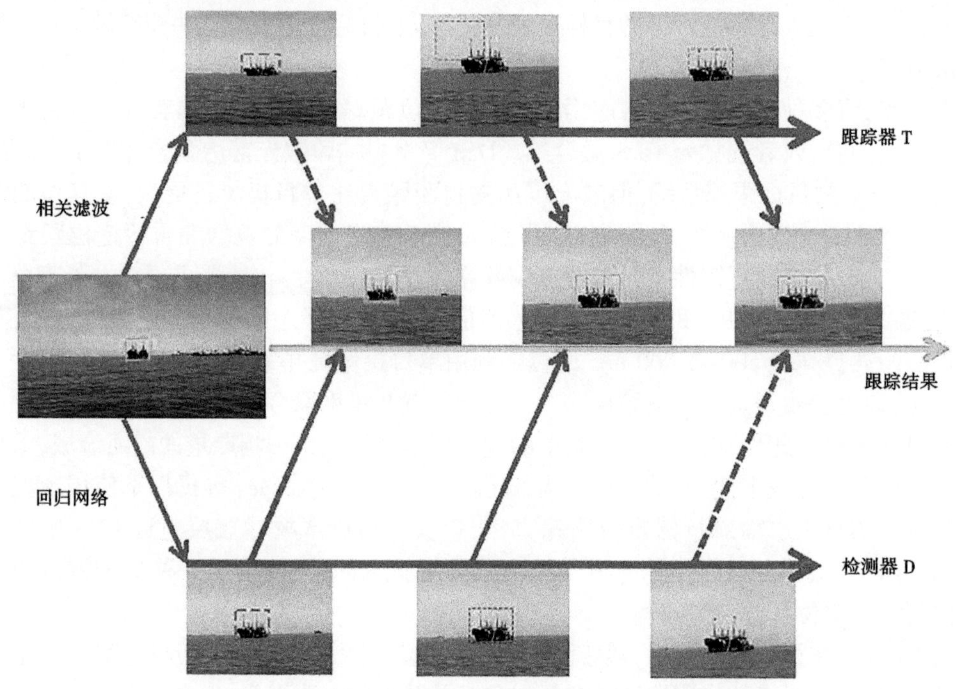

图2-18　基于回归网络检测与相关滤波的目标跟踪框图

2.2.5.2　路径规划

1. 环境地图建模方法的路径规划

环境地图建模的主要任务是将障碍物、起点、终点等物理环境信息进行抽象使之成为计算机可以处理的数学模型,为数学分析计算和算法处理应用搭建平台。环境地图构建的关键在于如何完整和准确地提取海上障碍物(静态)的信息。精确地建立环境地图模型是整个路径规划的基础环节,也是与障碍物感知关系最密切的环节。为了提高无人平台自主避障和应激调整路径的能力,国内外研究学者的注意力大多集中在路径规划算法的优化上,而少有研究优化环境地图构建方法。事实上,几乎所有的路径规划算法都离不开特定的环境地图模型,而且随着启发式算法、进化算法等智能 AI 算法不断的被应用到路径规划领域,路径规划方法的瓶颈已经不再受限于优化算法而是其运行的环境地图模型。目前,在无人设备导航领域,常用的路径规划环境模型大多基于电子地图和基于卫星遥感图像两大类,具体如下:

(1)基于电子地图的环境地图构建方法。

对于水面航行的船舶而言,电子海图(Electronic Chart,EC)显示于信息系统是路径规划问题中应用最广泛的电子地图设备。EC 中蕴含丰富的岸线、水深、航道、岛屿和陆地等信息。在对 EC 建模过程中,有基于矢量数据和基于图像数据两种方式。若是采用矢量数据的方式,建模过程中可根据障碍物的点、线、面矢量数据精确建模,但获得矢量地图的经济成本较高。

比较常见的是基于图像的数据方式,例如:李源惠等在 EC 上提出了一种动态网格模型,将网格分为完全可航、不完全可航和完全不可航,采用 8 字节表示每个网格与之邻接的 8 个网格之间的连通性,再基于二分查找法进行路径寻优;何立居等以“航行带”宽度为单位进行 EC 的划分,规避生成穿越危险区域的路径,再采用蚁群算法搜索最短路径;唐平鹏等将 EC 离散成小型网格,并将每个网格定义为可航或不可航区域,然后采用多目标优化遗传算法搜索最优路径;汤青慧等结合天气和海况等因素在 EC 上构建限制搜索区域,通过改进动态通信网络快速求取多边形凸包构建简化的环境模型。

虽然基于 EC 的环境地图构建方法发展相对成熟,但随着 USV 的航行范围不断增大,对其进行网格化或者凸包构建的计算量将以平方级迅速增加,求解效率将会随之下降,尤其是难以满足动态路径规划的实时性要求。此外,直接将 EC 转化成二值图像的环境地图构建方式,并不能区分不同属性的障碍物,也不能对海洋航行环境进行准确的描述,容易引起环境地图的失真。

(2)基于卫星遥感图像的环境地图构建方法。

基于卫星遥感图像的环境地图构建方法多见于无人机、无人车导航领域,先从卫星遥感图像中提取特征信息,再对提取出的特征进行降维处理,最后获得可以搜索的图索引。从卫星遥感图像中提取特征信息的方法有很多,根据应用背景的不同,对于特定目标的检测方法也不同。例如:Werff 等将基于形状检测方法应用到卫星图像中的河流特征提取,利用河流蜿蜒的形状特点成功提取了完整的河流信息,但这种方法要求待提取对象完整且连续。高立宁和 Corbane 等专门提取卫星遥感图像中海面舰船目标,可根据舰船目标特征进行信息筛选忽略非舰船目标,从而降低算法复杂度。Naouai 等为了获得卫星遥感图像中的城市道路信息,提出了基于路面形状特征的道路分割方法,可根据道路的连续性剔除干扰信息。Singh 等和 Anil 等分别采用全局阈值法和形态学法提取卫星图像中的道路信息,并构建环境地图用于无人车的行驶路径规划。

目前,基于卫星遥感图像的地图构建方法在海上舰船目标提取、城市道路提取以及路径规划领域得到了广泛的应用。上述方法都是针对同一类型的目标(如河流、船舶和城市道路等)特征进行提取,且待提取的目标具有明显先验特征。对于卫星遥感图像而言,海面上的目标多种多样，且很难用先验的或者统一的规则去描述它们。

除障碍物特征提取难度大外，障碍物的轮廓和边界信息也非常复杂。受到障碍物的不规则形态和多种障碍物的分布状态影响，还需要对提取出的障碍物进行边界简化处理，同时针对离散分布的小型障碍物进行归类。而 Graham 算法可以对具有边界轮廓信息的障碍物进行凸包构建的简化处理。但是，当障碍物的种类较多而且分布杂乱时，传统的 Graham 算法将面临复杂度高、运行效率低等问题。为此，也有很多学者对传统的 Graham 算法进行了改进。例如：刘斌等提出了简单快速的平面点集凸包构建算法，先利用主成分分析法（principle component analysis，PCA）对平面内的点集进行预处理，再结合适用的排序规则和凸包边缘点判定原则进行凸包构建；Singh 等提出了基于 GMM 模型的显著物体凸包构建算法。以上两种方法都提高了凸包构建算法的收敛速度，但它们仍然面临着一些挑战，诸如局部遮挡、噪声干扰和背景复杂等。

2. 全局路径规划方法

路径规划是指考虑实际约束条件，采用相应的优化策略（如能耗最小、距离最短、时间最少等），从起点到终点规划出一条无障碍可达路径。早在 20 世纪 70 年代，就有学者开展了路径规划的研究。从传统路径规划算法开始，到后来各种启发式和智能算法被广泛应用于无人系统的路径规划中，世界各国的研究学者们取得了大量的研究成果。随着路径规划技术研究的不断深入，相关学者对其进行了分类。例如，根据对环境感知信息的掌握程度不同，可以分为环境信息已知的全局路径规划和环境信息完全未知或部分未知的局部路径规划；根据环境感知结果是否随时间变化，又可以分为静态路径规划和动态路径规划；根据环境感知的角度不同，还可以分为基于环境模型的路径规划方法、基于行为的实时路径规划方法和基于事例学习的路径规划方法。

USV 的全局路径规划是指在航行海区环境完全已知情况下的路径规划。全局路径规划是先建立航行海区的全局地图模型，并在全局地图模型上使用寻优算法搜索最优路径。参考移动机器人领域的划分，根据环境地图的表现形式不同，常用的全局路径规划方法有基于栅格地图和基于可搜索图的寻优算法两大类。

（1）基于栅格地图的路径寻优算法。

栅格地图是 USV 路径规划时常用的地图模型，采用二进制栅格数组来表示环境，将整个航行海区离散成一系列小栅格。栅格图中包含起点 Start 和目标点 Target，黑色的代表障碍物，即不可到达区域；白色代表非障碍物，即可航行区域。栅格地图与大部分的启发式算法、进化算法和智能算法都能很好地兼容。

为了解决单源路径点最短路径寻优问题，张林广等对经典的 Dijkstra 算法进行了改进，即在搜索空间中的每一个可能位置进行评估并得到最好的位置，再从这个位置展开搜索直至找到目标点。A^* 算法在 USV 全局路径寻优领域里具有一定代表性，Song 等将平滑 A^* 算法应用到 Springer 型 USV 上，用于提高路径的平滑性，减少路径中不要的拐点和消除冗余的路径节点。Singh 等提出了考虑安全距离的 A^* 算法，并将其应用到带有复杂洋流干扰的海面环境中，通过减少可搜索海面的范围，进一步提高了计算效率。除了 Dijkstra 算法和 A^* 算法被广泛应用到栅格地图模型上外，还有随机树法、遗传算法、粒子群算法等被应用于解决 USV 全局路径规划问题。庄佳园等针对 USV 航速快且实时性要求高的特点，在经典快速扩展随机树算法的基础上，提出了改进随机树的路径规划算法。

(2)基于可搜索图的路径寻优算法。

在 USV 路径规划领域，除栅格地图环境模型外，还包括四叉树拓扑图法、Voronoi 图法和可视图法(Visibility Graph Method, VGM)等，它们可以统称为可搜索图法。其中，四叉树拓扑图法将海区地图等分成四个部分并依次细化分解，逐层递归分割，直到每个子块满足预先设定的精度。Voronoi 图又称为泰森多边形法，它按照最邻近原则来划分平面，由一组连接两个相邻点直线的垂直平分线组成的连续多边形构成。VGM 图是连接起点、凸障碍物顶点和终点的直线，从与障碍物不相交的直线中选择一条从起点到终点距离最短的直线组合。

为了解决 VGM 图法在航行环境中障碍物较复杂或者数量较多时，存在计算量较大的缺点，张琦等根据环境中障碍物对路径规划的影响程度不同，减少影响程度较小的障碍物所产生可视线段的数量，提高了 VGM 图的执行效率。Toan 等对障碍物采用分组预处理和对可移动区域分开并行处理两种方式，即将小的密集障碍物组合成大的障碍物处理，再将可移动区域分成许多小区域且每个可视图截面由平行方式构成，一定程度上节约了计算时间。Huang 等提出了快速动态可见度图法(Dynamic Visibility Graph, DVG)，该方法可以在凸多边形障碍物中构建一个简化路线图，再利用简单的解析几何计算，从全局环境中提取 DVG，可以实现多目标路径寻优。为了提高 VGM 图法生成最优路径的平滑性，Nguyet 等将生成的全局路径直线段和圆弧线共同组合成表达式，该方法生成的路径能最大限度地满足曲率和曲率导数连续性的要求。除对可搜索图法本身进行优化改进外，还有一些文献中提到了将其与各种优化算法相结合以提高最优路径的搜索效率。

3. *局部路径规划方法*

作为无人操纵的海洋自主运载器，USV 需要在一些不可预知的突发事件发生时做出反应，确保其能安全顺利到达目的地。与全局路径规划不同，局部路径规划往往面对的是环境信息完全未知或部分未知的情况。因此，在全局路径规划的基础上，还需要进行实时的局部路径规划，才能满足 USV 顺利执行任务的需求。USV 在局部路径规划过程中考虑的约束条件可以分为以下三类：

(1)障碍物约束。

USV 在复杂未知的水域执行任务时，常常会遭遇到各种类型的障碍物(岸线、礁石、渔业养殖区、船舶、浮标及桥墩等)和恶劣天气条件。障碍物约束是局部路径规划时必须考虑的约束条件之一，相关研究成果如下：Svec 等提出了考虑障碍物约束的经典局部路径规划算法，即围绕障碍物的边缘前进，并将启发式 A^* 算法与局部边界最优结合，从而实现避障。Larson 等将经典的 Morphin 算法应用到 USV 避障问题中，通过将远场协商避障模块与近场反应式避障模块相结合来实现避障。马闯等通过在 USV 上分别布置水上和水下两层声呐传感器来获取环境中障碍物的三维信息，提出了改进的向量场直方图(Vector Field Histogram, VFH)算法，实现了 USV 在三维空间内的实时在线避障，但这种方法存在容易陷入局部最优的情况，并且容易使规划好的路径产生振荡。张汝波等采用模糊理论和近域图法，结合 USV 的高速运动特性，在速度控制中引入与障碍物距离相关的动态参数，实现了 USV 在复杂环境下成功避开障碍物。Casalino 等将 USV 路径规划分成了三层,第一层采用 A^* 算法计算全局路径;第二层考虑了动态障碍物的影响,采用基于行为规则的方法实现危险避障,并局部修改第一层设计的路径;第三层当动态障碍物的信息不可用时,采用基于反应式的方法实现危险避障。这些考虑了障碍物约束的局部路径规划,往往忽略了 USV 的运动特性及其当前自身的运动状态,从某种程度上也制约了其实际的避障性能。

(2)机动性约束。

机动性约束是 USV 与其他自主无人装备有所区别的最重要约束条件之一,这也是它无法直接套用其他路径规划算法的重要原因。USV 航行过程中的机动性约束与它的运动学模型和动力学模型息息相关,例如:USV 在进行局部路径规划时不得不考虑 USV 的最小回转半径和自身体量带来的惯性影响,而最小回转半径和自身惯性都是由 USV 的运动学和动力学参数决定的。

目前,国内外诸多专家学者对 USV 机动性的影响进行过研究,例如:Song 等提出了基于多层次快速匹配法(Fast Marching Method, FMM)的 USV 路径规划方法,并考虑了时变环境下自身姿态和复杂海况的影响,在湖上完成了实船测试。唐平鹏等根据 USV 的运动学和基础控制特性提出了局部危险规避算法,采用分层策略将动态窗口分解为艏向窗口和线速度窗口,分别利用切线法和弧线法寻找最优路径,以提升艇体的稳定性。Kim 等提出了基于视线法(light of sight,LOS)导航策略的局部路径规划算法,即通过限制 LOS 的收敛角度使其能够适应 USV 的转弯能力和角速度变化。Candeloro 等研究了 USV 的三自由度模型,提出了基于 Voronoi 图的局部动态路径规划算法。以上路径规划方法都存在一个共同的问题,就是没有考虑海上交通规则。而有统计数据表明,56%的船舶航行事故的原因是违反了 COLREGs 规则,所以忽略了避障规则的路径规划算法并不能适用于指导 USV 水面航行。

(3)国际公约约束。

虽然现行的政策和法规不允许无人操纵的水面舰艇在公共海域内航行,但随着科学技术的不断发展和相关政策法规的不断完善,USV 有望在将来和有人操纵船舶一样普及。而为了避免 USV 对其他船只、人员的人身和财产及其自身的安全造成威胁,它必须要遵守海上的"交通规则"。因此,在 USV 路径规划阶段,就必须考虑让其遵守相关规则。COLREGs 规则的第 13 条、14 条、15 条,分别对可能出现的追越、正面相遇和交叉会遇场景有相应的规范要求。

考虑了 COLREGs 规则的局部路径规划成果如下:Lee 等利用模糊逻辑规则和虚拟力场方法,结合 COLREGs 规则约束条件实现了海上自动驾驶船舶的避障。Benjamin 等提出了基于行为控制框架的路径规划算法,它参考 COLREGs 规则选择避障策略,试验结果表明该方法能够较好地满足 USV 局部路径规划的需求,并最后完成了多任务的同步。Naeem 等采用 A^* 算法与 COLREGs 规则相结合的方法来计算局部最短路径,该方法在 Springer 型 USV 上实物验证效果可行。Svec 等在前期研究的基础上,对动态船舶采用 COLREGs 规则搜索在 4D 状态空间上的可行路径,通过仿真验证该方法能够获得可执行的安全路径。庄佳园等采用 Dijkstra 算法在航海雷达图像上搜索局部路径,并且设计了一种能满足 COLREGs 规则的相对坐标系动态避障方法。向祖权等将 USV 路径规划问题分为静态避障和动态避障两个层面，提出了基于粒子群算法并且融合了相关海事规则的分层避障路径规划方法。

随着人工智能以及机器学习的深入研究和发展，各种新兴的智能算法和仿生算法被提出，这些新兴的仿生智能算法也为 USV 的路径规划问题提供了全新的解决思路。但在当前实际的应用背景下，基于智能技术的路径规划远未发挥现有智能信息处理的优势，还需深入研究。

海洋环境的复杂多变性决定了无人平台在导航避障中需要应对不确定及突发的情况。在本书中，自主避障提出的相应技术解决方案如图 2-19 所示。

其中全局路径规划模块实时性要求最低，其功能为根据当前组网任务进行多航迹线的编队行驶或者在特定目标区域进行覆盖性探测。对编队行驶工作模式，可进行基于预知栅格地图的多物体协同的 A^* 多路径搜索算法，在原始的路径代价计算中加入编队组网构型误差估计项，从而保证在避障的同时尽可能地保持编队航行。若采用覆盖性探测工作模式，则根据多物体分区协同策略，对目标区域进行覆盖式路径规划，以完成探测任务。

中远距离规划避障则相对实时，在多传感器探测范围内发现原地图中未标记的静动态障碍物时，判断多平台系统按全局路径规划轨迹运行时与其碰撞的风险。若预判产生碰撞，则提前进行轨迹局部重规划。当进行多路径重规划优化时，可暂不考虑编队要求，在局部范围内将重新计算有碰撞风险的无人平台路径，生成与障碍物和其他无人平台保持相对安全距离的局域路径，并进行局域理想路径更新。

当无人系统与障碍物有高碰撞风险时，系统进入近距紧急避障模式。在此模式下，无人平台根据与其他无人平台及障碍物的相对运动关系进行实时避障。采用基于模型预测控制方法生成即时无人平台控制信号，以求在无人平台运动能力范围内尽快地脱离碰撞危险区/状态。当脱离危险区后，回归全局路径规划的航迹线，以继续完成既定任务。自主避障组成如图 2-20 所示。

（1）基于 VO 避障算法的近程实时危险避障。

应激式紧急避碰则是基于速度障碍法（VO 避障算法），定义如下：碰撞速度区间集是运动物 A 相对于运动物 B 的所有相对碰撞速度的集合，这个相对速度将导致运动物 A 和运动物 B 发生碰撞。换句话说，就是从这个速度碰撞区域中选取任一速度，都将会造成两物体碰撞。

如果无人平台 A 的速度矢量落在 VO 区域的任一位置，无人平台与障碍物都将发生碰撞。反之，若要使无人平台不与障碍物发生碰撞，则可以通过调节速度方向和大小的方式，使其速度矢量避开 VO 区域，以最优方式避开障碍物（见图 2-21）。

（2）基于栅格化电子海图的路径规划。

电子海图就像我们使用的手机地图一样，其中存储了海洋环境中多种类型的数据信息，而每一种数据用不同的图层进行表示，一幅海图通常包含 30 多个海图图层。在对 USV 环境建模的过程中，只对海洋/陆地、障碍物、航道、区域界线、地貌等属性的图层进行分析。通过读取表示障碍物的点、线、面三种数据文件，获得全局环境的障碍物分布情况，并根据障碍物的分布为 USV 全程航迹规划构建环境模型。基于电子海图信息使用一

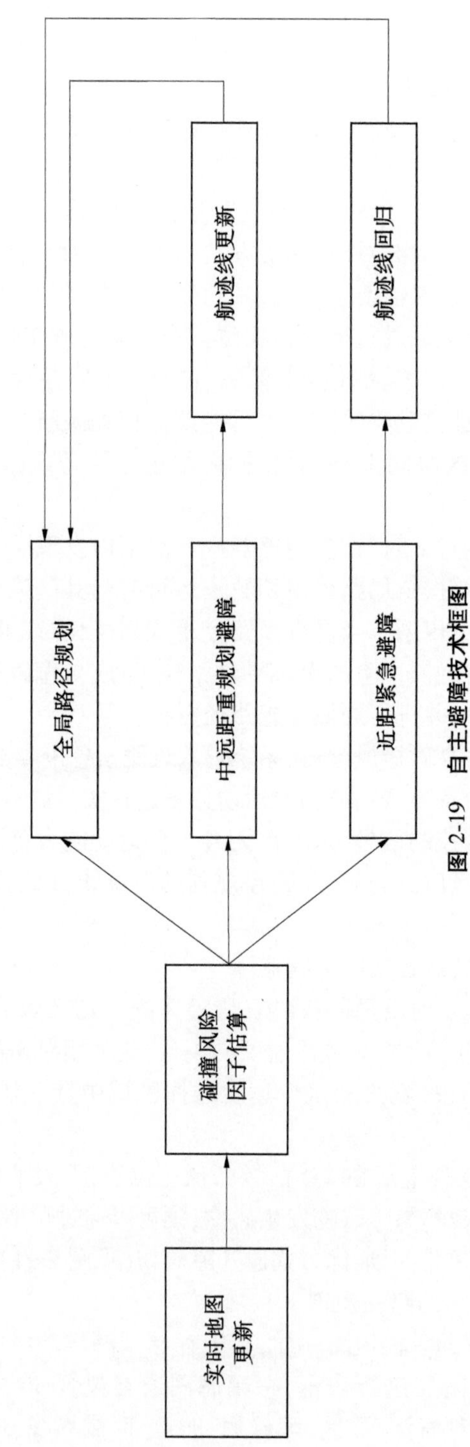

图 2-19　自主避障技术框图

定精度的栅格进行离散化处理,最后的结果:被障碍物占据的栅格状态信息均标注为 1,而没有被障碍物占据的栅格状态信息标注为 0,并将该栅格的状态信息记录到二维结构体数组中,为后续的全程航迹规划做准备。

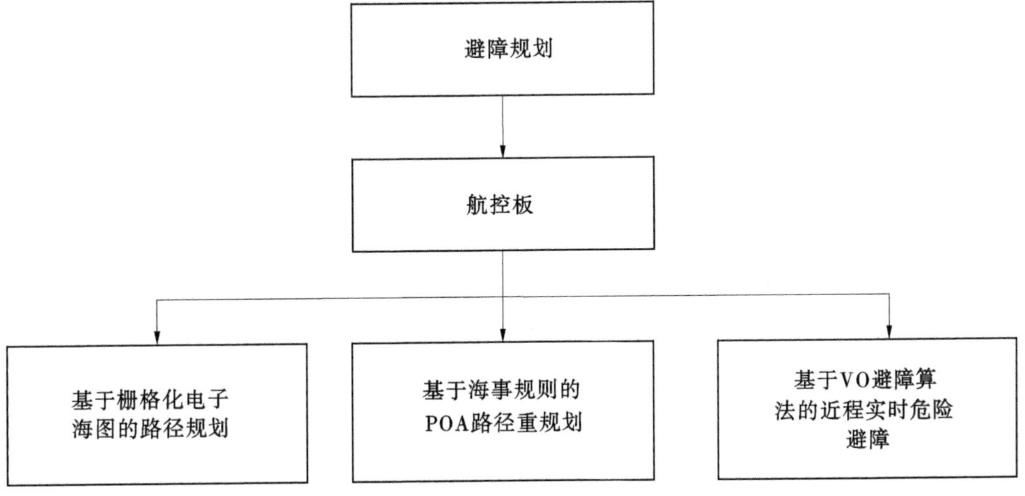

图 2-20　自主避障组成示意图

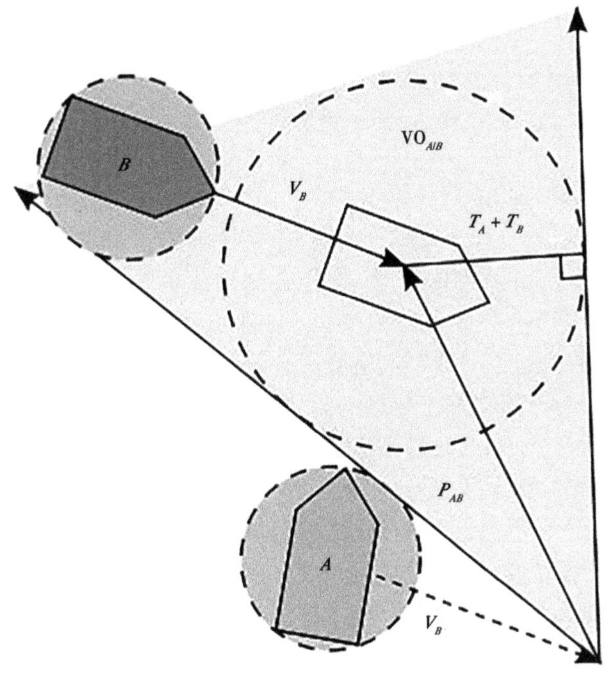

图 2-21　简化船体形状为圆的情况下的 VO 区域

由于海图中的障碍物信息大多是岛屿，或者岛礁，多为静态的障碍物，作为三层避障架构的第一层，全局路径规划多用于处理静态障碍物。在这里用到的算法为 A* 搜索算法。

全局路径规划输出的是一系列的坐标点，引导无人平台从起点一直运行到目标点。如图 2-22 所示，无人平台欲从起始坐标点 1(Start) 到终点 4(Goal)，由于岛屿的阻碍，直行是不可能的，但是经过全局路径规划搜索算法之后，它会给出 4 个坐标点 1~4，指引无人平台绕开障碍物，依次从坐标点 1 运行到坐标点 4。

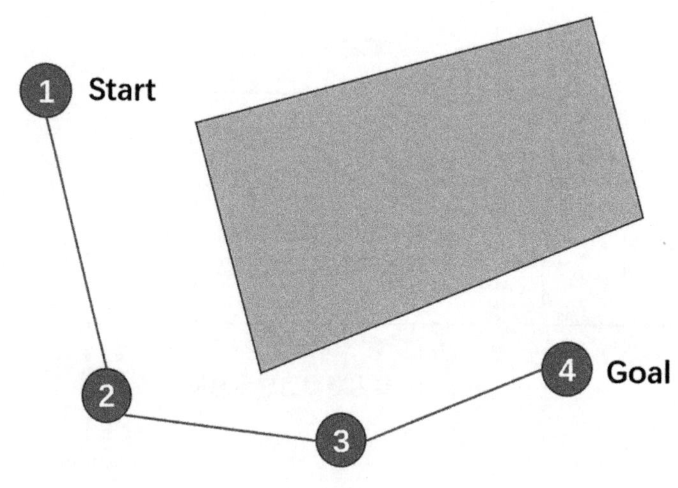

图 2-22　全局路径规划的示例

(3)基于海事规则的 POA 路径重规划。

局部的路径重规划是一种在线的实时规划，传感器的检测误测，可能造成障碍物速度和方向探测不稳定，在一定范围内浮动，这势必会造成危险点 CPA 点的跳动，引起 POA 投影区域的变动，然后 POA 区域的往复变动，会造成无人平台每次都要重新进行路径规划，这样是非常危险的，也是不可取的，会让无人平台抖动剧烈，甚至会撞上障碍物。在第一次判断无人平台会与障碍物发生碰撞的时候，其 POA 和海事规则的投影区域如图 2-23 中虚线圆与虚线长条形所示，这时规划出的路径如虚线段所示，无人平台能安全避开障碍物；但是由于传感器的检测误差，第二次判断无人平台与障碍物有碰撞风险，其 POA 区域如图 2-23 中实线圆所示，但是此时如果按照第一次规划好的路径走并没有碰撞风险，所以此时并不需要进行路径重规划，这样做无人平台走的可能并不是最短路径，但却大大减少了船体的抖动和提高了避障的成功率。

基于神经网络的动态栅格法与优先级启发式完全遍历路径规划算法，实现基于海图先验的海洋扫测路径规划，以满足无人扫测艇在岛礁海域环境的遍历路径规划。具体实施效果如图 2-24 所示。

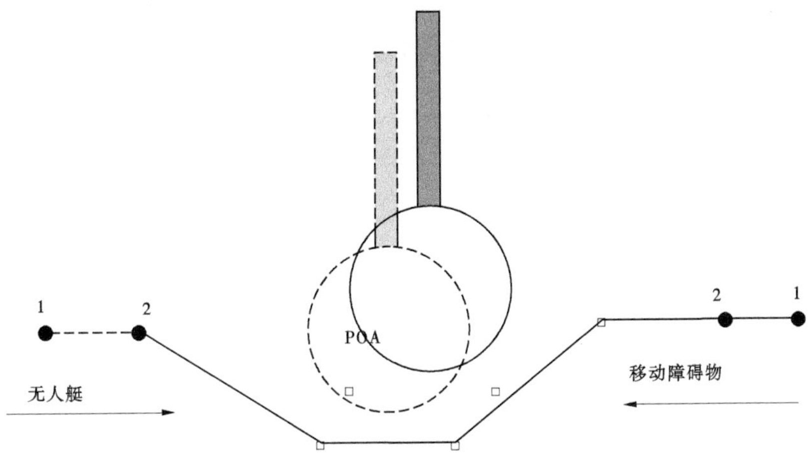

图 2-23　基于 POA 区域为梯形的重规划航线

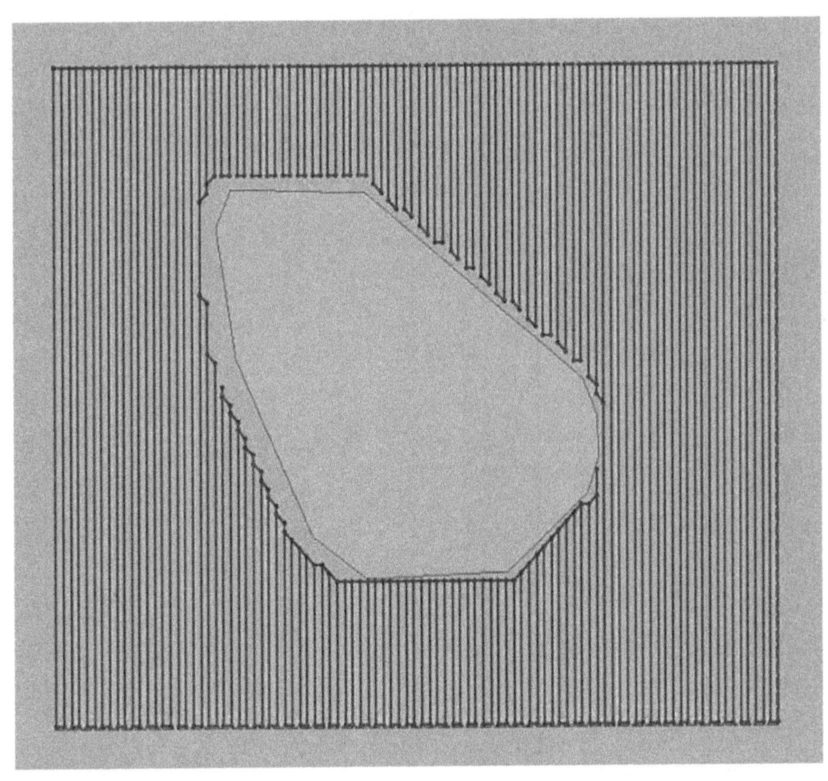

图 2-24　基于海事测量规则的人工初始路径约束全局路径规划

2.3 通信组网技术研究

无人集群组网通信是实现无人系统间实时信息传输的通信手段,特殊的应用环境要求通信网络必须保证稳定可靠的信息交互,同时尽可能减少通信时延,保障无人平台之间的实时通信。无人集群系统在执行任务时,单机节点受到破坏,退出机群,使得无人集群自组网网络架构和拓扑发生变化,无人集群自组网在满足机群间正常通信需求的同时,还要完成无人集群网络的动态重构。同时,涉及一些关键环节的授权和认证,需要无人集群系统能够实时、准确响应这些指令。无人系统的通信方案,由单机控制的点对点地空通信方案,发展到一站多机的点对多点的地空通信组网方案,再到满足无人集群系统节点间各种任务信息协同协调自组网宽带通信组网方案。无人机群组网通信主要有以下 3 种组网模式。

(1)星形组网。

星形组网是以地面中心站为中心基站、空中无人平台通信终端为节点,所有节点直接联接到地面中心站,实现地面中心站与所有网络节点间直通;无人平台间以地面站为中心进行交互通信。当无人集群平台组网节点数目相对较少、无人平台执行任务作业的覆盖区域较小,且无人平台任务作业相对简单时,星形组网模式比较合适。星形网络结构比较稳定,采用较简单的路由算法,且规模较小,信息传输的时延小,能够节省网络信道资源,降低能源消耗。

(2)网状自组网。

无人集群网状自组网由地面控制站和无人平台节点组成,所有节点设备功能相同,都具备终端节点和路由功能。无人平台节点不能一跳联接到地面中心站时,通过多跳路由到中心站,实现全网所有节点的互联互通。当作业任务较为复杂,无人集群平台规模比较大,网络拓扑多变,任务复杂,系统间协调通信频繁、作业半径大,自主协同完成任务为主时,适合采用网状自组网。由于无人集群网络较复杂,节点间相互通信较为频繁,路由时延要求很小,在远距离节点间进行通信时采用按需路由技术,能有效降低路由维护开销,提高网络鲁棒性。

(3)分层混合组网。

分层组网采用地面站为星形网络中心站,无人系统通信终端具备与地面中心站直通和无人平台间自组网功能。当无人集群系统作业任务非常复杂时,执行任务的无人平台数量庞大,网络拓扑多变,无人系统节点之间通信频繁、信息量大,此时比较适合采用分层网络结构。当执行作业任务的无人系统数量发生变化时,分层结构的网络拓扑结构快速完成无人系统节点的退出或增加,快速实现网络重构,无人系统节点维护的路由表相对简单,可提高网络的稳定性。

机间通信是集群协同的基础之一。集群通信一般考虑空中无人平台和控制站之间,以及集群无人平台之间的通信。无人平台集群的地面控制站,通常配备有通信设备(常使用未经许可的无线电频段,如 900 MHz),采用点对多点或广播方式向无人平台发送控制命令和接收遥测数据。通常,遥测数据包括GPS信息、无人平台状态信息以及机载载荷的感知信息等。集群无人平台之间的通信主要用于无人平台之间的状态和载荷信息交互。本节主要关注集群无人平台之间的通信。而固定翼无人机集群节点数量多、任务种类多、飞行速度快、相对时空关系变化频繁以及信息传递的即时性和突发性等,使得集群之间的通信和组网具有很大的挑战性。通信体系结构是无人组网设计的核心内容之一,合适的网络结构,可以提高通信数据以及上层任务执行的效率和可靠性。当前的无人组网集群通常采用2种通信架构形式之一,分别为基于基础设施的集群架构和基于自组网(ad-hoc)的集群架构。

基于基础设施的集群架构包含基站(例如和地面站相连的地面基站或者通信卫星),所有的无人平台都和基站直接相连。基站接收集群中所有无人平台的遥测信息,并转发给其他所有或部分无人平台。故而,该架构也可称为以基站为中心的通信组网。该架构优势在于:①可以借助地面高性能计算设备进行复杂的实时计算和优化。②机间联网不是必需的,可以减少无人平台的有效负载。但是基于基础设施的架构严重依赖于基站,系统缺乏冗余性,且基站和无人平台之间的通信可能容易受到干扰;如果基站受到攻击或干扰,整个集群的可操作性将受到损害。同时,基于基础设施的架构要求,所有无人平台都必须在基站的传播范围内;但是,小型无人机的负载能力极度有限,与基础设施建立可靠通信所需的硬件可能会限制基于基础设施的集群功效,限制了集群无人机的运动范围。另一个缺点是缺乏分布式决策能力,通常通过地面站协调所有无人平台的决策。和集中式体系架构类似,随着规模的增加,通信数量、决策维数等存在维数爆炸的问题,限制了集群规模;同时,不可避免地存在通信时延,使得系统难以实时响应决策。

基于自组网的集群架构将无线自组网和无人平台集群结合。无线自组网不依赖于基础设施,无须路由器或接入点;相反,基于动态路由算法动态分配节点。近年来,人们将移动和车载自组网概念拓展到无人系统网络通信中,形成飞行自组网(FANET)。无人平台间的信息交互,不依赖于任何已有的基础设施,而是临时建立起适应节点动态变化的机器对机器(M2M)通信网络;无须无线接入点(Access Point),但是至少有一个网络中的节点连接 一个地面基站或者卫星。研究者从移动性、拓扑和能耗等方面比较了移动自组网、车载自组网和无人系统自组网,并比较分析了各种自组网的路由协议和节能策略,综述了无人平台集群在民用领域,包括搜索援救、覆盖侦查和运送物品等应用中通信组网的特点和需求。

和移动或车载自组网相比,无人机、无人船自组网具有以下几个自身特点:

(1)节点的高速移动和拓扑的高动态变化。典型的移动和车载自组网节点通常是人和汽车,而飞行自组网节点则是高速飞行的无人机,移动度远高于移动或车载自组网,导致其拓扑变化比移动或车载自组网更为频繁。

(2)节点稀疏性和网络异构性。集群中的无人系统执行任务时通常是分散分布的,机间距离大都是千米级,远大于移动或车载自组网节点间的距离,导致空域内节点密度较低。同时,实际应用中,无人机、无人船还需和卫星,有人机、船,地面机器人等不同类型的平台通信,网络拓扑可能分层分布。

(3)节点任务的多样性。无人集群系统可能包括不同类型的传感器,并且每个传感器可能需要不同的数据传输策略。比如,需同时支持高频/实时的控制/决策通信需求(时延毫秒级)和协同感知等任务需求的大容量(M 级)机间传输;支持突发任务响应,可随时发起点对点或者点对多点的通信。

(4)更高可靠性和更低重量要求。小型无人机、无人船载荷重量有限;同时空中无人机一旦失控,很容易造成机毁人亡。故而,自组网在严格限制端机重量条件下,对网络协议和软硬件可靠性有严苛要求。目前,其仍面临着严峻的技术挑战:

①有限的单跳距离:自组网的建立依赖于每架无人机之间的单跳通信,而要想通过有限的机载能力实现可靠的通信,其单跳距离往往受到限制,这成为约束自组网技术发展的重要因素之一。

②难以可靠控制的丢包率:自组网中,对动态路由的配置提出了很高的要求,迅速改变的物理层道会使原有拓扑的路径变得不再可靠,从而导致数据的大量丢包,这会严重限制无人平台集群的任务执行能力。

另外,在基础架构、硬件设备、通信带宽等固定的情况下,根据任务需求进行通信调度,可最大限度地挖掘通信系统的性能。目前,协同任务中的通信需求研究较多。通常,其通信拓扑要求无向连通或存在有向生成树,拓扑切换和通信时延等存在必要条件。但是,目前对其他任务,比如协同探测、协同规划等通信需求的研究较少。

通信组网是实现智能无人集群系统内部节点间以及系统与外部控制台间进行信息交互、操作控制和执行任务的关键技术。根据不同任务或应用场景,无人集群系统对通信网络的稳定性、可靠性、安全性等提出了不同层级的要求,以保证各无人平台能够在复杂环境和高动态条件下进行大批量高频次的要素级融合和协同。为保障无人平台与基站以及无人平台之间的相互通信,本项目通过开展大容量高可靠传输技术的 5G 通信和无线局域网以及高效动态组网关键技术研究,构建了无人集群通信组网技术体系。

本书针对当前主流无人机仅支持 4G 网络通信,图传效果不佳,以及无人船受微波通信传输距离的限制而影响无人船之间的相互通信,开展了基于 4G/5G+微波通信的无人机通信网络技术和基于微波自组网技术的无人船通信技术研究,构建了无人平台大容量高可靠的通信传输技术,无人机与无人船之间通过微波构建自由网进行通信。

2.3.1　基于 5G 技术的无人机通信网路构建技术

本书主要基于 5G 的多路无人机远程视频回传技术与软件无线电的设计思想(见图 2-25、图 2-26),研究无线传输硬件平台、路由协议、宽窄带融合通信技术,研制自组网模块,搭建宽窄带融合通信网络,实现现场、前方和后方平台三级架构,通过自组网模块,打破无人机远距离视频回传信号延迟、画质不清的弊端,突破无人机自带操控 APP 的弊端,通过对无人机 SDK 和移动操作系统开发支持通信网络远程分享至流媒体服务器的无人机操控,实现无人机航拍视频远距离无损高清传输。能够将图片、视频和关键数据等信息实时、稳定地传输到各级指挥中心,辅助工作人员进行决策,显著提升作业效率。

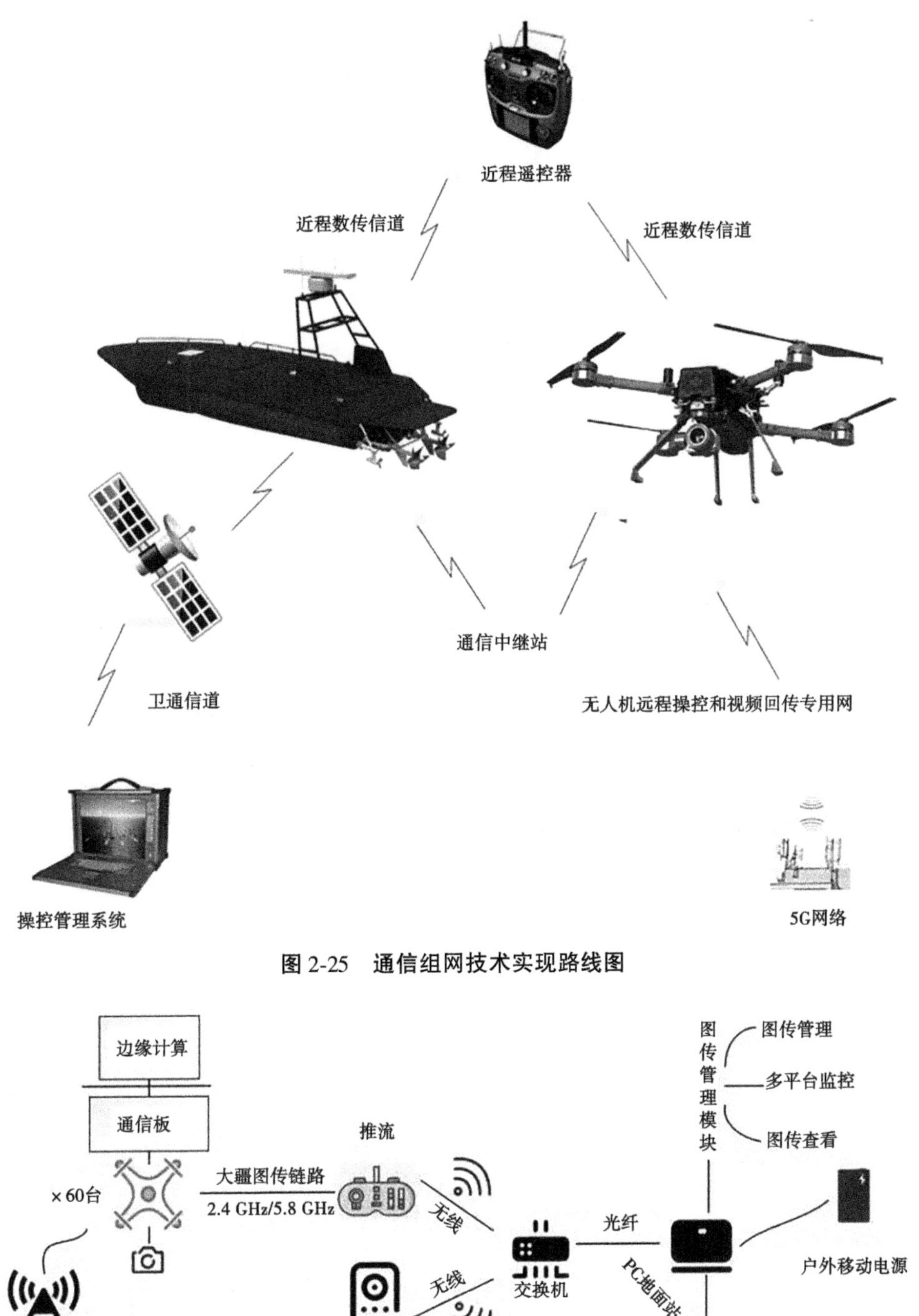

图 2-25　通信组网技术实现路线图

图 2-26　基于 5G 的多路无人机远程视频回传硬件集成

本书设计图传管理模块实现实时图传功能，实施链路为机载通信模块，系统由云台相机采集实时视频，得到的视频流经编码后通过机载通信模块以无线网络传输至地面站服务器，对编码视频、回传飞行状态进行缓存中转，再由客户端从服务器获取信息，运用异地组网技术实现多人共享实时视频。通过编(解)码器对相机采集的数据进行编(解)码；传输层使用 UDP 协议，较 TCP 工作效率更高，综合缩短视频传输延时时间。系统模块具有良好的兼容性，可迅速配备在多种无人机上。

2.3.1.1 总体框架

本系统由机载摄像头采集实时视频，得到的视频流经编码后通过机载 5G 模块以 5G 网络传输至中转服务器，对编码视频、回传飞行状态进行缓存中转，再由手机 App 端从服务器获取信息，运用宽窄带、自组网以及异地组网技术实现多人共享实时视频(见图 2-27)。

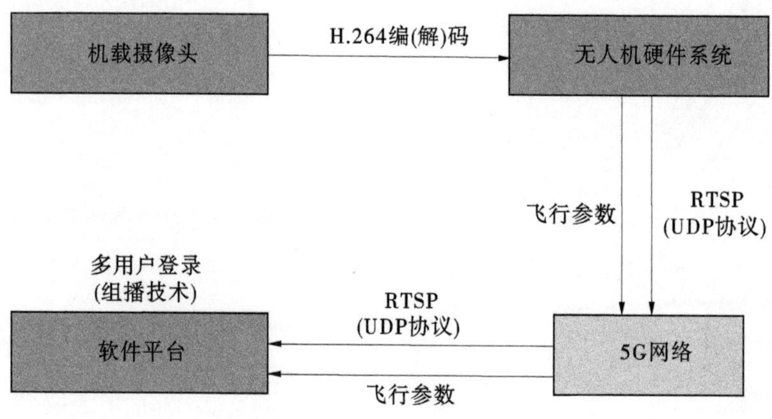

图 2-27 系统框架设计

图 2-27 中，H. 264 是国际标准化组织(ISO)和国际电信联盟(ITU)共同提出的继 MPEG4 之后的新一代数字视频压缩格式；RTSP 即实时流协议，其是建立并控制一个或几个时间同步的连续流媒体，如音频和视频。

2.3.1.2 实时视频流传输技术

视频流传输是将无人机的机载摄像头采集到的画面实时传输到服务器端。为实现视频流传输的稳定、延时低、画质清晰等要求，需要对视频流编(解)码进行一定的优化选择。

1. UDP 传输媒体数据

在本系统中，嵌入式平板电脑通过 CSI 摄像头接口连接无人机端机载摄像头，调用接口捕获视频，获取原始视频流数据，然后采用硬件压缩编码对原始视频流数据进行编码。TCP 在传递数据前需先建立连接，数据传递过程中的重传机制、拥塞控制等都会消耗时间，容易出现因为网络拥塞而产生视频的卡顿。而 UDP 是一个简单的无连接无状态协议，传输数据快，更适合实时视频的传输。在使用 UDP 传送流式多媒体文件时，如果用户端希望控制媒体的播放，还需要使用另外的协议 RTSP。实时流体协议 RTSP，是有状态的协议，它主要负责处理服务器和客户端之间的数据通信，能够建立和控制媒体的时间同步流为选择发送通道，如 UDP、组播 UDP 提供途径，给实现多用户同时观看无人机采集到的视频提供传输路径。RTSP 具有重新导向功能，可视实际负载情况来转换提供服务的服务器，以避免过大的负载集中于同一服务器而造成延迟。

2. 流媒体解决方案(多路实时图传)

将编码后的数据包通过 UDP 传输给流媒体服务器，服务器通过 Live555 实现标准流媒体传输协议 RTSP 服务传输到客户端，然后调用 OpenCV 显示视频流。利用 nginx+nginx-rtmp-module+ffmpeg 搭建流媒体服务器，通过 5G 通信技术将多路航摄视频直接展示在 web 页面中以便于领导、建设方等实时了解和掌握现场状况的技术。其主要技术原理是：nginx 本身是一种 HTTP 服务器，ffmpeg 是非常好的音视频解决方案，利用 nginx 通过 rtmp 模块提供 rtmp 服务，ffmpeg 推送一个无人机操控 APP 分享的 rtmp 流到 nginx，然后客户端通过访问 nginx 来收看实时视频流，进而实现多路无人机航摄视频的回传。系统工作时，无人机端将采集到的视频通过 5G 网络最终传输到客户端。基于 5G 的多路无人机远程视频回传流程如图 2-28 所示。

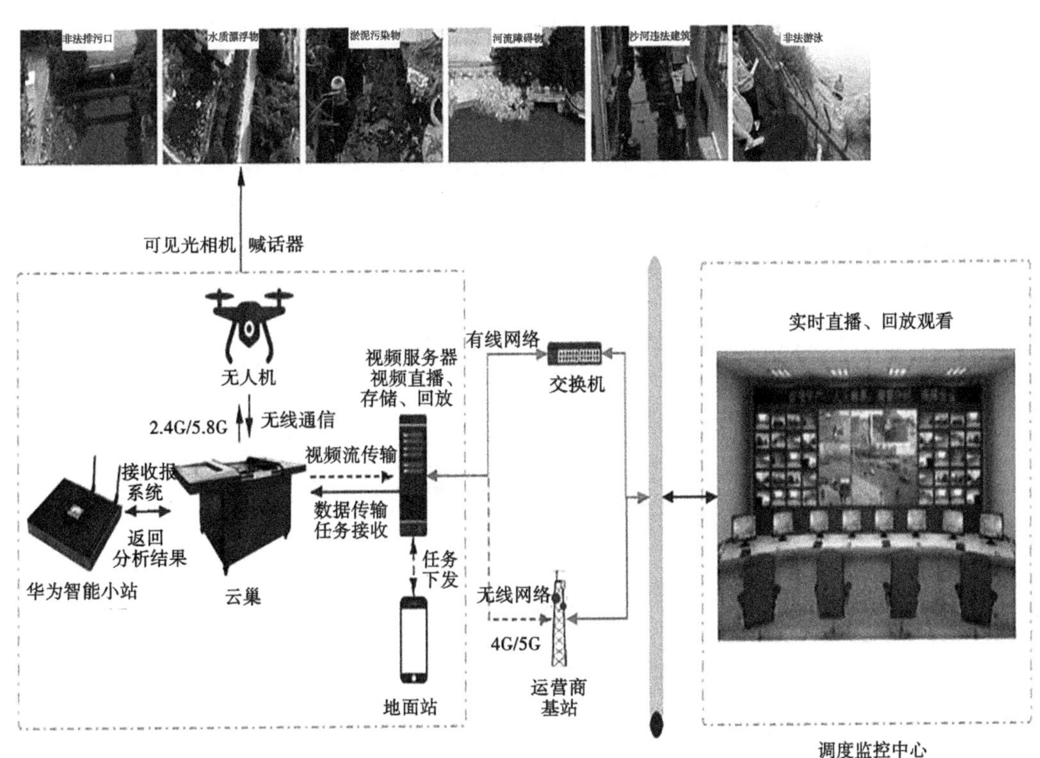

图 2-28　基于 5G 的多路无人机远程视频回传流程

2.3.2 自组网通信技术

通信模块确保无人平台控制及仪器采集自组网功能的实现,也是多无人平台实现协同控制关键技术之一。具体研究内容如下。

2.3.2.1 通信抗干扰技术

海上通信受到海面水体不规则反射和影响,会形成大量的频率选择性衰落,这种衰落特性是时变的,且对于不同的通信信号影响差异较大。需要研究快速的时变信道衰落特性估计算法,一方面提高不同传输信号的抗衰落传输能力,另一方面还需根据当前的衰落特性选择最优的传输波形,二者需在通信系统层面进行跨层控制优化,以保障作业系统之间稳定可靠的数据传输和组网工作。

2.3.2.2 高动态自组织网络控制管理技术

通过基于信道估计和地理信息的混合链路质量预测算法,对网络拓扑进行自适应实时更新,解决高动态拓扑条件下的拓扑连接稳定性问题。在拓扑连接方面,在常规路由联通算法的基础上,通过精简中继算法,生成精简拓扑,加速路由发现过程,同时最大化降低路由维护开销。此外,重点关注路由更新控制数据包的交换情况,最大限度地降低路由控制开销,提高数据交付的时间延迟和交付率。

2.3.2.3 异构网络融合通信技术

海上集群测量作业系统在应用中不仅面临作业节点与控制节点之间通信传输,亦需要广域的信息网络对其进行支撑,需要研究广域环境的网络融合通信技术。广域融合通信涉及通信系统的所有层级,需要从时域、频域、能量、协议等方面对物理层、MAC 层、网络层、应用层,通过信道隔离、接入控制、协议处理、路由控制等手段设计具体的融合算法。

自组网系统控制硬件模块主要包括超视距通信系统和自组网通信系统。自组网协同控制硬件模块与协同控制信息流接口关系分别如图 2-29、图 3-30 所示。

2.3.2.4 窄带融合自组网技术

MESH 无线自组网多媒体宽带传输系统是采用全新的“无线网状网”理念设计的移动宽带多媒体通信系统,系统采用无中心、分布式网络架构,支持任意网络拓扑、多跳中继、动态路由,抗毁性强。所有节点在静止/快速移动、遮挡等复杂应用场景下,实现多路语音、数据及视频等多媒体信息的实时交互,可灵活应用于军用通信专网、公共安全、应急通信专网、加密局域网等。

近几年随着自组网的发展与应用,“空地水一体化”技术逐渐成熟。以以往的技术来说,有不少难题等待攻克,同时,以传统点对点的传输,无法快速实现团队信息的同步共享,卫星通信、无人机、通信指挥车之间存在通信制式难题,在重大事件信息的反馈方面存在诸多不便。MESH 网络的应用极大地改善了这些问题。

MESH 自组网已经应用在武警、消防、人防应急、“三防”应急、水利防汛、电力巡检、电力抢险、“雪亮工程”、铁路抢险、海事执法、海监巡查、海关边防、码头监控、森林防火、油田防盗、电视转播等领域。在城市、海上、山地等多种复杂环境中提供高质量图像、语

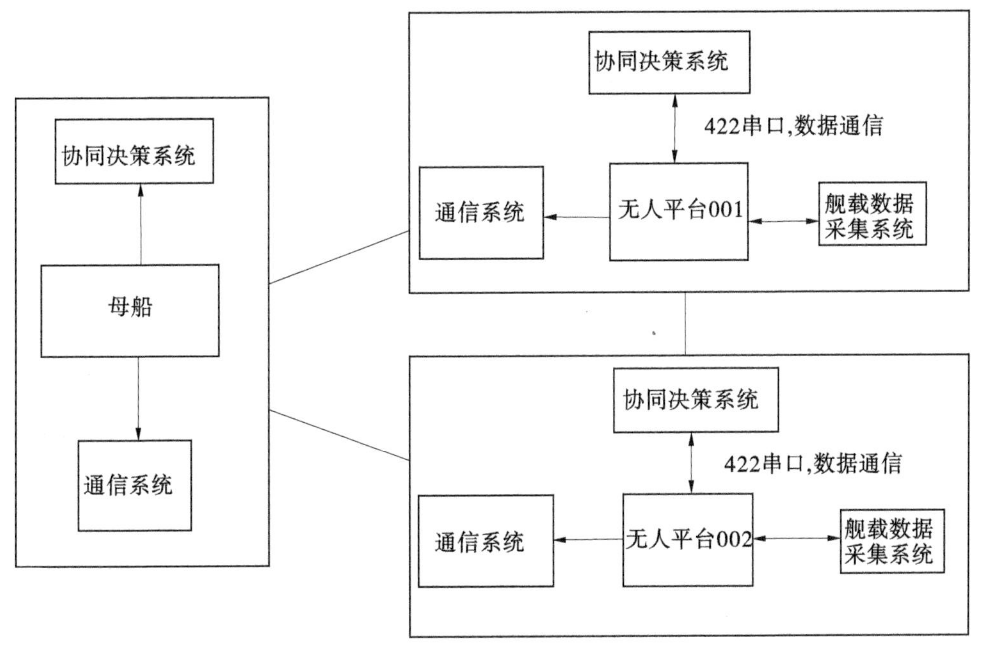

图 2-29　自组网协同控制硬件模块关系

音、数据实时移动传输。作为现在无线应急通信较多使用的网络,其优势显著。

本书采用的是基于 MESH 组网方式的新型宽带“无线网状网”。作为移动自组织网络,其不依赖于现有网络基础设施,支持任意网络拓扑,与传统无线网络不同,它是一个无中心、分布式、多跳中继、动态路由、抗毁性强及扩展性好的无线宽带系统,内部使用自有的路由协议,通过无线多跳转发完成各节点间的无线通信。具有高效的 MAC 层传输协议和二层路由协议的自组织分布式宽带无线网络传输系统。所有节点完全对等,无须借助任何基础设施,可快速构建移动节点间的专用自组织网络,提供即时自适应通信,具备优异的宽带性能,支持外加视频编码、音频编码等宽窄带多媒体信息的实时传输。系统技术抗干扰能力强、频谱效率高、传输距离远、抗衰落能力强、绕射能力强等优点。能够在复杂、非视距环境下实现实时、优质的无线双向数据传输功能。以下为组网特点:

(1)无中心同频组网。所有节点地位对等,既可以作为终端节点、中继节点或中心节点,不依赖有线通信线路,亦可快速建立无线通信网。

(2)多节点快速灵活组网。同频组网可以支持 52 个节点以上,系统自身可以根据信道质量、业务速率、误码等指标,自动计算链路路由,而不影响原有的数据、语音、视频等业务。

(3)任意网络拓扑结构。MESH 无线自组网系统支持任意网络拓扑结构,如点对多点、链状中继、网状网络及混合网络等。

(4)高数据带宽快速移动。MESH 无线自组网系统的峰值数据带宽为 96 Mbps(基于 20 MHz 载波带宽)。节点具备非固定移动传输能力,且快速移动也不影响高数据带宽业务,如语音、数据和视频的业务不会受到系统拓扑结构快速变化以及终端高速运动的

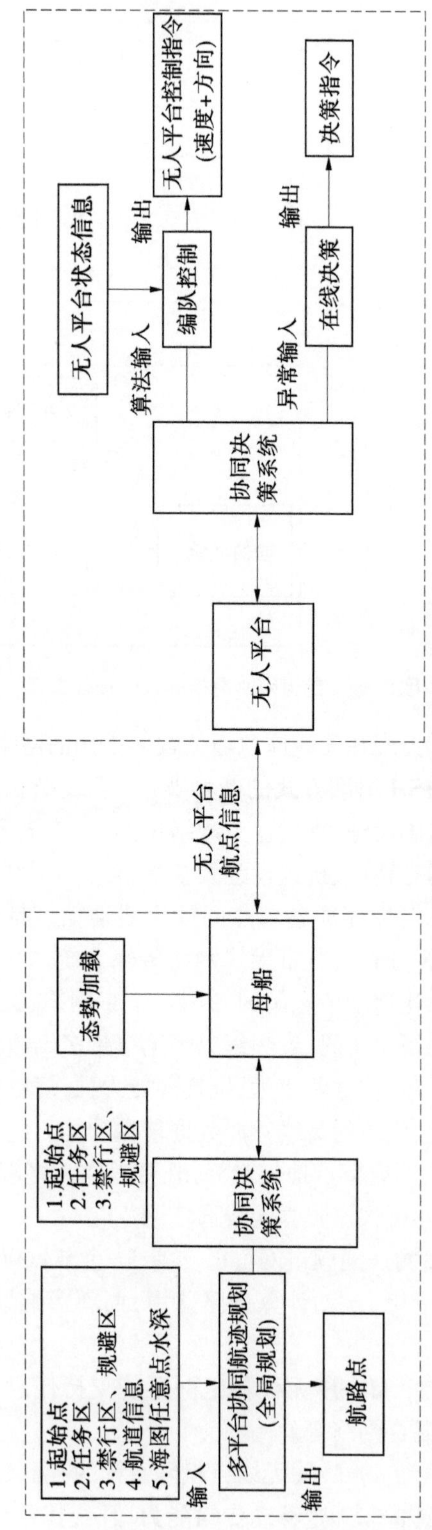

图2-30 自组网系统协同控制信息流接口关系

制约。

(5)抗干扰性好。可通过外接滤波器,有效抑制带外谐波干扰,提高信号的抗干扰性及信噪比。同时,采用 ARQ(自动重传请求)传输机制,降低数据传输丢失率,提升数据传输可靠性。此外,自带扫频功能,可根据所配中心频点扫频结果,手动配置选取受干扰影响较小频率,设置中心频点,实现干扰频率躲避。

(6)抗多径能力高。MESH 无线自组网系统抗多径能力强,且支持自动无线中继传输,系统内所有节点支持多跳中继(接力)通信,可适应多种地形和应用场景。针对障碍物遮蔽非通视(NLOS)、地表与地下通信等需求场景,可凭借卓越的绕射反射多径传输及穿透能力,再依托中继台进行有效覆盖延伸,很好地实现抗多径接力传输。

(7)抗毁容灾性好。MESH 无线自组网系统在单个节点设备故障时不影响整个网络的使用。

(8)安全保密性高。系统通过设置工作频点、载波带宽、扰码、通信距离及组网模式等"多把锁"的编组加密,可有效防止非法用户入侵网络,系统还支持 AES128/AES256 的信源加密。

(9)全 IP 组网互联互通。MESH 无线自组网系统采用全 IP 的设计理念,目前支持各种数据的无差异化透传,易于与其他异构通信系统(如公网、专网、卫通及微波等)互联互通,实现多媒体业务实时交互。

(10)支持多种业务。MESH 无线自组网系统支持语音、图像、数据和定位信息(GPS/北斗)的实时传输。所有节点均可与控制终端配合使用,通过配置的 MESH 自组网终端系统软件实现各种管理调度功能。也可利用 MESH 自组网终端系统软件配置的移动交互平台与手机终端进行实时业务传输。

宽窄带融合自组网通信终端的波形设计即宽带 Ad-hoc 波形设计和窄带 LPI/LPD(Low Probability of Interception,LPI;Low Probability of Deception,LPD)抗干扰波形设计。在宽带 Ad-hoc 波形设计上,物理层采用正交频分复用调制技术(Orthogonal Frequency Division Multiplexing,OFDM),可以有效对抗多径衰落、多普勒频移等效应;采用自适应调制编码技术,根据通信链路质量自动选择可用的最高调制编码方式,实现在当前链路质量条件下的最高吞吐速率;介质访问控制(Media Access Control,MAC)层采用载波侦听多路访问/冲突避免(Carrier Sense Multiple Access with Collision Avoidance,CSMA/CA)协议,保证了共享信道资源情况下,相互通信的可靠性。在窄带低截获与低检测抗干扰波形设计上,采用基于跳码的超长序列扩频技术设计方案。

2.3.2.5　异地组网技术

实时视频传输的访问和飞行数据的传输都需要在同一个局域网里进行,所以本系统通过异地组网方式,组建封闭局域网,对无人机摄像头采集到的视频,实现批量远程监控。系统采用较为便捷的 VPN 进行应用。通过新建组网可以生成网络 ID,其他账户成员可通过这个 ID 申请加入组网;从而在手机 APP 上异地多用户观看无人机摄像头的实时视频和飞行参数。

2.4　无人集群智能协同技术研究

2.4.1　智能协同感知

2.4.1.1　基于视觉的感知技术

对于无人平台而言,无论是制导系统,还是控制系统,都需要依靠导航系统提供的感知信息。按照感知的内容不同,无人船的感知分为自身状态的感知和外界环境的感知两个部分。自身状态的感知可以通过 GPS 定位传感器和 IMU 惯性单元准确获得,其稳定性和准确性一般与设备的性能相关。而外界环境的感知,主要通过多种传感器实现。环境的动态多变性增加了无人船的外界环境感知难度,为无人船安全自主航行带来挑战。为了提高无人船的自主航行能力,保证航行安全,许多研究者针对不同感知设备对无人船环境感知问题进行了不同研究。按照传感器工作方式的不同,可以将水上航行环境感知分为主动感知和被动感知两类。

(1)主动感知是通过传感设备对外界环境发射信号,通过接收返回信号信息来获取周围环境信息,例如航海雷达或激光雷达等传感器。Carlos 等将雷达集成到 ROAZ 无人船系统中,用来进行障碍物的检测和避碰。Oleynikova 等将航海雷达用于水上目标的检测。Zhang 等利用高斯粒子滤波方法,对海洋雷达图像进行处理,实现对动态目标跟踪。Michael Schuster 等使用低成本雷达,实现了无人船的导航和避碰。Han 等为了解决无人船系统在复杂环境下 GPS 信号缺失定位问题,提出了基于雷达的同时定位与地图创建算法,实现对沿海地区的定位。和航海雷达一样,激光雷达也可以用于障碍物检测和避碰。Esposito 等还利用激光雷达进行码头的自动识别,以实现无人船的自主码头停泊。李梓龙使用激光雷达,设计了无人船环境测量感知系统。赵玉梁重点研究了基于三维激光雷达的无人船水上航行环境下的实时目标检测。Thompson 等提出基于激光雷达的目标分割和航行环境的地图创建方法,该方法利用 3D 占用栅格有效地映射大面积区域,同时保留对象的简单表示以进行路径规划并提供对象的空间特征,该方法同时可用于对象分类。为了保证无人船能安全航行在狭窄河道上,Yao 等提出基于激光雷达的可通航区域检测的方法。

(2)被动感知主要指利用视觉传感器获取航行环境的信息,其一般原理是通过视觉传感器获取周围环境图像数据,然后根据图像的颜色和纹理特征感知周围环境信息。被动式的视觉传感器具有体积小、信息丰富的特点被广泛地应用于各类无人系统的感知,相比其他主动式的感知方法有较大的优势。航海雷达虽然感知范围广,但是对目标跟踪不稳定,且不易检测小目标物体。其他被动感知,如激光雷达、声呐和毫米波雷达,都具有感知范围不足的问题。而视觉感知方法相对其他感知方式,能为无人船提供更加丰富的环境信息。随着技术的发展,其系统实时性差的缺点被解决,高性能的计算平台和优化的图像图例算法,能为无人船系统提供实时的视觉感知结果。

研究学者利用视觉图像数据,针对不同任务需求,为无人平台提供不同的感知信息。例如 Kristan 等学者首先利用单目视觉或立体视觉实时采集水面环境信息,利用水天线检测算法检测水天线位置。然后在水天线附近搜索目标,实现对水面目标的检测。Wang 等使用单目和双目视觉实现实时高效的海面障碍物检测,该系统可以检测和定位 30~100 m 范围内的多个障碍物。Sinisterra 等为了实现水上移动船舶的检测跟踪,使用商用双目立体视觉,提出融合立体匹配和扩展卡尔曼滤波的方法,提高跟踪精度。Cho 等使用单目视觉解决了无人船的自主检测和跟踪问题,自动特征提取和跟踪过滤算法被用于基于视觉的实时检测和跟踪中。对于目标跟踪,通过视觉技术获得相对于无人船的目标船方位和范围。视觉图像中从地平线到目标的像素距离用于提取距离信息,并且设计滤波器用于增强目标跟踪的稳定性。

为了使无人平台在水面上航行时避开障碍物,Huiying 等提出了一种边岸线检测方法。通过无人平台上的摄像机,检测自然环境下的水岸,从而自动避开障碍物并进行导航;该算法基于传统的边缘检测方法,并通过扩展图像的二阶导数灰度进行改进;然后使用 Otsu 算法的卷积和阈值对海岸线进行分割。Prasad 等总结了利用视觉信息进行水面目标检测与跟踪的常用处理方法,通过对各类方法进行分类,比较了各类方法的优点和局限性;视觉传感器的探测范围在 30~100 m;在高速无人船上测试后,显示该视觉系统具有稳定的检测能力。Bovcon 等提出了一种双目立体视觉的无人水面障碍物检测方法,该方法将障碍物检测转化为场景语义分割问题,判断像素为水或非水区域的概率;通过添加一个约束来将单视图模型扩展到双目视觉系统,该约束将 3D 场景相对应的左右图像中的相同部分像素识别同一类别,来提高识别准确度。Chen 等为了提高无人船的自主性,使其具有在近海地区获取各种类型的数据和信息,对其进行处理,提出基于深度卷积神经网络的水面目标检测算法。

为了减少复杂背景和无人平台运动带来的负面影响,Lin 提出了海天线检测方法,该方法基于显著性梯度特征,用于无人平台导航。Shi 等提出了一种面向海洋环境下基于单目视觉的无人船快速有效的目标检测方法,该方法通过利用改进的显著性检测和海天线以及质心判断方法,构造了一种无人船在海洋环境中的目标检测方法。

2.4.1.2　协同感知技术

无人船视觉传感器安装高度的限制,不仅降低了无人船感知范围,同时因为安装高度低,使得无人船视觉极易受水面波浪和倒影的影响,这给无人船视觉处理带来一定难度。近年来无人机快速发展,已经应用于各个领域。无人机不仅具有机动性强的优势,还因为飞行高度高,具有较大的感知范围。同时因为俯视拍摄,水面纹理较为简单,为水面的目标检测识别带来方便。但是由于无人机载荷小,飞行时间有限,无法进行长时间任务飞行。为此许多学者尝试进行无人机和无人船的协同研究,实现复杂的水上任务,通过无人船弥补无人机续航时间短的问题,同时通过无人机弥补无人船感知视野受限的问题。

空海协同子母无人系统最近几年开始兴起,但是现在能查到的相关资料依然较少。2005 年,南佛罗里达大学的机器人协助搜寻和救援中心首次利用无人机协同无人船用于威尔玛号飓风灾后救援。2011 年,马德里康普斯顿大学提出了一个基于感应与监测的无人机和无人船协同海上救援系统,该系统利用无人机提供的测量数据来估算脱险位置。

2013 年,为了减少对硬件测试和调试工作量,加快空海协同异质无人系统的研发,验证模型方法的有效性,里斯本新大学利用 ROS 工具建立了无人机与无人船的仿真平台。2014 年,萨格勒布大学建立一个包含空中、地面和水下运行的自主协同异构机器人系统,用于解决环境监测和安全性预警问题;随后他们提出了无人机协同无人船进行物体跟踪的方法。2015 年,加利福尼亚大学对船载无人机起降进行了研究,实现了在无 GPS 环境下无人机的自主降落。2016 年,大连海事大学提出异构有袋机器人系统,这种异构的有袋机器人系统由无人船和机载的无人机组成,完成如环境监测、野外生活跟踪和搜索与救援等任务。沈阳理工大学结合无人船和无人机的优势来弥补它们的缺陷,提升了整个救援系统的视野和巡航能力。

得克萨斯农工大学 EMILY 项目的视觉定位子系统,通过使用无人船,尽快协助响应者与溺水者建立联系。一旦到达遇难者位置,该装置可以作为浮动装置来支持他们。无人机通过视觉估计无人船的位置和方向,向响应者提供实时视频馈送,并帮助无人船导航。2017 年,他们将无人船和无人机相结合,在应急响应阶段增强对海上人员的搜救能力。他们提出了基于视觉的自动定位算法,以及相对于无人机相机的运动模型,来实现无人机对无人船的实时跟踪。

面对海难幸存者难以进行快速和长期持续搜索的问题,2016 年,里斯本新大学构建了由有垂直起降能力的无人机和无人船组成的救援系统,该系统能协同搜索,跟踪和提供基本的生命支持,同时报告人类幸存者的位置以更好地通知有人驾驶的救援队。无人船提供无人机的长距离运输和遇难者的基本生存工具,无人机由于其高的有利位置而确保对环境的增强感知。

2018 年,佛罗里达大学利用由无人机和无人船构成的无人系统进行水上建筑状况的检测。法国高等科学技术学院设计空海协同系统用于海洋环境的监测和清洁,利用无人船执行任务,无人机来协助导航。

武汉理工大学为无人机和无人船设计了一个协作通信框架,构建分布式动态网络拓扑结构,实现基于 adhoc 网络的无人机与无人船编队的有效通信。针对船载无人机自主降落问题,武汉理工大学提出了基于分层式的视觉辅助降落系统。

2019 年,屏东科技大学使用无人机图像、GPS、电子罗经和高度计多个传感器对无人船系统进行全局定位,并进行无人船的自主导航。

大连理工大学提出了一种新型的协作式无人船和无人机空海协同平台,该系统为协同任务高效执行提供了基础。设计无人船上可调浮标和运载甲板旨在确保无人机的着陆安全和运输。USV 甲板上装有一系列传感器,并引入了多超声联合动态定位算法来解决无人机和无人船耦合系统的定位问题。为了实现对无人机着陆操作的有效指导,设计了一种分层的着陆指导点生成算法,以获得一系列的指导点。通过采用上述顺序指导点,可以为无人机规划高质量的航路。空海协同系统的动态定位过程,保证无人机能够稳定地降落在无人船甲板上。

在关于无人机和无人船空海协同领域调研中发现,虽然已有各种不同的空海协同论文,但是许多还只是停留在系统框架搭建上,对理论方法深入系统的研究还不是很多。现在更多的研究关注于无人机在无人船上的自主降落,关于空海协同的联合感知,可借鉴的研究相对较少。

无人组网集群系统智能协同感知是通过感知汇聚和协同分析处理不同感知单元的数据,实现对集群测量系统所处环境的精准和系统认识。研究智能无人组网集群开发系统在与外界有强感知、弱感知或能量交换情况下,通过无人组网集群测量系统内个体自身、个体间与外界环境信息的注意、探测、认知等作用,借助集群通信网络,实现不同无人个体或异构无人个体之间的同域或跨域感知信息汇聚融合,进而自发地形成在时间、空间和功能上的有序结构,以提升无人集群测量系统的整体感知性能。

无人组网集群测量系统智能协同感知技术主要包括无人机与无人机、无人船与无人船之间的同构智能协同感知和无人机与无人船之间的异构智能无人集群协同感知。同构智能协同感知是无人机与无人机、无人船与无人船同行无人平台通过搭载相同的传感器如无人机搭载激光雷达或航摄像机、无人船搭载多波束测深系统等感知测量周围的地形地貌,并通过信息链路实现无人平台之间的信息交互和融合。异构智能无人集群协同感知是通过无人机与无人船之间搭建的“空-地-水”一体化的多种传感器对周围环境和地形地貌展开的分布式多手段感知,并利用空地一体化网络实现无人集群之间的协同感知测量。无人机、无人船载多源传感器智能感知示意图如图 2-31、图 2-32 所示。

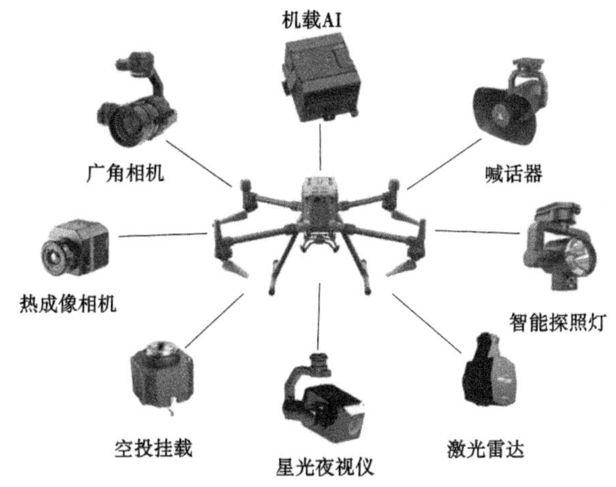

图 2-31　无人机载多源传感器智能感知示意图

智能无人集群协同感知技术主要采用视觉(航摄像机、船载摄像机)、雷达(避障雷达、激光雷达)、声波(多波束)、激光(三维激光)、超声波(水文测验)等。视觉协同感知无人船载摄像头采集到图像,并通过图像分割、目标提取和环境理解等技术实现对环境的感知。激光雷达通过发射和接收激光束完成对环境的扫描并生成 3D 点云,并通过坐标转换、去噪声等实现对地形地貌特征的获取;多波束测深系统通过发射声脉冲实现水底地形地貌的全面感知;三维激光通过发射激光波束实现对陆地地形地貌的感知。

单一感知手段通常具有局限性,本书通过集成多源感知手段,融合多种感知信息,可实现“空-地-水”一体化全方位的精准协同感知和集群测量,进一步提升测量的精度、效率和鲁棒性。

图 2-32 无人船载多源传感器智能感知示意图

2.4.2 导航定位关键技术

2.4.2.1 基于协同观测的定位技术

按照集群节点间协同定位优化结构，基于协同观测的定位优化方法可分为主从式和并行式两种。

(1)主从式方法将定位节点分为主节点和从节点两种不同的角色，主节点搭载高精度定位传感器，基于主从节点间协同观测信息优化从节点的定位精度。Liu 等设计了基于联邦滤波的集群协同定位方法，将联邦滤波器的子滤波器分布在所有无人机平台上，主滤波器放置在主节点上，融合了无人机间相对角度、距离测量和自身惯性系统的航迹推算结果，通过 3 个飞机的编队飞行仿真表明，该方法降低了航迹推算误差累积速度，但是无法解决航迹推算导致位置误差发散的问题。主从式方法能实现高精度定位的前提是主节点定位性能最好，但是在城市环境中，无法保证主节点定位精度一直处于最优，当主节点定位精度变差或者发生故障时，从节点的定位精度大幅下降甚至发散，无法满足城市环境下协同定位优化要求。

(2)并行式方法中各个节点搭载了相同精度的定位传感器，节点间通过协同观测互相优化定位精度，提升了部分无人平台的定位精度，但是节点间相互优化机制导致了节点间定位状态估计存在相关性，在实际应用中，该相关性无法精确估计。基于并行式的协同定位优化方法主要基于协方差交叉(CI)。Julier 和 Uhlmann 提出了 CI 融合方法，其优点是不需要对互协方差矩阵进行精确估计，便可实现协同定位优化。Carrillo-Arce 等提出了一种基于 CI 的协同定位优化模型，当集群内节点 i 与其他节点不存在相对观测时，仅通过 EKF 或者 kalman 对本地传感器进行融合；当节点 z 与 y 存在相对观测时，节点 i 首先融合本地多传感器信息得到局部融合结果，基于相对观测信息计算得到 y 对 i 的位置估计值和节点 j 的融合估计协方差矩阵，节点 i 通过 CI 算法融合自身估计值和 j 对 i 的估计值，最终实现了节点间协同定位优化，每个节点的协同定位优化流程是一致的，计算和通信复杂度均为 o(N)。

针对 CI 算法中假设所有局部估计是完全相关的,导致协同定位精度受限的问题,Wanasinghe 等提出了基于分裂协方差交叉滤波器(SCIF)的定位方法,每个节点基于 EKF 得到节点内局部融合定位估计值,当节点接收到邻居节点的相对位置观测信息时,通过 SCIF 融合自身局部估计值和相对位姿值,仿真结果表明该方法定位精度略低于集中式融合定位方法。Li 和 Nashashibi 提出了一种面向车的基于 SCIF 的协同定位优化方法,与 Wanasinghe 等所提出的 SCIF 不同的是,该方法采用 SCIF 方法估计局部融合值,并对同构和异构定位系统进行了 8 车编队的融合定位试验证明了算法的有效性。不少学者如 Chen、Li 等对基于 SCIF 的集群融合算法中定位性能和通信带宽、实时性等要求进行了优化。尽管基于 SCIF 的融合定位方法具有系统结构简单、通信资源消耗低等优势,但是目前研究中所融合的相对观测信息如位置和姿态等均为线性观测模型,CI 方法理论上无法基于相对距离测量实现协同定位,但在无人机集群场景中机间相对距离测量更为普遍。

Zhu 等提出了一种去相关最小方差方法(DMV),该算法结构与 SCIF 方法相似,保证了融合结构的简单和低通信量的要求,基于最小方差估计准则得到绝对定位局部估计与相对观测信息的融合权值矩阵,确保了融合估计的一致性。但是由于 CI 融合方法本身估计精度较低,协同定位精度较低。

针对基于 CI 的融合估计精度受限的问题,Sijs 和 Lazar 等提出了椭球交叉(EI)方法,使用一个常见的误差来建模未知的相关性,融合估计精度比 CI 算法好,但损失了融合估计的鲁棒性,EI 方法中引入的参数不足以保证估计一致性,Noack 等修改了 EI 方法的参数,设计了一种具有一致性的逆协方差交叉(ICI)融合方法。Tang 等提出了一种信息几何融合方法,该方法产生的融合密度是所有局部后验密度的信息中心,但是存在计算复杂度高等问题。

综上所述,目前由于无人平台间局部定位状态估计的相关性无法精确估计,基于 CI 的协同定位优化方法的估计误差协方差矩阵上界较高,导致协同定位精度受限,同时无法直接融合相对距离等非线性观测值,因此仍需进一步研究协同定位优化方法,旨在提升无人平台的协同定位精度。

2.4.2.2　面向集群的多源融合定位方法

从核心算法角度出发,目前面向集群的多源融合定位方法的研究主要集中在基于卡尔曼滤波的融合定位、基于粒子滤波(PF)的融合定位、基于优化的融合定位和基于贝叶斯网络的融合定位 4 个方面。

(1)在基于卡尔曼滤波的融合定位方面研究中,Roumeliotis 和 Bekey 提出了一种基于 DKF 的集群融合定位方法,首先将集群定位作为整体,提出了集群协同定位系统框架,并得到了集中式卡尔曼融合定位方法,然后通过将集中式卡尔曼表示为等价的 W 个微卡尔曼组合,并且仅在集群内节点存在相对观测时,才进行节点间通信,降低了集群内通信资源开销,并通过 3 个地面机器人的轮式编码器/相对位姿测量融合试验,证明了该算法对集群内节点定位精度的提升。

针对 DKF 仅支持集群各节点同构的融合定位,Olfati-Saber 提出了一种分布式卡尔曼滤波器(DKF)。为提升基于卡尔曼融合定位的鲁棒性,Wang 等提出了一种基于鲁棒卡尔曼滤波器的 GPS/UWB/INS 融合定位方案,采用自适应 RKF 对伪距、多普勒观测值、UWB 测距、角速度进行融合,提高了在 GPS 几何精度因子较差时的定位精度。

针对基于卡尔曼的融合定位方法在系统或观测方程非线性化强时,融合定位精度受限的问题,学者先后提出了分布式扩展卡尔曼滤波器、无迹卡尔曼滤波器和容积滤波器提高融合定位估计精度与鲁棒性。但是基于卡尔曼的集群融合定位方法需要完全连接和时间同步的通信网络,在实际场景下通常难以保证,并且对于 N 个节点融合定位,当存在相对观测时,定位状态更新所需要的计算复杂度为 $o(N^4)$,同时卡尔曼滤波融合定位方法仅考虑了上一个时刻的定位状态和当前时刻的观测值,导致了基于卡尔曼滤波的集群融合定位精度严重受限。

(2)在基于 PF 的融合定位研究方面,Prorok 等提出了一种基于 PF 的多节点定位算法,基于粒子聚类方法降低计算复杂度,通过 10 个节点的里程计/相对距离/相对角度融合定位试验验证了算法的有效性。Qiu 等提出了一种基于分散式 PF 的数据融合定位方法,通过两个节点相遇时的相对测距信息,提升节点的定位精度,与文献不同的是,各个节点的 PF 相互独立,仅当两个节点距离可相对测距时,更新当前节点的粒子。Sakr 等提出了一种基于 PF 的 UWB/Wi-Fi/IMU 融合定位方法,将 PF 分为若干个局部滤波器分布在各个节点上,通过动态自组织网络定位信息交互实现多节点协作定位。

(3)在基于优化的融合定位方法研究中,Nerurkar 等基于最大后验估计原理将集群定位建模为非线性优化问题,通过 Levenberg-Marquardt 算法实现优化求解,并通过分布式共轭梯度法实现并行计算,降低了融合定位计算的复杂性,但是该方法对节点间时间同步要求高;Xu 等提出了一种面向无人机集群的视觉/IMU/UWB 融合相对状态估计框架,基于视觉实现集群内节点间相对位置确定,基于 UWB 实现无人机节点间相对距离测量,以最小化观测信息残差的 Mahalanobis 范数为基准,构建了无人机节点分布式相对状态估计优化函数,通过四旋翼飞行试验,在 NvidiaTX2 机载计算机上实现了 6.84 cm 的相对位置估计,但是未对绝对定位进行评估,而在实际飞行任务中,绝对位置也至关重要。尽管基于优化的融合定位性能优于基于 PF 和卡尔曼的融合方法,但是其定位精度受限于优化函数的构建,现有文献缺少优化函数构建的相关理论支撑。

(4)在基于贝叶斯网络的融合定位方法研究中,穆华等提出了基于联合树的定位方法,构建基于动态贝叶斯网络的定位模型,通过将贝叶斯网络转化成联合树结构,避免了冗余重复计算,降低了计算复杂度,实现贝叶斯网络的精确、快速推理,同时借助联合树的天然分布式特性,实现了集群融合定位的分布式计算,但是缺少对算法在实际场景下进行定位算法验证与性能测试,仅与节点独立定位精度进行了对比分析,仍然存在计算复杂度较高、计算过程复杂等问题。

综上所述,基于贝叶斯网络的融合定位算法尽管具有较高的定位精度,但是由于计算复杂度随时间增长,目前常采用的方法是固定时间窗的方法,而定位精度和计算复杂度均与时间窗的长度相关,尚缺少定位精度与时间窗长度之间关系的研究。同时针对微小型无人平台单平台计算资源十分有限,如何在保证高精度定位的前提下,优化融合定位计算复杂度,通过分布式计算充分利用无人平台集群内节点的算力,实现低通信量下集群融合快速定位,成为无人平台集群融合定位亟须解决的难题之一。

2.4.2.3　本研究技术改进

导航定位是无人平台集群测量系统的核心技术之一,也是集群测量系统实现决策的关键技术基础。为实现无人平台作业时的高精度定位,本书基于 GNSS、视觉定位、激光雷达、惯性导航等研究构建了融合导航定位技术。

惯性导航系统是一种既不依赖外部信息,又不发射能量的自主式导航系统,隐蔽性好,不怕干扰。惯性导航系统所提供的导航数据又十分完全,它除能提供载体的位置和速度外,还能给出航向和姿态角;而且具有数据更新率高、短期精度和稳定性好的优点。然而惯性导航系统并非十全十美,当单独使用时,位置误差随时间积累和每次使用之前初始对准时间较长。单一的导航系统在大多数实际情况下是不能够达到提出的对导航系统性能的要求,而将两种或者多种不同的导航系统进行组合,对于相同的导航参数不同的导航系统可以获取到不同的量测量从而得到不同导航系统间的误差量进而对这些误差量进行补偿,这种能够有效地提升导航系统性能的方法就是组合导航技术。随着多传感器的引入,组合方式的选择及其算法对组合导航输出高质量导航性能参数就显得尤其重要。

组合导航系统使用滤波器方式进行组合既能够有效地修正捷联式惯性导航系统回路内的信息量又不影响组合导航系统在机动情况下的性能。在组合导航研究方面,开发合适的滤波器及其算法,基于容错性需求和采用人工智能的融合方法。通过开展组合导航定位技术的深入研究,提高了故障检测并隔离的能力,并且对系统的重构有所帮助,为无人机、无人艇的运动控制提供准确的导航信息,保障作业安全。

为解决山区、河道等困难区域的导航定位问题,通过基于卫星导航定位、惯性导航系统、视觉定位和激光雷达等多种技术的融合,开展融合导航定位技术研究,以实现复杂环境下的精确导航定位。

本书采用的视觉导航定位技术是双目立体视觉技术,通过两枚相机从不同位置,在某一时刻拍摄两张图像,然后通过相似三角形原理计算物体在视野中的视差,依此复原环境的 3D 立体信息。通过双目摄像头获取至少两个不同位置的深度图像,然后据此通过视觉里程计得到相机位姿信息。

获取相机位置信息的步骤为:对所述不同位置的深度图像进行图像特征匹配,得到相匹配的特征点;再根据相匹配的特征点,计算得到所述相机位置信息。对所述相机位置信息进行非线性优化、基于外观的回环检测以及回环验证,得到优化后的相机位置信息;根据优化后的相机位置信息进行双目稠密建图以辅助定位。视觉定位技术分为基于自然场景识别和基于人工地标识别两种。基于人工地标识别的方式通常具有更高的识别率以及更好的鲁棒性,人工标识设置通常有 H 型、T 型等,本书选用基于合作二维码的无人机定位方法,利用 April Tag(二维码标签)进行识别定位。采用双目定位技术对多旋翼无人机进行位姿估计,该系统能够适应不同环境、不同光照条件,使无人机更加稳定地自主飞行。基于视觉导航定位技术的无人机精准回巢如图 2-33 所示。

无人机、无人船等无人平台利用激光雷达建立的地图精确,可直接获取环境中每个点的三维位置信息,可以此辅助,建立基于视觉和激光雷达松耦合的 SLAM 方案。将高频的双目视觉定位信息代替激光雷达 SLAM 的帧间最近邻点匹配,作为先验信息进行点云失真处理,以提高系统定位的鲁棒性和精度;激光雷达采用基于线面特征的地图层最近邻点

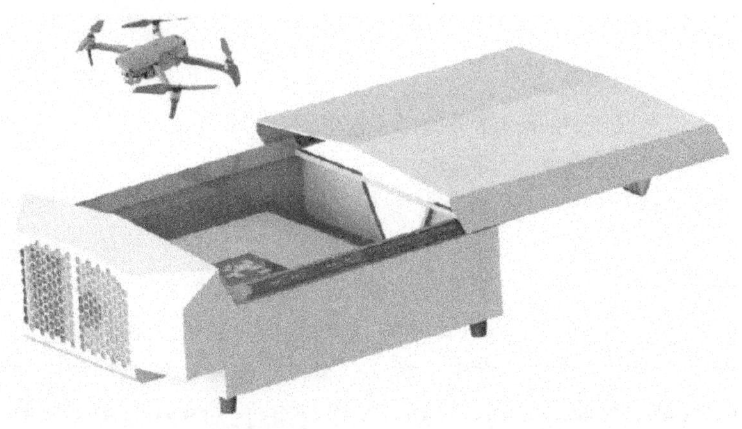

图 2-33　基于视觉导航定位技术的无人机精准回巢

匹配,通过地图层再次优化位姿;此外,加入基于点云分割段的回环检测和后端位姿图优化,优化无人机轨迹和环境点云地图。基于优化的激光雷达 SLAM 由激光雷达里程计前端和优化后端构成,其中激光雷达里程计前端由各种点云匹配算法构成。

针对激光雷达定位特点对 LOAM 算法进行改进,选择同时运用 scan-to-scan 和 scan-to-map 两类最近邻点匹配算法,即在帧与帧间和帧与地图间都进行了最近邻点匹配。同时,针对 LOAM 算法增加了点云预处理部分,辅助惯性测量单元进行点云预失真处理,有效减少了由快速运动造成的点云数据畸变问题。然后,在分离出地面点的基础上,采用基于欧氏距离分割方法,有效剔除了杂乱点,提升线面特征点提取精度。

2.4.3　任务规划关键技术

无人组网集群测量系统的任务规划是指在无人集群执行任务过程中,由规划单元根据任务目标、所处任务环境、集群资源与状态等约束条件,为智能无人集群规划出在一定意义下最优的多任务执行策略、运动路径等的过程。智能无人集群任务规划问题是一个极其复杂的决策与优化问题,它受到应用环境、设备性能、任务要求等多方面的影响,面临着信息不完全与不确定、计算复杂性、时间紧迫性等多方面的严峻挑战。为实现智能化、集群化的多机、多艇协同测量,本书以问题为导向开展了无人机测量路径规划方法构建研究、基于协同 A^* 算法的多无人艇航迹规划方法研究,实现无人机、无人船集群协同测量。

2.4.3.1　无人机测量路径规划方法构建

无人机测量的飞行路径和空间是连续的,在进行路径规划时需要将其进行离散化处理。如何将无人机测量时的飞行空间和路径进行表达是非常重要的,同时也需要将约束条件等转换成计算机能够识别的表达形式。在路径规划时需要综合考虑以下几个条件:

(1)测量路径的安全性。

无人机测量路径的安全性包括两个方面:一是保证无人机自身的安全,无人机按照测量路径可以安全地进行航测,不会发生因电池电量耗尽无法返航的情况;二是测量的安全,保证测量时无人机不会撞击测量区域的目标。

(2)测量路径的可行性。

测量路径的可行性是指规划设计出的测量路径不仅可以满足无人机自身性能的约束,而且可以完成测量任务,即该路径是符合实际情况且可行的。

(3)测量路径的高效性。

无人机在进行航摄时,要求无人机能够对事先所设定的所有目标进行视频和图像拍摄。航摄路径的高效性是指无人机按此路径飞行时,在保证测量安全的前提下,能够以最短的时间、最少的飞行路程完成测量任务。

总的来说,无人机测量路径规划就是在空间内找到一条满足各类约束条件的飞行路径,测量路径规划主要包括四个方面:空间、条件、方法和表达。

①空间是指无人机在进行测量作业时可能经过的物理空间。

②条件是指无人机在航摄时需要满足的自身性能约束和任务要求。

③方法就是寻找符合条件的最优路径所采用的算法。

④表达即规划设计出的航摄路径的表现形式。

求解无人机航摄规划问题,首先需要划分路径空间,也就是通过建立某种表达式或者数据结构来表示本次的搜索空间;其次建立与搜索空间相应的航摄路径评估函数;然后利用算法求解所建立的评估函数最优值。为了保证规划的路径具有可实施性,路径规划需要满足测量任务和无人机性能参数等多种约束条件。

本书研究的路径规划中需要考虑的约束条件主要有以下几个方面:

(1)最大航程。

在整个航摄过程中,无人机最大航程记为 V_{max},假设某条航迹一共有 n 个节点,如图 2-34 所示。

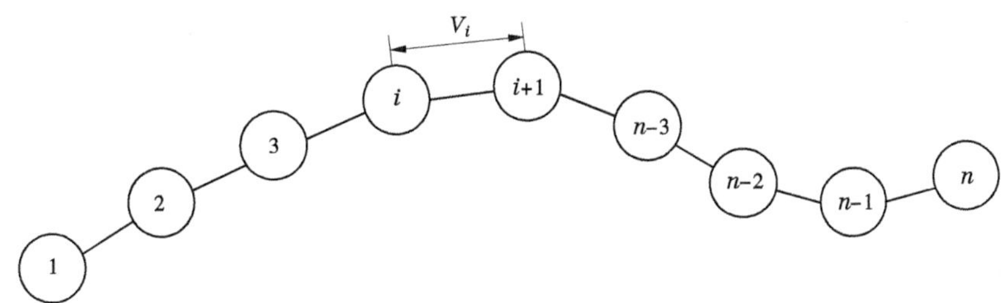

图 2-34　航迹图

其中第 i 条段的航迹航程为 V_i ,则该条航迹的总航程 V 必须满足式(2-1):

$$V \leqslant V_{max}, V = \sum_{i=1}^{n-1} V_i \tag{2-1}$$

(2)最小步长。

无人机的当前飞行姿态需要改变时,还需要直飞一段距离用于克服惯性作用的影响,这段距离的最小值就被称为最小步长,记为 L_{min} ,大小约束规定: $l_j \geqslant L_{min}$ 。无人机最小步长节点选择的示意图如图 2-35 所示。

如图 2-35 所示,设 S_0 是上一个路径点, S_1 是当前的路径点, S_2、S_3、S_4、S_5、S_6 和 S_7 为下一个待选的路径节点,分别对应的步长为 L_1、L_2、L_3、L_4、L_5 和 L_6 不满足要求,因为它们

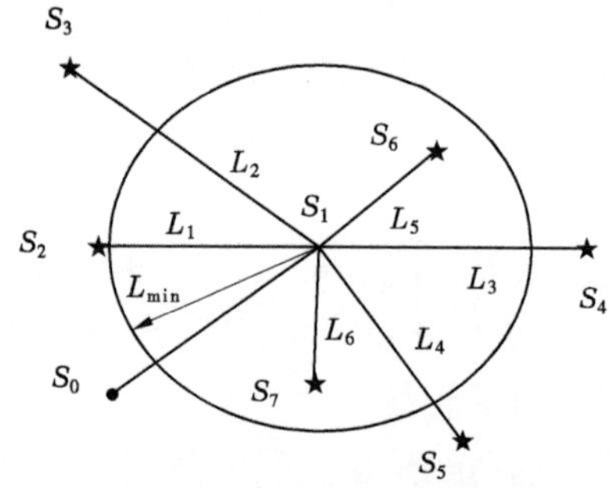

图 2-35　最小步长节点选择

比最小步长 $L_{\min}$ 还小,因此只能在 4 个中间选取下一个路径节点。

(3)最大路径偏转角。

当前飞行路径段相对于前一路径段方位角偏转的大小称为路径偏转角,如图 2-36 所示,由于受到无人机机动性能的限制,路径偏转角需满足 $-\Delta\phi_{\max} \leqslant \Delta\phi_i \leqslant \Delta\phi_{\max}$,$\Delta\phi_{\max}$ 为当前飞行路径相对于前一路径的最大路径偏转角,计算公式为

$$\Delta\phi_{\max} = \arcsin[(L_{\min}/(2r_{\min})] \tag{2-2}$$

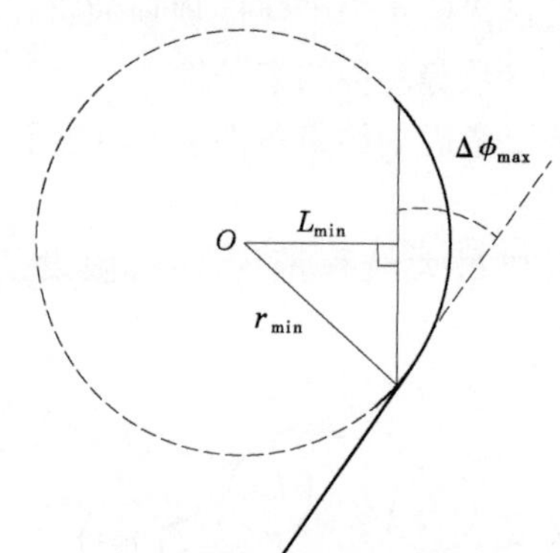

图 2-36　最大路径方位偏转角计算示意图

式中:$r_{\min}$ 为最小转弯半径;$L_{\min}$ 为最小航迹步长;根据飞行动力学,无人机最小转弯半径计算公式为

$$r_{\min} = v^2/g \times \sqrt{n_{y\max}^2 - 1} \tag{2-3}$$

式中:$n_{y\max}$ 为无人机最大法向过载;v 为当前速度;g 为重力加速度。

2.4.3.2　基于协同 A* 算法的多无人机航迹规划方法

无人机航迹规划方法主要包括图搜索、数值优化和势场法,本小节分别对上述三类主要的航迹规划方法和无人机协同航迹规划方法的发展现状进行阐述。

基于图搜索的航迹规划方法中,将无人机的备选航迹点表示成一个状态,全部的状态以及状态间的转换构成了问题的状态空间图。在状态空间图中,任何一条从初始状态到目标状态的路径即为一条备选航迹。常用的状态空间图生成方法包括路标图和单元分解法。其中,路标图法有 Voronoi 图法、通视图法和概率路标图法等,单元分解法有栅格法和多叉树法等。根据建立的状态空间图,考虑航迹规划约束,选用合适的图搜索算法进行

搜索,即可得到最优或次优航迹。常用的图搜索算法包括 Dijkstra、A* 和快速扩展随机树(Rapidly-exploring Random Tree,RRT)。Dijkstra 算法以起点为中心向外层层扩展,直至扩展到终点,能够保证搜索结果的最优性,在早期的最短航迹规划中应用较多,但计算复杂度较高。A* 算法通过引入启发信息提高了搜索效率,并能够在一定的假设条件下保证最优性和完备性。因此,A* 算法得到了深入研究,并发展出 D*、稀疏 A* 搜索(Sparse A* Search,SAS)、双向 A* 和即时修复 A*(Anytime Repairing A*,ARA*)等改进算法。但 A* 算法是一种确定性的启发式算法,在搜索过程容易陷入局部搜索。而快速扩展随机树算法在搜索过程中引入随机性,能有效缓解算法陷入局部搜索的问题,开始在航迹规划中受到广泛关注,并衍生出 RRT* 和 Chance Constrained-RRT 等改进算法。

基于数值优化的航迹规划方法中,将飞行性能、地形、威胁等约束表示成不等式约束,以航迹最短、威胁最低等指标为目标函数,构建问题的约束优化模型,主要包括非线性优化模型和混合整数规划模型。然后,利用非线性优化和混合整数规划方法对模型进行求解,获得无人机的飞行航迹。无人机航迹规划的约束优化模型具有维度高、非线性强、不连续等特点,基于梯度的经典非线性规划算法难以收敛到可行解,因此采用经典非线性规划算法求解航迹规划问题的研究较少。而现代智能优化算法具有很强的全局探索能力,一般能够获得满意的航迹规划结果,典型算法包括遗传算法、粒子群优化和蚁群优化等。

基于势场的航迹规划方法,将规划目标点作为吸引场、将威胁作为斥力场,在规划空间内建立势能函数。然后,无人机直接根据势能函数的梯度和自身约束确定飞行航迹,不需要依赖复杂的搜索或优化算法。因此,势场法的计算量相对较低,但是势场法规划航迹时容易陷入势场的局部极小点,导致无法获得到达目标点的可行航迹,因此需要根据具体问题对势函数进行定制设计。

无人机协同航迹规划,需在单机航迹规划约束的基础上,考虑无人机之间的时空协同约束,以编队整体的航迹最优为目标,确定满足约束的无人机协同航迹。其中,空间协同约束在所有协同任务中都必须考虑,以保证编队飞行安全,而时间协同约束则根据具体的任务需求而定,要求无人机同时或顺序到达的任务才需考虑时间协同。

针对无人机空间协同约束,通过在节点扩展、优化建模和势函数定制过程中,考虑无人机之间的空间协同需求,可以分别实现基于图搜索、数值优化方法和势场法的空间协同航迹规划。

针对无人机时间协同约束,其实现方式主要包括速度调节和航程调节两类。速度调节法中,利用无人机速度的可调范围,不仅规划得到无人机的航迹点序列,也规定每架无人机的速度,以满足无人机编队的时间协同。速度调节法一般采用分层规划策略,即先对每架无人机分别进行单机多航迹规划(单机规划层),再确定每架无人机的飞行速度(协同规划层)。协同规划层一般采用协同变量和协同函数的方法,单机多航迹规划则可以通过对传统单机航迹规划方法进行改进得到,包括 A*、Dijkstra、k 最优路径等图搜索算法和蚁群优化、粒子群优化、遗传算法等数值优化算法以及势场法。但由于无人机速度调节范围有限,同时单机多航迹规划时不考虑协同约束,因此速度调节法可能需要在单机规划层和速度调节层进行迭代,而且不能保证协同航迹规划的完备性。

航程调节法则是在已知飞行速度的条件下,直接通过调节无人机航迹以改变飞行航程，实现无人机间的时间协同。航程调节法可以归纳为附加机动法、指定航程逐次规划法和航程耦合协同规划法三种。附加机动法，即在无人机航迹中插入额外的机动动作，使得无人机间实现航程协同，典型研究包括弹簧链法、盘旋等待策略和绕飞航点优化。指定航程逐次规划法，即先计算无人机编队的参考航程，再确定每架无人机的期望航程，然后为每架无人机规划一条航程与其期望值相同的航迹。其中，无人机编队的参考航程可基于最短航程航迹规划的结果确定，而指定航程航迹规划可以在基本航迹规划方法的基础上改进得到，例如图搜索和几何方法。航程耦合协同规划，是指直接将无人机间相互耦合的航程协同约束融入算法求解过程中。基于图搜索的航程耦合规划方法，可通过对无人机编队的航迹同时进行扩展，并直接在节点扩展过程中考虑无人机间的航程协同代价。基于数值优化的航程耦合规划方法，可直接将航程协同需求建模为等式约束或不等式约束条件并加入优化模型，然后利用约束优化方法求解得到时间协同航迹。其中，建立的约束优化模型是一个复杂的高维强非线性问题，可采用聚类和多种群协同进化策略对智能优化算法进行改进，从而实现有效求解。航程耦合协同规划方法能够保证算法的完备性，但是计算复杂性较大。然而，随着数值计算方法和硬件水平的提升，复杂约束优化问题的求解能力不断增强，航程耦合协同规划方法开始受到广泛关注。

在本书中，基于协同 A* 算法的多无人艇航迹规划方法总体流程图如图 2-37 所示。

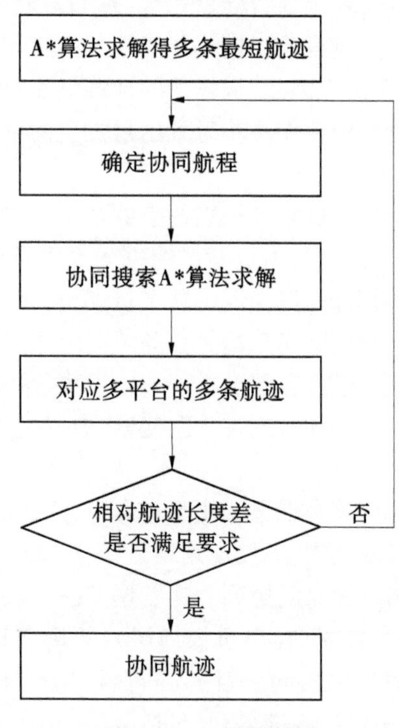

图 2-37 总体流程图

图 2-37 中提到协同搜索 A^* 算法是在传统 A^* 算法的基础上改进得到的。A^* 算法是最优启发式搜索算法，有着算法效率高、易于实现等优点，在解决航迹规划中有广泛的应用，但存在全局性差的问题，不能兼顾多个平台，即不适用于解决多无人平台协同的航迹规划问题；传统 A^* 算法的目的是找到最优路径，其搜索策略是选取 Open 表（用于保存所有待拓展节点）中 $f(n)$（综合代价）最小的节点作为下一个节点进行拓展，但在协同航迹规划问题中，最终目的是得到系统综合代价最低的多条航迹，规划得到的航迹对于参与协同系统的平台可能并不是最优的。从这两点出发，我们对 A^* 算法的搜索策略进行了修改，提出协同搜索 A^* 算法，用以求解协同航迹规划问题。

根据协同航程的思想，可以将时间协同问题转化为用航迹长度代替时间进行表示，因此提出的协同搜索 A^* 算法的搜索策略为：在进行节点拓展时，选取 Open 表中 $f(n)$ 最接近某一特定值（协同航程值）的节点作为下一个拓展节点。设协同搜索 A^* 算法中协同航程为 $F(n)$，Δf 为协同航程与节点代价的差值，即

$$\Delta f = F(n) - f(n) \tag{2-4}$$

则协同搜索 A^* 算法的搜索策略即为选择 Δf 值最小的节点进行拓展，即

$$\min(\Delta f_1, \Delta f_2, \Delta f_3, \cdots, \Delta f_n) \rightarrow \text{Next Point} \tag{2-5}$$

由于 $f(n)$ 是预估的航程总代价，按照此搜索策略，理论上可得指定长度的航迹，从而保证最终规划得出的多条航迹是能满足时间协同关系中的同时或按时序到达要求的。

实际上，由于 A^* 算法进行节点拓展时存在一定的角度约束，并非任意角拓展，以及启发函数 $g(n)$ 为预估代价值，因此得到的航迹长度会存在一定的误差，考虑到时间协同中允许时间误差的存在，若最终得到的多平台的航迹长度在一定的误差范围内，即视为满足时间协同问题。

协同搜索 A^* 算法中多条航迹都是结合协同航程的思想同时进行搜索的：首先使用 A^* 算法分别对多架无人平台进行单平台航迹规划求解，得到各平台代价最优的航迹，在此基础上，结合建立的协同函数模型，选择多条航迹中长度代价最大无人平台的航迹长度作为协同航程求解多平台协同航迹规划问题。从数学的角度分析，由于该航迹对于该无人平台是最优的，如果此时能得到误差允许范围内的多条协同航迹，那么最终得到的协同系统综合代价对于系统整体也将是最低的。

由于改进得到的协同搜索 A^* 算法相对于传统 A^* 算法多出了一个差值 Δf，为了避免算法求解过程中的数据混淆杂乱，可以对 Open 表进行修改，将 Δf 也存储到 Open 表中。在协同搜索 A^* 算法进行节点拓展过程中，将约束模型加入，删除不符合约束条件的子节点，一方面使得到的拓展子节点都满足基本约束条件，从而保证最终规划得到的协同航迹的正确性与可行性；另一方面缩减了算法的搜索空间，减少了规划过程中的计算量，一定程度上提高了算法效率。将多种约束模型与算法融合后，得到协同搜索 A^* 算法流程图如图 2-38 所示。

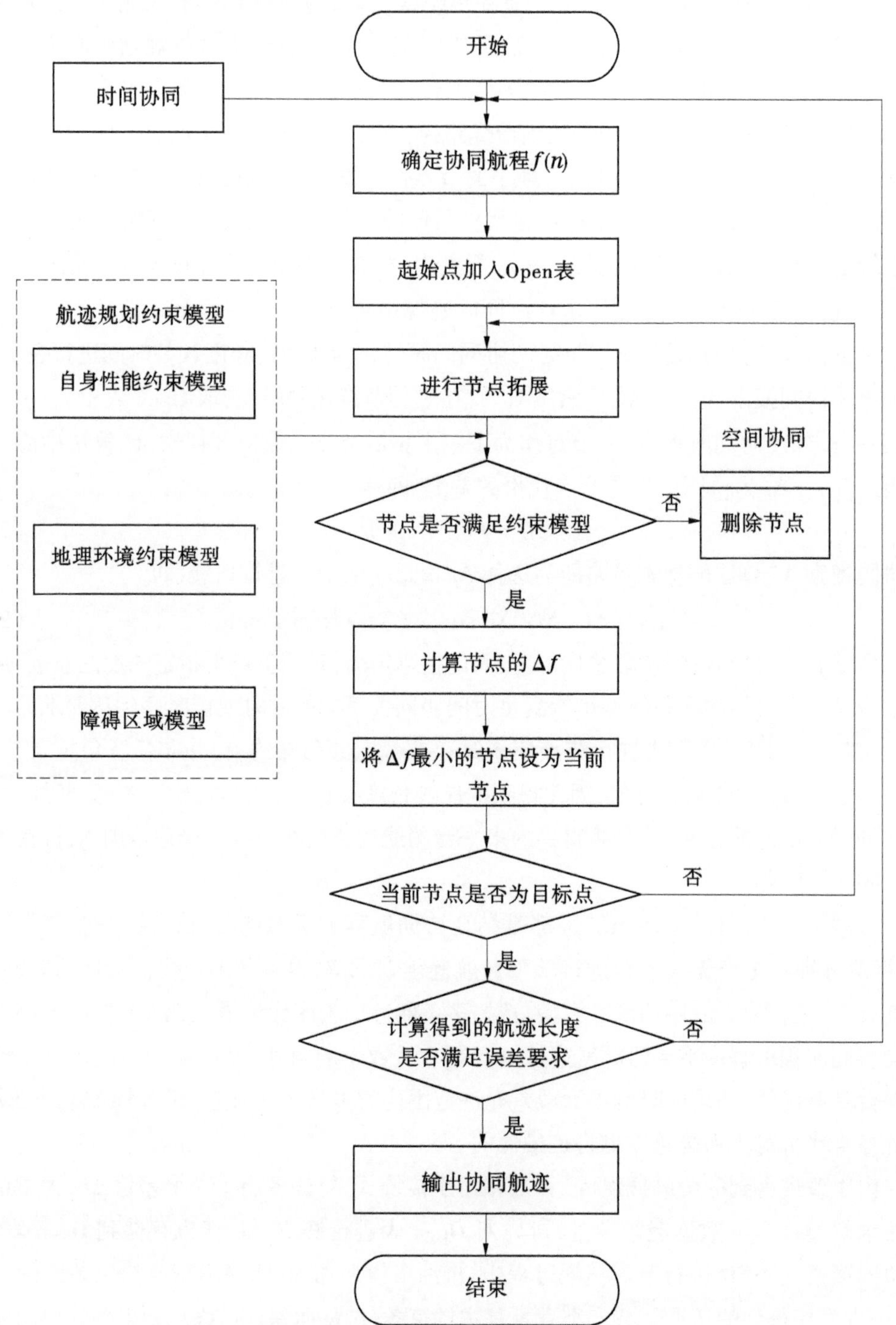

图 2-38　协同搜索 A^* 算法流程

2.4.4 集群智能协同控制关键技术

无人组网集群测量系统协同控制是指一组拥有一定自主能力的无人平台利用信息交互与共享,通过设计合适的局部控制策略使智能无人集群以合理的方式协同行动,共同完成特定任务。为实现无人机、无人船的集群协同测量,解决个体单独测量时存在的效率低以及安全风险大等弊端,开展了无人机飞行姿态控制方法构建、“云-端”协同无人机集群管控技术、无人船集群管控技术等关键技术研究,构建了无人组网集群测量智能协同控制技术体系。

2.4.4.1 无人机飞行姿态控制方法构建

无人机远程姿态控制系统主要由飞行控制模块、电源模块、姿态解算模块、动力模块、移动网络通信模块、GPS 模块及外围传感器模块组成。飞行控制模块采用芯片作为飞行控制器,结合传感器传来的数据进行姿态解算,对飞行姿态进行控制;飞行控制器结合 PID 算法、Mahony 互补滤波算法,使无人机能平稳地飞行,达到垂直起飞与悬停、按照规定路线飞行等动作;移动网络模块采用 4G/5G 网络通信模块作为数据传输载体,实现无人机与上位机之间的通信交流;外围传感器部分负责采集信息,并通过移动网络模块传递到上位机。其整体流程框图如图 2-39 所示。

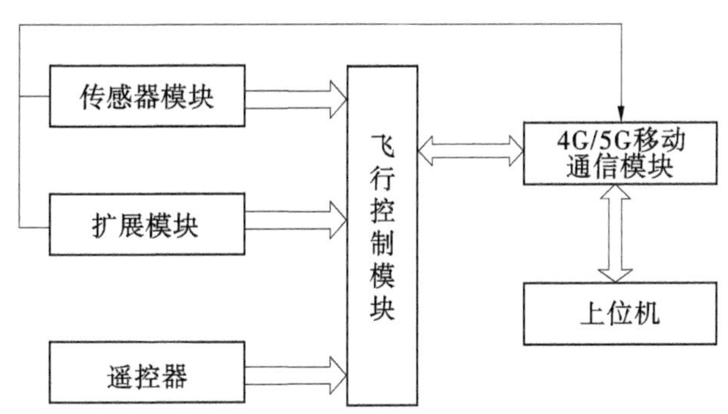

图 2-39　系统方案流程框

1. 四旋翼无人机动力学模型

四旋翼无人机的一组对角线上的旋翼采用顺时针,另一对角线上的旋翼采用逆时针。这种设计可以抵消旋翼旋转带来的反扭矩力。无人机姿态发生变化的直接原因就是 4 个旋翼的转速发生了变化,实现了升降、俯仰等运动。无人机动力学模型如图 2-40 所示。

为了更好地描述无人机的运动,应当选取合理的坐标系,无人机与地面的相对位置,通过地面坐标系 $O_d-x_d y_d z_d$ 表示;无人机的转动采用机体轴系 $O_j-x_j y_j z_j$ 表示;无人机的位置变化采用速度轴系 $O_s-x_s y_s z_s$ 表示。地面坐标系原点为无人机的初始位置,机体坐标系和速度坐标系原点均为无人机质心位置,无人机具有六个自由度,分别为三个方向的移动自由度和绕质心的三个转动自由度。三个姿态角分别为俯仰角 φ、滚转角 θ 和偏航角 ψ。

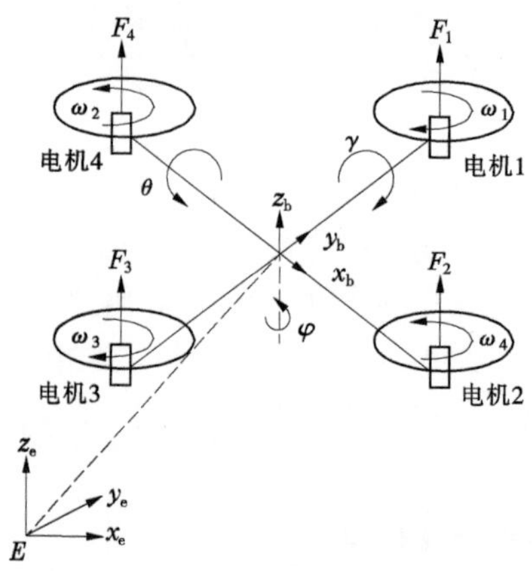

图 2-40　无人机动力学模型

为了描述姿态的变化情况,要知道三个轴系之间的转换关系,首先要将三个姿态角的变化率向 $O_j - x_j y_j z_j$ 上投影,得到:

$$\begin{cases} p = \overline{\varphi} - \overline{\psi}\sin\theta \\ q = \overline{\theta}\cos\varphi + \overline{\psi}\cos\theta\sin\varphi \\ r = -\overline{\theta}\sin\varphi + \overline{\psi}\cos\theta\cos\varphi \end{cases} \tag{2-6}$$

式中:$\overline{\varphi}$、$\overline{\theta}$、$\overline{\psi}$ 为三个姿态角的变化率;p、q、r 为三个角速度分量。

无人机在飞行过程中,会不断地受到外界干扰,飞控的目的就是保证无人机克服外界干扰,保持无人机的姿态和高度,按照预定的姿态飞行。对照传感器的测量值与系统的预定值,控制无人机正常飞行。当因为某种原因导致无人机姿态发生变化,传感器会反馈这一变化,并以电压变化等形式变现出来,由飞控感知信息,及时做出调整,达到良好的姿态控制效果。

2. Mahony 互补滤波算法

互补滤波要求 2 个信号的干扰噪声处在不同的频率,通过设置 2 个滤波器的截止频率,确保融合后的信号能够覆盖需求频率。在 IMU 的姿态估计中,互补滤波器对陀螺仪(低频噪声)使用高通滤波;对加速度(高频噪声)使用低通滤波。系统通过该算法进行姿态解算。计算过程为

$$\left.\begin{aligned} \dot{\hat{q}} &= \frac{1}{2}\hat{q} \otimes p(\overline{\Omega} + \delta) \\ \delta &= k_p e + k_i \int e \\ e &= \bar{v} \times \hat{v} \end{aligned}\right\} \tag{2-7}$$

式中:$\dot{\hat{q}}$ 表示系统四元数姿态预测;$\hat{q}$ 表示系统姿态估计的四元数;p 表示四元数实部为 0(只有旋转);δ 为经过 PI 调节器(PI 调节器是一种线性控制器)产生的信息;e 为实测的

惯性向量 $\bar{v}$ 和预测的向量 $\hat{v}$ 之间的相对旋转(误差)。

3. 姿态控制算法

一般地,四旋翼无人机的控制算法包括线性控制、非线性控制和智能控制,下面将对这三类控制算法进行分析和比较。

1) 线性控制

常用的线性控制方法主要包括比例积分微分控制(PID)和线性二次型调节器(LQR)。PID 由于控制稳定且易于实现而被广泛应用于实际工程中,然而经典 PID 控制的鲁棒性较弱,系统可移植性较差,并且参数整定过程十分复杂,这些因素阻碍了 PID 控制的性能提升。当前,已经提出了许多将新技术与 PID 相结合的控制算法,比如:李砚浓等提出了一种基于神经网络的自适应 WD 控制算法,仿真结果表明相较于单独的 PID 控制具有更好的性能。针对具有时变不确定性的卫星运载火箭系统,Nair 等通过设计自适应 PID 控制,实现了系统的高性能跟踪效果。Meza 等利用模糊系统对 PID 控制增益进行在线调整,减少了稳态调节时间和控制误差。较传统 PID 控制,上述复合 PID 控制提高了被控系统的鲁棒性,同时也减少了烦琐的调参过程。

LQR 是一种最优控制方法,其通过寻找最小的控制量保证状态误差最小,以获得最佳的控制效果。该方法具有易于实现、稳态误差小和强抗干扰的特点,特别适用于对飞行系统的控制。关于如何实现高速飞行器的高性能姿态控制,高科等提出了一种基于拓展状态观测器的 LQR 策略,并通过仿真试验证明了控制方案的有效性。研究者利用卡尔曼滤波实现气动参数的在线辨识,然后再利用 LQR 策略对转速进行补偿,提高了航向和高度的控制性能。Du 等重点研究了多四旋翼飞行器的分布式编队控制问题,其中针对位置系统和姿态系统分别设计了线性 LQR 控制器和有限时间控制器,并且可以通过调节分数幂参数来提高系统收敛速度和扰动抑制能力。然而,LQR 控制需要对系统模型线性化,因而控制效果容易受到系统模型变化的影响。

2) 非线性控制

常用的非线性控制方法主要包括反步法、滑模控制和自抗扰控制等。

(1) 反步法在 1991 年由 Kokotovic 等学者提出,该方法需要将复杂高阶系统分解为多个不高于系统阶数的简单子系统,然后基于设计的虚拟控制律来反向推导实际控制律。Gu 等针对欠驱动四旋翼吊挂负载系统设计了非线性反步控制器,并证明了闭环系统是渐进稳定的。Vafamand 等主要研究了四旋翼飞行器在运动船舶上着陆的鲁棒自适应约束反演控制,并通过仿真验证了控制器的有效性。然而,反步法在整个递归过程中,会因为虚拟控制器的重复微分而导致指数爆炸问题。为了解决该问题,Li 等提出了一种被称为动态表面的控制方法,该方法在反推设计过程中通过添加一阶滤波器来替代对虚拟控制的直接微分。针对四旋翼无人机的轨迹跟踪控制问题,Shao 等利用扩展状态观测器估计速度信息并同时补偿集总扰动的影响,然后运用动态面控制技术进行轨迹跟踪和姿态镇定,有效地克服了反步控制中固有的指数爆炸问题。然而,动态表面控制并没有考虑滤波误差的影响,这大大降低了系统的控制性能。为了解决这个问题,Zheng 等发展了信号滤波反步控制法，通过在动态表面控制法的基础上引入补偿信号来消除滤波误差的影响。

(2)滑模控制凭借鲁棒性强、响应速度快、对不确定性和扰动敏感度低等优势，而被广泛应用于对实际系统的控制。Huang 等提出了通用自适应滑模控制，即使存在参数不确定性和未知外部干扰的情况下仍能自适应地操纵各种类型的四旋翼无人机系统。Yogi 针对四旋翼飞行器的位置和姿态系统控制，通过在自适应积分滑模控制的基础上增加全连接循环神经网络，可以保证更快的有限时间收敛速度和系统抖振抑制。Tripathi 等提出了一种基于非奇异快速终端滑模控制、神经网络和扰动观测器的四旋翼无人机复合智能控制方法，该方法综合了不同算法的优势。首先通过设计自适应非奇异终端滑模观测器来消除外部扰动的影响，然后利用非线性函数和双曲正切函数实现了奇异性避免和抖振消除。

(3)自抗扰控制是由韩京清教授基于 PH 控制的基础发展而来的一种改进型控制方法，其通过增加状态观测模块来提高系统的鲁棒性，而且还不依赖于被控系统模型的精度。Yang 将自抗扰控制与 PID 控制相结合，提高了四旋翼无人机姿态系统的鲁棒性，并通过试验验证该控制方法的有效性。Xu 将反步滑模控制与自抗扰控制相结合，该方法首先将姿态动力学系统分解为两个串联子系统，然后对姿态子系统采用级联自抗扰控制，而在位置子系统中通过引入额外的高增益设计参数来构造新的反步滑模控制器。研究者提出一种复合鲁棒控制策略，其在位置控制中通过引入三角饱和函数保证系统的全驱动特性，而在姿态控制回路中引入非线性拓展观测器来提高系统的抗干扰性能。针对四旋翼飞行器的轨迹跟踪和避障问题，Caim 等首先设计了一种有限时间扩展状态观测器以提高自抗扰控制器的性能，然后采用混沌初始化和混沌搜索相结合的混沌灰狼优化算法，来获得最优的姿态和位置控制器参数。

3)智能控制

常用的智能控制方法主要包括神经网络(NN)和模糊逻辑系统(FLS)两种。

(1)神经网络控制的基本原理是用神经网络替代控制框架中的控制器，其利用状态信息计算神经网络的输入信号，然后通过期望输出信号与实际输出信号的差值不断更新网络权重值，最终使得输出信号达到理想状态。神经网络具备自学习能力、联想存储功能、强逼近能力以及在线快速寻优等特点，特别适用于对复杂非线性系统的控制。为了有效地解决四旋翼无人机中存在外部干扰和建模不确定性的问题，研究者提出一种鲁棒自适应神经网络等效控制器，并在多场景的仿真环境下验证了该控制器的有效性。

Rosales 等利用自适应神经网络对无人机动态模型进行在线辨识，并将输出误差以反向传播的方式实现对 PID 控制增益的自动调节，有助于达到提高系统鲁棒性和精确性的目的。然而，Liu 等的研究存在固有的不足，即随着控制系统的复杂程度增加，在线更新的权重维度也随之增加，这极大地增加了计算负担和训练时长，同时降低了系统的控制性能和泛化能力。针对这个问题，近年来有学者提出了一些基于低学习参数的神经网络控制策略并成功地应用于对实际系统的控制。

(2)模糊逻辑系统随着控制理论和计算机技术的发展已经具备了坚实的理论基础和广泛的应用价值，并展现了卓越的鲁棒性、稳定性和自适应性。相较于神经网络，模糊逻辑系统最大的特点是可以用人类所能理解的语言来表述控制方案，并可根据专家经验来制定模糊规则。近年来，模糊控制与自适应算法、神经网络、滑模控制、反步法等相结合的复合控制方法已经得到了深入的研究，通过综合不同控制算法的优势，有助于提高四旋翼无人机的控制性能。

4）四旋翼无人机控制中面临的各类不确定性问题

（1）模型不确定和外部扰动四旋翼无人机是一种复杂的欠驱动非线性系统，容易受到外界扰动和模型不确定的影响，这极大地增加了控制器设计的难度。有研究者将自然风扰视为外部扰动，设计了一种基于拓展状态观测器的抗饱和有限时间控制器，以抑制外部扰动和输入饱和对四旋翼姿态跟踪性能的损害。还有研究者提出基于动态表面控制、非线性映射和高阶拓展观测器的复合控制方法，该方法结构简单并且易于实现。然而，基于观测器的控制方法要求集总扰动的变化率是有界的，或者趋于零。Xu 等综合运用自适应神经网络、非线性逼近器和反步控制来处理模型不确定性和外部干扰的问题，并能保证跟踪误差在有限时间内趋近于原点。Doukhi 和 Lee 运用自适应神经网络和确定性等效控制技术，可以在不需要精确模型和扰动先验信息的情况下对四旋翼进行控制。虽然基于神经网络的控制方法取得了令人满意的效果，但是在线更新的参数多并且实现困难，这不利于将其应用至四旋翼无人机上。

（2）输入饱和。通常，执行器的输出会受自身物理约束的影响而无法持续增加，从而造成输入饱和问题。如果执行机构长期处于输入饱和的影响下，会加快其损坏程度，因此在控制器的设计中应当考虑该因素。

当前解决输入饱和问题的方法主要包括以下三种：第一种是采用小增益控制器来减小输入幅值，第二种是使用光滑函数来逼近饱和非线性，第三种是设计动态辅助系统来补偿饱和差。基于双曲正切函数的有界性，Sim 等提出了一种准 I>ID 控制策略，通过保证控制增益之和小于饱和上限值来避免输入饱和的问题，然而如何选择合适的控制增益则是十分困难的。Wang 等将 Nussbaum 函数融入反步法的设计过程中，这不仅能处理输入饱和问题，还能避免在姿态镇定过程中可能存在的奇点，然而该控制器的物理结构和设计过程都非常复杂。当执行器出现饱和问题时，Liu 等设计的动态辅助系统的抗饱和方案能够在有限时间内消除该影响并保证系统的收敛性，而当不存在输入饱和问题时，该动态辅助系统并不会影响控制器的性能。虽然利用动态辅助系统处理输入饱和影响的方式更为直接，但是存在奇异问题。利用双曲正切函数的光滑有界特征来实现对非对称饱和函数的逼近，并通过自适应神经网络控制器可以消除外部扰动、模型不确定性和逼近误差所造成的影响。一般来说，利用以上方法是要求控制器具有快速的抗扰动能力，否则难以保证控制系统的稳定性和精确性。

（3）执行器故障。近年来，随着四旋翼无人机的广泛应用，对其安全性的要求也愈发提高，尤其是在长时间或者环境恶劣的条件下执行任务。通常，执行器故障主要包括螺旋桨叶的破损或卡死、电池损坏、电机故障等，这会导致电机的转速迅速下降，甚至停止转动，无法生成足够的升力，导致力矩严重失衡，造成四旋翼失去原有的平衡状态，轻者降低系统性能和任务失败，重者则会威胁人身安全。所以，一旦发生执行器故障，飞行系统就必须重新调整其余正常工作电机的工作状态,以提供足够且平衡的力矩,来保证四旋翼无人机能够平稳飞行和安全降落。

一般地,根据容错性质的不同,控制策略可分为被动容错控制和主动容错控制。被动容错控制不需要故障检测与诊断模块(该模块主要是检测系统的运行状态、预测或者判断故障的产生和类型),其通过设计有效的控制算法,保证系统对故障有抑制作用。因而,被动容错控制不会影响系统的整体结构,并且还具备响应速度快和鲁棒性强的特点。然而,随着系统的复杂程度增加,故障的种类也越来越多,被动容错控制方法无法保证系统性能的稳定性。不同于被动容错控制,主动容错控制增加了故障检测与诊断模块,通过重新设计或者在线调度容错控制器来处理不同的执行器故障,可以很好地解决被动控制中所存在的不足。由于增加了在线检测和诊断过程,会造成控制器的时间滞后性。因此,针对不同的执行器故障问题,发展一套高效的容错控制策略就显得十分必要。

Fekih 在美国控制会议上综述了关于航空航天系统中故障诊断和容错控制技术的最新进展,提出并分析了被动和主动两种容错方法的优缺点。针对航天器姿态控制中存在执行器故障、故障检测误差和控制输入约束的情况,Shen 等设计了一种主动容错控制系统,该系统不仅能够检测到由非外部扰动所造成的假警报,而且能够准确地检测总故障干扰。当故障识别完成并具有一定的重构精度时,非线性鲁棒控制器便能消除执行器故障所产生的影响。

近年来,大量基于滑模理论设计的被动控制策略被广泛地应用于飞行器系统,并通过数值仿真和试验验证了控制策略的有效性,反步法特别适用于像四旋翼无人机这类复杂非线性系统,通过结合自适应算法、神经网络和模糊控制等优势,发展的复合反步控制方法有效地提高了系统的抗干扰和故障容错能力。

(4)输入延时。四旋翼无人机的动力源由四个相同且独立的电机通过驱动相应的旋翼而生成升力,这中间的能量传送过程不可避免地存在延时现象,因此有许多工作致力于解决具有时滞的四旋翼系统的控制问题。Zhang 等研究了时滞多航天器系统的姿态同步跟踪控制问题,通过利用 Takagi-Sugeno 模糊方法将姿态跟踪误差动力学转化为修正的误差动力学,其中与系统状态相关的变量被视为等效扰动,然后利用模糊控制方法保证多航天器姿态跟踪系统的同步稳定。基于 Lyapunov-Krasovskii 泛函思想,研究者将输入延时问题转化为一般的抗扰动/不确定性问题,这有助于降低控制器的设计难度,但是这对控制系统的鲁棒性要求很高。为了控制存在状态和输入时延的四旋翼飞行器,Sanz 等结合状态预测器和扰动/不确定估计器不仅能在小时延情况下保持系统稳定,而且在大时延且未知的条件下也能实现良好的控制性能,最后通过试验也验证了该方法能成功地应用于四旋翼无人机的姿态镇定。当前,在四旋翼闭环控制系统中,同时解决参数摄动、输入延时、执行器故障、外部扰动以及输入时滞等问题仍然具有重大的挑战性。

(5)系统状态检测问题。在实际应用中,通常需要在四旋翼无人机上安装速度信号传感器来获取速度信号,但这类传感器的价格高昂,极大地增加了无人机的成本。因此,通常情况下只采集姿态角信号,然后采用反向微分算法获得姿态角速度。但是,由于存在测量噪声和采样扰动的干扰,这会降低姿态角速度的测量精度。另外,当前许多理论研究方面都假设姿态角速度信息是可得的,这显然不符合实际情况。

基于双环结构,Shao 等将误差符号鲁棒积分(RISE)反馈控制与扩展状态观测器结合起来,提出一种免速度信号检测的鲁棒跟踪控制,其中速度信号检测和扰动补偿可由所设计的拓展状态观测器来实现。该方法的优势是可以将两种具有本质区别的抗扰动机制结合起来处理集中扰动,这既能保持各自的理论优势又能克服各自的性能局限性,但是要求扰动的变化速度是有界的,这也意味着无法处理阶跃扰动和脉冲扰动。当四旋翼无人机受到电磁场信号干扰时,可采用多种技术以增强传感器对数据传输和检测的抗干扰能力,如多输入多输出、信道编码以及扩频等。

此外,李博士通过采用将卡尔曼滤波算法与高精度差分 GPS 相结合的方法,有效地解决了小型无人直升机因受电磁干扰而导致传感器数据检测精度降低的问题。为了能够实现闭环系统的有限时间稳定,Tripathi 等基于滑模理论构造了一种有限时间观测器,然而在观测器的设计过程中并未考虑系统不确定性和扰动的因素。上述基于观测器的方法既能实现速度信号的检测又能补偿扰动的影响,但是选取的观测增益会同时影响速度检测和扰动补偿的精度,因此这对于工程人员来说是非常困难的。为了解决这个问题,Levant 团队基于滑模思想设计了一类鲁棒微分器,它对高频噪声不敏感且具有强鲁棒性,更重要的是控制器和微分器是相互独立的,不会影响各自的性能。

PID 控制是最常见、应用最为广泛的自动反馈系统。PID 控制器由偏差的比例 P(proportional)、积分 I(integral)和微 D(derivative)对被控对象进行控制。在此,积分或微分都是偏差对时间的积分或微分,P 和 I 提高稳态精度,D 提高系统稳定性,P 和 D 提高响应速度。因此,通过 PID 算法可以实现无人机的准确性、稳定性、快速性,增强抗干扰能力。在本书中,采用双环串级 PID 算法,如图 2-41 所示,角速度为内环,角度为外环。

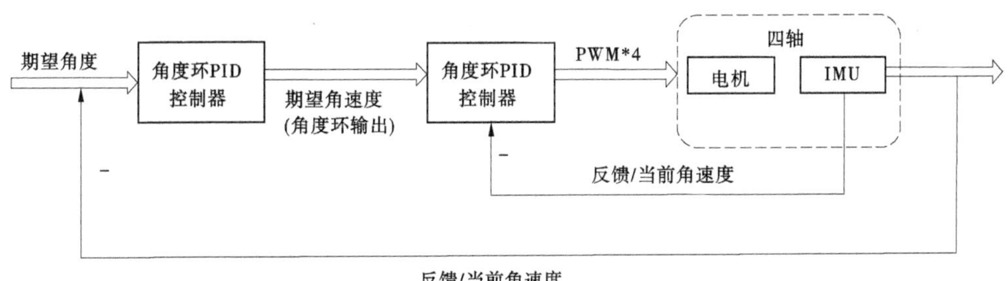

图 2-41　双环 PID 控制算法

2.4.4.2　“云-端”协同无人机集群管控技术

“云-端”协同无人机集群管控技术是基于自动化、物联网和计算机等技术构建的一种支持桌面和手机端的多地、多终端远程控制技术和无人值守智能集群测量技术,并进一步研发而形成的“云-端”协同无人机集群管控平台。该技术可实现对机巢及无人机远程化、移动化和智能化的控制、测量任务和测量线路的定制、预设任务自动执行、数据自动传输和对组网机巢及无人机的统一管理、对监测数据的集中建库和分析处理、对设备运行状态的远程监控、对危险状况下的接管处理等。

1. 无人机集群体系结构

无人机集群体系结构是在无人机体系结构的基础上，通过将集群的宏观和微观运动以及机间信息交流以一定功能模块表示（见图 2-42）。同时以具体任务为切入点，对不同功能模块的逻辑关系进行研究。无人机集群体系结构体现了机间的组织控制关系、逻辑关系和交互方式，确定了机间的任务分配以及运行规划机制，提供了机间协作与通信框架，是无人机集群协作稳定可靠的关键。

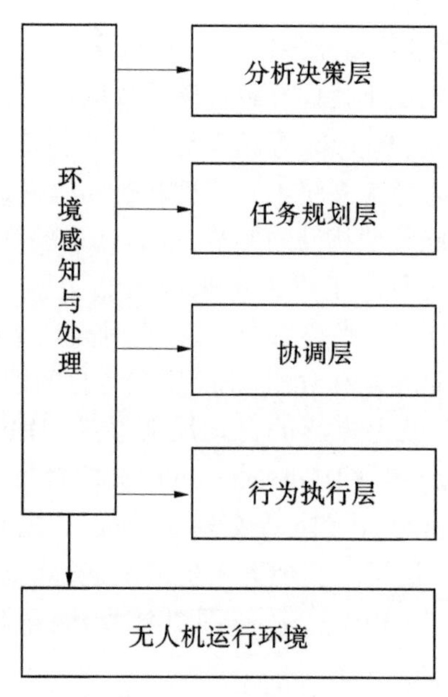

图 2-42　无人机集群体系结构

2. 无人机集群关键技术

1）通信网络技术

（1）无人机集群通信需求分析。

无人机集群组网通信是实现无人机集群间实时信息传输的通信手段，特殊的应用环境要求通信网络必须保证稳定可靠的信息交互，减少通信的延迟，保证信息交互的实时性。无人机集群在执行任务时，单机节点受到破坏，退出机群，使得无人机集群自组网网络架构和拓扑发生变化，无人机集群自组网在满足机群间正常通信需求的同时，还要完成无人机集群网络的动态重构。在某些关键操作上，无人机集群通信网络还必须保证地面操作员能够对无人机任务进行授权和确认。

无人机集群在执行任务时，需要满足无人机实时跟踪定位、遥控遥测、实时任务规划与协调和任务信息传输等功能，所有这些功能都需要稳定、可靠的通信网络，包括：①实时跟踪定位。对无人机实时连续的位置测量。②遥控遥测。对无人机飞行状态和设备状态参数的控制及测量。③实时任务规划与协调。无人机需要根据任务规划和变动，实时进行任务规划信息传输，以及进行无人机间实时任务协同通信。④任务信息传输。无人机任务载荷传感器信息的传输。

(2)无人机集群通信组网模式。

无人机的通信方案,由单机控制的点对点地空通信方案,发展到一站多机的点对多点的地空通信组网方案,再到满足无人机集群节点间各种任务信息协同协调自组网宽带通信组网方案。无人机集群组网通信主要有以下三种组网模式。

①星形组网是以地面中心站为中心基站,空中无人机通信终端为节点,所有节点直接联接到地面中心站,实现地面中心站与所有网络节点间直通;无人机间以地面站为中心进行交互通信。当无人机集群组网节点数目相对较少、无人机执行任务作业的覆盖区域较小,且无人机任务作业相对简单时,星形组网模式比较合适。星形网络结构比较稳定,采用较简单的路由算法,且规模较小,信息传输的时延小,能够节省网络信道资源,降低能源消耗。

②无人机集群网状自组网由地面控制站和空中无人机节点组成,所有节点设备功能相同,都具备终端节点和路由功能。空中无人机节点不能一跳联接到地面中心站时,通过多跳路由到中心站,实现全网所有节点的互联互通。当任务较为复杂,无人机集群规模比较大,网络拓扑多变,任务复杂,机间协调通信频繁、作业半径大,自主协同完成任务为主时,适合采用网状自组网。由于无人机集群网络较复杂,节点间相互通信较为频繁,路由时延要求很小,在远距离节点间进行通信时采用按需路由技术,能有效降低路由维护开销,提高网络鲁棒性。

③分层组网采用地面站为星形网络中心站,无人机机载通信终端具备与地面中心站直通和无人机间自组网功能。当无人机集群作业任务非常复杂时,执行任务的无人机数量庞大,网络拓扑多变,无人机节点之间通信频繁、信息量大,此时比较适合采用分层网络结构。当执行作业任务的无人机数量发生变化时,分层结构的网络拓扑结构快速完成无人机节点的退出或增加,快速实现网络重构,无人机节点维护的路由表相对简单,提高网络的稳定性。

(3)无人机集群通信组网关键技术。

认知无人机通信技术:无人机集群组网作业时,高速的移动性和任务实时的变化,无人机集群内部和外部之间通信链路和质量会发生剧烈变化,需要解决隐藏、暴露终端和协调多节点有限频谱共享的问题。认知无线电就是频谱共享的关键技术之一,无人机集群可自我学习周围无线电环境,感知并利用周围空闲的频谱资源,节点间认知信息的共享可以有效解决隐藏、暴露终端的问题。同时,认知无线电本身具有可重构性的功能,在组网环境发生变化的条件下,可进行系统重构,动态的频谱共享为功率受限的无人机集群网络提供更高的系统容量,更宽的覆盖范围。

物理层安全传输技术:无线信道的开放性及衰落特性,容易受到不利的影响,无人机通信安全受到威胁。目前,用于改善物理层安全的常见方法主要包括多输入多输出技术、人工噪声技术及中继协同技术。这些方法比较成熟,可以有效地运用到无人机集群组网通信中去。

能量有效通信技术:无人机的能量主要供给是依靠自身携带的电池,尽管在过去一段时间内电池技术有了明显的增长,但无法解决能量受限的问题。为此,采用能量有效通信技术提高能量使用效率,其主要包括优化功率分配及能量采集技术两种方法。在系统硬件组成大部分采用轻量化、低功耗设计的条件下,在无人机节点间选择最佳的数据传输轨迹进行合理的功率分配,研究者给出了在节点设备功率一定和高信噪比情况下,通过协调源节点和中继路由节点的发射功率,使得系统性能提升。另外,能量采集可以缓解无人机能量供给紧张的问题,能量的来源可以是太阳能、风能或周围无线电信号中的能量。

大规模高动态无人机组网路由技术:在大规模无人机集群应用中,无人机节点的高速移动造成了网络拓扑高动态变化、链路质量频繁波动,这都对组网路由技术提出了更高的要求和挑战。传统针对固定和机动通信网络设计的组网路由技术难以满足大规模、高动态无人机组网需求,在组网路由的设计方面需要克服网络节点多、移动速度快、多跳远距离传输等造成的不利影响,能适应拓扑剧烈变化、链路寿命短暂等问题,建立具有快速组网、抗摧毁、自愈合、安全可靠等特点的路由机制,这对有效支撑无人机多样化任务起到了关键作用。

无人机自组织网络中的路由协议为网络在动态网络环境中进行数据分组传输提供可靠保证。传统的无人机自组网路由协议主要包括主动式路由、反应式路由、混合路由以及基于地理位置的路由协议。目前,已经有很多国内外的学者在 FANET 的传统路由协议的基础上,不断提出改进。

①主动式路由。

主动式路由协议又称作表驱动路由协议,最大的特点就是每个节点都需要定期更新和共享路由表。OLSR(optimized link state routing,最优链路状态路由协议)是一种基于链路状态的经典主动式路由协议。近几年来通过改进 FANET 的主动式路由解决路由拥塞、MPR 集合选择以及路由开销等问题的路由协议有链路感知路由 OLSR-LA、多维感知和能量意识路由 MPEAOLSR、修改了寻路机制的 ODR-OLSR 路由(基于链路质量的 LCO-OLSR 路由协议)。

目的节点序列离矢量(destination sequenced distance vector routing,DSDVR)协议,DSDVR 协议是基于经典 Bellman-Ford 算法基础之上的一种“表驱式”主动式路由协议。

②反应式路由。

反应式路由又称作按需式路由,在源节点需要时才开始路由发现,并不事先生成路由。搜寻路由包括 4 个过程:路由发现、路由维护、路由选择和路由回应。AODVR(Ad-hoc on-demand distance vector routing,Ad-hoc 按需距离矢量路由)协议是一种自组网中被广泛使用的按需路由协议。该路由认为在路由协议中路由跳数最为重要。动态源路由(dynamic source routing,DSR)协议也是按需路由协议的一种,它采用源路由机制。不少学者通过使用路由开销、通信成功率、平均邻居节点个数以及剩余能量等路由参数代替传统路由协议的选择标准,以下是反应式路由协议的一些重要实现:重新设置了路由发现机制的 I-AODV 路由、基于节点差异的路由协议 ND-AOMDV 路由、基于负载均衡的 LD-AODV 路由、平面多径路由协议 FMR 路由、能量均衡多路径的 EEMP-AODV 路由以及基于蚁群算法的 AC-DSR 路由。

③混合式路由。

混合式路由是由主动式路由和反应式路由结合而成的路由。ZRP(zone routing

protoco1,区域路由)协议是典型的混合型路由协议,ZRP 在小尺度区域内使用主动式路由,在大尺度范围使用反应式路由。

解决混合式路由最关键的问题就是区域的钩爪,避免分区的重叠,沈亮光等提出基于 ZRP 的速度自适应 AV-ZRP 协议,使节点速度为动态可调节变量,提出了网络周期自适应机制和区域半径自适应机制,使网络针对拓扑结构变化具有更强的自适应性。

④基于地理位置的路由。

基于地理位置的路由协议是 FANET 路由协议中的另一大类。GPSR(greedy perimeter stateless routing,周边无状态贪婪转发路由)协议是一种应用在无线网络方面的路由协议。

为 FANET 提出的基于位置的路由算法的一些重要实现包括:解决时延问题的 GPSR-RLP 路由,针对 GPSR 路由协议中邻居节点位置信息不准确以及数据转发效率低下的问题提出的基于邻节点的 GPSR-NS 路由,为 FANET 提供低延迟、低能量的路由支持提出了基于粒子群优化贪婪转发和有限泛洪的扇形网自组织 PSO-GLFR 路由等。

⑤基于强化学习的路由选择。

强化学习(reinforcment learning, RL)是一个重要的机器学习研究方向,它既不同于有监督学习,也不同于无监督学习。Bellman 在探索最优控制问题的过程中,提出了最优控制的离散版本,即著名的马尔可夫决策过程(markov decision processes,MDP),这一决策过程被广泛地用于强化学习问题的定义中。Deepmind 团队提出了深度神经网络(deep Q-networds,DQN),其在传统的 Q 学习算法中引入了卷积神经网络(convolution neural network,CNN)用以提取特征并拟合价值函数。

FANET 中的节点快速移动导致频繁拓扑变化、网络可能出现“空洞”等问题,传统路由算法在路由选择时标准过于单一,没有完全考虑整个网络的其他性能参数,且在节点发生剧烈运动时,无法捕捉该变化,容易造成链路断裂;传统路由算法已经很难直接应用于高动态的场景中。

随着人工智能的发展,越来越多的学者使用强化学习来解决网络拓扑变化频繁的问题,自学习选择更新路由。近几年来,不少学者也提出了很多基于强化学习的路由选择优化方法,其中包括直接利用 Q-learning 对传统路由选择进行优化和基于深度 Q 学习(DQL)来解决路由选择的优化问题,也有基于模糊逻辑预处理之后再使用强化学习来解决路由优化问题,下面将具体介绍近几年来利用强化学习对 FANET 路由协议进行改进所取得的一些进展。

a. 基于 Q-learning 路由选择算法。

Q-learning 是一种智能体在马尔可夫域中选取并执行最优动作的强化学习算法。智能体作为动作的发起者,通过和环境的交互完成学习过程,并累计该过程中环境的反馈奖励值为下次处于相同状态时提供决策依据。无人机飞行的过程具有马尔可夫性,系统的下个状态只与当前状态信息有关,而与更早之前的状态无关。MDP 考虑动作对系统的影响,即系统下个状态不仅和当前的状态有关,也和当前采取的动作有关。MDP 过程可以用三元组<S,A,R>表示,其中 S(State)表示 A(Agent)的有限状态集,Action 表示 Agent 可用的动作集,R(Reward)表示环境的奖励值。

在利用 Q-learning 对 FANET 路由协议进行优化的时候，已有研究考虑了两种优化思路：一种是利用 Q-learning 优化路由协议参数，即在传统路由协议应用的基础上，通过强化学习优化其中的某些参数，以更好地适用 FANET 的路由选择需求；另一种是利用 Q-learning 直接选择路由，即把路由选择过程描述为一个马尔可夫决策过程，通过当前网络状态，选择下一跳路由，再通过反馈优化选择算法。下面将分别介绍这两种对路由协议优化的相关研究。

Ⅰ. 基于 Q-learning 优化传统路由协议参数的方法。

在利用 Q-learning 优化路由协议时，会采取优化路由选择过程中所用到的一些参数，比如说，利用 Q-learning 对传统的 OLSR 路由协议中 MPR 的选择上进行优化，并不是在选择整条路径上利用该方法进行优化。下面将介绍一些关于近几年来不少学者在这方面所提出的一些进展。

姚玉坤等在 OLSR 路由协议基础上提出了一种动态感知优化链路路由协议 DSQ-OLSR，在选取中继节点 MPR 时添加了链路稳定性和链路存在时间这两个指标，使得选出的中继节点集合更加稳定；将 TC 消息的自适应发送过程描述为一个马尔可夫过程，用 MPR 集合的变化率和节点 MAC 层的缓存占用率作为两个状态参量，采用 TC 消息发送周期的自适应调整的策略，将 MPR 集合变化率、节点负载能力和链路稳定性三个参量的结合作为价值函数，从而实现对 TC 消息的发送间隔进行自适应的调整。该协议在端到端时延、吞吐量、成功率和网络生存时间性能上都提高了不少，但在 HELLO 消息中添加了节点的速度信息，可能会导致网络开销有一定的增加。

谢勇盛等在传统的 OLSR 路由协议上提出了自适应链路状态路由优化算法 QLA-OLSR。该算法将 HELLO 时隙调整问题描述为一个 MDP 过程，由邻居节点变化程度、队列中待发送的数据包个数和当前节点的 HELLO 时隙长度组成了三个状态变量，动作为根据环境和邻居节点的拓扑变化来更改 HELLO 消息发送时隙，奖励考虑了周围邻居节点的变化数量以及路径的负载能力，并采用 Kanerva 编码的函数逼近策略，减少了训练所需的状态空间，从而求解出最优的 HELLO 间隙时长；提高了节点链路发现与维护能力，有效提升网络吞吐量，减少路由的维护开销；但并没有考虑到网络节点的端到端时延。

Ⅱ. 基于 Q-learning 直接选择路由的算法。

在利用 Q-learning 优化路由选择的过程中，就是把路由选择过程描述为一个马尔可夫决策过程，节点通过当前网络状态，选择下一跳路由，直到到达目的节点，再通过反馈优化选择算法。下面将介绍近几年来这一方面的研究。

Jung 等提出一种基于 Q-learning 的无人机网络地理（geographic）路由协议 Q-Geo，该协议由位置估计、邻居表和 Q 学习三个模块组成；位置估计是通过定位系统更新节点位置信息；邻居表管理着邻居的位置、链路信息；Q 学习是路由决策的关键部分，采用强化学习算法，将每个移动节点定义为表示状态集中的一个离散节点状态，考虑了数据包传输速度和邻居节点的距离作为回报函数值，折扣因子根据距离来选择，最后选择 Q 值最高的节点作为下一跳。对比传统的 OLSR 路由协议，在端到端时延和网络开销的性能上有了明显的改善，但对于其他网络性能的参数并没有过多的考虑。

Stefania 等提出了一种基于 Q 学习的无人机飞行规划 Q-SQUARE 算法，该算法将无人机路径规划建模为马尔可夫决策过程，首先使用 spatial 聚类算法进行分簇，状态对应由簇重心、飞行时间和无人机剩余能量所组成的三元组，奖励由时延来决定，动作为选择下一跳节点，最终选择出一条能保证传输质量的路由进行传输；保障在无人机网络中传输视频的质量。

Muhammad 等提出了一种基于强化学习的 Q 路由模型，该模型的状态表示为潜在下一跳邻居 UAV 的剩余能量和移动性，其动作为选择的下一跳邻居 UAV，奖励设定为成功地将数据包传输到目的地 UAV；剩余能量由总能量减去传输和接收过程中消耗的能量，与数据包大小和节点之间的距离相关；利用强化学习考虑 5G 网络中剩余能量和稳定性较高的无人机来确定最优路由，延长了网络寿命，减少网络能耗和断链数量；但是只用了节点密度来调整学习率，希望能与其他路由自学习算法做对比实验。

刘芬等在路径寻找过程中，将最小的时延作为反馈信息沿对应路径原路返回到源节点，从而计算到达目的节点的总时延，时延越短，路径越优，通过强化学习将无人机节点的端到端时延融入 Q 函数更新中，选择出下一跳节点；再根据时延的估计值即 Q 值，评估当前路径设置增加或减少路径的寿命；为了应对拥塞问题，引入了由丢包率、平均时延和丢包后等待重传的时间所组成的目标函数，该函数反映了网络当前状态的趋势，改进后的路由协议优化了网络性能，提高了路由的稳定性，降低了路由的控制开销；建议进一步提高 Q 学习算法的设定值，比如说，奖励值的设定不只是 1 或 0。

Liu 等提出了一种基于 Q-learning 的多目标优化路由（Q-learning multiobjective routing，QMR）协议，QMR 使用全球定位系统（GPS）收集其邻居节点的地理位置，并发送 HELlO 数据包以启动路由发现过程，每个数据包包含节点的地理位置、能量、移动性模型、排队延迟、折扣因子和 Q 值；此外，邻居表还包括学习速率和 MAC 延迟；发起路由后，QMR 将每个节点都作为一个状态，提出了一种自适应调整 Q-learning 参数的方法，根据相邻时间区间内邻居的移动性自适应调整折扣因子，单跳延迟自适应调整学习率，利用端到端延迟和能量消耗作为奖励函数，贪婪地选择最高 Q 值的邻居节点作为下一跳节点，从而选出了一条低时延和低能耗的路由，大大提高了路由的生存寿命；但并未考虑整个网络的稳定性能，如果节点丢失，可能无法建立通信，可以选择备选路径或避免空洞机制等来解决这一问题。

Luis 等提出了一种基于改进的 Q-Learning 算法的路由方案，称为 Q-FANET，以应对高移动性场景中的网络延迟问题。Q-FANET 是由两种不同路由协议中使用的主要技术和元素结合在一起，采用 QMR 协议和 Q-Noise+算法；Q-Noise+算法是考虑了信道占用的历史数据和 SINR 水平来评估信道质量。Q-FANET 利用 QMR 发现邻居的能力，即通过定期发送 HELLO 数据包不断建立和更新邻居节点表，简化了 QMR 的奖励函数；利用 Q-Noise+评估信道条件和无人机飞行速度结合起来去更新学习率；通过考虑有限数量的最后一集的加权报酬和链路的 SINR 水平，更精确地更新 Q 值。最后根据节点间距离设置奖励值，来选择合适的下一跳节点，最终选择出一条更低时延的路由进行数据传输，以在高动态 FANET 中获得更好的服务质量；但使用中继节点来平衡勘探与开发，缺少随机性，且没有考虑到计算 Q 值所带来的网络开销问题。

Qiu 等为了解决基于地理位置的路由算法可能“掉入”路由空洞问题，提出了一种基于多智能体强化学习的地理 QLGR-S 路由协议;该协议将每个节点视为一个智能体,并通过本地信息评估其邻居节点的价值,在价值函数中,节点考虑链路质量、剩余能量和队列长度等信息,从而减少路由空洞的可能性;使用全局奖励,使各个节点能够协作传输数据;此外,该方法根据邻居节点的变化程度和缓冲队列中的数据包数量来自适应地调整 HELLO 数据包的广播周期,从而在保持链路质量的同时最小化维护开销优化;但没有考虑网络拓扑问题,忽略了路由过程中节点能量消耗不平衡问题,对网络寿命有一定的影响。

Arnal 提出了一种具有自适应学习率的全回声 Q 路由算法,该算法以源节点发送数据到达目的节点的时间来更新 Q 值,选择最小 Q 值来确定下一跳节点,大大地减少了能量消耗。并利用模拟退火(SA)优化通过温度下降率来控制算法的学习速率,有效地应对网络拓扑的剧烈变化,对无人机应用有一定的参考价值;建议考虑更多的网络性能参数。同样的,Yuliya Shilova 等也提出了自适应 Q 路由算法,该算法是以发送节点选择具有最小 Q 值(最短时间)的邻居进行数据传输,但不同的是,该算法是根据估计节点的平均交付时间来动态地改变每个节点的学习速率,能很好地利用 Q 学习适应网络拓扑变化,由于平均交付时间的减少,网络中的路由可能变得还有效,实现了良好的路由性能;但对于网络参数的考虑还是过于片面。

Chen 等在传统的 GPSR 路由协议基础上,提出了一种无人机自组织网络流量感知的路由协议 TQNGPSR,该协议利用邻居的拥塞信息来实施流量均衡策略,通过队列长度得到排队等待的时延来确定 Q 值;该 Q 值是对每条无线链路的评估,在多个可用选择中做出路由决策,以减少延迟和丢包。在仿真实验中,对比了传统的 OLSR、AODV、GPSR 等路由协议,具有一定的全面性,但对于网络能量消耗、拓扑变化频繁等问题还尚未考虑到。

Lyu 提出了一种基于地理位置的 Q-Network 路由协议 QNGPSR,该协议由邻居表、数据包访问列表和 Q-Network 组成。邻居表用于存储节点邻居的位置、上次更新时间和邻居拓扑信息;数据包访问列表用于保存已将数据包转发到当前节点的邻居的地址;QNGPSR 中的 Q-Network 使用手动设计的特征,包括将前一跳、当前节点和目标节点的位置视为一个状态,将下一跳位置及其邻居拓扑信息视为一个动作;Q-Network 有 2 个隐藏层,并使用 SELU 作为激活函数,将上述这些特征和预测的最大 Q 值结合到训练样本中,然后进行梯度下降;最后是使用 softmax 策略在多个可用路径中进行下一跳选择;该协议在高节点密度和高移动性环境下,减少了端到端延迟并提高了数据包交付率;建议优化特征提取并多考虑链路状态参数来提高网络性能。

以上提到了不少关于利用 Q-learning 对 FANET 路由进行优化,使用马尔可夫过程进行路由决策;本书将对上述所提到文献进行比较和分析所使用的参数以及状态、动作和回报函数等,分析文献的优点和缺点,以用来保证优点的同时可以改进存在的问题。大多数学者会把每个节点作为一个状态,其动作为选择下一跳节点,从而构建一条可行的路径进行传输,但在选择下一跳节点时,学者所利用的参数各有不同,比如说,有的学者利用端到端时延来作为选择路由的依据,但有的学者认为包到达率是路径保障的基础等。

Ⅲ. 基于深度 Q 学习的路由选择算法。

将路由选择描述为一个马尔可夫决策过程时,其动作和状态空间都比较大,上面所提到的 Q-learning 算法在处理这么大的状态空间和动作的时候，可能会出现更新速度慢和预见能力不强情况，特别是，Q-learning 算法会引一个最大化偏差问题，可能无法实现最优策略；因此，不少学者也提出利用深度 Q 学习（DQL）来解决路由选择优化问题。

深度 Q 学习是典型的 DRL 模型，该模型应用深度神经网络作为 Q 函数的近似值。DQN 的目标是从历史数据中训练和找到最可行的权重因子，包括历史 Q 值、动作和状态转换；对于以多层感知器作为底层神经网络的 DQN，计算 Q 值和动作的复杂性是线性的；与 RL 相比，DRL 显著降低了模型复杂度。DQN 算法包含两个神经网络，即估计值网络和目标值网络。

孙鹏浩等提出了一种基于深度增强学习的智能路由技术 Smart Path。通过控制器动态收集网络状态信息，在控制器上运行智能路由应用生成动态路由策略跟踪网络流量分布，从而达到动态智能路由效果；Smart Path 中以循环神经网（Recurrent Neural Network，RNN）作为 DRL 网络的神经网络，其中网络主要分为三部分：输入层、输出层和隐藏层。采用 GRN 作为 RNN 的具体实现方案，其中 GRN 的输出层连接到两层前馈神经网络，经过再次计算后得到最终输出结果。实验证明，Smart Path 能够不依赖人工流量分析动态更新网络路由，在测试环境下对比其他路由来说减少了端到端时延，证实了使用深度强化学习与网络控制相结合的技术发展潜力；但由于深度强化学习算法的训练成本高、不确定性等问题也会随之出现，建议通过某种算法对数据进行预处理，从而降低训练成本。

Koushik 等提出了一种基于深度 Q 学习的无人机集群网络算法，来确定两个无人机节点之间的最优链路，然后使用优化算法局部微调无人机节点的位置，以优化整体网络性能；状态由信噪比、误码率和丢包率组成的多维空间，奖励设置为信噪比的最大优化；将当前状态、下一个状态、动作以及因该动作而产生的奖励都作为 CNN 的特征向量存储在重播内存中，重播内存存储了 N 个过去的经验。在每次迭代中，从 N 批中选择 M 批来训练 CNN 模块，通过 CNN 的方法实现了无人机网络的吞吐量优化；同时，确保了以完全分布式的方式实现长期通信覆盖，也降低了网络开销；希望以后能考虑更多的网络性能参数。

Liu 等提出了基于深度强化学习的无人机网络自适应可靠路由协议 ARdeep，每个节点利用 DRL 基于本地环境信息分布式地做出最优转发决策；使用由邻居和目的地之间的距离、邻居的剩余能量、分组错误率（PER）和链路的预期连接时间组成的向量来描述链路状态 S，奖励函数以节点间距离和包到达率为标准。把与邻居相关的链路状态表示作为 DQN 的输入，邻居的 Q 值作为 DQN 的输出，通过 DQN 选择动作来确定下一跳节点；为网络提供了更好的路由转发决策，但对于剧烈变化的网络拓扑结构还不能友好的应对，可以参考有关 QMR 的文献。

利用 DQN 优化路由选择可以分为两种方法，一种是通过 DQN 学习整体网络状态，拟合网络链路参数，并尝试预测下一时刻链路状态；另一种是利用 DQN 学习路径选择，通过拟合路径选择的价值，从而帮助判断下一跳节点的选择，最终构建整条路径。下面将阐述基于 DQN 优化路由选择的文献，并对文献的设定值进行对比以及对优缺点进行分析。

Ⅳ.结合模糊逻辑的强化学习路由选择算法。

前文利用深度 Q 学习来解决 Q-learning 算法中状态和空间较大的问题，但也有不少学者提出利用模糊逻辑预处理节点消息,更加有效地选择出所需节点,这样大大地降低了节点的相关状态和空间。模糊逻辑于 1993 年由 Zadeh 引入,是用严格的数学符号来表达人类的推理。它是一种多值逻辑,允许在传统评估之间定义中间值,如真/假、是/否、高/低、小/大、短/长等。通常,基于模糊逻辑的系统包括三个步骤:输入、处理和输出。

在数据输入部分,通过模糊语言生成器将输入数据转换为模糊语言。在模糊语言处理部分,模糊翻译器将输入数据转换为 IF-THEN 规则设置的语言,制定模糊规则。比如说,当时延低、稳定性高时,该节点或链路的质量是完美的;当时延低、稳定性为中等时,则表达该链路一般;这些模糊规则可由自己设定。在去模糊化过程中,解模糊处理器将语言集更改并输出最终数值,常见的有重心法,重心法的主要理论是将输出隶属函数曲线和横坐标所包围区域的重心作为模糊控制的最终输出值。

Raja 等提出了一种新的基于分布式能量感知代价函数的路由算法 DEFL(distributed energy-aware cost function based routing algorithm that uses fuzzy logic),该算法使用模糊逻辑方法在动态网络条件下提高网络寿命;算法在其奖励函数中包含能量消耗率和节点剩余能量度量。首先使用两个模糊逻辑系统来映射度量的清晰值,然后使用最短路径法 Bellman-Ford 算法来确定从任何节点到接收节点的最小成本路由。

He 等为了解决 FANET 跳数高和链路连通性低的问题,提出了一种基于模糊逻辑强化学习的路由算法。模糊控制系统包括三个部分:数据输入、模糊语言处理和输出结果;将节点间的延迟度量、稳定性等级和宽带效率因子进行模糊化,选择 IF/THEN 规则作为模糊规则,最后进行去模糊输出该节点的邻居节点评估值,选出最佳中继节点来进行数据传输;但由模糊逻辑系统确定的中继节点所构成的路径可能并不是跳数最少的路径,所以通过强化学习不断的训练减少由模糊逻辑确定路径的平均跳数;与蚁群算法优化相比,该算法在链路成功率和平均跳数方面都有显著的改进。

赵蓓英等基于按需多径距离矢量路由协议(Ad-hoc on-demand multipath distance vector,AOMDV),提出一种基于信任的按需多径距离矢量路由协议 TAOMDV,建立了节点信任度评估模型,引入数据包转发率、可信交互度、探测包接收率作为信任评估因子,根据信任评估因子不同的模糊隶属等级,合理计算节点间的直接信任度;在路由发现与维护过程中考虑节点信任度,建立可信路由路径,保障通信安全;但这只考虑了数据传输的安全性,并没有考虑数据传输的时延和到达率等问题。

Jiang 等提出了一种基于 Q 学习的自适应无人机(UAV)辅助地理路由 QAGR,路由方案分为两个部分,在空中组件中,利用无人机收集的全球道路交通等信息,通过模糊逻辑和深度优先搜索算法计算出全局路由路径,然后转发给地面的请求车辆;在地面组件中,车辆保持一个固定大小的 Q 表,通过设计良好的奖励函数收敛,查找根据全局路由路径过滤的 Q 表,将路由请求转发给最优节点;QAGR 在分组传送和端到端延迟方面的性能优于传统 AODV 和 GPSR 等路由方法,可以考虑优化更多网络性能参数。

Yang 等提出了一种在扇形网中结合模糊逻辑和强化学习算法的路由算法,模糊系统用于推导两个无人机节点之间的可靠链接,Q 学习通过在路径上提供奖励来支持模糊系统;先将链路相关参数传输速率、能量状态和节点的飞行方向与相邻节点的飞行方向的相似性三个参数输入模糊系统中找到目的节点;再由目的节点返回跳数和成功数据包交付时间所组成的 Q 值,并将以上所有参数输入模糊系统中,最终求出最优路径。该方法可以保持低跳数和低能耗,延长网络寿命;在仿真实验中,与传统的模糊逻辑和基于 Q 值的 AODV 路由协议进行了比较,具有一定的价值,但建议可以多比较一些网络性能参数,比如时延以及吞吐量等。在基于模糊逻辑的路由算法中,每个节点通过交换 HELLO 消息来评估其链路相关参数,比如丢包率、剩余能量和飞行状态等。当节点必须发送分组时,该节点使用模糊逻辑基于这些链路参数来计算每个邻居的中继适合程度,从而选出最合适的邻居节点进行转发,大大地降低了可选邻居节点的个数。

b. 存在问题和未来展望。

上述文献都针对传统路由协议提出了不同的技术,对 FANET 是一种好的发展。有的学者提出基于强化学习的路由协议,但强化学习算法自身所带来的问题值得被考虑,各学者所提到的路由算法对状态的定义都有所不同,但肯定的是,其状态空间维度都很高,随着无人机节点数量的增加,其状态数量也增加。强化学习算法将难以收敛,无法确定最佳状态,也会增加消耗的功率;有的学者通过改变路由选择判断依据,从而选择出更稳定更有效的路由进行数据传输;但只是用两个甚至是一个参数来代替原有路由选择所使用的参数标准,比如说用时延来代替跳数进行路由选择,并没有全面考虑其他的一些网络性能指标;网络性能指标有很多,例如:吞吐量、端到端时延、网络的稳定性、剩余能量、网络安全等,可能在对路由协议进行改进时,并不能做到"周全",总会牺牲一方面去成全另一方面。所以上述文献对路由协议的改进并不能解决 FANET 自身所面临的所有问题。因此,迫切需要提出新的路由协议,以便在特定情况下部署适当的技术。

未来对无人机自组网的研究,主要目的还是提高无人机自组网的有效性和可靠性,在针对不同的场景下,提出有效的路由协议,使其能够更广泛地应用于各个领域。将从以下三方面进行未来展望。

Ⅰ. 移动自组网(MANET)路由。

本书提到 FANET 是 MANET 在无人机领域的扩展应用,那么,针对 MANET 所提出的路由协议是否适用于 FANET。例如,研究者针对路由规划、路由选择等问题,提出了可用于智能天线 TDMA 自组网系统的主动式路由技术,设计了一种广义的路径长度度量准则,使得每个节点有着较高的邻居选取率,提高网络抗毁性和鲁棒性;据分析,路径长度度量准则也能适用于 FANET。可以大胆地猜测,某些针对 MANET 所提出的路由改进协议也能适用于 FANET。未来,可以由现有的 MANET 路由改进协议对 FANET 路由协议进行研究和分析,尝试将其运用到 FANET 上,应该会取得不错的效果。

Ⅱ. 强化学习的策略改进。

强化学习是机器学习领域中重要的研究分支之一,目前强化学习已经取得不错的成果,但该算法也存在着收敛慢、鲁棒性差、只适用于低维度等问题;深度强化学习能解决其高维度问题,但其他的问题还尚未解决。研究者提出通过进化算法引导策略搜索的强化学习,弥补了强化学习的一些缺陷。但用进化算法与深度强化学习结合的方法还较少,将进化计算领域与深度强化学习领域中最新的研究成果应用于结合进化算法的强化学习方法中还有较大的空间可以发掘。未来将对强化学习算法进行价值过程或策略的进一步改进,使其更好地运用于路由选择规划上。

Ⅲ.强化学习与启发式算法的结合。

本书提到强化学习与模糊逻辑结合的方法,是否有其他算法可以和强化学习相结合获得更佳的效果。将强化学习结合博弈论方法,有效地降低了 CUE 的干扰。也可以利用 K-mean 聚类算法、粒子群算法、蚁群算法以及模拟退火法等结合强化学习对其状态空间进行降维处理,使得强化学习更好的收敛。利用强化学习结合于路由协议中,使路由协议能够应对网络的高移动性和稀疏性,能够预测网络节点的未来位置和链路损耗,保障无人机之间能有效地传输。

在本书中,无人机作为通信网络的节点,网络的拓扑结构由无人机的空间分布决定,而不同的网络拓扑结构又决定着不同的通信性能。根据所执行的任务设计合适的通信网络,适当地分配通信资源,从而提高通信质量。常用于 FANETs 的通信架构为无人机 Ad-Hoc 网络,在无人机 Ad-Hoc 网络体系结构中,所有无人飞行器(UAV)都是彼此独立地与基站相连,而不需要预先建立通信系统。在这个特定的架构中,每个无人机都将参与 FANETs 系统的数据转发。在无人机 Ad-Hoc 网络中,有一个骨干无人机充当地面站和其他无人机之间的网关,网关 UAV 携带的无线通信设备既能够在低功率、短距离情况下与其他无人机通信,也能够用于在高功率、长距离的情况下与地面站通信。在这种结构中,由于只有骨干无人机与地面站相连,因此网络的通信范围大大扩大。此外,多个无人机之间的距离相对较小,无人机中的收发通信设备价格低廉,重量轻,这使得它们更适合于小型无人机网络。然而,为了保持网络的联通性,在无人机自组织网络(FANETs)中,所有链接的无人机都需要在速度和方向等移动模式上保持相似。因此,这种网络体系结构最适合一组类似的小型无人机来执行诸如自主空中巡查任务等持续性行动。

2)路径规划技术

在实际应用中,无人机需要根据具体的场景进行航迹规划,从而避免障碍物。采用的算法需要具备实时且高效的特点,因为经常会碰到一些突发情况,需要快速地重新规划路线。在整个飞行过程中,无人机需要根据探测到的信息不断地修正飞行路线,直到到达目标位置或者完成任务。

无人机协同轨迹规划,在满足无人机运动方程、时空协同、障碍规避、飞行性能、控制边界等约束下,为无人机编队规划一组协同轨迹使得指定的性能指标达到最优,一般为飞行时间最短或控制消耗最小。根据性能指标、状态方程、边界条件和路径约束条件,可以建立无人机协同轨迹规划的非线性最优控制问题模型。然后,针对建立的最优控制问题模型,可采用间接法和直接法两类数值方法实现求解。另外,快速扩展随机树和机动自动机等轨迹规划方法不采用最优控制建模与求解的思路,但在无人机协同轨迹规划的应用较少。

轨迹规划的间接法不对性能指标函数直接寻优,而是先根据极小值原理推导最优控制的一阶必要条件,再将最优控制变量表示成状态变量和协态变量的函数,从而将轨迹规划问题转换为两点边值问题。两点边值问题可以采用打靶法、邻近极值法和微分动态规划等算法实现求解。间接法轨迹规划的优势是精度高且满足一阶最优性条件,但是其需要复杂的公式推导,且初值猜测困难,难以适用于实际的无人机轨迹规划问题。轨迹规划的直接法,将连续最优控制问题参数化为非线性优化问题,然后利用非线性优化算法直接对性能指标寻优。尽管很难从理论上证明直接法轨迹规划的结果满足最优控制的一阶必要条件,但直接法具有收敛半径大、不需对协态变量初值进行猜测的优点,已成为最优控制求解的主流方法。轨迹规划的直接法包括轨迹参数化和非线性优化求解两个关键步骤,下面对其分别进行阐述。

根据离散变量的不同,直接法轨迹规划中的参数化方式可分为仅离散控制变量、仅离散状态变量、同时离散状态与控制变量三种。其中,仅离散控制变量的方法包括直接打靶法和多重打靶法;仅离散状态变量的方法包括动态逆和微分包含法等;同时离散状态与控制变量的方法又称为配点法,包括局部配点法和全局配点法。局部配点法,将飞行轨迹根据时间进行分段,然后利用插值多项式分别对每段轨迹的状态量和控制量进行近似。根据插值多项式的类型和阶次,常用的局部配点法包括一阶的欧拉法、二阶的梯形法、三阶的 Hermite-Simpson 法和四阶的龙格-库塔法。全局配点法,则不采用分段插值的方式,而是直接利用正交多项式进行全局插值,因此也称为正交配点法。伪谱法是当前应用最广泛的全局配点法,其采用全局插值多项式在轨迹的离散点处对状态变量和控制变量进行近似,然后通过多项式的导数近似运动方程中状态变量的导数,在配置点上建立运动方程约束,从而将微分方程约束转换为代数约束。根据插值及函数、配点和节点位置的不同,伪谱法包括 Legendre 伪谱法、Gauss 伪谱法、Radau 伪谱法和 Chebyshev 伪谱法等。伪谱法采用 Gauss 型积分方法,具有精度高、初值敏感度低、收敛性强等优势,在无人机轨迹规划领域得到了广泛应用。

基于上述轨迹参数化方法,可将轨迹优化问题转变为非线性优化问题。非线性优化问题的求解算法包括基于梯度的经典算法和启发式的现代智能算法。基于梯度的优化算法是一种局部最优化方法,一般需要目标函数和约束函数连续可微。其中,序列二次规划和内点法是当前轨迹优化领域应用最广的梯度优化算法,例如常用的轨迹规划工具包 GPOPS、DIDO 和 PSOPT 都采用了序列二次规划或内点法对参数化得到的非线性优化问题进行求解。启发式的现代智能算法一般是基于概率的全局最优化方法,例如遗传算法、粒子群优化、蚁群算法等。现代智能算法不依赖于目标函数和约束函数的梯度,具有收敛到全局最优解的能力。但是,现代智能算法需要大量调用优化模型,且模型调用次数随着问题规模呈指数增长。而轨迹参数化得到的非线性优化问题通常是一个高维问题,因此尽管现代智能优化算法在非线性优化领域得到了广泛应用,但在轨迹优化问题中的应用却相对较少。

针对无人机轨迹规划问题,经典非线性优化、现代智能优化和快速扩展随机树等都已得到了一定的应用,但上述方法应用于协同轨迹规划时,都面临着算法对编队规模扩展性差的问题,即算法效率随着无人机数量的增长而显著降低。

近年的研究结果表明,凸优化方法是求解轨迹规划问题的一种高效稳定算法。得益于凸优化理论与方法的发展,一个具有上千个变量和约束的高维凸优化问题当前已经能够得到有效求解。通过无损凸化和近似简化,凸优化方法已经成功地应用于行星着陆、航天器运动协调和编队重构制导等轨迹规划问题。但是,上述凸优化建模方法需要基于线性动力学假设和利用问题本身的特点,并不能适用于一般性的轨迹规划问题。对此,序列凸优化方法利用逐次凸化策略，将非凸优化问题转换为一系列的凸优化子问题，能够用于求解具有一般非凸约束的轨迹规划问题，并已在航天器自主交会、飞行器再入和行星着陆等轨迹规划中得到验证。Morgan 等首次将序列凸优化应用于飞行器协同轨迹规划，其分别利用集中式和分散式序列凸优化方法实现了考虑非线性动力学的航天器编队重构轨迹规划。在此基础上，Morgan 等又将模型预测控制与序列凸优化相结合，进一步提高协同轨迹规划的效率。对于无人机协同轨迹规划问题，Augugliaro 首次利用序列凸优化方法实现了四旋翼无人机编队的避撞轨迹规划。在此基础上，Chen 等提出了一种增量序列凸优化算法，通过逐次增加约束的方式提高凸优化子问题的可行性，进而提高了序列凸优化的收敛性。上述研究结果表明，相比于经典非线性优化方法，序列凸优化在轨迹规划效率和鲁棒性方面具有显著优势，特别是对于高维的协同轨迹规划问题。

3）任务分配技术

无人机协同任务分配是在考虑飞行性能和任务载荷能力等约束下，协调多任务、多目标和多无人机之间的匹配关系，实现对资源的合理调配，完成既定任务，并使得任务效能最大化和无人机消耗最小化。无人机协同任务分配研究包括集中式和分布式两类。集中式任务分配架构中存在一个信息和决策中心，该中心完成整个无人机编队的任务分配，并将分配结果分发给每架无人机；分布式任务分配架构中，每个无人机确定自身的执行任务，并通过无人机间的相互通信协商实现任务协调。

无人机协同任务分配问题本质上是一类组合优化问题，常用的任务分配模型包括多旅行商问题（Multiple Travelling Salesmen Problem，MTSP）、车辆路由问题（Vehicle Routing Problem，VRP）、网络流优化（Network Flow Optimization，NFO）、混合整数线性规划（Mixed Integer Linear Programming，MILP）、协同多任务分配问题（Cooperative Multiple Task Assignment Problem，CMTAP）等。MTSP 和 VRP 模型主要适用于单一类型的任务分配问题。针对具体的任务执行约束，常常需要在基本 MTSP 和 VRP 模型的基础上，建立扩展模型，如考虑时间窗的 TW-MTSP 和 VRPTW 模型。NFO 及动态 NFO 模型最早应用于广域搜索弹药问题，其以弹药为供应商，将待执行的搜索、确认、评估任务作为网络中的物流，以任务代价作为网络流中流动的代价，建立商业供需网络，然后通过最小化网络流的总代价实现多类型任务的协同分配。MILP 模型利用二进制变量和连续变量共同描述问题，能很好地适用于多种约束下的协同任务分配。CMTAP 模型是针对关系更为复杂的任务分配问题，在 NFO 和 MILP 的基础上建立的组合优化模型，其能更好地处理不同任务间的时序关系和促进关系，广泛应用于多类型无人机协同任务分配问题。

集中式协同任务分配方法，即针对建立的组合优化任务分配模型，直接利用组合优化算法进行集中式求解。集中式协同任务分配方法包括经典整数规划和现代智能优化算法。分支界定法是任务分配求解中应用最广的一种经典整数规划算法，其可以用于求解 MTSP、VRP 等协同任务分配模型。对于小规模分配问题，分支界定法能够在较短的时间内获得满意的可行解。通过将经典整数规划算法与连续变量优化算法相结合，可实现对 MILP 和 CMTAP 等协同任务分配模型的求解。然而，由于协同任务分配问题的 NP（Non-deterministic Polynomial）特性，随着问题维度和约束的增加，确定性的经典规划算法难以获得可行的协同任务分配结果，而具有概率特征的现代智能优化算法体现出更强的求解能力。无人机协同任务分配常用的现代智能优化算法包括遗传算法（Genetic Algorithm，GA）、差分进化等进化类算法和粒子群优化（Particle Swarm Optimization，PSO）、蚁群优化等群智能算法。现代智能优化算法可实现性强，且易于针对特定问题进行适应性改进以提高求解性能，已成为无人机协同任务分配的主流方法。

分布式协同任务分配的研究主要集中于基于市场机制的方法，包括合同网和拍卖算法。合同网方法将任务分配看作市场交易过程，通过"招标—投标—中标"市场竞拍机制，实现编队内的分布式任务分配。拍卖算法是在一系列规则指导下，通过买方竞价的方式实现任务分配。其中，任务为拍卖品，无人机根据收益函数和出价策略对任务进行拍卖和竞拍。针对不同的协同任务分配问题，需要对市场机制方法的具体过程进行设计以更好地适应特定问题，例如合同网协议的招标方式，合同类型和拍卖算法的拍卖形式、拍卖顺序等。事实上，基于市场机制的方法更多的是提供一种协商的框架和协议，每个无人机自身依然需要建立局部集中的收益或代价模型，通过优化获得各自的选择结果后再进行市场协商。基于市场机制的方法原理简单直观、易于实现、效率高，但是需要无人机向市场内进行广播式通信，使得方法实现的通信负载很大。另外，对集中式任务分配方法的分布式改进，也是一种分布式任务分配的研究思路，例如分布式约束优化、分布式马尔可夫决策、分布式群智能等。

无人机协同任务分配模型从早期的同构无人机和单一类型任务向异构无人机和多类型任务发展，研究重点集中在无人机和任务的异构性，但却缺乏对任务目标异构特征的考虑。真实环境下，无人机观测的目标常常具有显著不同的物理特征，而针对具有不同特征的目标，无人机执行任务的模式和飞行方案常常是不同的，因此需要在任务分配模型中进一步考虑目标的异构特征，以更准确地评估任务执行效能。另外，随着协同任务分配问题维度的增加，解空间规模和约束数量呈指数级增长，导致通用的智能整数规划方法难以获得问题的最优解甚至可行解。因此，需要对通用智能整数规划算法进行定制改进，形成求解协同任务分配问题的高效方法，提高无人机协同任务分配结果的可行性、最优性和鲁棒性。

在实际应用中，常常会面临很复杂的需要多个无人机协作地执行任务。可以把任务和相关信息发布到无人机网络上，各个无人机根据自身的情况选择一部分任务予以执行。

无人机集群任务分配建模的主要流程如图 2-43 所示。本书建模的主要方法是将问题简化成与经典优化相关的问题，然后再进行建模，采用集中式建模，以便于对集群测量进行全局性把握，以实现强耦合的任务分配（见图 2-44）。

无人机编队的任务分配问题就是要结合具体的环境，根据一定的任务要求，考虑不同无人机对不同任务的执行效率和效果，研究如何将一定数量的有序任务分配给无人机，最小化全局任务执行代价，即最大化全局收益。目前，对于该问题的研究主要从模型和算法方面入手。对于传统单一类型的任务分配，很多学者对任务分配模型有了较深入的研究，主要包括车辆路径问题模型和多旅行商问题模型。MTSP 是旅行商问题的推广，是一个难问题。MTSP 和 VRP 仅适合单一类型的任务分配，对于无人机集群多种类型的任务分配便不再适用，研究学者又提出新的问题研究模型，如整数线性规划模型等。

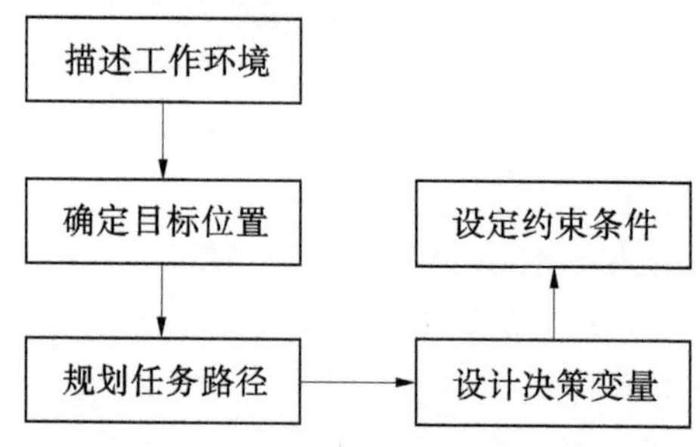

图 2-43　无人机集群分配建模技术流程

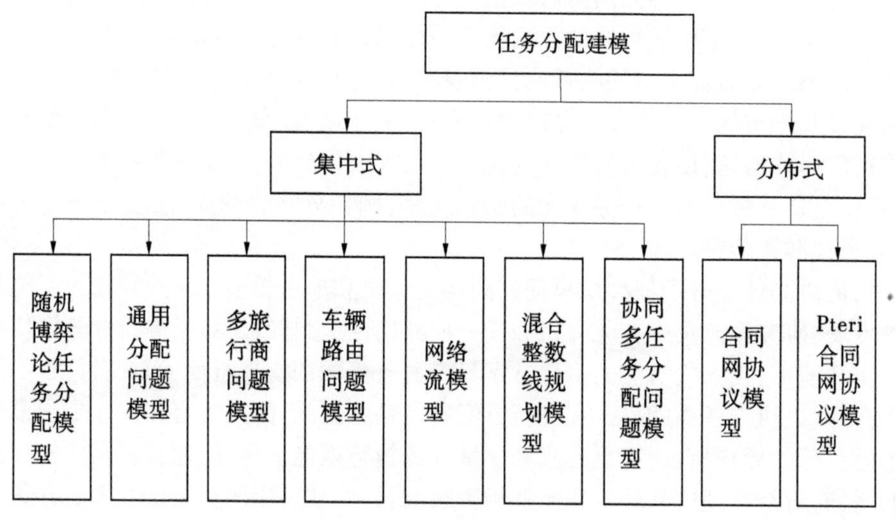

图 2-44　任务分配模型

对于上述任务分配模型,求解算法主要分为集中式和分布式两种。集中式的算法主要有粒子群(Particle Swarm Optimization,PSO)算法、蚁群(Ant Colony Optimization,ACO)算法、遗传算法(Genetic Algorithm,GA)等。集中式方法需要经历信息搜集、信息回传到决策分发,尤其是在数据量较大的情况下实时性较差。另外,集中式的任务分配方式计算时间较长,算法复杂度较高,抗干扰能力较差,当计算中心节点或者通信链路出现问题,整个集群的任务规划决策将受到很大的影响。分布式算法实时性较高,鲁棒性较强,具有较好的灵活性,得到广泛应用,包括基于市场机制的算法,如拍卖算法。

在实际任务分配应用系统中,比较常用的是分层框架,分层框架分为两个阶段,即预分配阶段和再分配阶段。研究者以协同为背景,研究了基于蚁群算法的多无人机协同任务分配算法,以满足任务要求,并引入了一种结合改进粒子群优化和贪心算法的任务分配策略,以提高利用效率,最小化执行时间,保证负载均衡。Reyes 等利用改进的 MOPSO (Multi-Objective Particle Swarm Optimization)算法来解决多无人机的任务分配问题。

Ghommam 等设计了多智能体任务规划与任务分配框架,协调无人机参与竞争态势,提出了一种动态任务分配方法,利用探测到的敌人接收到的信息实现自主防御行动,进而进行组合优化。Ghommam 等提出分层的任务分配方法,将原本的问题划分为目标聚集、聚集分配和目标分配三个子问题,依次分别可采用聚集算法、整数线性规划方法和混合整数线性规划模型以及改进 ACO 方法来解决,可以减少问题的计算复杂度。文献将多无人机侦察任务分配建模为拓展多旅行商问题(Multiple Dubins Travelling Salesmen Problem, MDTSP)模型,提出了一种基于双染色体编码和多变异操作的方法,改进种群多样性和全局搜索能力,实现任务执行时间和无人机消耗最小化的目标。Birnbaum 等考虑了任务空闲时间窗关系,利用贪婪算法和 PSO 算法对任务分配的两个阶段分别进行求解,在完成率和执行时间方面有一定提高。Xargay 等针对未知区域场景下的目标搜索任务问题,提出一种改进 BOA(Bean Optimization Algorithm)算法,利用泰森多边形为无人机划分自由运动空间,加入了一种自由空间搜索机制提高目标搜索的效率,最终在复杂且未知环境下变现性能优异。Xiong 等在资源有限的约束下,介绍了一种基于互熵的无人机多类型任务分配方法,从候选解中随机采样,用于更新分配概率矩阵,最终最优的解就是分配方案。

拍卖算法具有较好的收敛性和较低的计算复杂度,如合同网协议(Contract Net Protocol,CNP)。Cekmez 等建立了 MAS(Multi-Agent System)的目标任务分配模型和对应的约束条件模型,基于 CNP 建立了协同任务分配模型。McFadyen 等提出了基于并发交易机制的改进 CNP 方法,能够分配完成更快,减少网络的通信代价,提高协同效率。Hu 等结合有人/无人机编队的特点,提出了基于 CNP 的分配方法,在动态战场环境下的时间效率和分配有效性方面性能优异。Sun 等针对多任务的场景,结合时间约束和类型约束,设计了无人机任务规划模型,提出了分层次、静态的任务分配方法,并对多种突发情况提出基于 CNP 算法的分布式重分配方法。Brindaum 等提出了基于市场机制的分布式 CNP 架构,给出了分布式决策机制,并提出了“反向”交易协议以平衡无人机之间的工作负荷,提高了分配效能。Cataldo 等根据传统 CNP 模型的协商机制引入了一种过滤器模型,减少了不必要的通信,弥补了传统 CNP 中通信量大的弊端。CBAA(Consensus-Based Auction Algorithm)和 CBBA(Consensus-Based Bundle Algorithm)由 Thirtyacre 等首次提出,采用基于市场机制的决策策略用于分布式任务选择,采用基于局部通信的一致性策略作为解决冲突达到各个无人机之间竞拍价信息一致的机制。Agrawal 等考虑了无人机在完成所有任务后返回起飞基地的情况,提出了基于 CBBA 的 Closed-Loop CBBA,实现了无人机倾向于完成离自己起点更近的任务。Kakaletsis 等考虑了无人机通信带宽有限、时间窗约束等因素,拓展了 CBBA,通过复制协同任务来调整任务序列,并加入了判断机制确保分配的唯一性。Feng 等提出一种分布式拓展 CBBA,能在较短时间内得到各无人机的任务集合和执行顺序。Liao 等研究了多种场景,运用了基于 CNP 的拍卖算法,还采用了 CBBA 求解问题,最后通过半实物平台证明了所提算法的有效性。Zhang 等在每个无人机资源均有限且进行避障的场景下,提出了基于层次决策机制和改进目标函数的“Two-Stage”拍卖算法,第一级根据提出的决策机制等选出一个任务,第二级考虑收敛因子等因素引导相关无人机参与竞拍,由此不断迭代循环,最终得到分配方案。Wubben 等针对多无人机的动态任务分配场景,考虑多个约束条件,提出了采用多层代价函数计算方法的拍卖方案,每一层对应一个约束,由此计算竞拍价,最终在动态任务分配方面表现优异。Patterson 等提出一种无人机集群的任务与资源动态分配算法,该算法采用拍卖算法和一致性算法将任务分配分解为初始分布式分配阶段和集群一致性阶段。Jiang 等利用 Delaunay 图对复杂的环境进行建模,采用 Warshall-Floyd 算法得到无人机的最短路径,可以解耦任务分配和路径规划,提出了一种一致性拍卖策略,取得良好的实时性效果。

总而言之,任务分配是一种复杂的组合优化问题,如何解决好集群成员和多项任务之间的对应关系,以及满足时间要求、协同要求、路径要求以及任务完成度要求,这需要强大的任务分配算法支撑。目前主流的任务分配算法如图 2-44 所示。本书采用相对成熟的确定性的图搜索算法,并开展相应的优化算法研究,以保证找到求解问题的最优解,但此算法随着问题规模的增加,其解空间的尺寸不断增加,求得最优解变得不现实。因此,本书将此算法用于小规模问题求解。因为启发式随机搜索算法不需要遍历整个解空间,一般得到的是次最优解,因此本书也同时采用解决大型以及实时性要求高的问题。

3. "云-端"协同无人机集群架构

以无人机集群测量为目标,"云-端"协同的无人机集群管控新模式的形成需要云端和边缘端核心技术的支持,也需要包括基础设施资源、辅助工具等各类基础软硬件的支撑。"云-端"协同无人机集群管控整体技术架构如图 2-45 所示。

(1)智能与通信:近年来,人工智能技术发展迅速,在无人机集群测量领域得到了广泛的关注和应用。从 2012 年开始,深度学习方法在计算机视觉、语音识别、自然语言处理等方面取得了较大突破,不少任务性能在大规模数据集上得到了大幅度的提升。基于深度学习计算机视觉技术,对机器人、无人机及视觉传感装置等智能化装备拍摄到的影像进行包括目标检测、图像分割、定位跟踪等视觉方面的分析和处理,从而快速、准确地感知和理解电力对象的信息。

(2)端侧:"端"在靠近设备并产生实时数据的数据源端提供智能化服务。针对所搭载的可见光、红外传感器云台采集的视频图像数据,无人机可以利用嵌入集成到移动平台上的智能硬件进行前端推理,结合应用广泛的智能传感器、检测设备和监测系统,无人机可通过模式识别和信号分析等能力,实现对监控对象的智能识别、异常感知、缺陷诊断与实时预警,为现场巡视工作提供快速响应和支持,提高测量效率,保证数据安全与隐私。

(3)云端:"云"凭借强大的计算集群和大数据工具对所积累的海量测量样本数据进行清洗、去噪等预处理,在此基础上通过机器学习、深度学习等人工智能方法开展设备状态分析与潜在价值挖掘,形成智能计算分析能力;同时,灵活协调智能集群无人机测量,为运维人员提供预测性维护建议,为管理部门提供灵活协调无人机测量作业的依据,为管理人员提供管理决策辅助支持,全面提高智能化管理水平。此外,云端大规模训练推理的一个重要优势在于:通过云端迭代训练形成的智能模型,可以通过剪枝、蒸馏、压缩等优化,形成可迁移并分发到无人机端提供智能推理的端侧模型,从而达到云-端智能协同的良性循环。

2.4.4.3 无人船集群管控技术研究

无人船集群测量系统集成技术路线如图 2-46 所示。

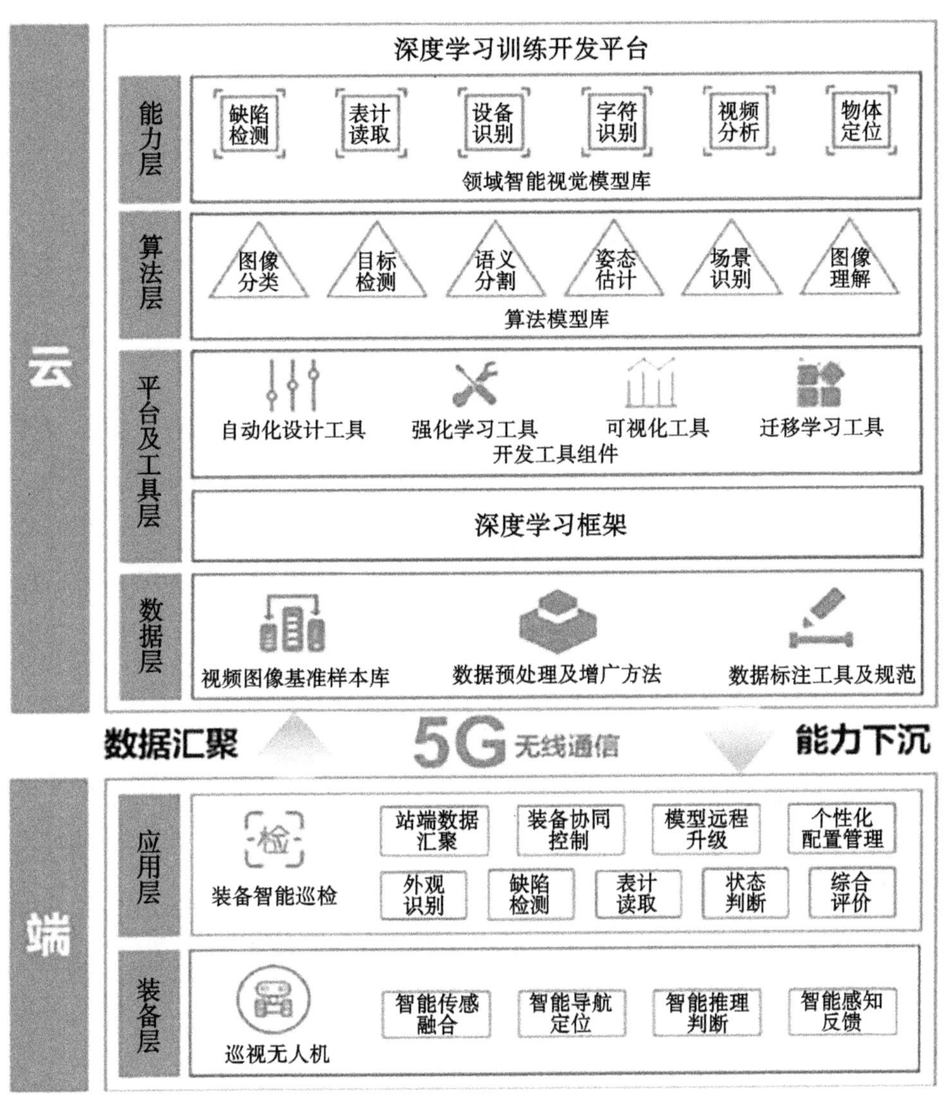

图 2-45　“云-端”协同无人机集群管控整体技术框架

1. 理论算法研究

1) 测量系统误差传递模型分析

对于多无人平台搭载作业，各平台间同类型传感器在装置结构与安装误差、系统稳定性、漂移、内部功能模块制造以及执行测量时不稳定的测量环境都会造成各平台间测量结果的不确定性。最主要体现在不同平台对同一测量区域的整体测量偏差以及标准误差可能存在差异。因此，需在单平台测量系统误差传递模型的基础上，进一步拓展构建多无人平台组网测量条件下的总传递误差模型。将测深数据的不确定度信息（包括垂直不确定度和水平不确定度）与深度信息并列作为测深点的两种数据属性，从而利用密集测深数据的深度属性与不确定度属性进行测区内任意位置上某一节点的深度与不确定度估计，

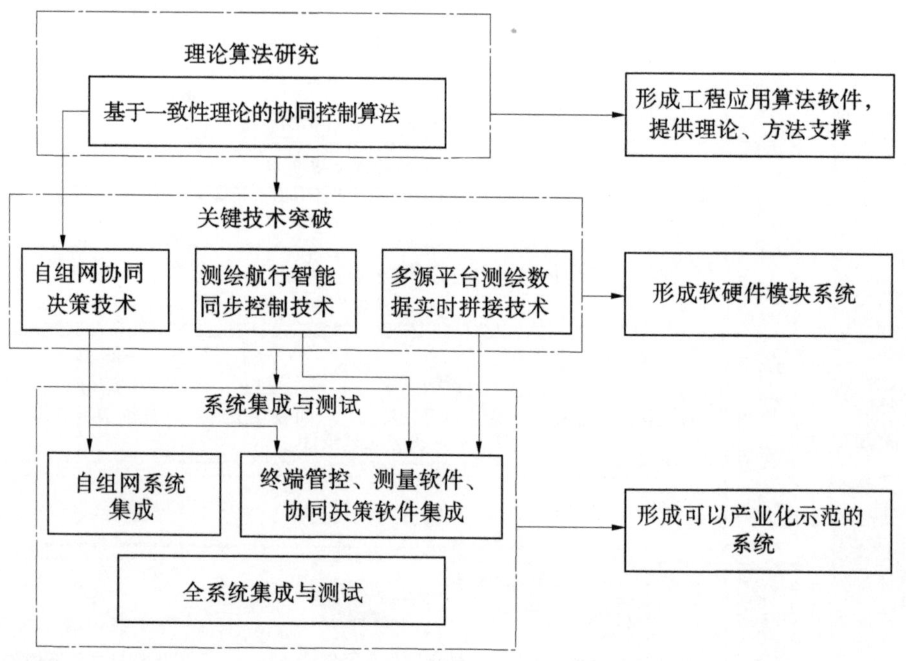

图 2-46　无人船集群测量系统集成技术路线

实现测量结果的质量控制。

2)基于一致性理论的协同决策技术

(1)一致性理论协同算法。

①模型建立与算法设计。

对多无人艇建立集群模型。其中，领导者与跟随者模型如式(2-8)所示。

$$\left.\begin{aligned} \dot{x}_i(t) &= \alpha(t)v_i(t) \\ \dot{v}_i(t) &= u_i(t) \end{aligned} \quad i \in E,F \right\} \tag{2-8}$$

其中，模型中的变量 $u_i(t)$ 是一个随时间变化的参量，是集群模型的输入，也正是通过此输入，包含邻近无人艇的信息，从而反映出集群分布式的效果。具体的控制输入 $u_i(t)$ 设计如下：

$$\begin{aligned} u_i(t) = {} & \alpha(t)\sum_{j=1}^{N} a_{ij}(t)\left[\left(x_j(t-\tau) - x_i(t)\right) + \left(v_j(t-\tau) - v_i(t)\right)\right] + \\ & \alpha(t)\sum_{j=1}^{N} a_{ij}(t)\cdot\sigma_{ij}w_{ij},\ i \in F \end{aligned} \tag{2-9}$$

式中：等式右边第一项是速度位置收敛性，即保证了所有无人艇以集群编队的方式执行任务，而不解体，且参数 τ 是对通信延迟的表征，考虑实际工程中可能存在的通信延迟问题。

等式右边第二项是对外界噪声的表征,考虑实际工程中存在的量测噪声问题。σ_{ij} 表示噪声的密度大小,其根据具体实际的情况不同而取不同值。

由于算法本身以“领导-跟随”的形式进行编队运动,这种“领导-跟随”在模型本身上并无差别,不同之处体现在携带不同精度的传感器等设备,领导者携带高精度传感器,且多个领导者构成以凸包为中心的多边形区域,而其他所有跟随者均运行在该多边形区域内。这里,对凸包给出具体的定义如下:

(凸包)令 K 表示实向量空间集合,若存在任意向量 $x,y \in K$ 及标量 $\alpha \in [0,1]$,满足 $(1-\alpha)x+\alpha y \in K$,则称 K 表示凸包。

由于最终,跟随者始终运动在领导者构成的多边形区域内,这种运动方式称为均方包围的编队运动,对于这种运动方式,需用以下定义,对多无人艇构成的系统稳定性进行分析:

(均方包围)令 $E(X)$ 表示数学期望,其中 X 表示随机变量,则均方包围表示如下:

$$\left.\begin{aligned}&\lim_{t\to\infty}E[(x_i-\mathrm{Co}\{x_j,\ j\in E\})^{\mathrm{T}}(x_i-\mathrm{Co}\{x_j,\ j\in E\})]=0\\&\lim_{t\to\infty}E[(v_i-\mathrm{Co}\{v_j,\ j\in E\})^{\mathrm{T}}(v_i-\mathrm{Co}\{v_j,\ j\in E\})]=0\end{aligned}\quad i\in F\right\}\tag{2-10}$$

结合前面设计的控制输入 $u_i(t)$,通过控制增益 $\alpha(t)[0<\alpha(t)<\alpha_M]$,使得跟随者子系统的状态最终收敛多边形区域内。

结合上述模型,将集群模型写成如下形式:

$$\left.\begin{aligned}&\dot{\overline{\boldsymbol{X}}}(t)=\alpha(t)\overline{\boldsymbol{V}}(t)\\&\dot{\overline{\boldsymbol{V}}}(t)=-\alpha(t)[\boldsymbol{A}\overline{\boldsymbol{X}}(t)-\boldsymbol{A}\overline{\boldsymbol{X}}(t-\tau)+\boldsymbol{H}\overline{\boldsymbol{X}}(t)]-\\&\qquad\alpha(t)[\boldsymbol{A}\overline{\boldsymbol{V}}(t)-\boldsymbol{A}\overline{\boldsymbol{V}}(t-\tau)+\boldsymbol{H}\overline{\boldsymbol{V}}(t)]+\alpha(t)\sum\boldsymbol{w}\end{aligned}\right\}\tag{2-11}$$

其中,$\boldsymbol{w}=[w_1^{\mathrm{T}},w_2^{\mathrm{T}},\cdots,w_M^{\mathrm{T}}]^{\mathrm{T}}\in\boldsymbol{R}^{MN\times1}$,$\boldsymbol{w}_i=[w_{i1},w_{i2},\cdots,w_{iN}]^{\mathrm{T}}\in\boldsymbol{R}^{N\times1}$,而

$$\sum=\begin{bmatrix}\boldsymbol{a}_1\boldsymbol{\sigma}_1&&&\\&\boldsymbol{a}_2\boldsymbol{\sigma}_2&&\\&&\ddots&\\&&&\boldsymbol{a}_M\boldsymbol{\sigma}_M\end{bmatrix}\in\boldsymbol{R}^{M\times MN}$$

$$\boldsymbol{a}_i\boldsymbol{\sigma}_i=[a_{i1}\sigma_{i1},a_{i2}\sigma_{i2},\cdots,a_{iN}\sigma_{iN}]\in\boldsymbol{R}^{1\times N},\quad i=1,2,\cdots,M\tag{2-12}$$

在这种构成形式下,设整个系统所耗费能量为

$$\boldsymbol{V}=\boldsymbol{\delta}^{\mathrm{T}}(t)P\boldsymbol{\delta}(t)\tag{2-13}$$

式中:$\boldsymbol{P}$ 表示如下形式的正定矩阵。

$$\boldsymbol{P}=\begin{pmatrix}k\overline{\boldsymbol{P}}&\overline{\boldsymbol{P}}\\\overline{\boldsymbol{P}}&\overline{\boldsymbol{P}}\end{pmatrix}(k>1)\tag{2-14}$$

最终可以通过一系列数学处理和代换,证明 $\dot{\boldsymbol{V}}<0$,即 $\boldsymbol{V}$ 是单调递减的,从而系统耗费能量逐渐减小,多无人艇系统最终趋于稳定。

②仿真结果。

这里介绍七艘无人艇构成的多艇系统仿真，它们之间的连接关系如图 2-47 所示。其中，5、6、7 代表领导者，1～4 代表跟随者。对该系统的运动轨迹进行仿真，效果如图 2-48 所示。

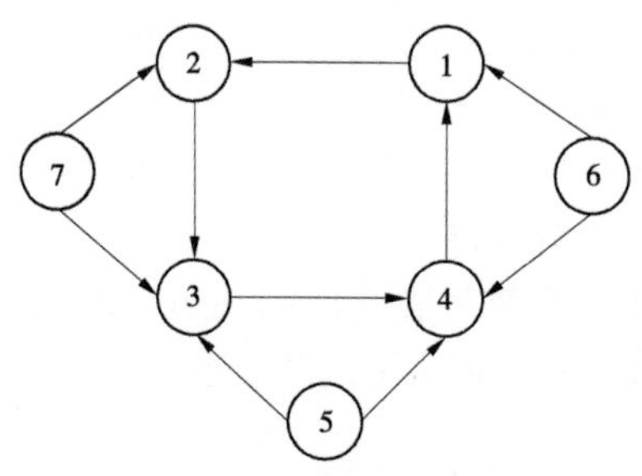

图 2-47　多艇系统仿真图

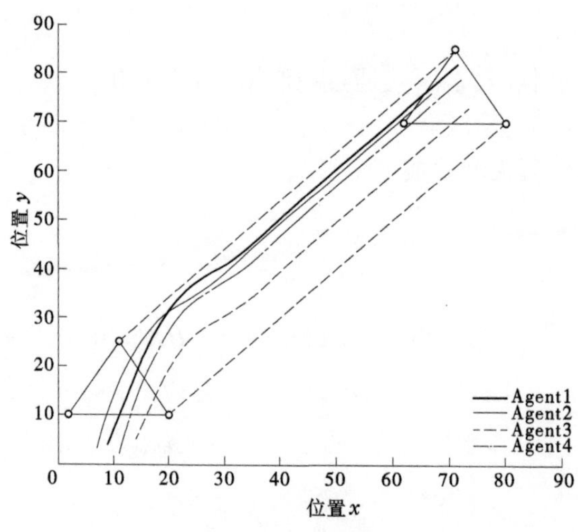

图 2-48　运动轨迹仿真

4 条曲线表征跟随者，虚直线表征跟随者，可以看到 4 艘跟随者无人平台，始终航行在以 3 艘领导者构成的多边形区域内。

而对于该系统，对多无人平台的二维坐标位置误差进行仿真，如图 2-49 所示。

通过图 2-49 可以看出，最终相对位置误差趋向于 0，则说明该多无人平台之间相对距离最终保持不变，实现集群编队，能够完成特定海洋探测任务。

(2) 自组网协同决策技术。

协同决策系统架构如图 2-50 所示。

网络化条件下，嵌入式协同决策系统的决策管理时序如图 2-51 所示，以 3 个节点为例，假设节点 1 为中心节点，即有人平台，节点 2 和 3 为终端节点，即无人测绘平台。

①协同策略建模。

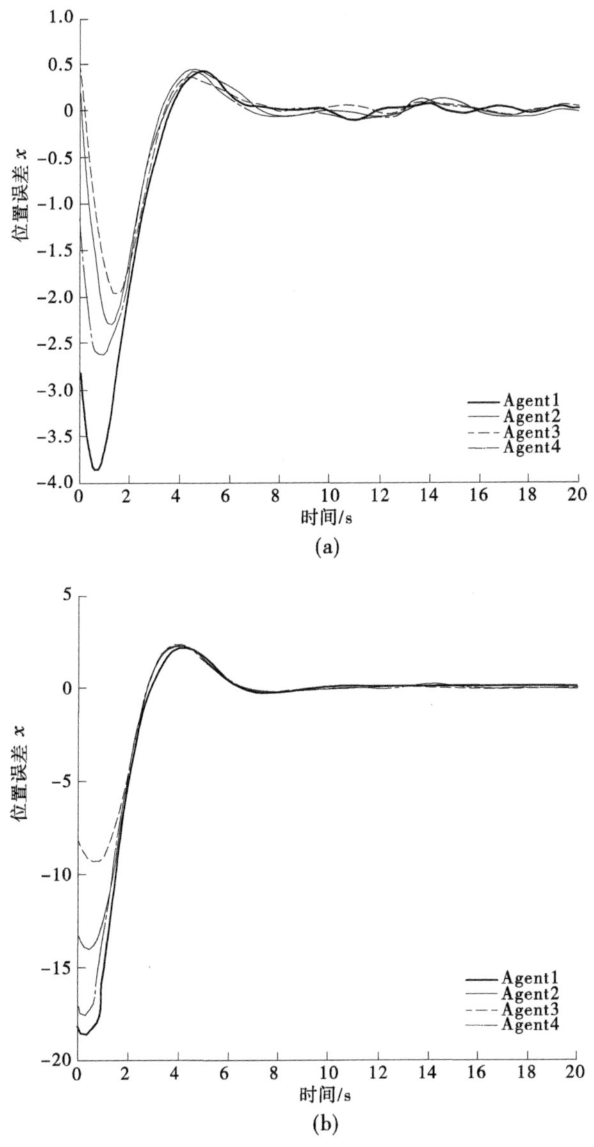

图 2-49　多无人平台的二维坐标位置误差仿真

a. 时间协同策略。

时间协同策略要求编队中所有单元到达目标的时刻满足预定计划，可以分为同时到达和按时序到达两种情况。

Ⅰ. 同时到达。

设平台的速度变化区间为 $V_{max}-V_{min}$，到达目标区域预计用时为 T，Δt 为任务同步允许的时间差（其取值较小），则时间变化范围为 $T-\Delta t$，假设规划出的航迹长度为 L_{total}，则同时到达问题可以表示如下：

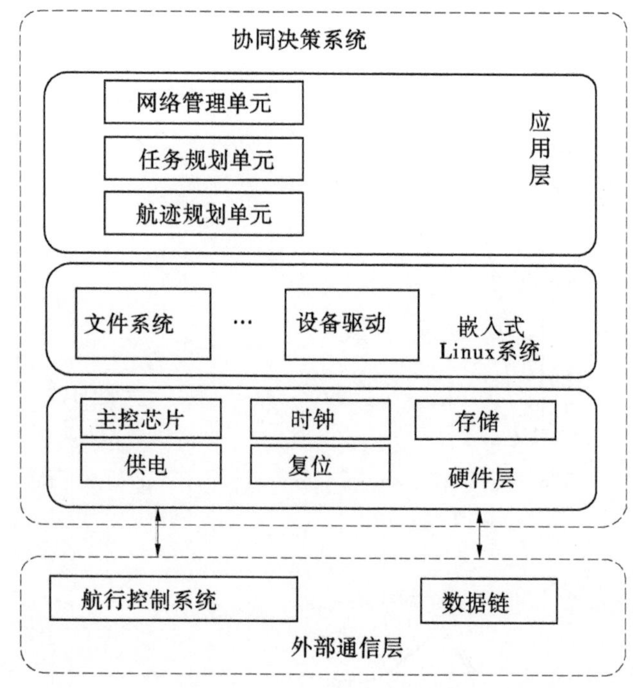

图 2-50　协同决策系统架构

$$\left.\begin{aligned} v_{\min} \times (T - \Delta t) \leqslant L_{\text{total}} \leqslant v_{\max} \times (T + \Delta t) \\ L_{\text{total}} = \sum_{i=1}^{n} l_i \end{aligned}\right\} \tag{2-15}$$

式中：l_i 为航迹段的长度。

对于同构组合编队集中式协同探测，我们可以将编队中各平台简化为等速航行模型，此时同时到达问题可转换为用航迹长度来表示，设航行速度为 v，参考航迹长度为 L，则

$$\left.\begin{aligned} L - \Delta l \leqslant L_{\text{total}} \leqslant L + \Delta l \\ \Delta l = v \times \Delta t \end{aligned}\right\} \tag{2-16}$$

Ⅱ. 按时序到达。

按时序到达即按照一定的时间顺序到达目标区域，其数学模型与同时到达问题类似，不同的是 Δt 的取值，同时到达问题中 Δt 为时间差，取值较小；按时序到达问题中，Δt 为时间间隔，根据实际探测区域情况及任务要求，其取值变化范围相对较大。

b. 空间协同策略。

空间协同策略是处理协同决策中各单元之间位置关系的一种协同策略。在编队协同探测问题中，协同航迹规划主要涉及的空间协同策略包括平台间距和不同进入角度两种。

Ⅰ. 平台间距。

平台间距一方面要求在任意时刻，无人平台之间的距离必须大于某一设定的最小安全航行间距；另一方面，考虑到编队协同，为了保证多平台之间信息共享，其航行间距必须

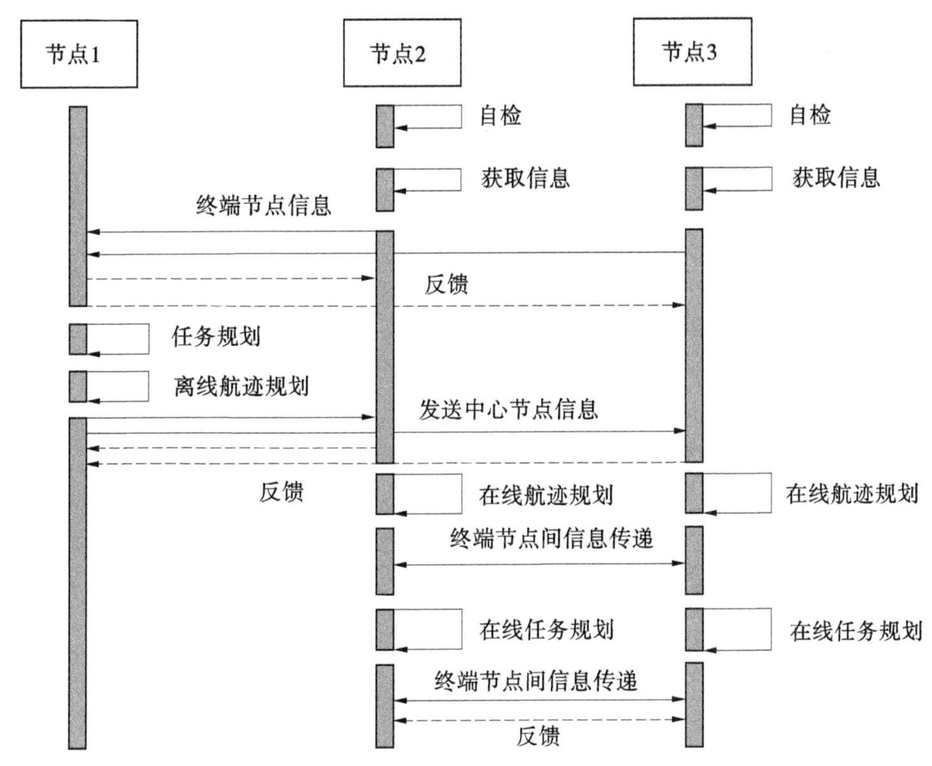

图 2-51　协同决策管理时序

小于稳定通信的最大通信距离。

设 $P_i(t)$ 为 t 时刻第 i 个平台的位置，坐标为 (x_i^t,y_i^t,h_i^t)（二维空间中 $h_i=0$），设定最小安全航行间距为 d_{safe}，最大通信距离为 d_{com}，则平台间距可以表示为：

$$\left.\begin{aligned} d_{\text{safe}} \leqslant |P_i(t)-P_j(t)| \leqslant d_{\text{com}} \\ |P_i(t)-P_j(t)| = \sqrt{(x_i^t-x_j^t)^2+(y_i^t-y_j^t)^2+(h_i^t-h_j^t)^2} \end{aligned}\right\} \tag{2-17}$$

Ⅱ. 进入角度。

在协同探测问题中，为实现对目标区域的稳定覆盖，可能还需要平台从特定的方向接近进入目标区。为了保证平台从特定的方向进入，引入直达点的概念，即让最后一个航点到目标点之间为一段航迹，该点到目标点直线距离为 2 倍的搜索步长，运用“逆向动态引导模型”——从目标点向起始点反向搜索，得到引导点，然后进行正向搜索，搜索过程中不断切换引导点作为临时目标点直至得到结果。与简单地将直达点设置为临时目标点不同，逆向动态引导模型可以保证规划得到的航迹满足平台的自身性能约束条件。

②基于拍卖算法的多无人艇协同任务分配方法。

在离线任务规划的基础上，通过利用无人平台之间的无线通信能力，进行在线的实时动态任务规划，当面临航测区域的突发状况时，平台之间可以在有限的信息下进行自主的任务规划和决策，以提高整个系统在未知环境下完成航测任务的可能性。

在协同任务分配算法中，通过将各平台等效为终端节点，任务规划系统为中心节点，采用协同拍卖的任务分配方法，竞拍开始前，由中心节点随机生成一组终端节点序列 $\{A_1, A_2, \cdots, A_i, \cdots, A_n\}$（其中 $A_i = j$，表示飞行器 j 的竞拍顺序为 i），终端节点按照这个序列依次进行任务的竞拍，轮到自己竞拍时生成一个任务序列 $\{\{T_1\}, \{T_2\}, \cdots, \{T_i\}, \cdots\}$（其中 $\{T_i\}$ 表示第 i 个任务序列包括的目标），计算当前综合效能 $\{Y_1, Y_2, \cdots, Y_i, \cdots, Y_m\}$（其中 Y_i 表示执行第 i 个任务序列中的任务的综合效能和），当前进行竞拍的端点总能够获得当前的最优效能的任务序列，中心节点更新已经拍卖的目标的收益，下一个竞拍节点根据当前的目标收益规划任务序列，计算效能并进行竞拍，直到所有的任务都被拍卖完。多次进行上述拍卖，直到任务总的效能指标达到要求，或到达规定的规划次数停止。此时综合效能和最大的任务序列就作为任务分配的结果。将任务分配的结果发布给终端节点，终端节点执行基于 A* 算法的航迹规划算法，为任务规划具体的可用航线。

协同任务分配算法流程如图 2-52 所示，具体如下：

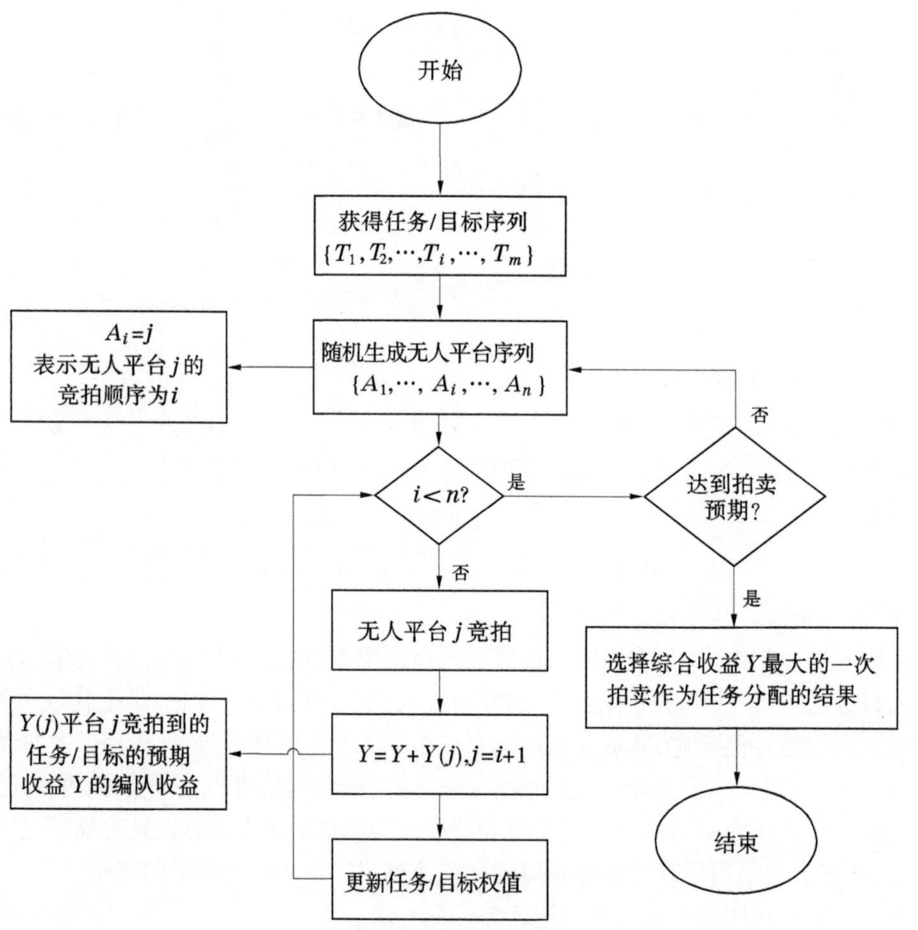

图 2-52　协同任务分配算法流程

第一步，中心节点获得待执行的任务列表，将任务列表发布给所有的终端节点。

第二步，终端节点对收到的任务序列和自身情况进行评估，如果可以再执行任务，就将自身参数信息发送给中心节点。

第三步，中心节点随机生成一组终端节点序列，根据序列顺序进行拍卖。

第四步，轮到拍卖的终端节点生成所有可能的任务序列 $\{T_1, T_2, \cdots, T_i, \cdots, T_m\}$，计算所有序列的效能 $\{Y_1, Y_2, \cdots, Y_i, \cdots, Y_m\}$，选出其中最大效能 Y_{max} 对应的任务序列 $\{T_i\}$ 作为自己的任务。

第五步，中心节点更新 $\{T_i\}$ 中包含的所有目标的收益。

第六步，所有终端节点完成竞拍，转到第七步，否则转到第四步。

第七步，中心节点任务发布给所有的终端节点。

第八步，终端节点对接收到的任务序列评估，然后进行航迹规划，生成执行任务航迹。

第九步，终端节点将任务反馈给中心节点，任务规划结束。

2. 关键技术研究

1) 航行/测绘一体化

无人测绘船/艇（平台）采用无人艇航行和任务载荷分开控制的开发思路，即无人艇航行和多波束数据采集作业采用两套独立的作业系统，因此测线规划无法直接应用于无人艇的轨迹跟踪控制上，导致测线设计与无人艇航行控制脱节，容易造成规划测线与路径规划不一致而新增测线偏差的问题。为了解决上述问题，本书提出了航行/测绘一体化设计技术，包括艇端和船端（岸端）设计。

2) 组网拼接技术

测绘作业软件用于母船及无人艇测绘数据的实时采集记录，主要是测绘数据和结果的实时展示与质量控制，以确保作业和采集记录数据的有效性。测绘作业软件需要由组网拼接技术支撑，其组网拼接流程主要包括作业规划、安装偏差校准、测绘及导航信息采集、无人艇伴随控制、多波束数据组网拼接显示及存储。各个模块的架构如图 2-53、图 2-54 所示。

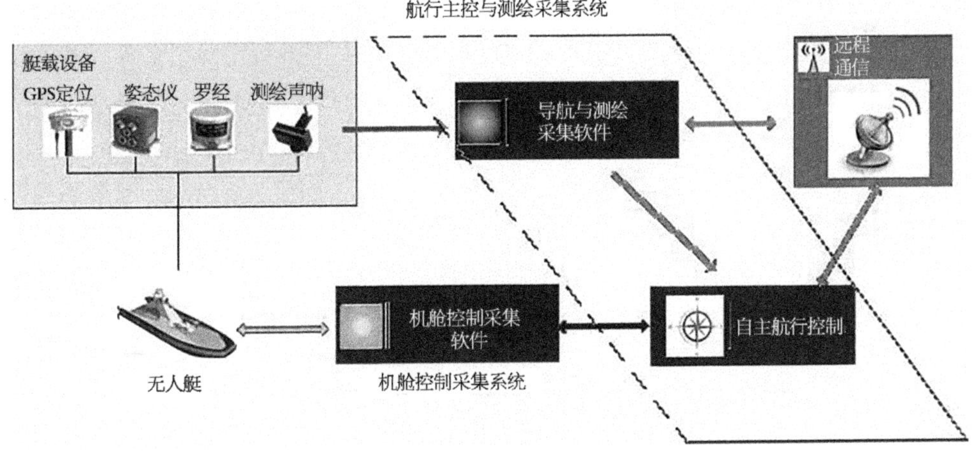

图 2-53　测绘航行智能同步控制软件架构

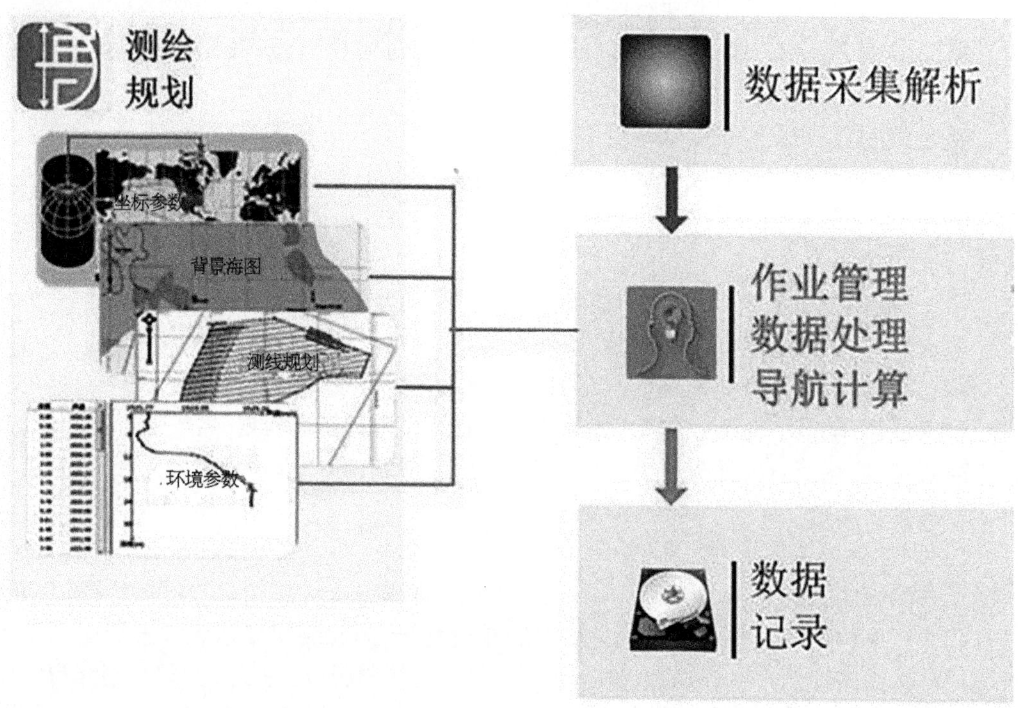

图 2-54　测绘数据管理中心软件架构

3) 伴随控制技术

伴随控制是面向测绘开发的编队控制方法，是协同导引和控制技术的一种具体形式。协同导引和控制技术是解决根据编队协同决策生成的最优化队形要求，实时优化并形成队形控制与保持的指令，保证实现节点的避碰机动控制和高品质的航行问题。无人艇能够安全和稳定地自主编队航行并按照要求完成任务，在很大程度上取决于无人艇之间的对定位系统、传感器和探测等信息获取系统得到的信息的互通和互操作水平。本书将母船的位置和姿态实时传输至伴随无人艇，无人艇根据母船位置和姿态信息，结合自身的航行信息，以速度和航向角一致性为目标执行自动轨迹跟踪控制。

本书采用航向/航速双闭环的控制方法（见图 2-55）。舵泵控制系统、倒车泵控制系统均只能通过控制其通断时间来调节舵角或倒车斗角，即舵角控制器、倒车控制器均是采用开关控制的方式。而航向控制器、航速控制器是该运动控制系统的核心，尤其对于艇的安全和使命任务来说，其航向保持与控制能力，显得至关重要。

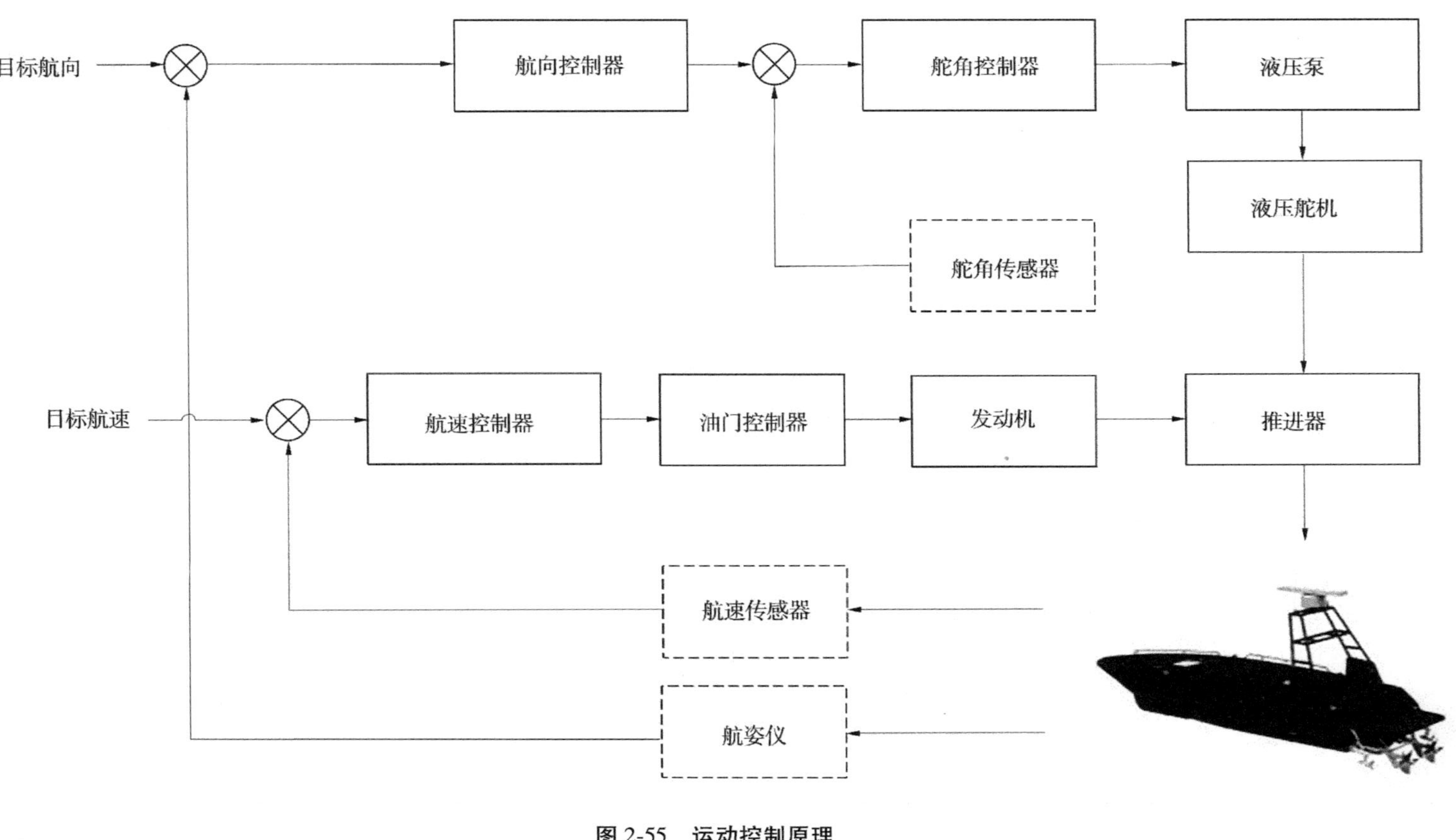
目标航向
航向控制器
舵角控制器
液压泵
液压舵机
舵角传感器
日标航速
航速控制器
油门控制器
发动机
推进器
航速传感器
航姿仪

图 2-55　运动控制原理

2.4.5 跨域协同关键技术

2.4.5.1 国外无人系统发展规划中的跨域协同

近年来,国内外针对无人系统跨域协同的重视程度日益增加,欧美的各种发展规划中对该方向给予了诸多关注。早在 2006 年,欧盟提出了机器人技术路线图,在对面向安全与监控的机器人发展中明确提出了远期发展目标(到 2020+):不同种类的机器人通过合作完成高度复杂的任务,这是较早在正式规划中提出要发展跨域协同记载。美国方面,其在无人系统技术路线图中也开始关注跨域协同技术与应用。自 2007 年美国在持续不断地大力推进无人系统体系化和智能化,并强调海陆空无人系统自主协作技术。从最早的陆海空割裂图片(2007 年)到共处同一画面(2009 年、2011 年)、再到协同案例(2013 年)、组网协同(2017 年),表征了美国对跨域协同在不同时期的理解和重视程度。为高效地完成测量任务,实现“空-地-水”一体化立体测量,综合运用陆、海、空域各空间,相互配合、优势互补,形成整体优势,获取测量作业所需的空间行动自由,提高生产效率,在上述研究成果的基础上,开展了跨域协同作业技术研究,构建了“空-地-水”一体化协同作业技术体系。异构无人系统的个体类型多,可形成更强的多维空间信息感知能力,能面向任务自适应组网、集群化作业,实现协同任务快速可靠响应和整体效能的增值。

2007 年,提出互操作性要求的五大需求,其中之一是跨域协同的互操作性。在不同模式的系统中:陆军未来战斗系统(Future Combat System,FCS)的地面车辆及空中无人机协同工作的计划能力是这个级别未来互操作性的一个例子。

2009 年,明确提出了无人系统可以为跨域战提供灵活选择,其中除“有人-无人协同”外的另一个重要方向就是无人系统间及其与有人系统间的跨域协同。这将为联合部队指挥官(Joint Force Commander,JFC)提供决定性能力。

2011 年,互操作被列为美国面临的七大挑战之一,并将跨域系统的互操作性列为首要需求。

2013 年,美国国防部发布的无人系统路线图和美国机器人技术发展路线图分别给出了多个跨域协同的应用协定,涉及军事封锁/侦查、近海管道威胁、国土关键基础设施保护和检查等案例,全面深入介绍了未来跨域协同技术可能带来的应用模式的变革性影响。

2017 年及随后几年的规划中,利用无人系统和有人系统组成跨域体系成为全面趋势,强调所有无人系统的软硬件架构的统一,从而为体系化运用奠定技术基础。

1. 国外无人系统跨域协同进展

国外为了推动跨域协同技术的进步和发展,开展了诸多工作,包括从比赛竞技、探索研究和应用驱动三个角度来表现协同技术的发展。

1)比赛竞技型项目

比赛竞技是促进无人系统技术发展的有效手段之一,近年来世界各国对无人系统竞技类比赛给予了极大的关注,跨域协同类比赛由于投入相对较大,因此尚不多见,但也已出现一些在常规项目中采用跨域协同技术参赛或者专门针对跨域协同而设置的比赛科目,这些竞赛无疑对跨域协同技术的发展起到了较好的推动作用。

欧盟：euRathlon 挑战赛是欧盟 FP7 支持下的一个竞赛，其目标是通过竞赛加速实现适应真实世界的智能机器人，该项赛事以类似福岛核事故灾难响应为主要背景开展。2015 年，euRathlon 竞赛科目正式引入跨域协同概念，要求陆海空平台协同行动，收集环境数据、识别关键危险并承担任务，以确保核电站安全。

美国：Subterranean Challenge 是美国发起最新的"地下挑战赛"，旨在促进机器人与无人系统技术在地下环境中的应用。比赛要求参赛者研制出可帮助人类在未知且危险的地下环境实现定位导航、绘图以及搜寻的空地机器人系统。比赛分为隧道巡回赛、城市巡回赛、洞穴巡回赛和总决赛 4 个阶段，2019 年 8 月的第一阶段比赛中，要求参赛队伍在 60 min 内对隧道内环境建模并对 40 个模拟生还者及制定物品定位，共有来自 8 个国家的 11 支团队参赛，最终卡耐基梅隆大学与俄勒冈州立大学联合组队，赢得比赛冠军；2020 年 2 月，第二阶段比赛在城市地下机构中进行，来自 11 个国家的 17 个团队参赛，最终美国国家航空航天局（NASA）喷气式推进实验室、麻省理工学院加州理工学院和波士顿动力公司组成的 CoSTAR 团队获得实体比赛冠军，密歇根理工大学的 BARCS 团队获得模拟比赛冠军；2020 年 11 月，第三阶段比赛在虚拟洞穴环境中完成，参赛团队须以不超过 5 m 的精度定位找到隐藏在虚拟洞穴环境中的 20 个虚拟物件以及模拟矿难幸存者人体模型，最终加州大学、红杉中学等组成的协同机器人团队夺冠。

2）探索研究型项目

美国：早在 21 世纪初，DARPA 资助了 MARS2020 项目。该项目由美国宾夕法尼亚大学、佐治亚理工大学、南加利福尼亚大学等机构联合开展，目的是探索跨域协作搜索技术。2004 年 12 月 1 日在美国 Fort Benning 基地开展了联合演示，演示中 2 台固定翼无人机和 8 台地面无人系统组成跨域协作系统，另有 3 名监控人员负责演示过程监控和目标确认。演示分两个阶段进行：①无人机对整个区域进行搜索，发现疑似目标后，给地面站发送信息及粗略定位信息；②地面站接到疑似目标信息后，部署不同的地面无人系统进行精细搜索和定位。此类演示是迄今为止跨域协作最为常见的一种合作方式。

法国：Action 项目是 2007 年法国国防部资助的跨域协作的 Action 项目。该项目以边界巡逻与监控为背景，针对跨域协作中的"数据融合"和"态势评估与决策"两个科学问题，旨在研究不同无人系统（空中、地面、水面、水下）之间的跨域协作方法及其实现技术。项目目标是开发和实现适应异构平台协同的软件架构，使它们能够在危险、未知、动态环境中合作完成任务，具体包含四个主题：双机协同、三机信息共享、跨域协同、集群管理。2012—2015 年，该项目共进行包括"空中、地面协同设施监视""空中、水下、水面协同水污染监测"等科目在内的 6 次技术验证演示，验证了协同感知与协同决策等关键技术。

德国：2012 年，德国锡根大学、汉诺威-莱布尼茨大学和弗劳恩霍夫 CIPE 研究所联合研制了空中-地面机器人协作系统，来验证其开发的可用于跨域协同的编程与操控语言，从而使得只需一个操控人员通过简单的操控指令即可对整个跨域协作系统进行控制。在其共同开展的技术验证中，6 台（套）不同的自主系统开展了协同演示，开发者认为实现多平台跨域协同是可行的，且同类型的协同系统非常适用于侦查和监视等领域。

2. 应用驱动型项目

除了探索研究型项目，更多跨域协同类项目直接面向具体应用使命，此类项目具有较强的针对性,所取得的可视化效果也往往更加突出,本小节将借助几个知名的跨域协同应用型项目进一步阐述跨域协同所能带来的实用效能。

美国:早在 21 世纪初,DARPA 就曾资助美国圣迭戈 SPAWAR 中心开展过空中-地面-水面平台跨域协作的研究,并于 2005 年 12 月进行了针对“入侵人员”监控演示。在该演示中,1 台旋翼无人机、3 台地面无人系统和相关参演人员一起展示了如何通过一个中央联合操控系统(Multi-robot Operator Control Unit,MOCU)实现对逃窜人员的联合抓捕,这是可查的、较早开展跨域联合实用化展示的方案。

欧盟:2013—2015 年,欧盟资助了 SHERPA 项目,该项目由 7 所大学、2 家公司和 1 个联盟组成研发团队联合开展,历时 3 年,旨在构建一套可利用地面、空中无人平台与搜救人员协同开展山区人员搜救的系统。该项目于 2015 年开展了两次技术演示,其中夏季演示针对阿尔卑斯山失踪人员营救,冬季演示针对雪崩灾难后的被埋者营救。演示过程中固定翼无人机用于大面积搜寻,无人直升机用于搜索和紧急物资输送,多旋翼无人机用于自动跟随人员、提供稳定的航拍图像、扩展人员的观测范围,无人车搭载机械臂,用于精细搜索、挖掘和救援、物资和人员运输等,所有平台信息在同一认知地图上更新、融合。

葡萄牙:2013—2015 年,葡萄牙内政部资助了 ROBOSAMPLER 项目。该项目旨在设计旋翼无人机和作业型地面无人系统构成的跨域协同,并通过二者的协同实现野外复杂环境中的重金属、放射性物质等有害物质的采样、存储和运输的工作。实际演示中,无人机系统用于扫描指定区域、识别待采样物,实时回传图像,并指引对地面平台的远程遥控;地面无人系统则通过搭载机械臂完成采样。

美国:利用无人蜂群技术和自主、自治、人机协同技术,提高分布式异构协同感知能力,由地面无人车、旋翼无人机和固定翼无人机组成的多平台无人集群系统在模拟城市环境中对目标进行侦查。

2.4.5.2 核心问题和技术体系

无人系统跨域协同本质上是对单无人平台和单种类无人平台协同的能力增强和效能提升,因此无人系统相关的技术导航、感知、控制、规划、决策、人机交互等均需在跨域协同的框架下进行进一步的研究。但有四方面的关键技术核心问题体现了跨域协同区别于其他技术并亟须解决。

问题一:具有显著差异性情境信息的一致性表征与无缝融合问题。情境感知是无人系统必须面对的技术挑战,对于协同感知来说,不同无人系统得到的感知信息进行统一表述与融合,是信息共享共用的关键。而对于跨域平台,不同平台所能获得的信息在感知视角、数据类型、数据尺度、噪声水平等方面都存在显著性差异,加之跨域多平台系统所运行的环境通常具有强动态性、高复杂性等特点,所以通信链路易受各种干扰因素影响,这使得环境感知信息一致性表述、抽象与融合技术面临极大挑战。

问题二:多维度情境约束下的实时行为优化决策问题。跨域协作中不同平台得到的环境信息包括大范围“宏”环境信息和局部精细的“微”环境信息,既包含环境信息也包括任务、目标信息,情境约束的多维度特性明显,这将为协同系统中各平台提供更多的环境信息,为实现全局最优决策提供基础。但是,多维度约束下的行为优化决策问题给算法实现带来严重的实时性问题;此外,多约束共同作用下的规划与决策也容易遭遇局部极小甚至不可求解(可行性)等问题,这些都给实时行为优化决策带来了严峻的挑战。

问题三:兼容动力学差异性的跨域实时协同控制问题。跨域平台的运动能力和动力学特性差异明显。例如,空中平台和水下平台具有三维空间运动能力,而地面、水面平台只能实现二维运动;各种环境干扰对平台运动的影响机制不同,空中平台的空气动力学、地面平台的摩擦动力学、水面水下的水动力学等;此外,不同平台的动力学和运动学形式也存在明显差异。而运动学和动力学模型与协调行为的可行性密切相关,这就使得在研究跨域平台协同控制问题时需要构建更复杂的模型、考虑更多的环境/任务约束,这给本就难以解决的协同控制理论和技术研究带来了全新挑战。

问题四:面向跨域协同的人-多机交互与协同决策问题。实际应用过程中往往需要操控人员在不同任务阶段对不同无人系统实施干预,形成人-机系统共同完成相关使命,这是无人系统发展的总趋势。在跨域协同应用中,由于各平台自身特性的差异性明显,传统的人对多平台干预方式的适用性将会下降,要求更加高效和智能的交互方式以及灵活多变的干预机制与方法,形成能力体系中的人机融合,进一步提升面向使命的跨域协同效能。

2.4.5.3　跨域协同体系

跨域协同是无人系统发展的高级阶段,其技术体系除包含传统无人系统技术体系相关内容外,具有更加丰富的技术内涵和外延。此外,由于跨域协同往往要面临复杂的环境和使命,属于典型的复杂系统,需要和相关的应用体系相结合,从而往往具有更加复杂的体系架构。

第一层次(底层):平台技术。跨域协同在实际平台上实现才能获得最终效能,因此平台技术是无人系统跨域协同技术体系的底层支撑性技术,是构建无人系统跨域协同技术体系的物理基础。现有的跨域协同往往是在现有无人平台基础上通过信息化改进实现,但从长远发展来看,未来的跨域协同将对现有的无人平台提出明确的技术需求,可能会对无人平台本身的发展产生明显影响。

第二层次(中层):自主技术和网络技术。自主技术是无人系统的核心技术之一,而网络(互联)技术是实现协同、集群的基础性技术,它们都是在平台基础上为提升综合效能而需要的共性使能技术,自主技术决定了无人系统摆脱对人的依赖、自行运行的本体能力程度,而网络技术则表征多个/种装备/功能实现协同提升总体效能的共性使能技术。跨域协同对现有的自主技术和网络技术也都会提出新的需求。

第三层次(顶层):体系工程技术。体系工程技术是在平台基础上考虑整体目标和应用体系约束下,实现无人系统与所有其他应用单元相互融合、统一的工程实现技术。它包括对技术体系的仿真与验证技术、总体效能评估技术、标准化技术,以及贯穿整个研发周期的体系优化集成技术。它是联系相关应用体系与无人系统跨域协同技术体系的纽带,是提升无人系统整体效能的根本。

2.4.5.4　跨域协同技术

无人智能平台跨域协作能够相互弥补不足,大幅提升综合效能,已经成为欧美等科技强国的共识。作为极具挑战的前沿研究热点,目前,多无人智能体组网协同方面的研究多聚集在单一域内,或者空地、空海协同,对空、天、海、潜跨域多智能体组网协同的研究还相对较少。空地、空海协同方面,USV-UAV 自主起降、协同方面的研究取得了一些进展,国内上海交通大学、华中科技大学、西安交通大学、西北工业大学等也在相关领域进行了探索。关于该方面的进展,上海交通大学的张卫东做了非常详细的梳理。中国科学院沈阳自动化研究所于 2018 年提出了多无人平台一体化/融合概念,目标是实现从空中、海面、水体到海底的立体协同观测。在中国科学院海洋先导专项和南海环境变化专项支持下,该所机器人学研究室、水下机器人研究室、海洋机器人卓越创新中心和海洋信息技术装备中心共同开展的空海一体化立体协同观测联合试验在大连圆满完成。这是国内首次组织大规模、跨学科、跨研究室的多平台联合试验,共有五大类型八台套无人装备参加了联合试验,包括沈阳自动化研究所自主研发的"云鸮 100"无人直升机、"GZ-01"无人水面艇、"远征二号"AUV、"探索 4500"AUV 和"海翼"水下滑翔机等。本次试验中,USV 在弱通信状态下实现了对"远征二号"的自主跟踪;USV 在低空近海复杂环境下,实现了对海上快速移动小目标的精准跟踪和调查取证;UAV、USV 和 AUV 的进步为跨域海上无人系统集群的发展奠定了基础,欧美国家通过大量的演习验证了跨域组网协同能力,并在近几年不断取得突破性进展。在实际应用中,无人系统执行的任务多样,面临的环境复杂多变,仍然有诸多的技术难点和挑战亟待解决。

1. 协同环境感知与数据融合

无人系统集群的环境感知能力是控制与决策的依据。集群中的个体可以看作分布式传感器网络的单个节点,通过信息融合可以获得更广的探测范围、更高的探测精度,从而实现对任务区域的全面感知。按照融合结构的不同可以分为集中式、分布式、混合式。其中,集中式结构将各个节点的传感器数据全部传输至融合中心进行处理,这样能最大限度地保证数据的完整性,融合效果也是理论最优的,但是对于通信带宽和通信距离提出了极高的要求,而且系统的可靠性较差。分布式结构每个节点拥有独立的处理单元,对传感器数据进行初步处理探测数据,再将结果发送至融合中心,这样能够缓解通信压力,提高融合中心的处理效率,具有较高的可靠性。混合式结构是以上两种结构的组合。按照数据形式的不同可以分为数据层、特征层、决策层融合方法。其中,数据层融合直接将传感器接收到的原始数据进行融合;特征层融合是从传感器数据中提取特征向量进行融合,大幅缩减数据量,应用范围较广;决策层融合将处理得到的高层推论或决策进行融合处理,常用的有加权决策法(表决法)、经典推理法、贝叶斯推理法、D-S 证据理论等。

无人系统集群多节点功能、空间位置的协同分布为集群态势感知提供了更多可能性,但是传感器数据具有多源性、异构性和动态性等特点,随着节点和传感器数目的急剧增多,数据量呈爆炸式增长,这些现实因素不仅对通信产生了极大压力,还对融合算法的计算量提出了巨大挑战。因此,针对不同的协同态势感知方式和架构,需要研究具有较高适用性的融合框架,提高环境综合感知能力。

2. 通信自组网

可靠的通信网络是实现无人系统集群实时信息交互传输的基础。多个 UAV 自组网,建立一个无线移动网络,UAV 之间的通信不完全依赖地面控制站或卫星等基础通信设施,每个节点兼具收发器和路由器的功能,节点之间能够相互转发指控指令,交换感知态势、健康情况和情报搜集等数据。UAV 自组网采用动态组网、无线中继等技术实现互联互通,具备自组织、自修复能力和高效、快速组网优势,可满足特定条件下的应用需求。与 UAV 组网通信技术不同,跨介质组网通信面临不同的传递介质,信道容量和延迟存在差异,传递信息的距离、速率、带宽、容量和延迟也会有较大的不同。海上无线通信受气候条件和海洋环境影响较大,通信可靠性不高,通信带宽窄。海洋卫星通信系统的运营和维护成本高,且通信带宽受限。岸基移动通信是海洋通信网络的一种有力补充,具有高速率、低成本的优点,但是只能适用于小范围的近海海域。水下通信网络的传输带宽和传输速率均远远低于空中通信网络。另外,不同介质的节点移动速度不同,这导致通信网络拓扑结构高动态变化、链路质量频繁波动,这都对组网技术提出了更高的要求和挑战,其中最主要的是介质访问控制协议和路由协议的设计问题,以支持不同任务下的传输需求。

3. 任务分配与协同编队控制

海上无人系统集群的任务分配是指在满足环境约束的条件下,为各节点分配任务并确定任务时序。按照协同控制框架的不同,可以分为集中式和分布式任务分配。其中,集中式任务分配算法求出全局最优的任务分配方案,但是由于节点数量多,异构特性突出,任务类型丰富,大大增加了求解空间,导致算法计算量巨大,实时性不强。分布式任务分配算法可以为中心节点或者通信设施失效引起的单节点故障提供稳定性。针对高对抗、强不确定及时间敏感的环境中随时可能出现的包括任务目标改变、威胁和环境变化、集群成员损伤等突发情况,需要 UAV 集群具备实时任务调整和重规划的能力,快速响应外界环境的变化,提高任务效率和使用灵活性。

在无人系统协同执行某项任务时,需要编队构型保持相对稳定,以实现不同平台间的协调运动(如固定队形、协同跟踪、协同围捕等)和稳定的通信连接。为此,使用的主要方法有领航者-跟随者法、基于行为法、人工势场法、虚拟结构法和基于强化学习的编队控制方法等。传统的编队控制方法需要平台和扰动的精确模型来设计控制率,但是在实际应用中,平台和扰动通常具有时变、非线性等特点,再加上传感器误差、环境扰动等不利因素的影响,误差模型的先验信息很难获取,严重限制了传统控制方法的实际应用。

2.4.5.5　海洋无人系统跨域协同观测

无人系统跨域协同在海洋观测领域具有广泛的应用前景。为了利用 UAV 与 USV 进行环境感知、目标识别、目标跟踪等,葡萄牙里斯本大学研究人员设计了一种协同搜救平台,通过热成像相机、颜色显著特征性地图和生物启发视觉算法协同作业完成海上搜索救援任务。美国南佛罗里达大学研究人员研究了用于灾害响应等应用的沿海环境监测平台,其中 UAV 搭载视觉摄像头采集完整环境覆盖信息,USV 搭载声呐监测水下环境信息,协同进行沿海环境监测。针对海洋原油泄漏问题,克罗地亚萨格勒布大学建立了一种由 USV、UAV 和 AUV 组成的跨域协作系统,通过化学传感器和可视化传感器监测海洋原油泄漏情况。美国佛罗里达大学使用 USV 与 UAV,利用视觉评估方法对海堤与蓄水池结构健康问题进行监测。

由于缺乏高效的观测手段,全球已知的海床面积仅占其总面积的 15%,人类仅对水深超过 200 m 海域中的 20%开展过海床形貌制图,现阶段已知的全球海底精细地形占比不足 1%。因此,海床被称为地球最后的未开发地带,其未探明的面积甚至大于月球或火星。由于电磁传感在海洋中的局限性,世界海洋的水深测量大多必须利用现代声学测绘技术,从水面或水下舰船平台获得。然而,使用单一平台(单艘科考船、USV、AUV)开展走航声学测量的效率极低,严重滞后于人类认知海洋、开发海洋的需求。

国际上大规模水面、水下平台协同海洋探测的首次尝试发生于 2018 年对 MH370 疑似失事海域的搜索,属于无人系统跨域协同技术在海底地形地貌观测领域的典型应用。使用 8 台深水型 AUV 搭载水深测量设备近底探测,并通过 8 艘 USV 对水下 AUV 平台提供一对一的水面通信、高精度定位支持,历时 138 d,完成了 12.5 万 km^2 海域的搜索,为传统单船走航作业方式效率的 6.06 倍。目前,该类技术仍多停留在一条大型专业母船支撑一台 AUV 的阶段,且在水面、水下无人平台的自适应组网方面研究甚少,只适合在局部重点区域使用。

针对高精度海底地形地貌制图强调测量精度和效率的特点,可以利用海洋跨域组网协同观测技术快速、机动的水面、水下组网观测能力优势,高效获取所关注海底区域尽量高精度和高分辨率的形貌信息。在深水区域,发挥水下平台近底探测的高分辨率优势和水面平台的高定位精度优势,自适应组网,加速全球未知海床的精细化探测;在浅水区域,利用水面艇吃水浅、快速、机动的优势,实现海陆过渡带和岛礁附近海域精细化海底地形地貌数据的有效采集,从而为海洋科学研究、环境保障、防灾减灾等提供关键基础数据。

国内在海洋观测方向的应用多以单艘 USV 携带声学设备开展浅水区水下地形测绘为主,也有部分单一类型无人智能平台组网协同观测的案例,跨域多平台组网协同的案例未见公开报道。2020 年 9 月,南方海洋科学与工程广东省实验室(珠海)在万山群岛海域开展多 USV 协同测绘技术应用示范,作业过程分别采用蜂群模式与队列模式,总共完成 1 km^2 海域的全覆盖水深测量数据采集,初步验证了 USV 编队协同任务分配、编队控制、编队避障、动力定位控制和设备状态与载荷数据实时处理功能等内容,极大地提高了海洋测绘的作业效率。

在其他海洋观测领域,如中尺度、内波、台风等海洋动力过程观测,赤潮、溢油、风暴潮等海洋灾害灾后监测,海上石油平台、海上风电场等海洋工程现场环境监测等,无人系统跨域组网协同仍以技术探索为主。近年来,我国资助了一批国家级、省部级科研项目,但距离工程应用阶段仍有较大差距。

2.4.5.6　海洋协同观测技术难点和发展趋势

海洋观测任务复杂多变,观测要素覆盖气象、动力、生物、化学、地质等多学科,单一平台难以胜任横跨空、海、潜三个维度的全要素观测。在海上执行观测任务,还需具备恶劣海洋环境下的作业能力,以提高台风、风暴潮等场景的数据采集能力。同时,部分海洋观测任务在时间、空间维度提出了巨大的挑战。例如,次中尺度现象空间尺度小、生命周期短,传统观测手段难以捕获,需要一种可快速抵达、可快速展开的观测手段提高捕获概率;全球已知海床仅占其总面积的 15%,其未探明的面积甚至大于月球或火星的面积,已知的海底精细地形占比更是不足 1%,现有单船走航作业方式效率太低。

不同观测平台(USV、UAV、AUV)的载荷可能存在差异(载荷类型、载荷指标),并且由于观测平台在续航力、航速、通信距离、最大观测高度/深度等技术指标方面的差异,各平台采集的数据在时间分辨率、空间分辨率等方面必然不一致,须经过数据预处理、同化、融合等步骤统一到同一标准下,才能开展有效的科学分析。上述应用难题,对观测系统的

能力提出了非常高的要求,具体可归纳为如下三个方面:

(1)具备在大空间尺度内开展快速、立体、同步、高分辨率海洋观测的能力;

(2)具备应对复杂环境、多样观测等任务场景的能力;

(3)具备智能、高效、准确地采集、处理和分析观测数据的能力。

针对应用提出的技术难点,未来需重点关注以下方面:

(1)广域、异构、跨介质无人系统组网协同控制,包含跨平台信息感知与融合、任务自适应动态调度、集群动态拓扑优化等,以应对平台、载荷参数特性差异,任务执行过程中可能出现的观测对象变化、平台失效等问题,提高组网协同的效率,保证观测的有效性。

(2)复杂海洋环境下的高可靠组网协同通信,包括广域跨介质通信组网架构、适应任务场景的传输资源分配优化、复杂海洋环境下的高可靠传输链路等问题,为协同观测提供通信基础网络支撑。

(3)复杂海洋条件下无人系统的任务执行和生存能力,需提升系统模块化、通用性等方面的能力,保证可执行任务的多样性,并通过水面/水下协同、可潜USV(兼具水面、水下作业能力)等进一步优化上述能力。

(4)无人系统快速机动转场与布放回收,可研制专业母船作为无人系统指挥控制终端,提供任务调度、数据管理、通信组网、维修保养、成果展示等方面的支撑,并通过加装专业化的甲板机械、控制终端等实现无人系统的高效布放、回收。

本书为高效地完成测量任务,实现"空-地-水"一体化立体测量,综合运用陆、海、空域各空间,相互配合、优势互补,形成整体优势,获取测量作业所需的空间行动自由,提高生产效率,在上述研究成果的基础上,开展了跨域协同作业技术研究,构建了"空-地-水"一体化协同作业技术体系。异构无人系统的个体类型多,可形成更强的多维空间信息感知能力,能面向任务自适应组网、集群化作业,实现协同任务快速可靠响应和整体效能的增值。

跨域协同关键技术研究主要包括以下内容:

(1)协同控制架构设计。

依据实际的无人机、无人船及环境情况,综合考虑计算效率与负载均衡、整体性能优化、鲁棒性强、测量作业需要等特性,如前所述,无人组网跨域异构无人系统协同控制架构则以集中式架构为主,辅以混合式架构用于实现无人船编队集群作业。

(2)地形地貌协同感知。

无人机因为移动灵活与视野广等特性被广泛用于测量感知地形地貌信息,但携带航摄设备的无人机在开展测量作业时,其视野和分辨率容易受到飞行高度和携带传感器的影响,导致无法精确感知河道两岸及河床的地形地貌信息;因此通过引入无人船携带测深系统、三维激光扫描系统等多源传感器执行精确测量任务,利用信息融合技术,对多源地理信息进行时空配准和关联性分析处理,达到获取精准位置、状态等水陆一体三维时空信息。充分利用协同感知优势,提升了地形地貌感知能力和任务执行效率。

(3)跨域无人系统任务分配。

面对强耦合、高动态、强对抗的复杂任务环境,传感器噪声、硬件损伤、通信干扰等因素都会对跨域异构无人系统性能造成影响,需要精确的高层次任务划分和健壮的协调机制来迅速对异构跨域无人系统分配任务。本书通过采用分层任务表示法对子任务和整体任务进行关联,并在广义局部全局规划的启发下采用有效的调度和协调机制,实现跨域无人系统任务分配。

(4)跨域无人系统协作定位。

为实现无人系统的协同自主定位,跨域无人系统在任务前和测量作业过程中对自身位置进行感知,通过信息交互获取其他个体方位、速度等信息。具体实现方法为:首先对目标区域进行地图绘制实现自我定位;然后将简化的方位信息传输到其他无人系统进行协作,有效克服了不同域之间的信息差异,实现有效的跨域无人系统协作定位。

2.5　无人集群管控平台研究

2.5.1　无人机集群管控平台研究

集成多旋翼无人机系统、高精度起降系统、远程控制系统和智能机巢,基于无人机远程控制智能控制技术、"云-端"协同无人机集群管控技术、多路无人机远程视频回传技术等,构建无人机集群管控平台。无人机集群管控平台是一个覆盖无人机集群测量业务、设备、资源、数据、成果全流程的一体化平台,能够实现管网无人机全自主集群协同作业,运用创新的管理模式,对无人机智能测量设备以及测量人员进行智能化立体协同管控,实现测量人才多元化、测量设备规范化、测量模式实用化以及测量过程标准化建设,完成测量资源集约化管控和优化配置。

在固定沿线或区域布设该系统,实现点、线、面的动态测量。首先,利用无人机操控平台基于4G/5G技术远程控制将指令传输到智能机巢,智能机巢开启;其次,多旋翼无人机自主起飞,根据操控平台收到的任务指令开展基于高精度GNSS定位技术的精准巡航作业;最后,无人机作业完毕自主降落,智能机巢舱门关闭并开始对无人机自主充电。

以基于无人值守的5G智能基站为基础,结合远程控制技术,建立无人机组网覆盖体系,实现远程航线规划、自动起降作业、数据自动回传等自动化作业功能。同时,采用行业级无人机搭载专业的机载设备,可实现全时域、全空间的巡查需求,支持白天可见光巡查、夜间热红外巡查,在无人机组网覆盖范围内涵盖水系、河岸、陆地的全域巡查。

该集群管控平台可控制单架或多架无人机,通过指定降落位置,无人机自动巡航,智能机巢顶部开启,无人机自动起飞并执行巡视任务,并将视频回传至集群管控平台供决策使用,在集群测量过程中,管控平台可控制相应的无人机原地悬停并进行定点航摄,完成后飞往降落机巢,降落后机巢关闭并开始对无人机自主充电,等待下一次任务。无人机集群测量系统集成如图2-56所示。无人机组网远程管控流程图如图2-57所示。无人组网无人机集群自动测量技术流程如图2-58所示。

5G/4G网络
6.提供AI智能分析服务
4.无人机获取任务信息后控制规划自主飞行,获取现实信息
搭载AI芯片无人机RTK定位
千兆网络
3.无人机巡检任务下发到基站
基站
5.无人机返回基站后飞行数据回传云端
2.云平台接到调度任务后通过网络下发任务
1.用户通过多客户端接入系统，在三维平台上规划航线

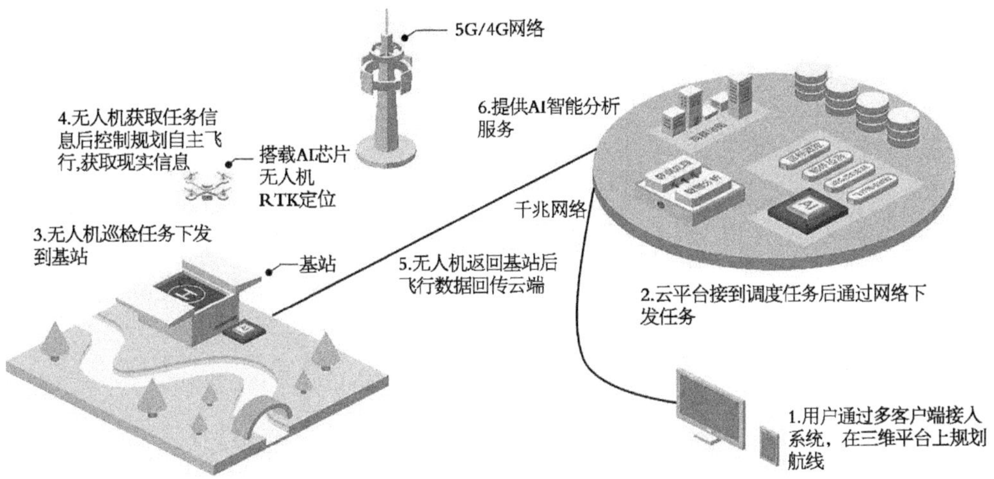

图 2-56　无人机集群测量系统集成

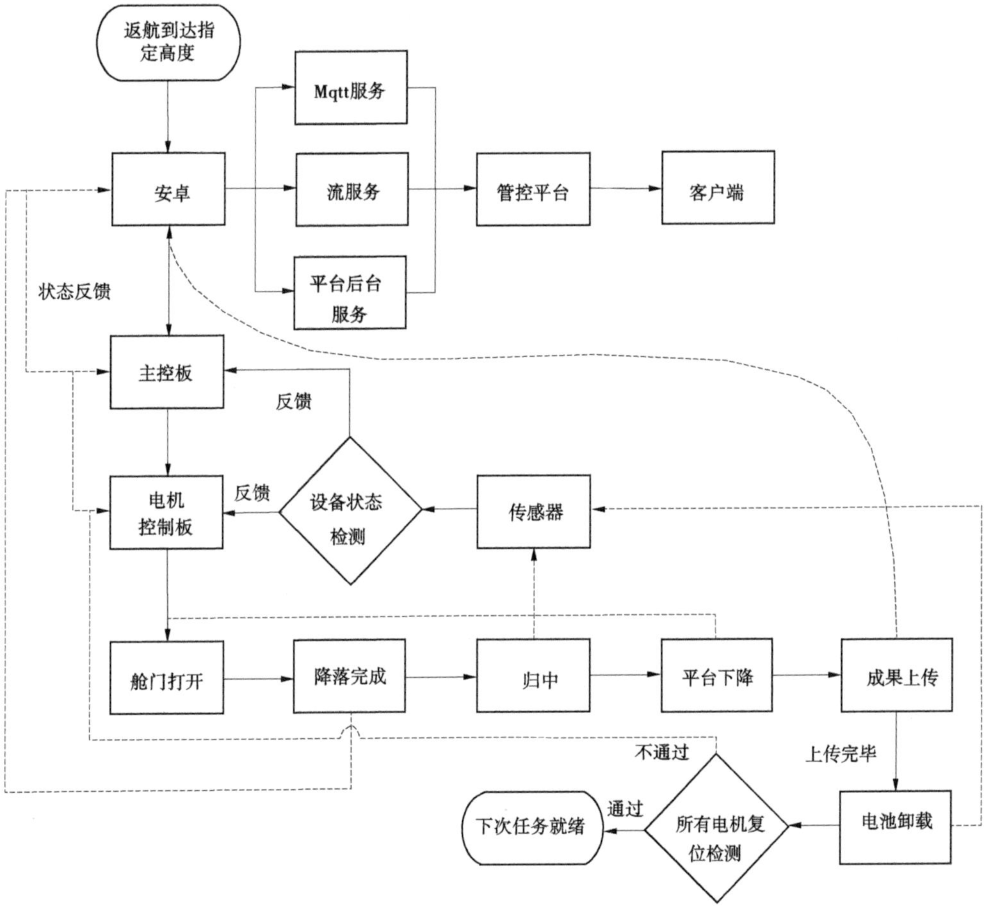

返航到达指定高度
Mqtt服务
安卓
流服务
管控平台
客户端
平台后台服务
状态反馈
主控板
反馈
电机控制板
反馈
设备状态检测
传感器
舱门打开
降落完成
归中
平台下降
成果上传
不通过
上传完毕
下次任务就绪
通过
所有电机复位检测
电池卸载

图 2-57　无人机组网远程管控流程

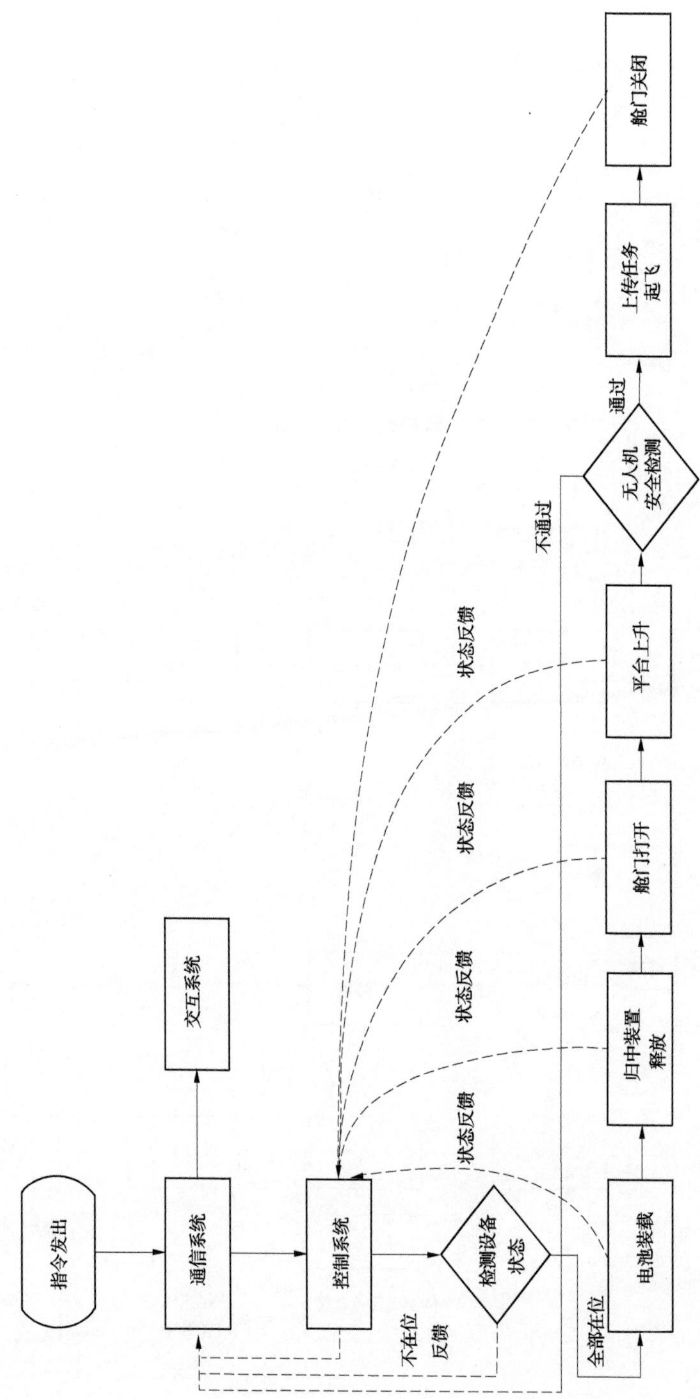

图 2-58　无人组网无人机集群自动测量技术流程

2.5.1.1　平台模块设计

该集群管控平台可控制单架或多架无人机,通过指定降落位置,无人机自动巡航,智能机巢顶部开启,无人机自动起飞并执行巡视任务,并将视频回传至集群管控平台供决策使用,在集群测量过程中,管控平台可控制相应的无人机原地悬停并进行定点航摄,完成后飞往降落机巢,降落后机巢关闭并开始对无人机自主充电,等待下一次任务。

无人机集群控制平台可实现对无人机的航线规划,包括航点模式、线状巡视、本地上传、正射影像、倾斜摄影、全景采集、动态规划、精细测量等模块。通过对无人机的工作过程进行分析,无人机管控平台的功能包含实现对航线任务的管理,用户通过在平台提供的地图上为无人机预设航线,将预设的航线上传至飞机,飞机开始执行任务。执行任务时,可实时监控无人机的航迹、姿态及电池电压、GPS 状态等信息,且当飞行中出现问题时平台需要进行相关的报警和应急处理。同时对各种飞行数据进行保存,以便任务执行完后进行分析及回放。另外,平台可实现航线下载功能、实时播放及回放飞机航拍视频的功能。同时,平台通过指挥调度功能实现对无人机及基站的作业与状态监控。给无人机发送起飞、降落等控制指令来实现对无人机的控制。对于无人机采集回的数据会进行分类管理及分析。图 2-59 为无人机集群控制平台应用汇总。

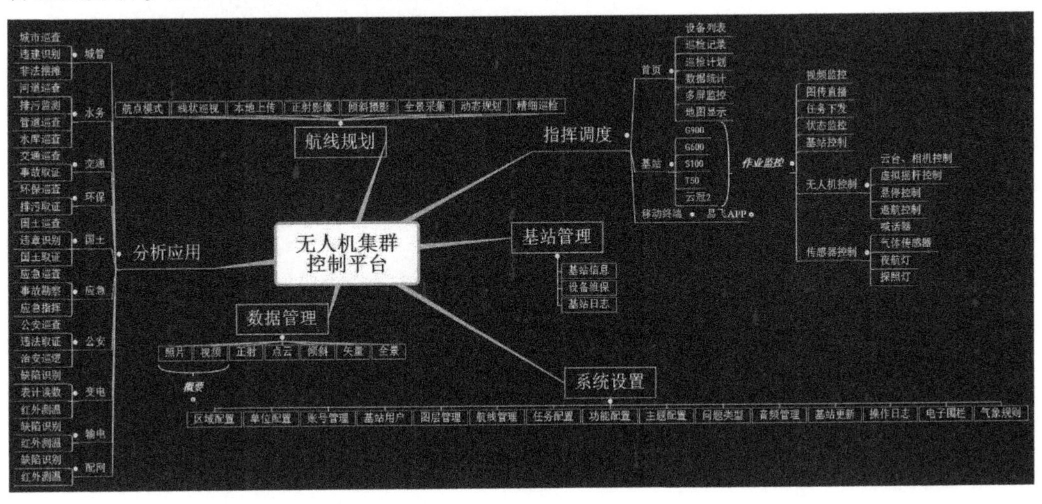

图 2-59　无人机集群控制平台应用汇总

平台采用的开发框架为灵活度高、耦合度低的系统 SSM 框架,以便于为后续的 Java 系统开发提供较为容易的开发模式。

2.5.1.2　平台体系架构设计

平台的总体框架基于 SSM 框架进行设计,其层次框架划分为 4 层:表示层、业务逻辑层、数据持久层和数据库存储层(见图 2-60)。通过接口实现层与层间的通信,提高平台的运行效率、稳定性、扩展性和可维护性。下面分别对各层进行介绍。

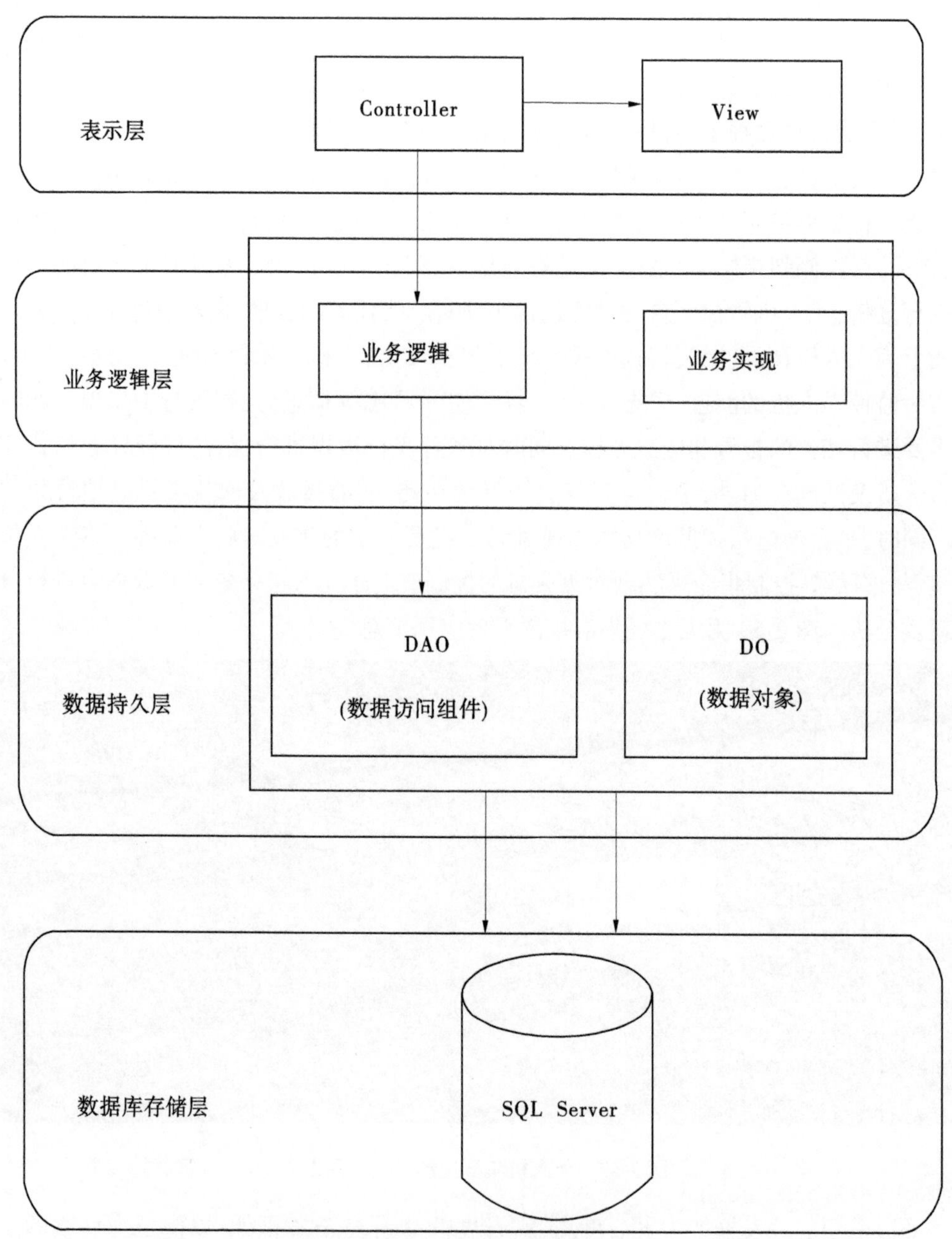
表示层
Controller
View
业务逻辑层
业务逻辑
业务实现
数据持久层
DAO
(数据访问组件)
DO
(数据对象)
数据库存储层
SQL Server

图 2-60　平台层次框架

1. 表示层

表示层负责与用户交互，采用 Spring MVC 框架。用户通过操作浏览器，向业务逻辑层发送 http 请求，待请求处理完成后，处理结果再返回到表示层进行显示，从而反馈给用户。表示层用到的技术主要有 html、Javascript、css、jquery、bootstrap、ajax，使页面更加丰富。

2. 业务逻辑层

业务逻辑层是整个体系架构的核心部分，采用 Spring 框架。业务层负责表示层与数据持久层数据的传递和逻辑处理，通过各接口之间的相互作用实现与两层间的交互，起到承上启下的作用。

3. 数据持久层

数据持久层采用 MyBatis 框架，Mybatis 提供了强大的动态 SQL 功能，可以封装 JDBC 接口并通过 mapper 配置文件与数据库相连，利用 Java 的注解和反射功能进行数据库实例化。Mybatis 通过 SQL Session Factory 对象可生成 SQL Session 实例，负责 Mapper 中的 SQL 语句的执行。另外，动态 SQL 功能能够有效防止 SQL 注入攻击，SQL 语句会经过预编译存放在内存，提高了数据库的访问速度。

对于无人机管控平台，涉及的数据量大，性能要求也比较高，采用基于 MyBatis 的框架更有利于系统的扩展。

4. 数据库存储层

SQL Server 具有众多优点：通过创建唯一性索引，能够确保数据库表中每一行数据的唯一性，还能够极大地加快数据的检索速度。通过使用分组和排序进行数据检索，能够明显地缩减查询中分组和排序的时间。通过使用索引，能够在查询的过程中，利用优化隐藏器来提高系统性能。因此，SQL Server 是很好的选择。

整个平台的请求和响应过程可以描述为：当在浏览器地址栏中输入某个访问路径时，首先这个 URL 地址会请求 DNS 把这个域名解析成对应的 IP 地址，然后通过这个 IP 地址在互联网上查找相应的服务器，向这个服务器发起一个 get 请求，由这个服务器决定返回相应的数据资源给用户（见图 2-61）。

用户点击 html5 页面的某个控件发出 http 请求，Spring MVC 根据请求的 URL 路径，将请求分发给控制器 Controller 类相应的处理方法，方法调用业务逻辑层 Service 类，然后访问 DAO Support 接口中的方法，找到相应的 Mapper. xml 文件，通过 SQL 语句查询数据库并返回结果集，Controller 将结果封装成 Model and View 对象，经视图渲染返回给页面进行显示。

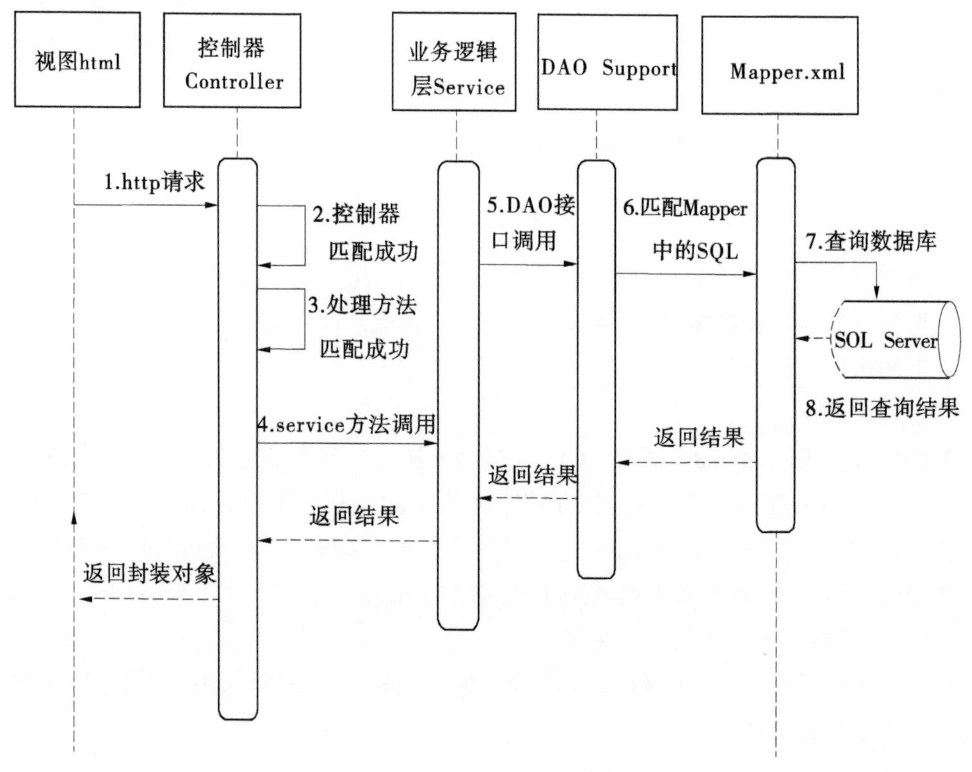

图 2-61 请求响应过程

2.5.2 无人船集群管控平台研究

2.5.2.1 系统集成

系统集成包括各系统软、硬件平台的集成与调试。开发的软件功能特性包括测绘调查作业整体任务规划、多船只载体同步作业支持、强大的实时数据采集处理功能和丰富的实时测绘数据监视与结果展示功能。母船(岸端)软件的功能构架关系如图 2-62 所示。作业集群协同管理及后处理模块功能结构如图 2-63 所示。

无人船集群测量系统是通过无人艇编队组网和无人艇与基站(母船/陆地基站)组网的形式,执行自主航行、自主水下地形地貌测绘任务的多传感器综合水上作业无人组网集群测量系统,如图 2-64 所示。

无人船集群测量系统主要包括水面无人艇测绘单元系统、船队管理系统、自组网通信系统、无人自主航行控制/测绘一体化软件系统和自动布放回收系统,组成关系如图 2-65 所示。

1. 水面无人艇测绘单元系统

水面无人艇测绘单元系统以柴油+锂电池混合动力艇为平台,通过搭载高可靠性、宽带无线电台,可集成多波束、测深仪、ADCP 和侧扫声呐等水下探测设备,通过部署自主研发的航行控制软件和自主水下地形实时测绘软件,可独立实现在定点航行、定向航行、航

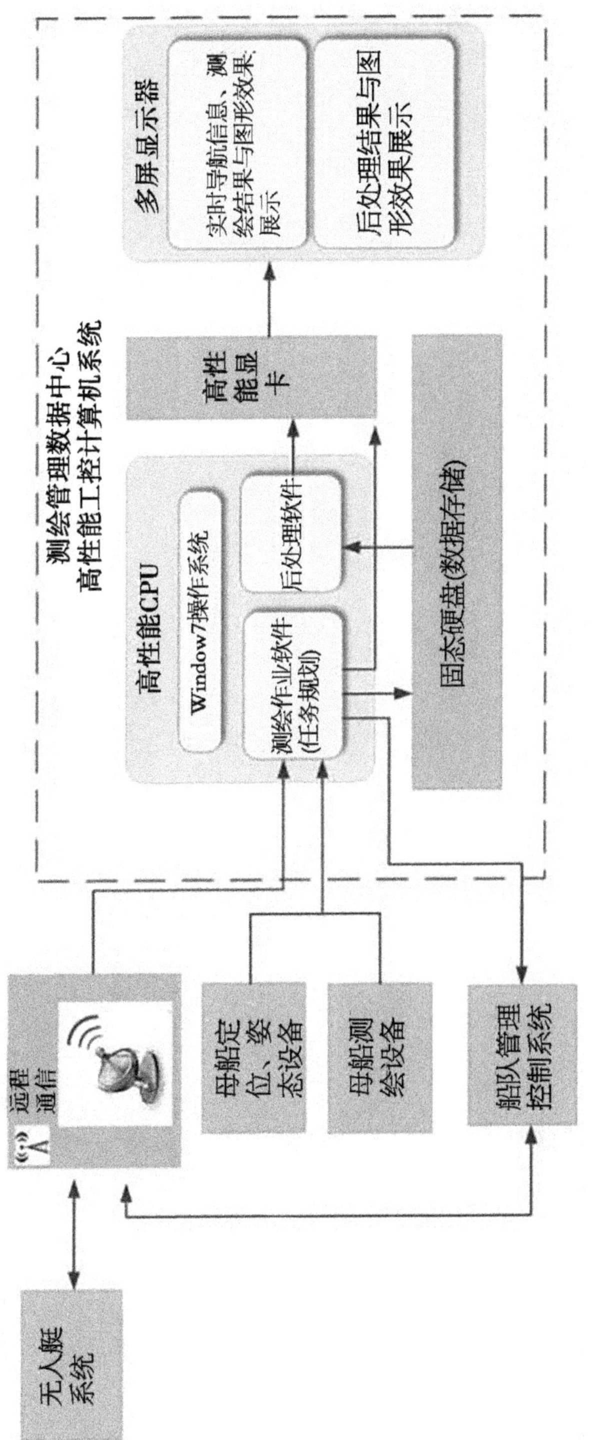

图 2-62　母船(岸端)软件的功能构架关系

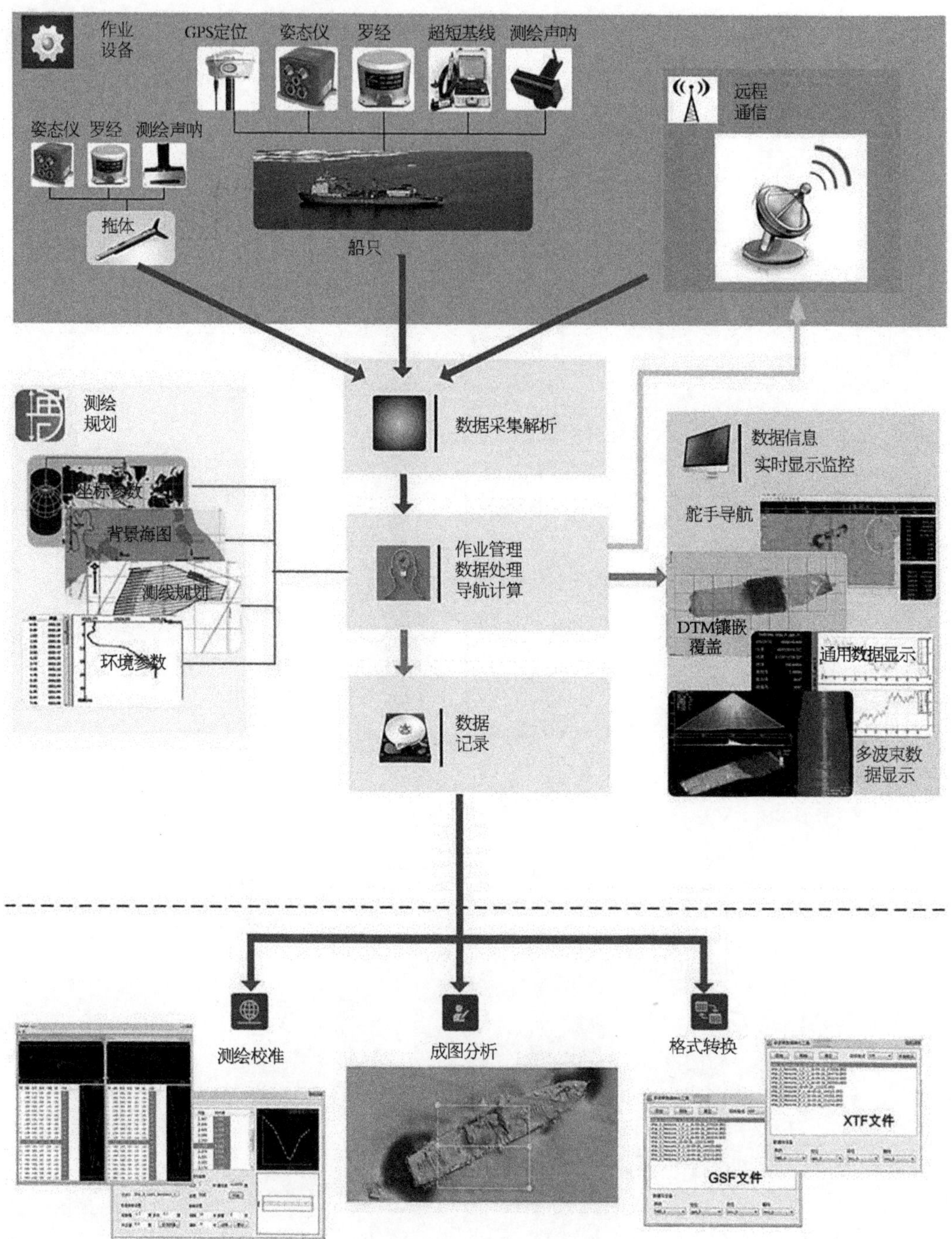

图 2-63　作业集群协同管理及后处理模块功能结构

图2-64　无人船集群测量系统作业效果图

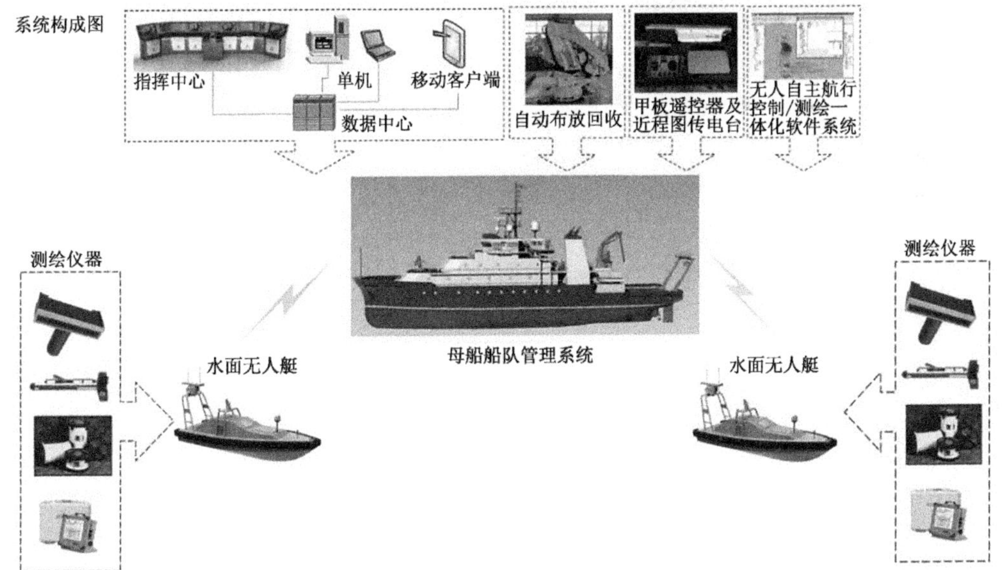

图2-65　无人船集群测量系统集成图

迹预设航行、原地漂泊和伴随航行五种航行模式下的自主测绘、实时传输测绘结果的功能，并具备可见光/红外视频监控，障碍物目标实时预警、避障航线规划等。

2. 船队管理系统

船队管理系统包括数据库、指控台、船队航行控制/测绘一体化管理软件和遥控器，主要用于船队测绘与航行任务的预设、检测、监视与实时管理功能，并根据实际作业情况进行实时的人工、自主航行功能切换，同时对测绘数据进行回收与管理。船队管理系统可部署在母船或者岸基指控中心。

3. 通信模块

通信模块确保无人平台控制及仪器采集自组网功能的实现，也是多无人平台实现协同控制的关键技术之一。通过基于信道估计和地理信息的混合链路质量预测算法，对网络拓扑进行自适应实时更新，解决高动态拓扑条件下的拓扑连接稳定性问题。在拓扑连接方面，在常规路由联通算法的基础上，通过精简中继算法，生成精简拓扑，加速路由发现过程，同时最大化降低路由维护开销。此外，重点关注路由更新控制数据包的交换情况，最大限度地降低路由控制开销，提高数据交付的时间延迟和交付率。

设计的通信模块，技术指标如下：

频段：1.0～1.5 GHz。

数据速率：不少于 5 Mbps。

组网规模：不少于 16 个点。

最大跳数：大于 5 跳。

组网时间：16 节点链状拓扑，小于 300 s。

帧速率：2～30 帧/s，用户可选。

对外接口：网口。

串口供电：DC 12～15 V。

操作软件：除电台本身操作外，提供 B/S 架构的控制软件，可外接终端对电台以及网络的各项性能进行实时查看与任务规划。

本书实现有人船对 35 km 外无人船的超视距控制，数据链部分要实现的功能为，有人船与无人船之间实现点对点通信，无人船状态信息等上传给有人船，有人船将控制指令下发给无人船。拟采用中继方案实现有人船与无人船超视距点对点通信（见图 2-66）。

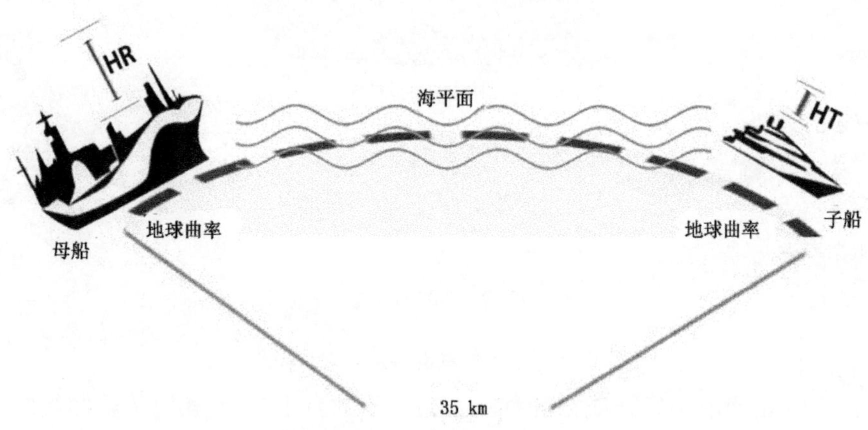

图 2-66　超视距通信示意图

4. 自动布放回收系统

自动布放回收系统安装在无人艇母船上，可实现无人艇的无人下海自动投放和回收作业。它由折臂吊、自动液压绞车、止荡导接头、液压动力系统、电气控制系统、气动锚钩抛射器、停艇转运架等组成。

在集成与调试过程中以国家(或行业)检验标准与实施规范作为依据和指导。通过集成与调试工作,一方面使得测量仪的各项功能满足测绘流程中各项规定试验的要求,另一方面需让各项测绘性能指标的测量精度达到相关规范的规定要求。因此,研究过程中针对水域参数传感器的设计与研制严格按照现行的检测标准与实施规范在达到相关规范各项指标要求的前提下,实现测量传感器与无人平台实现模块化集成,以及整个自组网测绘系统智能化、测绘数据状态监控与远程维护的信息化等功能。自动回放装置如图 2-67 所示。

图 2-67　自动回放装置

2.5.2.2　无人船集群管控平台研发

无人船集群测量系统是通过无人艇编队与测量母船组网的形式,执行自主航行、自主水下地形地貌测绘任务的测绘系统。根据功能设计,无人船集群测量系统包括无人平台、多波束测量子系统、母船/岸基作业管理中心。

由于多波束和无人艇均使用了导航定位设备,且对导航定位设备要求的精度基本一致,因此无人艇及多波束设备共用一套导航定位设备。考虑多波束数据均汇总至母船进行数据拼接,因此使用一对多的通信电台,结合数据传输高带宽的需求以及海上复杂的通信环境影响,电台采用了 OFDM 通信技术。无人船集群测量系统采用任务层(管理层)、协调层、执行层的三层系统架构。任务层(管理层)是测绘任务的入口,负责测线规划、无人艇船队管理等任务;协调层依据任务层的指令,对测线信息进行解译,生成无人艇运动路径控制信息,协调无人艇的运动控制;执行层则完全按照协调层生成的执行命令,由控制器驱动电机和舵机完成柴油机油门大小和舵机舵角控制的动作。

基于多种软硬件集成研发的无人船集群管控平台,主要包括无人船远程操控系统、无人船自主导航测量系统和数据后处理分析软件(见图 2-68)。通过将其部署在岸基或

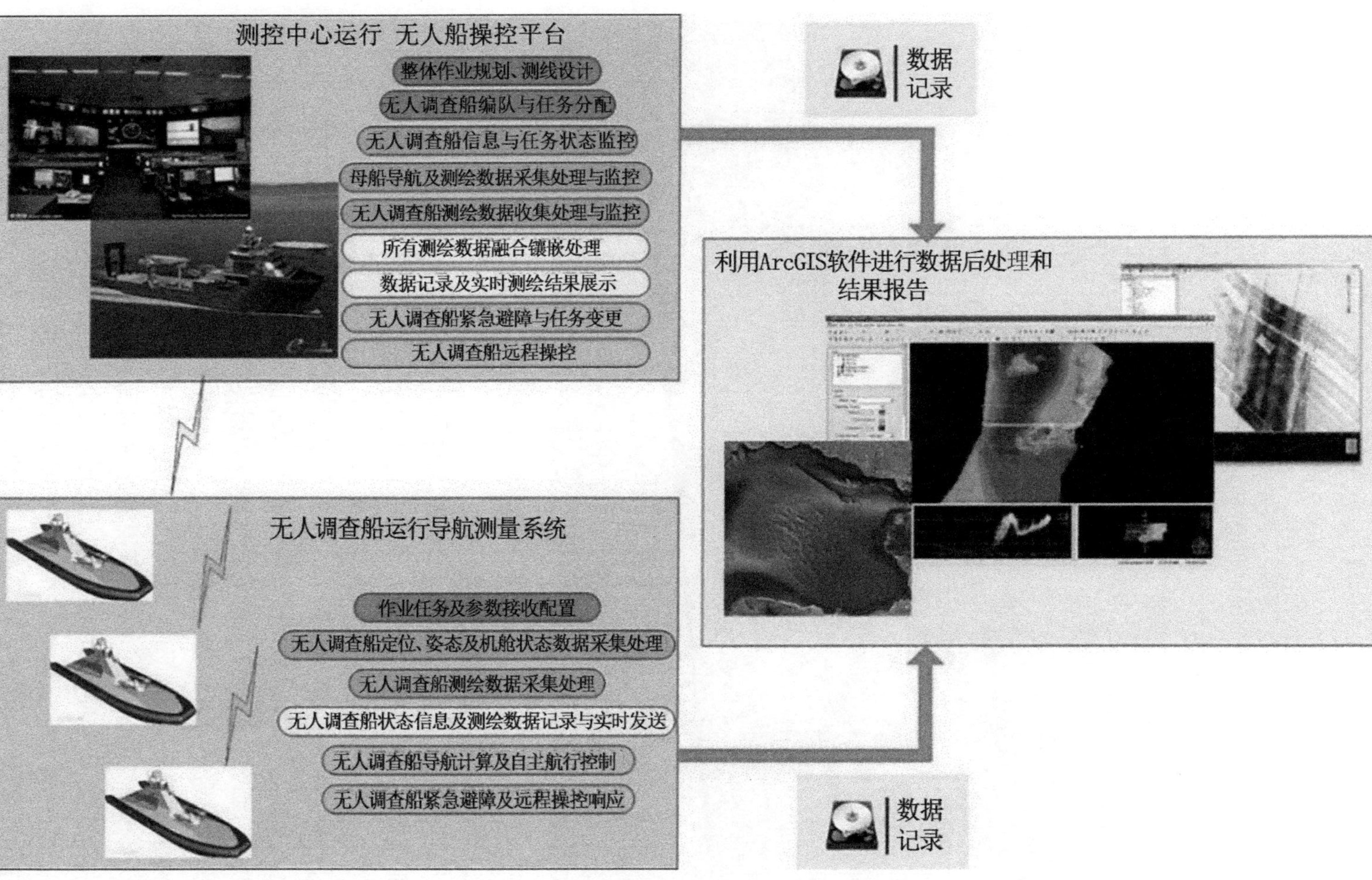

图 2-68　无人船集群管控平台系统架构

船基测控中心，实现总体测绘任务调度管理、数据汇集/存储/处理/展现/监视/查看、无人调查船远程干预控制以及无人船的自主测绘、船只导航与自动驾驶，数据后处理融合分析软件将对系统采集的所有测绘数据进行离线的测绘专业级处理、成图等。

2.5.3　无人组网集群管控平台研究

基于前述研究成果，通过无人机搭载激光雷达、航摄像机、无人艇载多波束开展无人组网集群测量系统集成研究，可通过无人机编队、无人船编队与测量母船组网的形式，执行自主航行、自主地形地貌测绘任务的集群测绘系统。根据功能设计，无人组网集群测量系统包括无人平台、机载激光雷达测量子系统、多波束测量子系统、母船/陆基操控管理中心。

集成无人机组网集群测量系统、无人船组网集群测量系统，利用相应的集群管控平台开展无人组网集群测量作业主要采用两种作业模式：

(1)采用无人机搭载激光雷达、航摄像机等，无人艇载多波束、惯导等组网测量系统，通过无人机编队、无人船编队与测量母船组网的形式，执行自主航行、自主地形地貌测绘任务的集群协同系统，该作业方法适用于远离大陆的岛礁测绘。

(2)岸边布设基站，通过操控平台进行无人组网集群协同测量，该作业方法适用于河道、近岸的岛屿测量。

在执行任务初始阶段，USV 集群从岸端指定水域出航，UAV 集群则从指定起降场起飞，经过一段路径的机动航行后，安全到达各自的任务区域执行后续的测量任务，作业示意图如图 2-69 所示。

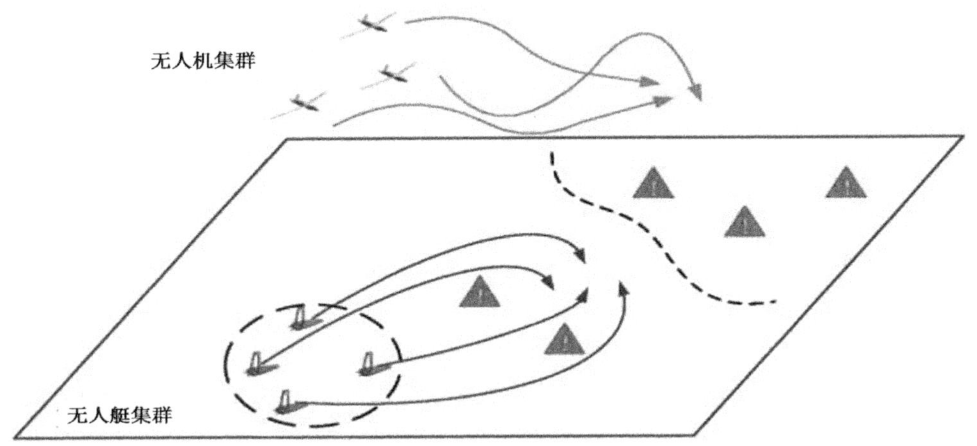

图 2-69　无人组网集群测量作业示意图

2.6 多源数据的融合获取与智能处理

通过多种软硬件技术的集成创新,本书构建了基于GNSS、视觉定位、惯性导航和激光雷达等多源信息的融合导航定位技术、基于自组网通信技术的跨域同构/异构无人平台的协同通信,研发了基于无人机、无人船等无人平台的同构、异构集群技术和无人平台的集群管控平台,实现了跨域协同的水陆一体化三维时空信息快速获取和无缝融合以及多网融合的远程集群协同管控和多源数据融合。

多源数据融合的信息采集和处理具体实现方法为:利用无人组网集群测量系统可快速实现对海量的照片、视频、正射影像、三维实景模型、三维激光点云、全景图等多源基础地理信息数据的融合获取;利用AI智能识别技术实现对多源地理信息的快速识别、解译和提取,构建了特征地物智能识别和提取模型,为数据孪生建设提供了AI模型库支撑。

2.6.1 多源数据融合的信息获取技术

无人组网集群测量系统的测量母船、无人机、无人船等无人平台搭载的多个传感器采集的多源数据系统应用是多传感器集成、集群测量和多源数据融合采集的关键环节。在测量仪中,多波束测深仪用于测量水下地形信息,激光雷达用于获取陆地点云数据,航摄像机用于获取照片、视频、全景、正射影像和三维实景模型,GNSS及惯性导航系统用于为激光雷达、多波束测深仪提供定位信息、时间信息、姿态信息和航向信息,时间同步控制模块为地形和姿态数据提供统一的时间同步基准等。这些数据包括数字影像栅格数据、点云数据及属性数据等,因格式不同、类型有别,地理参考也不统一,应根据不同用途和数据种类建立统一的地理坐标系统,与时间标签进行转化与集成,确定出工作时各传感器位置中心在地理坐标系下的位置和姿态信息,并根据不同要求对各类数据进行系统处理。

2.6.1.1 多源数据融合的信息智能采集技术

多源平台测绘数据融合采集工作流程如图2-70所示。

多源数据融合的信息智能采集关键技术实施方案如下:

(1)数据采集和存储方法:无人平台(无人船、无人机)的测绘数据采集、存储和数据实时上传,其中无人船是由一台高性能的工控计算机来实现的,具备高性能的多核CPU和高性能显卡,分别用于大量数据采集、处理及实时图形效果显示等;无人机是由机巢中继站来实现的,数据实时传给中继站,中继站通过5G通信实现数据实时回传。

(2)远程操控:通过远程通信,母船/岸基实现对无人船、无人机的远程控制,监控无人机、无人船多传感器集成数据的状态,根据实时回传视频、气象条件,及时调整无人机的飞行参数,以及根据水深、水文要素变化,及时调整无人船上测绘设备的声呐参数,保证测量数据的质量。

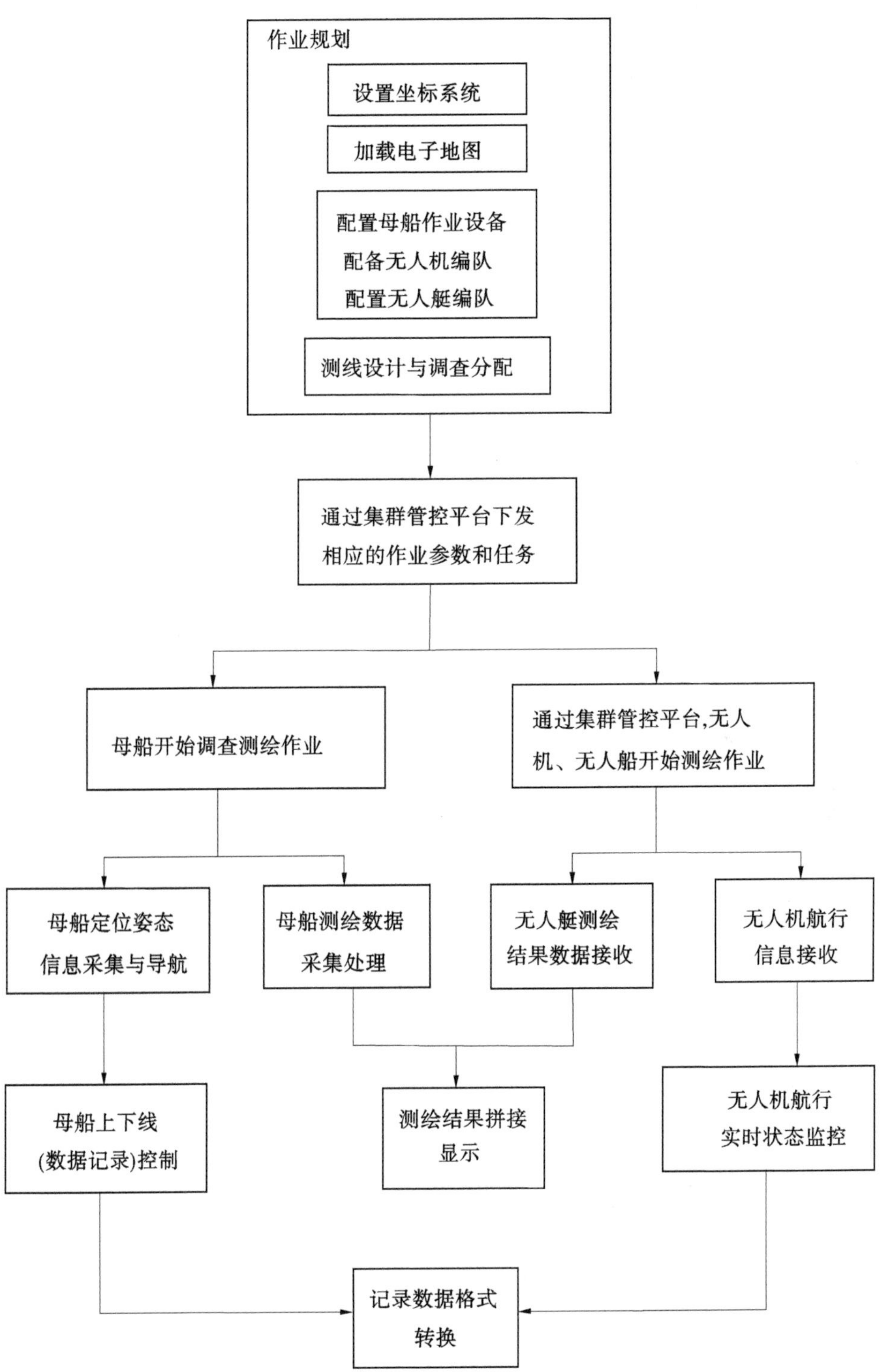

图 2-70　多源平台测绘数据融合采集工作流程

(3)数据实时采集和回传:为实现多源数据的融合采集,提供数据融合的精度,针对实际测绘情况对水陆多源数据的融合采集主要采用实时拼接技术和实时回传技术。①为实现多源数据测绘的实时拼接,保证对地形的全覆盖扫测,通过集群管控平台将母船多传感器采集的测绘数据、接收的无人船上传的测绘数据进行实时拼接。母船及无人平台的测绘数据由现场实时处理(拼接)。多源数据的实时拼接主要是测绘数据和结果的实时展示与质量控制,以确保作业和采集记录数据的有效性。更完整和精细的后处理是为了得到最终的、最佳的数据结果和测绘报告(见图 2-71)。②为保证水陆一体化数据的无缝融合,实时了解现场情况,采用基于 5G 技术的实时通信回传技术实现实时视频的回传,实时了解现场情况,保证作业安全和作业精度(见图 2-72)。

(4)利用无人组网集群测量系统,无人船、无人机同步协同采集水陆一体化三维时空信息,可实现获取无缝的岸边、岛屿等水陆交界处的一体化三维点云和地形。制图过程中对点云坐标进行插值滤波,生成不同比例尺的水陆一体化地形数据、水上地形数据及其他数据。

2.6.1.2　多源数据融合的智能处理技术

无人平台(无人机、无人船)搭载多种传感设备执行任务时,会采集多源数据,如遥感影像数据、点云数据、光谱数据、全景影像、倾斜摄影数据、正射数据以及视频数据和图片信息数据等。同时在航行过程中,会产生大量的控制、姿态、动力等数据,以及大量的模块间数据和用户交互数据等。这些海量数据中包含了众多对无人系统任务执行有用的信息,是无人平台控制决策的基础。因此,利用数据融合技术能够充分利用多源数据之间的互补与证明功能, 优化数据处理效果,提升无人平台控制决策与任务执行的综合效能。

在进行多源数据融合之前,对不同种类的数据格式、水平测量基准、垂直测量基准进行统一规划,是实现水上、水下数据无缝对接的前提。以 CGCS2000 坐标系作为水上、水下点云及全景影像的基准,测量以 1985 国家高程基准作为水上点云及影像的垂直基准,以深度基准面作为水下点云的垂直基准,若采用其他坐标系和高程系统需建立其 CGCS2000 坐标系、1985 国家高程基准之间的换算关系。通过推算得出测区内大地水准面和深度基准面的大地高,将综合测量信息统一到一个坐标系统中。利用 GNSS 观测测区验潮站布设的水准点,可获得验潮站邻域内基于深度基准面的数据和基于水准高程的数据转换关系。另外,必须对无人平台采集到的各种数据类型和图件进行预处理,包括数据标准化、栅格图矢量化、属性分离归纳、遥感影像和点云数据几何校准、不同来源图件地理配准等,然后再转换成统一的图像格式(Imagic Tiff)和三维点云数据格式(. XYZ 和 . las),而且所有预处理皆应以能使已有的各类数据相互沟通为目的,从而保证各类数据能够在同一工作平台上实现融合。

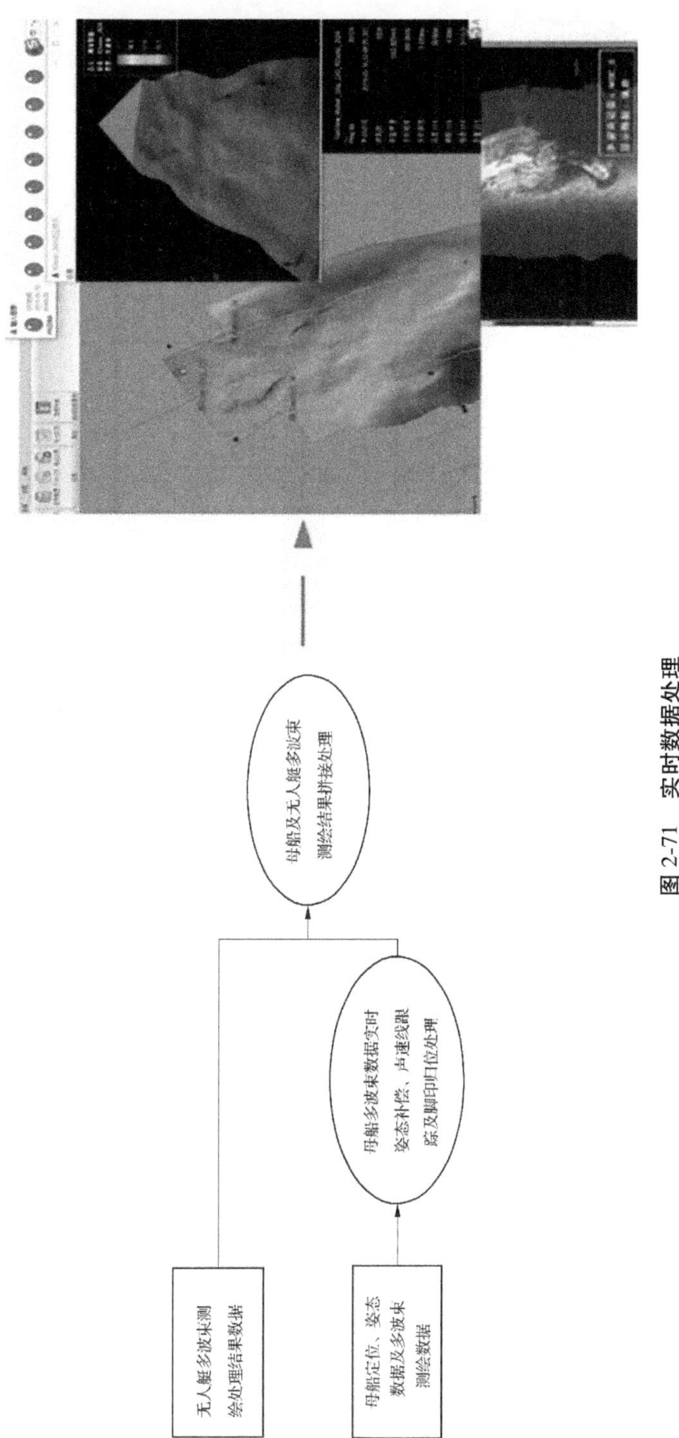
无人艇多波束测
绘处理结果数据
母船定位、姿态
数据及多波束
测绘数据
母船多波束数据实时
姿态补偿、声速线跟
踪及脚印归位处理
母船及无人艇多波束
测绘结果拼接处理

图 2-71　实时数据处理

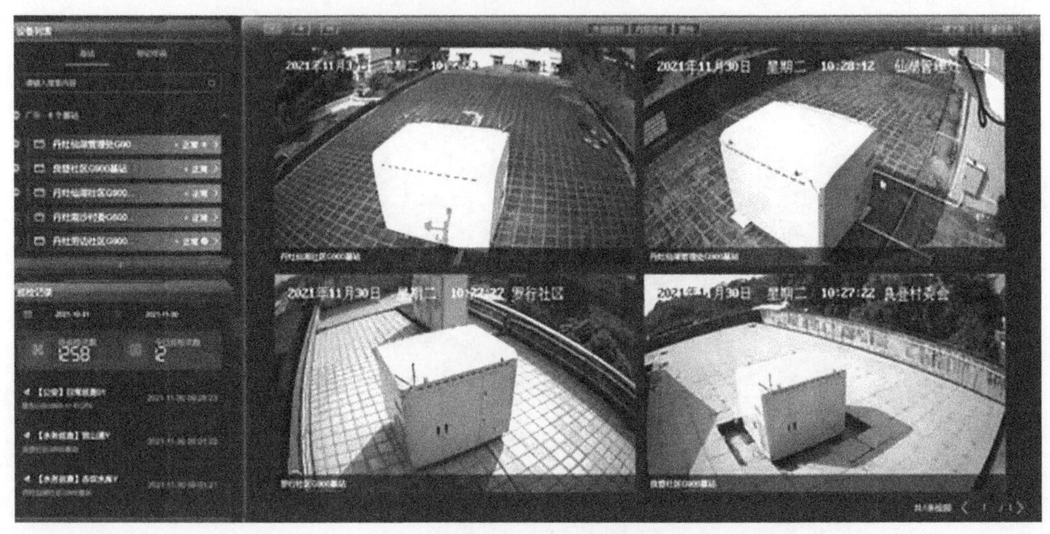

图 2-72　实时回传

通过特征点的自动选取以及几何纠正两部分预处理技术实现对多源数据的预处理和空间基准统一，提升多源数据融合以及增强性能。①针对影像数据的处理，选取基于灰度的图像匹配方法实现多源无人机图像特征点匹配，令图像融合配准点更精确。不同源的低分辨率无人机图像空间分辨率往往相差较大，图像预处理几何配准前需令不同源无人机图像分辨率处理至较为接近，选取二进制小波方法处理不同源低分辨率无人机图像分辨率，处理至两幅图像像素分辨率较为接近时，实施图像重采样以及匹配处理。通过均值向量规则获取多源图像融合结果容易丢失体现图像细节的高频信息，选取稀疏向量 L1 范数作为多源图像融合规则，L1 范数最大融合规则内系数绝对值最大值可体现多源图像内重要的高频信息。基于压缩感知理论利用多源图像特征点匹配结果以实现多源图像融合。②针对三维点云数据，将无人船获取的水下点云和无人机获取的激光点云进行格式的转换，统一数据格式，建立统一的地理坐标系统，同时确定出工作时各传感器位置中心在地理坐标系下的位置和姿态信息，用于后续的空间配准，并根据不同要求对各类数据进行预处理，完成水陆一体化点云数据的配准融合，形成完整的水上、水下地形数据。

针对多源数据融合质量提升，设计包含特征点、簇间距离与密度函数描述的多源数据度量集合，并根据高斯混合推导出数据融合模型，通过迭代不断更新密度函数与融合结果。同时，设计单源数据融合质量的多方面评估策略，迭代过程中只有评估通过才能作为最终的参数感知结果。

2.6.2　地形要素智能提取关键技术研究

基于无人机正射影像图，采用深度学习框架和全卷积神经网络模型的地物识别算法，完成正射影像分类与检测识别任务。对无人机采集目标区域的航片进行拼接、矫正生成正射影像，利用深度学习标注工具对正射影像进行地物类别标注，通过影像分割获取深度学习训练样本，以全卷积神经网络为基础，结合影像特征语义分割的方式实现 U-Net 网络结构,使用 Tensorflow 深度学习框架构建目标提取模型,并对数据集进行数据增强处理,分割后放入 U-Net 像素分类模型中训练、测试,实现无人机正射影像分类与提取。方法流程如图 2-73 所示。

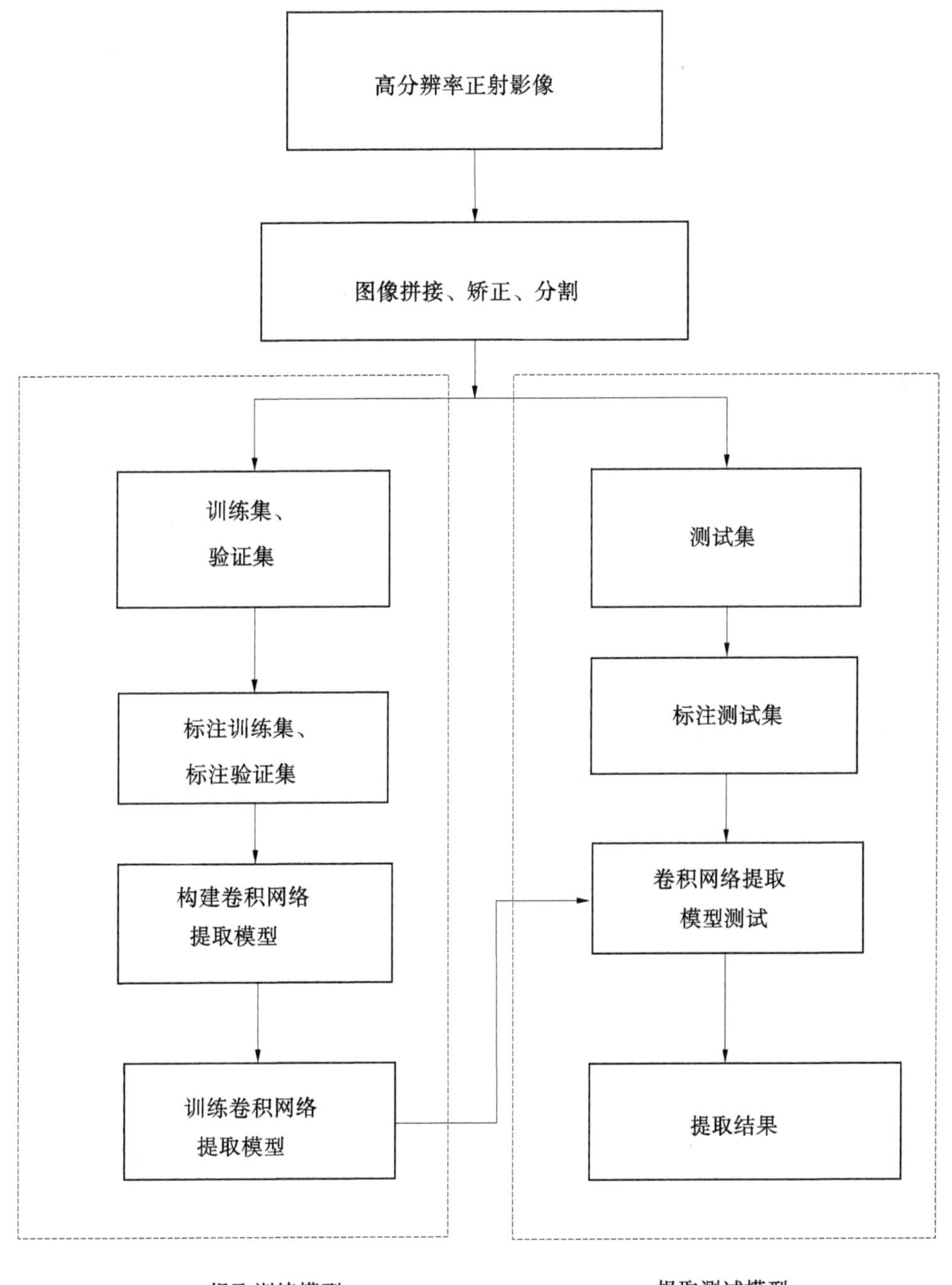

图 2-73　方法流程图

2.6.2.1　正射影像数据处理

利用无人机遥感获取测区的正射影像,对正射影像进行图像拼接、矫正、分割等处理,正射影像处理过程中图像镶嵌和坐标矫正是十分重要的环节,待镶嵌图像具有一定的重叠率,且需矫正到同一坐标系下。

2.6.2.2　总体模型构建

基于深度学习网络,对无人机正射影像进行地物检测识别对比分析研究,总体模型架构如图 2-74 所示。具体实现步骤有 4 步:

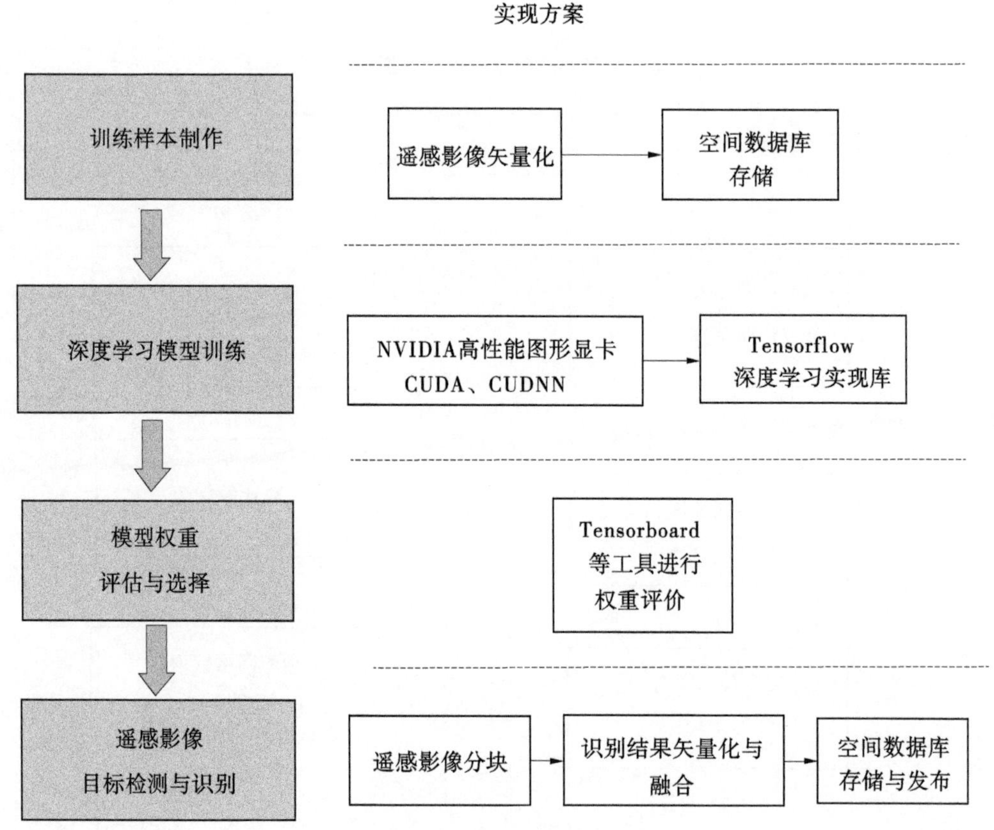

图 2-74　总体模型构建

第一步,对高分辨率无人机正射影像进行人工训练样本选取和制作。

第二步,制作好模型样本集后,在高性能并行计算服务器上搭建深度学习模型框架,进行深度学习模型训练,得到训练后的神经网络权重。

第三步,采用测试集样本对模型精度进行测试与评估,并对模型进行修正与改进。

第四步,将训练好的模型应用于待测试无人机影像上,实现无人机低空遥感影像的目标检测与识别。

2.6.2.3　深度学习网络的选取与搭建

U-Net 作为一种图像识别像素分类深度学习模型,相比传统的遥感影像地物识别算法,取得了较好的应用效果。目标分割的难点在于,需要正确识别出图像中所有物体的方向,且要将不同物体精准区分开,因此涉及两个任务:

(1)用物体识别技术识别物体,并用边界框表示出物体边界;

(2)用语义分割对像素进行分类,但不区分不同的对象实例。

U-Net 作为 FCN 的改进模式,能够有效地检测图像中的目标,采用下采样或上采样的方法实现特征的提取和整合。U-Net 的构建方法是:利用卷积进行下采样,提取出一层又一层的特征,利用这一层又一层的特征进行上采样,再进行特征图融合,最后得出每个像素点对应其种类的图像。U-Net 网络总体由两部分组成:收缩路径和扩展路径。收缩路径主要是用来捕捉图片中的上下文信息,相对称地扩展路径则是为了对图片中所需要分割出来的部分进行精准定位,两者的关系如图 2-75 所示。

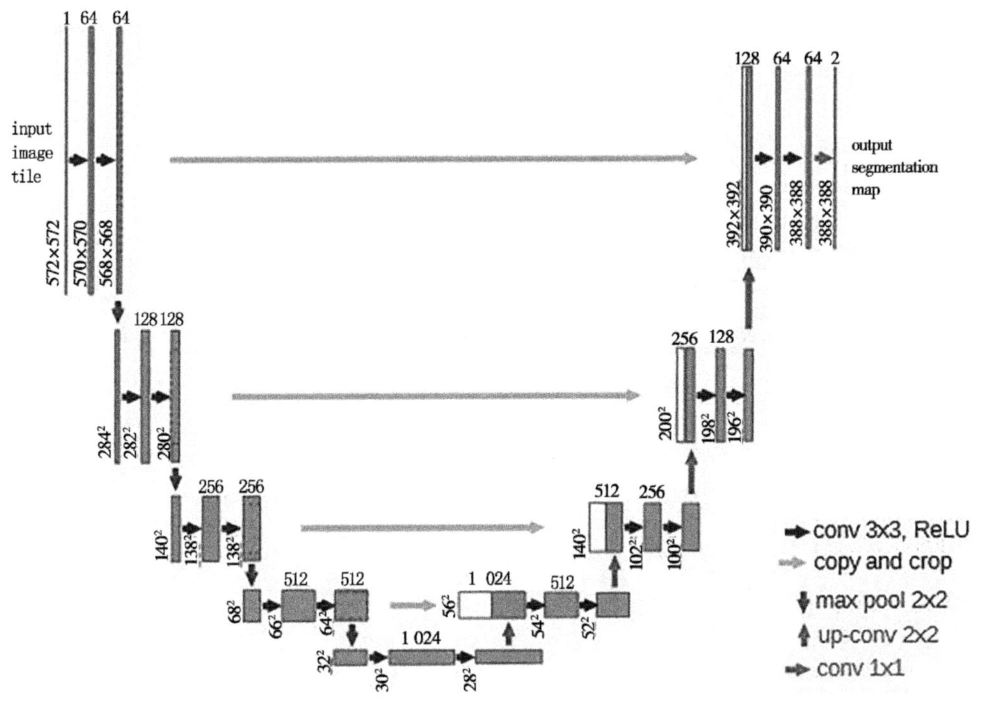

图 2-75　U-Net 网络结构

U-Net 神经网络的具体计算步骤如下:

(1)输入影像,进行图像拼接分割的预处理操作;然后将其输入一个预训练好的神经网络中进行下采样。

(2)下采样过程是 4 次卷积池化作用,图像尺寸成倍缩小,每个卷积层获取相应的特征图(feature map),特征通道数增加。

(3)上采样过程中的特征图与编码器对应的浅层特征图逐层融合,对每个像素点,在不同的通道(channel)上进行线性加权。

(4)引入跳跃连接,融合多层特征操作,特征图融合前,先裁剪特征图,再通过Concatenate连接,充分融合浅层特征和深层特征,恢复特征图细节信息。

尽管利用U-Net模型进行无人机遥感影像的地物检测具有较大应用优势,但在目前具体实践中,存在着如下困难:

(1)虽然U-Net分类效果较好,但需要配备高性能CPU和GPU的硬件平台,普通应用人员往往不具备这种条件。

(2)U-Net模型随着网络层数的增加,出现了梯度消失、模型退化等现象。

(3)U-Net模型检测结果是像素类型,不具有地理空间意义,还需要人工将其转换为空间矢量地理数据才有实际应用价值。

(4)U-Net模型结果存在转角边缘模糊、细节丢失等问题。

针对上述U-Net模型在遥感影像地物检测上应用的困难之处,本书采用改进的U-Net网络模型对无人机航摄遥感影像进行特征物的识别、提取和对比分析。提出一种以U-Net为基础网络,通过边缘增强、在底层引入残差块的技术,改进U-Net模型形成D-UNet新模型。将该方法用于无人机遥感影像地物检测,可实现对每层网络的特征图做归一化处理,解决网络加深导致损失误差增大的问题(见图2-76)。

采用的主要技术方案如下:

(1)利用机器学习框架Tensorflow中Keras库编程实现U-Net模型结构。

利用机器学习框架Tensorflow实现U-Net模型结构基于Tensorflow机器学习框架kreas库和Python编程语言将U-Net模型结构实现为可执行程序,并部署在配备有高性能CPU和GPU硬件环境的服务器上。

(2)设置预处理模块将原始影像进行预处理,然后对U-Net模型进行调用。

采用预处理模块处理中高斯双边滤波、红蓝波段比值方法对原始影像进行处理:原始影像经过直方图均衡化、边缘检测、波段间比值后与原始图像一起转换为多波段张量输入神经网络,预处理主要是强调边缘、增强波段间联系和图像增强的作用,为后处理流程提供高精度高关联性影像。

(3)在U-Net模型底层添加2个残差块(Identity Block),实现D-UNet模型对遥感影像数据的自动化地物检测识别提取。

D-UNet模型改进的核心部分是第五组conv,添加两组残差块(Identity Block)使得网络加深,能够提取更多全局信息,残差块内部的跳跃连接使得加深后的网络不会出现梯度消失、模型退化等现象。2个块不是普通卷积块,卷积后加入批处理层,对每层网络的特征图做归一化,避免训练陷入局部最优(见图2-77)。

该方法的创新点如下:

(1)预处理强调边缘是为了更好地保留建筑物边缘,提高结果的转角锋利度和边缘清晰度,高斯双边滤波是一种保留边缘的滤波,其通过考虑像素值分布情况,保留像素值

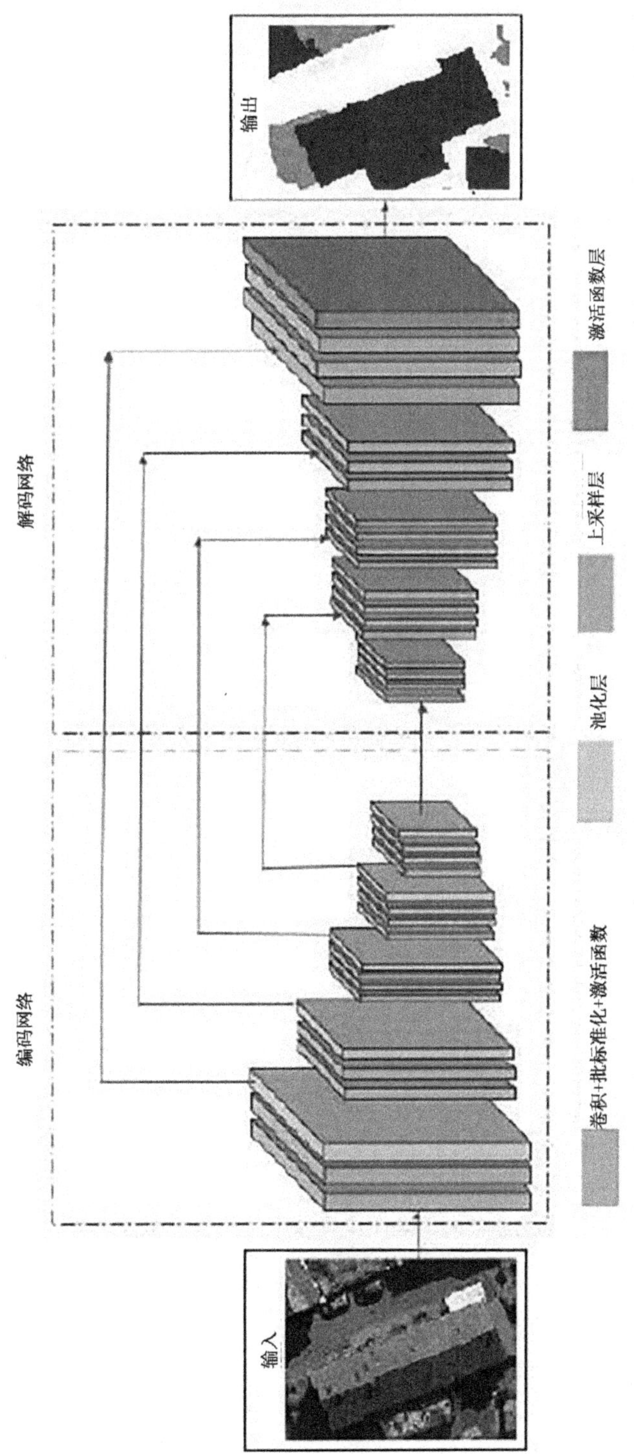

图 2-76　D-UNet 地物检测结果编码、解码转化流程

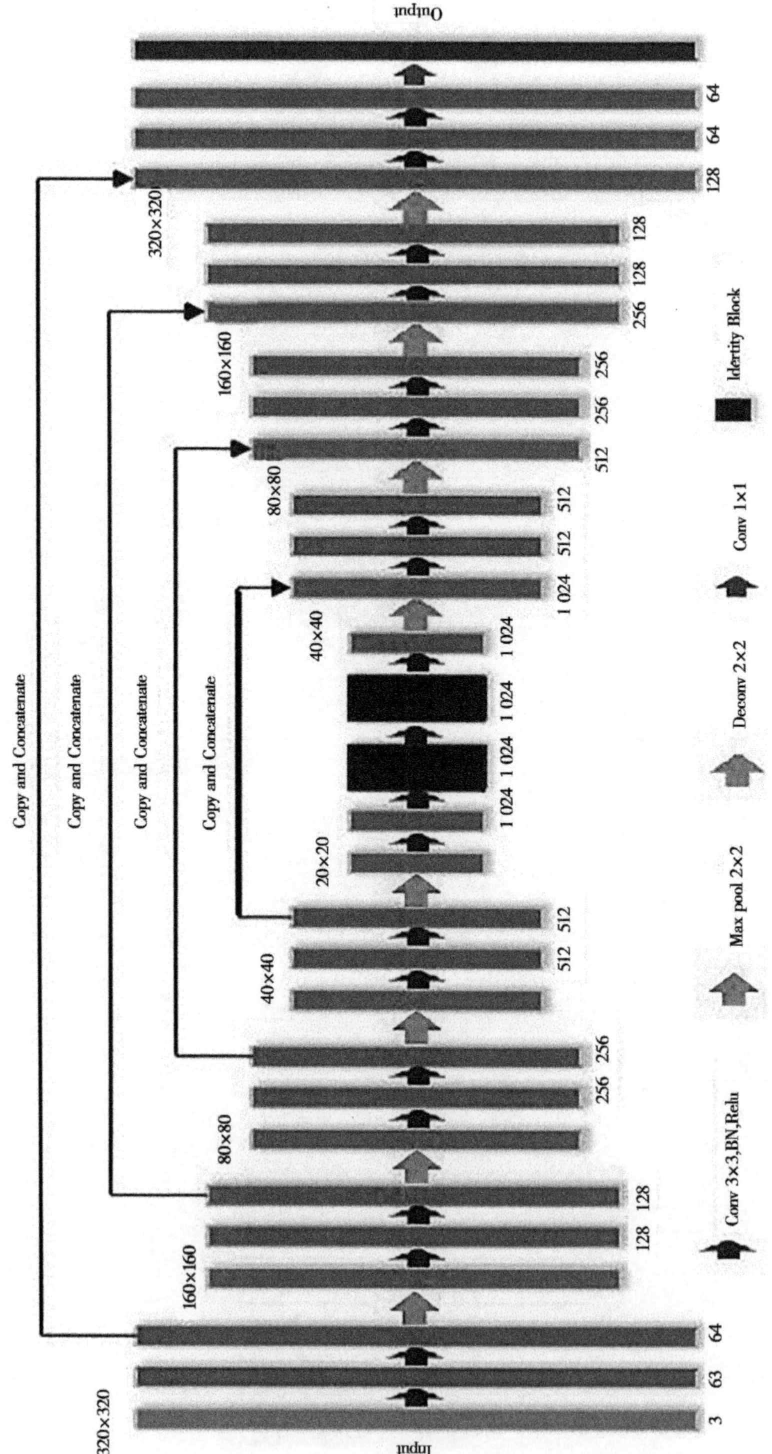

图 2-77　实现 D-Net 模型对影像数据的自动化地物检测的流程

空间分布差异较大的部分,可完整保留图像的边缘信息。

(2)预处理增强波段间联系是为了使模型更好地理解颜色关系,一般情况图像 RGB 三个波段被分别输入神经网络,卷积只能感受 R/G/B 波段中同波段像素点周围的信息,没有强调波段间比值关系。

(3)预处理过程图像增强解决了直方图灰度集中在某一色阶范围内,通过直方图均衡化将这些集中的灰度进行拉伸以提高对比度,图象经过直方图均衡化后可以增强图片特征并提高图像识别精度。

(4)在模型底部引入残差块,可以进行内部跳跃连接,使网络加深,对特征图进行归一化,能够提取更多的全局信息。

2.6.3 基于目标检测的图像异常特征物识别技术研究

无人机由于其便利性、经济性,近年来被广泛应用于水库大坝、水电站等水利工程的巡检巡查中,获取了海量照片、视频等可视化影像数据,为水利行业智慧化监管做出了重大贡献。崔保春等提出了一种基于模式识别技术的高光谱遥感影像检测方法,提高了影像拼接的精度;董淑娟提出了一种仅针对摄像头、雷达等采集的水利工程质量图像的误差补偿神经网络的检测算法。在水利工程智能识别领域,国内外学者主要在无人机图像质量和图像细节纹理等方面开展检测识别研究,而针对海量的多期巡检图像违规违法等异常问题检测方面主要采用人工判别的方法,费时费力且效率不高,为满足智慧水利建设和水利信息化行业发展的需要,亟须构建新的智能化图像识别方法技术体系。随着人工智能技术的发展,基于目标识别检测算法的人工智能技术为水利工程的无人机海量图像异常特征识别提供了技术支撑。

Redmon J 等于 2015 年提出的 YOLO (You Only Look Once: Unified, Real-Time Objection Detection)算法,在图像识别领域被广泛应用,从第一代 YOLO v1 已发展到第五代 YOLO v5,其中 YOLO v1、YOLO v2、YOLO v3 均由 Redmon J 等提出并改进发展,YOLO v4、YOLO v5 是针对特定的应用环境由其他学者改进发展的,由于算法源码公开时间短等原因,存在一定的应用局限性。YOLO v3 作为 YOLO 算法框架系列的经典,针对其小目标识别精度不高这一弊端,国内外学者对 YOLO v3 算法进行了一些改进,蔡鸿峰提出了选用 Darknet-49 为主干网络,通过引入 DIoU 函数,对损失函数进行了优化改进,但 mAP 仅提升了 2.4%;顾晋等通过改进的车辆算法对原 YOLO v3 中的模型进行剪枝处理,提升了 YOLO v3 算法识别的精度和效率,上述研究多应用于行人检测、车辆检测、交通标志识别、船只识别等小尺度、单目标的特征物检测识别领域,在大范围、小尺度和多目标的水利工程无人机图像检测识别领域应用较少。

为提升无人机图像识别的精度和效率,满足水利工程建设期针对工程安全、进度等强监管工作的要求,达到智能化施工和管理的目的。拟通过开展无人机图像智能识别技术体系研究,基于 YOLO v3 单阶段目标检测框架,通过引入通道注意力模块(Squeeze-and-Excitation(SE)-block),优化算法设计,构建基于 YOLO v3-SE 框架的高精度特征目标识别算法,研发无人机图像自动识别系统,形成适合水利工程的无人机图像智能识别技术体系，提升无人机图像识别的效率和成功率，为水利工程建设期的无人机巡检图像异常特征物智能识别提供技术支撑，也为河湖环境监测、防汛应急抢险、河道岸线违法等领域的无人机动态监管提供技术保障。

2.6.3.1　研究方法

在深入分析前人研究成果的基础上，借鉴前人的应用经验，基于 YOLO v3 单目标检测算法框架，通过引入通道注意力模块，开展高精度、高效率的 YOLO v3-SE 算法设计研究，构建无人机图像智能识别技术体系，研发无人机图像自动识别系统。

关键技术流程分为以下三个步骤：首先，针对无人机航摄图像的类型，将视频统一转化为照片，构建图片流处理中心，开展图像处理、图像分割、像元处理等的图像预处理工作；其次，根据应用需求，对图片中异常特征物体进行人工标注，开展用于模型训练的数据集制作；最后，基于 YOLO v3 算法框架，通过引入通道 SE 模块，构建 YOLO v3-SE 算法框架，开展无人机图像异常特征物识别，并开发相应的自动识别系统满足工程应用实践要求。具体技术流程如图 2-78 所示。

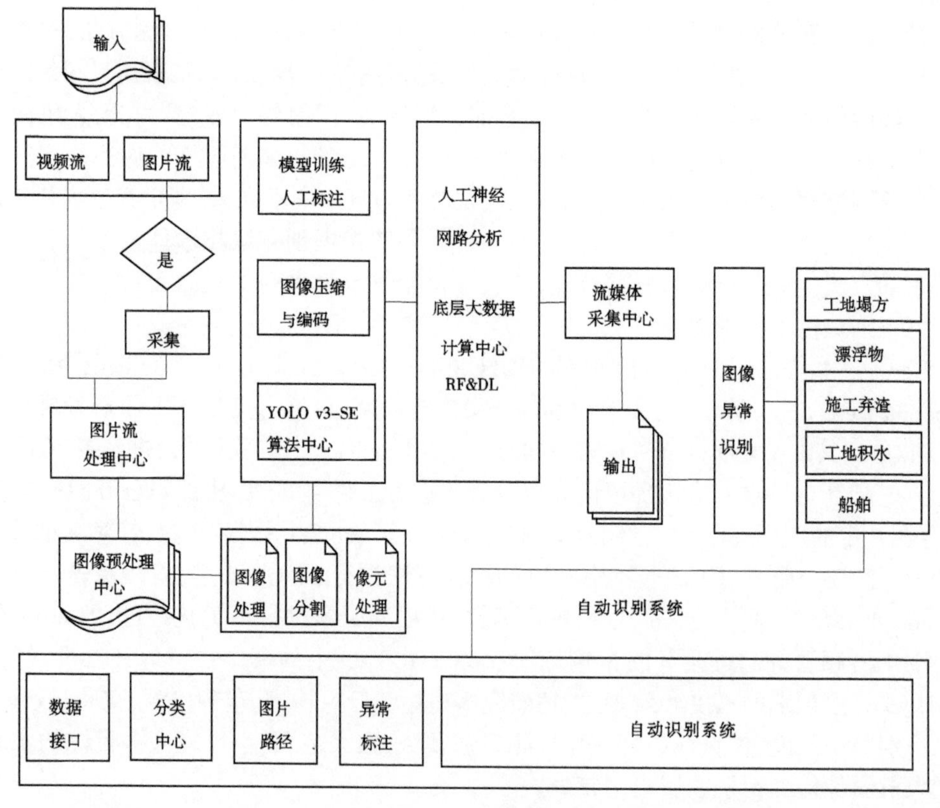

图 2-78　技术流程

2.6.3.2　关键技术算法设计

1. YOLO v3-SE 算法设计

YOLO v3 作为 YOLO 系列算法的一个代表，其实现原理如图 2-79 所示。它在特征提

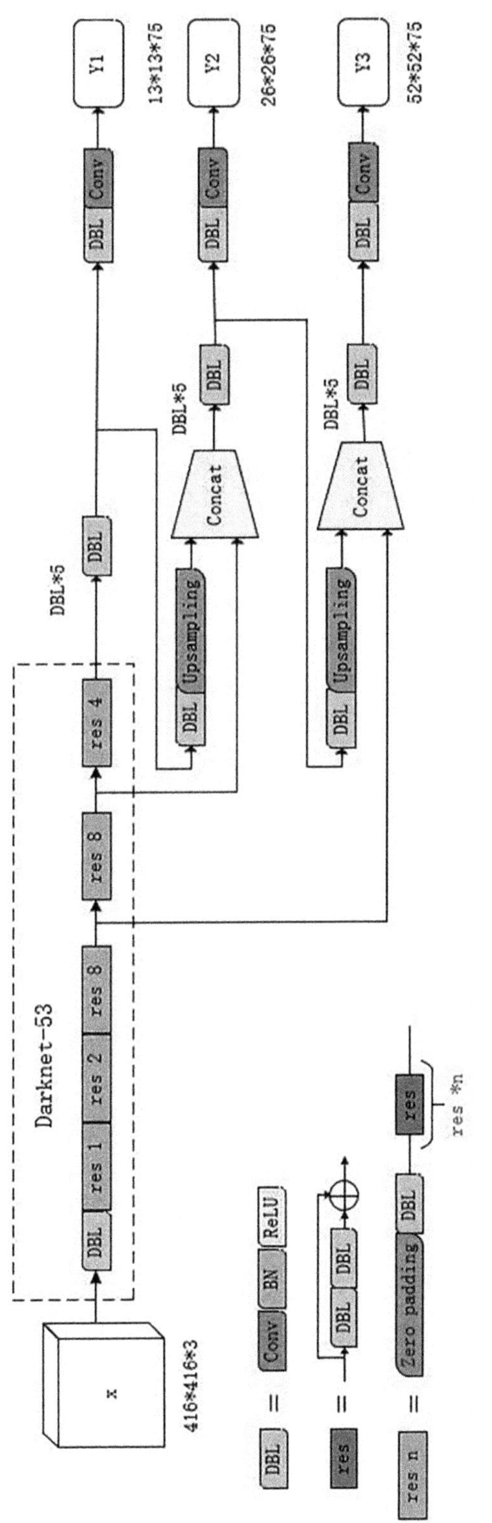

图 2-79　YOLO v3 算法结构

取网络部分引入了残差结构加深网络深度,并引入跳层连接,有效防止梯度消失,由此构建了更深层次和更高精度的特征提取网络 Darknet53。同时采用由边框回归损失、置信度损失和分类损失组成的多任务损失函数对网络进行网络训练。对象分类用 Logistic 取代了 Softmax。在检测部分,它利用三个输出分支分别对不同尺寸的目标物进行检测,同时三个特征层之间通过特征金字塔结构实现特征的有效融合,提高了检测性能和小目标识别。YOLO v3 在 Microsoft COCO 数据集上 mAP@ 0.5 达到 57.9%,每张影像的检测速度可达到 51 ms。相比 YOLO v1、YOLO v2 算法框架,YOLO v3 算法无论是检测精度还是检测速度都有较大幅度的提升,但 YOLO v3 对三个输出分支的特征层的特征利用存在不足,无法充分利用有效特征,这使得 YOLO v3 对目标的定位并不精准。

为了提升 YOLO v3 算法识别小目标物的精度,国内外学者通过引入注意力机制,提升了小目标物识别的精度。注意力机制(SKNet、SE-block、CBAM 等),依靠神经网络计算出梯度通过前向传播与后向反馈的方式获得注意力权重,其在 YOLO v3 的优化改造中,提升了目标识别率。与其他注意力机制相比,通道注意力模块[Squeeze-and-Excitation (SE)-block]可以通过较少的参数,减少无关信息带来的干扰,这对异常特征样本量较少的无人机图像识别尤为重要,其通过对各通道的依赖性进行建模以提高网络的表征能力,并且可以对特征进行逐通道调整,这样网络就可以通过自主学习来选择性地加强包含有用信息的特征并抑制无用特征,进而可提高小目标识别的精度。通道注意力模块基本原理如图 2-80 所示。首先,经过一个标准的卷积操作,如式(2-18)所示,再经过 Squeeze 操作将 $H \times W \times C$ 压缩至 $1 \times 1 \times C$,将各通道的全局空间特征作为该通道的表示,形成通道描述符,如式(2-19)所示;其次,经过 Excitation 操作学习对各通道的依赖程度,并根据依赖程度的不同对特征图进行调整,获得全局的特征通道权值系数 S,如式(2-20)所示;最后,将学习到的各个通道的权值系数乘到特征图 U 上,完成通道维度上的有效特征加强、无效特征的抑制,如式(2-21)所示。

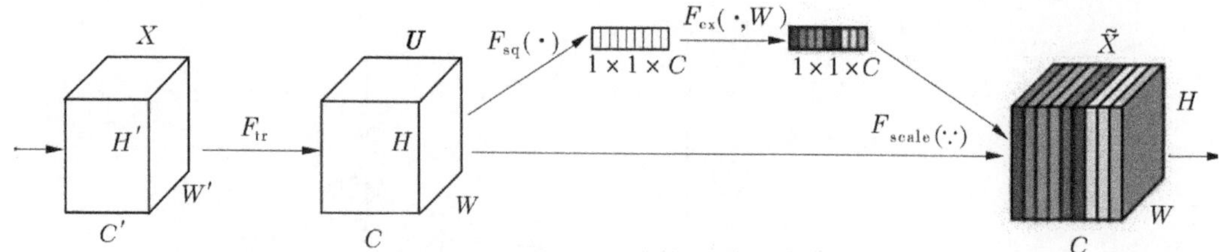

图 2-80　通道注意力模块(SE-block)

$$\boldsymbol{U} = F_{\text{tr}}(\boldsymbol{X}), F_{\text{tr}}: \boldsymbol{X} \rightarrow \boldsymbol{U}, \boldsymbol{X} \in \boldsymbol{R}^{H' \times W' \times C'}, \boldsymbol{U} \in \boldsymbol{R}^{H \times W \times C} \tag{2-18}$$

$$Z = F_{\text{sq}}(U) = \frac{1}{H \times W} \sum_{i=1}^{H} \sum_{j=1}^{W} U(i,j), Z \in R^{C} \tag{2-19}$$

$$\left.\begin{aligned} & S = F_{\text{ex}}(Z, W) = \sigma[g(Z, W)] = \sigma[W_2 RELU(W_1 Z)] \\ & W_1 \in R^{\frac{C}{r} \times C}, W_2 \in R^{C \times \frac{C}{r}} \end{aligned}\right\} \tag{2-20}$$

$$\tilde{x} = F_{\text{scale}}(U, S) = S \cdot C \tag{2-21}$$

式(2-18)、式(2-19)、式(2-20)、式(2-21)和图 2-80 中:$\boldsymbol{U}$ 表示二维矩阵;H 为每个维度特征图的高,W 为每个维度特征图的宽; W_1Z 表示第 1 个全连接操作; W_2RELU(·) 为第 2 个全连接操作;RELU(·)为 ReLU 激活函数; $\sigma(\cdot)$ 为 Sigmoid 函数;S 为各通道重要程度的权重。

针对无人机拍摄的照片、视频中特征物大小尺寸不同和异常特征物样本库较少等问题,为实现无人机图像特征目标物的高精度提取,通过在三个输出分支添加 SE 模块,增强每个分支的特征表达,构建新的 YOLO v3-SE 算法框架,从而使网络有选择性地加强关键特征,并抑制无用特征,YOLO v3-SE 算法网络结构如图 2-81 所示。

同时,针对数据集样本中各类目标物的类间数据量不均衡,存在较大差距,不利于模型的训练,以及对于实际的检测效果也是有较大影响等弊端,根据图片数据和目标物分布的实际情景,通过对原始图片采取翻转、随机裁剪(3 种不同尺寸)以及翻转和随机裁剪混合的方式来进行数据增强,用以提高无人机特征物识别的成功率。数据增强效果示意图如图 2-82 所示。

2. 自动识别系统设计

为实现从海量无人机图像中智能化、自动化地检测识别水利工程建设期的非法弃渣、工地塌方、施工挖坑积水等异常特征状况,基于云计算、大数据、YOLO v3-SE 目标检测算法、计算机开发语言、GIS 技术等技术方法研发无人机图像自动识别系统,用于满足海量无人机航拍视频、照片等图像的智能化精确识别的需求。

系统具体设计步骤为:首先,构建无人机原始图像和异常特征识别标记图像数据库,开展无人机图像的数据库设计研究,前端采用 JavaScript 语言、后端采用 Java 语言,数据库采用具有空间数据存储管理功能的 PostgreSQL 数据库,空间数据显示管理可采用开源 GIS 平台,通过读取无人机航摄图像自带的 POS 定位信息,建立地图定位点与图像之间的空间联系,开展航摄图像信息的读取和入库;其次,融合 YOLO v3-SE 算法,采用 Pytorch1. 2. 0 深度学习框架和 Python 编程语言,构建后端无人机图像自动识别计算和大数据处理中心;最后,通过前端 WEB 端进行调用深度学习框架,开展不同期的无人机航摄图像异常特征物识别,并将异常照片进行入库和图上定位显示,以便技术人员进行判别比对和管理。

3. 精度评价指标

目标特征检测识别常用的精度评价指标主要为基于 mAP 值(Mean Average Precision)的评价法。mAP 是指不同召回率下的精度均值。在无人机图像异常目标检测中,一个模型会检测多种不同异常特征物,每一类都绘制一条 PR(Precision-Recall)曲线,并计算出 AP 值,而 mAP 可通过多个类别的 AP 值平均值求取。由于通过计算数据集中所有类别 AP 值的平均值即可求取 mAP,因此只需计算 AP 即可。AP 计算方法主要有以下 3 种方法:

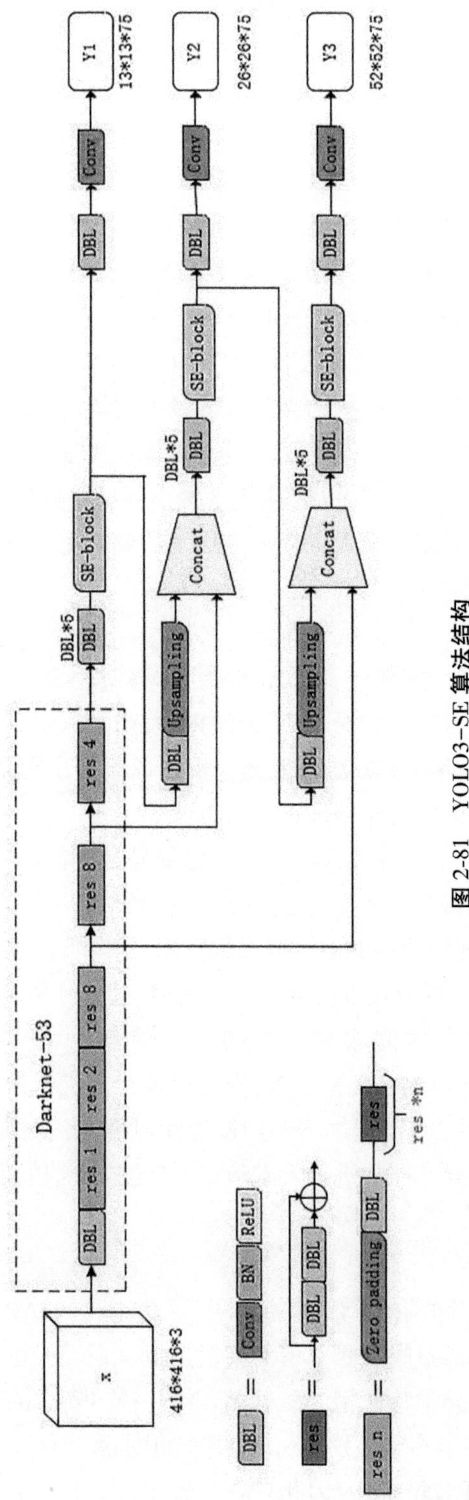

图 2-81　YOLO3-SE 算法结构

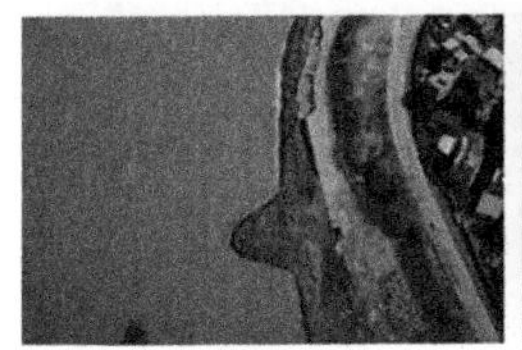
原始图片

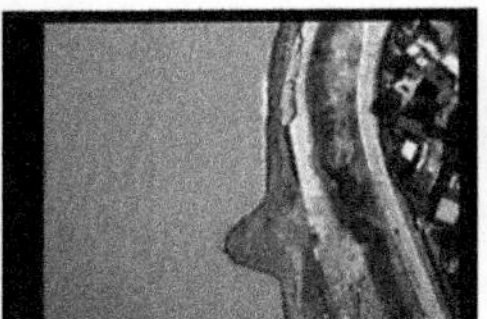
随机裁剪

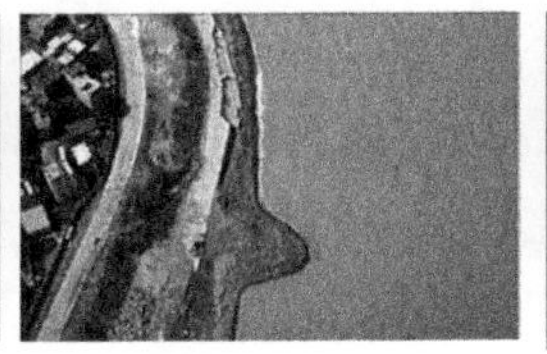
翻转

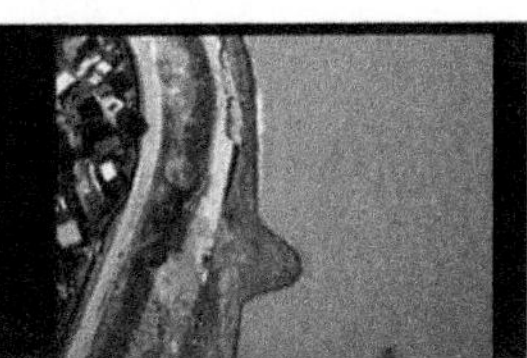
翻转和随机裁剪混合

图 2-82　数据增强效果示意图

(1)在 VOC2010 数据集以前,先求取当 Recall ≥ 0, 0.1, 0.2,…, 1 共 11 段时的 Precision 最大值,然后计算 11 个 Precision 的平均值即为 AP,如公式(2-22)所示,mAP 即为所有类别 AP 值的平均数。

$$\text{AP} = \sum_{\gamma \in (0, 0.1, \cdots, 1)} \rho(\gamma) \tag{2-22}$$

式中:γ 为召回率 Recall 的取值;$\rho(\gamma)$ 为召回率大于 11 个点时的最大准确率值。

(2)在 VOC2010 数据集以后,需选取每一个召回率 Recall 大于或等于 Recall 值时的 Precision 最大值,计算 PR 曲线下面积作为 AP 值,然后求取 mAP,此方法为目前较为常用的 mAP 精度评定方法。

$$\text{Precision} = \frac{\text{TP}}{\text{TP}+\text{FP}} \tag{2-23}$$

$$\text{Recall} = \frac{\text{TP}}{\text{TP}+\text{FN}} \tag{2-24}$$

式中:TP(True Positive)表示一个正确的定位结果;FP(False Positive)表示一个错误的定位结果;FN(False Negative)表示未预测出的结果。

(3)在 Microsoft COCO 数据集中,可采用设定多个 IOU(Intersection Over Union)阈值(步长选择 0.05,阈值范围为 0.5~0.95)的方法,在每一个 IOU 阈值下都对应一类别的 AP 值,然后计算在不同 IOU 阈值下的 AP 平均数,即为所求的某一类的 AP 值。

2.6.4　地形要素测量建模技术

水上地形测量是利用无人机倾斜摄影测量技术获取的影像,经过影像校正、影像拼接和空三加密等数据处理操作后,可获得流域数字高程模型、数字地形模型和真三维模型等,将其与谷歌地球相结合,实现三维模型与谷歌地图的叠加以及三维模型的放大、缩小、查询、添加、数据转换、数据输出和数据备份等功能。

水下地形测绘是通过无人船平台搭载小型多波束测深系统来采集高精度水下地形数据和淤泥层数据,支撑三维模型的整体技术方案,为河道水库运行管理的相关工作提供了有力的基础数据支撑。无人船吃水浅、循线精度高,其无人化、自主化测绘的方式扩大了水域测绘范围，提高了水域测绘作业效率，同时还保障了调查人员的工作安全，可解决传统人工实测手段工作量大、危险性高的痛点，并进一步扩大了测绘覆盖范围。其主要数据类型包括：正射影像数据、数字线划图、点云数据、倾斜摄影三维数据、全景影像数据。

第3章　研究成果与实例应用分析

3.1　研究成果

3.1.1　无人机及机巢设备

3.1.1.1　无人机机巢设备

无人机机巢设备是为满足无人机行业专业需求和无人机集群测量需求而设计的无人机存放和智能自主作业的全自动产品,为满足水上复杂的水况条件发明的一种海洋测绘用无人机中继站(见图3-1)。产品内置空调系统,保障机巢内部设备的恒温、恒湿条件,保证设备的最优运行状态和寿命。此外,机巢提供气象监测模块,通过接入中国气象局气象大数据,实现对机巢周边环境的实时监测。产品内置机械手臂,可实现无人机电池的自动更换。机巢内置4块电池,保障无人机全天候不间断的测量作业,同时更换的电池自动放置充电仓。

无人机机巢建设具有以下优势:

(1)含4G远程控制和通信,实现数据的远程回传与指令传输,减少人为现场干预,提高测量效率,巡视数据可实时回传至服务器端,管理人员可随时查看;

(2)采用自动化巡查模式,减少人工户外作业时间,避免了人为因素对飞行测量过程的影响;

(3)机场内部为无人机长期存放提供了恒温、恒湿的储存环境,延长了无人机作业寿命;

(4)具有自动更换电池与充放电功能,效率高,避免因人为忽略对电池的充电而造成的作业延后的现象。

3.1.1.2　无人机设备

无人机是无人驾驶飞机的简称,是利用无线电遥控设备和自备的程序控制装置的不载人飞机,按照不同平台构型来分类,无人机主要有固定翼无人机、无人直升机和多旋翼无人机三大平台,其他小种类无人机平台还包括伞翼无人机、扑翼无人机和无人飞船等。在水利枢纽设施测量、巡检中,考虑其续航能力、便携性,场地、云台及相机设计等因素综合影响,更多采用多旋翼无人机。

图 3-1　无人机机巢组成

3.1.2　无人机集群管控平台

无人机集群管控平台主要包括以下内容：

(1)基于大疆精灵 4RTK 无人机系统 SDK 和安卓操作系统研发的无人机操控 APP，其支持将航摄视频一键分享至无人机远程控制系统；

(2)基于物联网技术、二维码识别技术、无人机自带的高精度 RTK 起降系统搭建的无人机起降智能机巢；

(3)基于 Web 服务器、流媒体服务器、GIS 技术和大疆 SDK 等搭建的 Web 端的无人机远程控制系统。

无人机集群管控平台实现了远程操控无人机自主起降和充电，并可根据固定航线集群测量；还可以通过自主搭建流媒体服务器，将无人机多路航摄视频远程无损传送至 Web 端无人机远程控制系统，实现了随时、随地浏览测量现场的目的。无人机集群管控平台系统界面如图 3-2 所示。

3.1.2.1　测量任务管理

系统管理员通过新建飞行任务，在三维场景中规划航线，同时也支持本地导入航线。完成后即可将飞行任务下发至基站或移动端。

3.1.2.2　集群测量指挥调度

系统管理员在 Web 端可以实时监控无人机状态，并指定任务。无人机将按照任务既定的航线信息自动完成飞行任务，并实时回传到 Web 端，进行现场作业情况的监管。

图3-2　无人机集群管控平台系统界面

3.1.2.3　无人机集群自动测量

提前做好任务规划,无人机即可按照设定航线进行集群测量。通过搭载高清摄像头、激光雷达等设备,短时间内快速获取影像资料,生成照片、视频、正射影像等多源基础地理信息数据底板,使用自动化数据处理软件能够快速生产出正射影像、DEM、三维实景模型、全景图等,无须专业操作员。无人机集群测量航摄路线示意图如图3-3所示。

图3-3　无人机集群测量航摄路线示意图

3.1.2.4 实时传送数据

采用先进的4G/5G通信技术和4G/5G网络建设,在线展示无人机现场飞行户外实时视频,实时迅捷地在现场把无人机采集的可见光视频、热成像视频、影像等数据实时传送到控制中心,便于实时掌握了解测量区域的现场情况和航摄成果质量(见图3-4)。实现了对“人测+机测”的协同测量工作进行全过程管理,对无人机作业实时视频进行监控管理,支持多路无人机作业监控直播,实时跟踪无人机位置展示飞行轨迹。

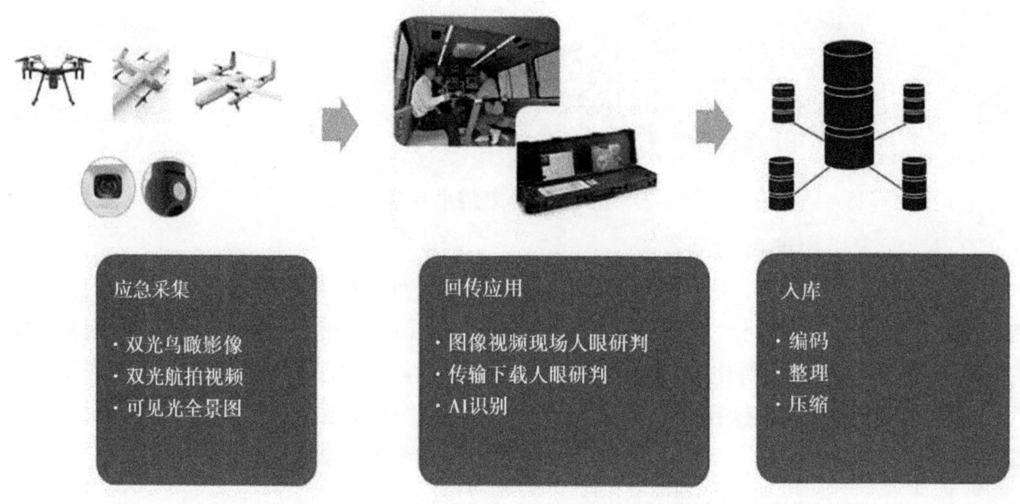

图3-4　实时数据传送示意图

3.1.2.5 无人机控制系统APP

无人机控制系统APP是基于安卓移动操作系统和大疆SDK自主研发的、针对无人机集群测量中的突发事件深度定制的智能无人机操作系统。可以全自动完成航线规划、多种数据采集(包括视频、正射、倾斜等)的业务化功能模块,实现无人机的自动化、智能化操作控制,减少人工操作,降低职业门槛,满足各种应用场景的数据采集需求;实现专业级的安全检查,保证飞机的飞行安全,减少事故率。满足在降低集群测量操作难度的同时,整体提升测量单位的无人机测量、巡检应用水平及作业安全,实现安全、成本、效能总体最优的作业和管理部门发展需求。同时,拥有便携式广电级高清直播终端,即一种稳定、便携且功能多样的高清音视频传输系统,可实现广电级的直播效果。

智能操作系统内具有距离面积量测工具、轨迹记录工具、草图工具以及特征采集工具,方便作业人员对作业周围环境做出快速准确的分析和判断。

产品特点如下:

(1)兼容广:可兼容从微型到中型、消费级到专业级的市场上80%的无人机型,支持大疆全系列产品,支持KML任务导入、支持多源开放地图。

(2)功能强:满足所有基本功能和业务需求,能够导入KMI和Excel格式的线路坐标文件,能够为任意测区提供智能实时分钟级天气预测和一周天气预报,拥有手动飞行、通道巡视、树障巡视、正射影像、带状正射、全景采集等多种飞行模式,支持多边形任务规划、断点续飞等。可远程实时监控无人机位置、速度信息、电池电量等无人机作业和健康状态信息,并实时预警无人机作业风险。同时,拥有满足机巡中心各种业务需求的统计报表功能。

(3)效率高:以正射影像采集为例,单兵作业效率平均1 km^2/架次,最高可达20 km^2/(人·d),并支持大任务规划。

(4)更智能:全自动作业模式,一键起飞,自动返航,智能规划,自主作业,断点续飞。

(5)更稳定:专业机构测试,复杂应用场景检验,实际应用证明。

(6)更安全:起飞前10项安全检查,低电量自动返航。

产品运行环境如下:

(1)CPU:高通/海思/三星/Tegra/MTK,单核主频1 G以上。

(2)RAM:512 M以上。

(3)移动终端软件环境支持:Android 4.4及更高版本。

(4)屏幕分辨率:适配绝大部分安卓手机及平台电脑。

系统模块功能如下:

(1)带状正射模式(见图3-5)。

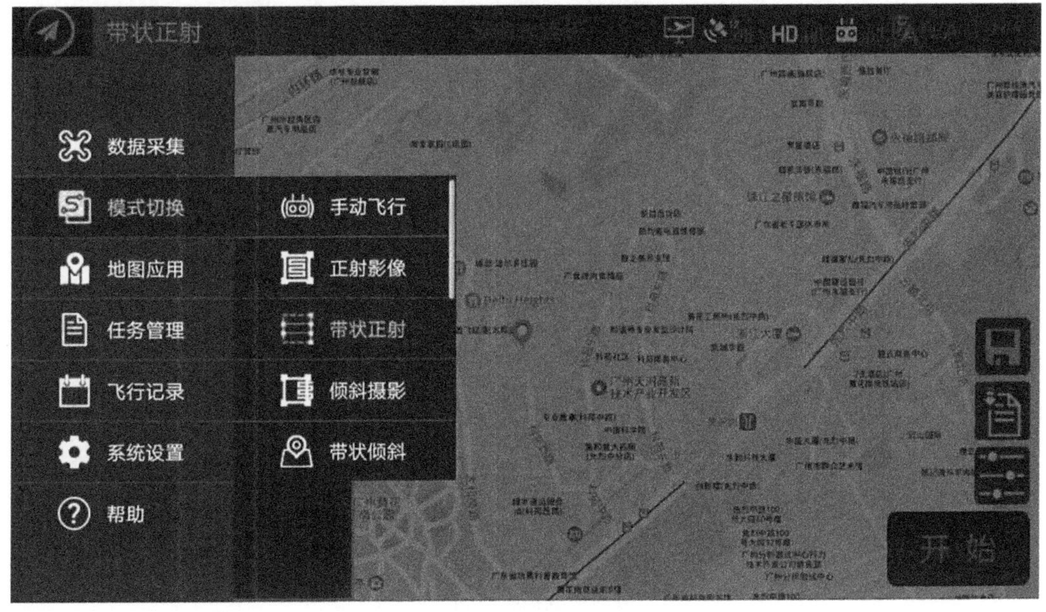

图3-5　带状正射模式

①KML文件导入(见图3-6)。

功能概述:提供KML本地文件加载功能,实现KML与地图的叠加。

②任务规划(见图3-7)。

功能概述:除导入KML问价外,提供手动智能规划飞行任务,还可提供前进后退擦除等功能。

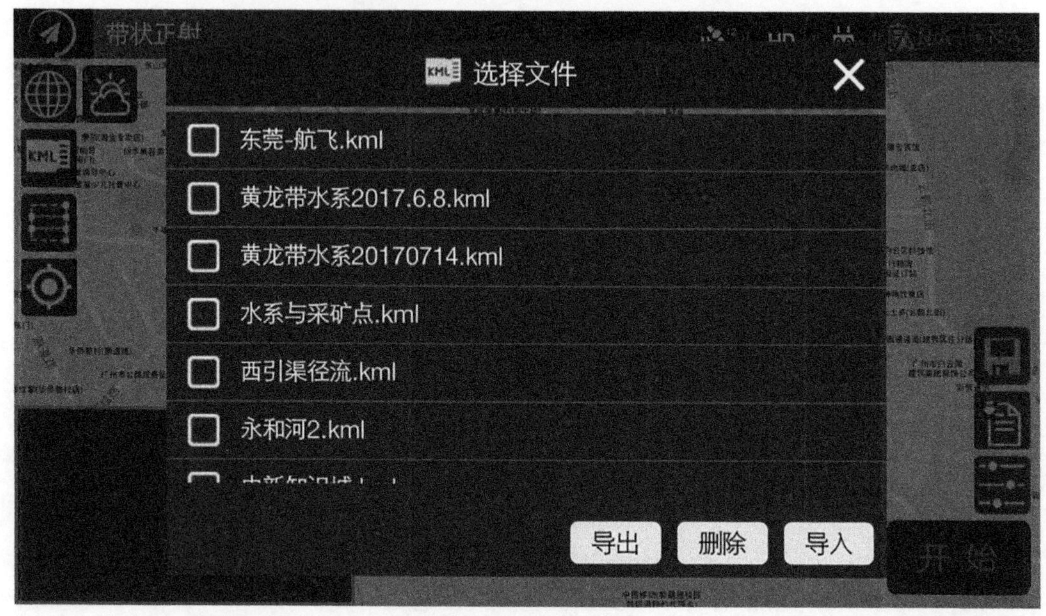

图 3-6 KML 文件导入

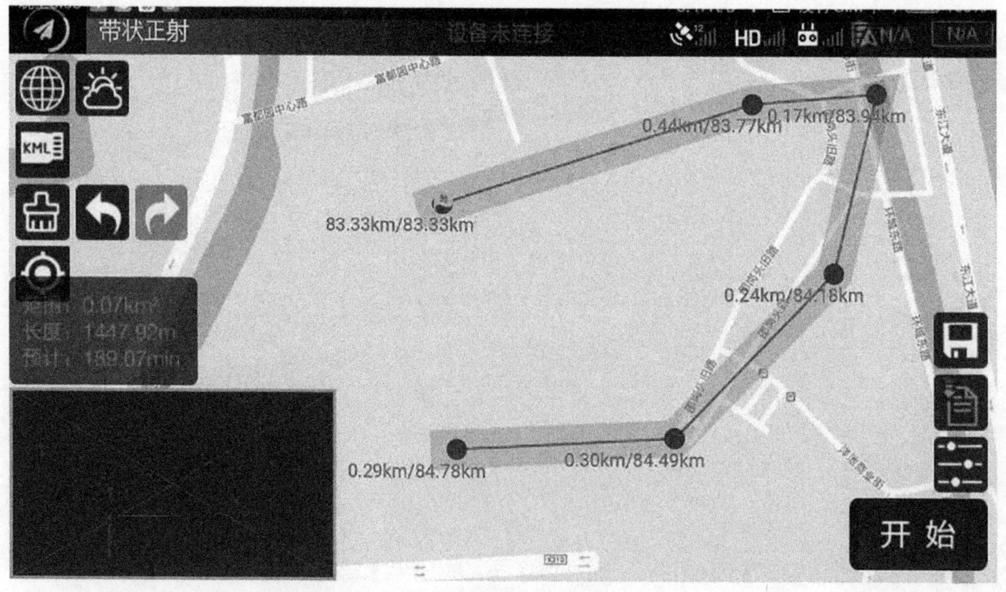

图 3-7 规划飞行任务

③缓冲区设置(见图 3-8)。

功能概述:设置飞行路径后,根据需求调整飞行任务缓冲区设置。

④飞行参数设置(见图 3-9)。

功能概述:带状正射任务模式可设置旁向重叠度、航向重叠度。航线高度、倾斜角度、缓冲区都可根据飞行区域周边的实际环境进行调整。

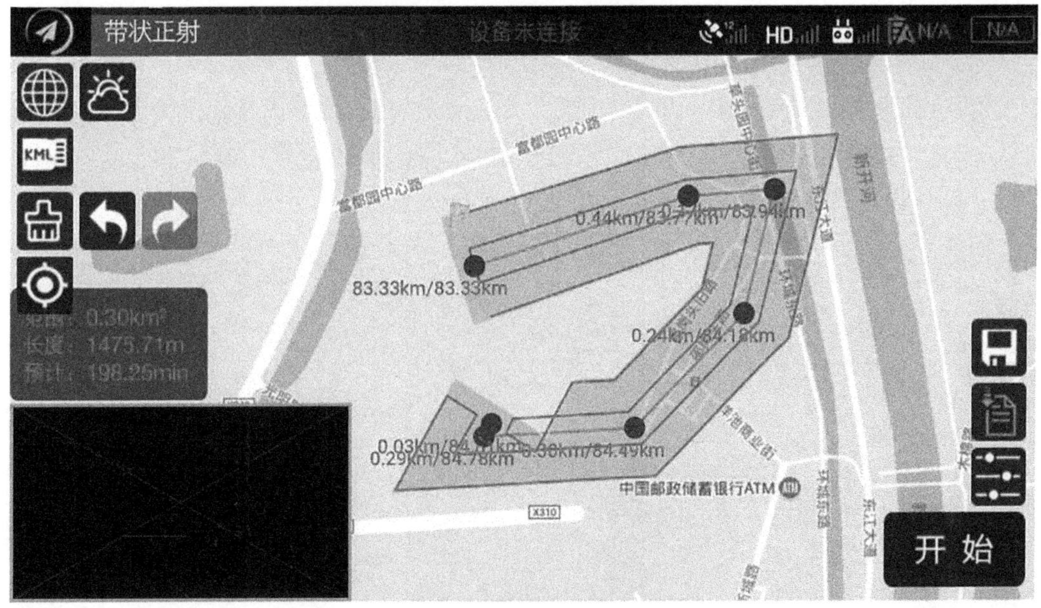

图3-8　缓冲区设置

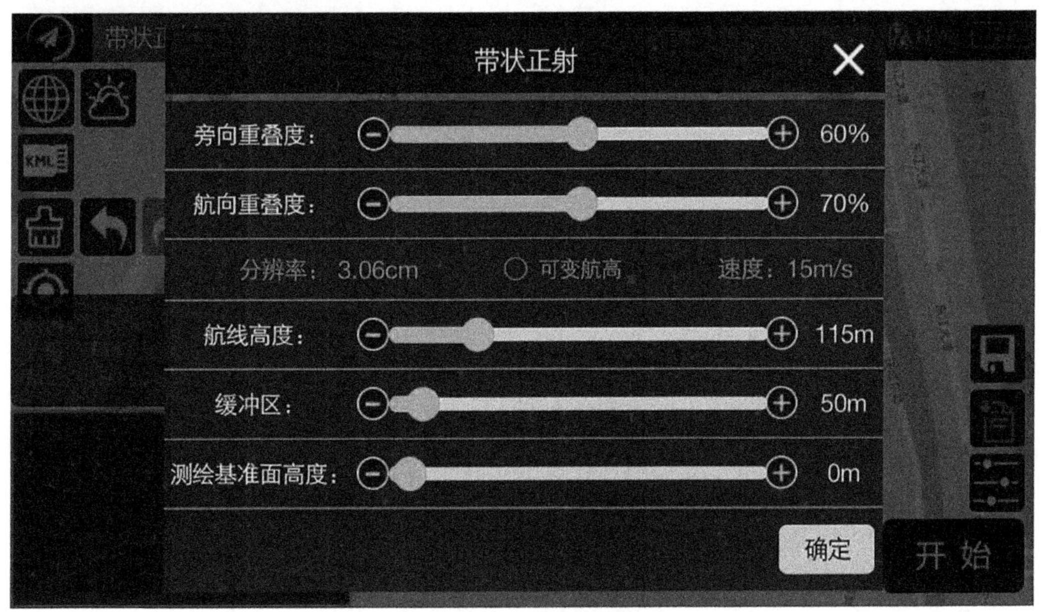

图3-9　飞行参数设置

⑤历史任务载入。

功能概述：可调取历史任务列表，可预览历史任务的名称、飞行高度、分辨率、飞行时间。选取需要重复的任务，软件将自动调用之前规划的航线任务，可完成历史飞行记录的重复飞行。

⑥全自动起飞及降落功能。

功能概述：具有一键起飞全自主完成飞行任务、全自动降落、紧急情况一键返航及低电量自动返航等功能。

⑦飞行参数实时显示及传输功能。

功能概述:可实时显示无人机拍摄姿态、相机参数、拍摄视频或照片,航飞任务及常规的 GPS 信号强度、卫星数量、图传信号强度、遥控器信号强度、电量的显示功能。

(2)带状倾斜模式(见图 3-10)。

图 3-10　带状倾斜模式

功能概述:通过选择模式切换,选择带状倾斜,设置相关飞行参数后,可完成全自动的带状倾斜影像采集。

①KML 文件导入(见图 3-11)。

功能概述:提供 KML 本地文件加载功能,实现 KML 与地图的叠加。

②任务规划。

除导入 KML 文件外,提供手动智能规划飞行任务,还可提供前进后退擦除等功能。

③缓冲区设置(见图 3-12)。

功能概述:设置飞行路径后,根据需求调整飞行任务缓冲区设置。带状倾斜共分五个架次,从上、前、后、左、右不同方向全方位无死角监测拍摄。

④飞行参数设置(见图 3-13)。

带状倾斜任务模式可设置旁向重叠度、航向重叠度。航线高度、倾斜角度、缓冲区都可根据飞行区域周边的实际环境进行调整。

⑤全自动起飞及降落功能。

功能概述:具有一键起飞全自主完成飞行任务、全自动降落、紧急情况一键返航及低电量自动返航等功能。

⑥飞行参数实时显示及传输功能。

功能概述:可实时显示无人机拍摄姿态、相机参数、拍摄视频或照片,航飞任务及常规的 GPS 信号强度、卫星数量、图传信号强度、遥控器信号强度、电量的显示功能。

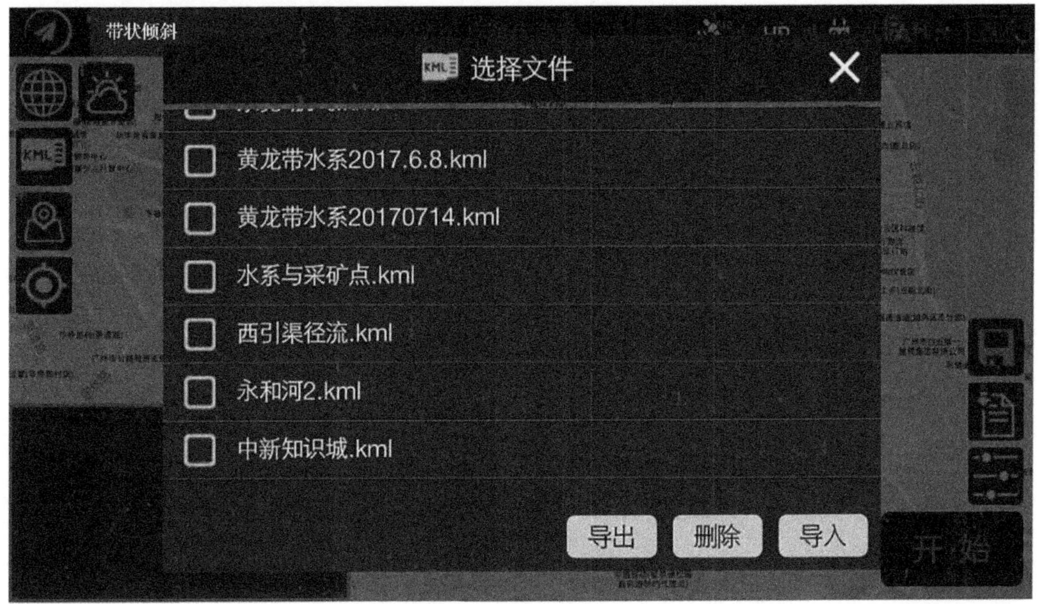

图 3-11　KML 文件导入

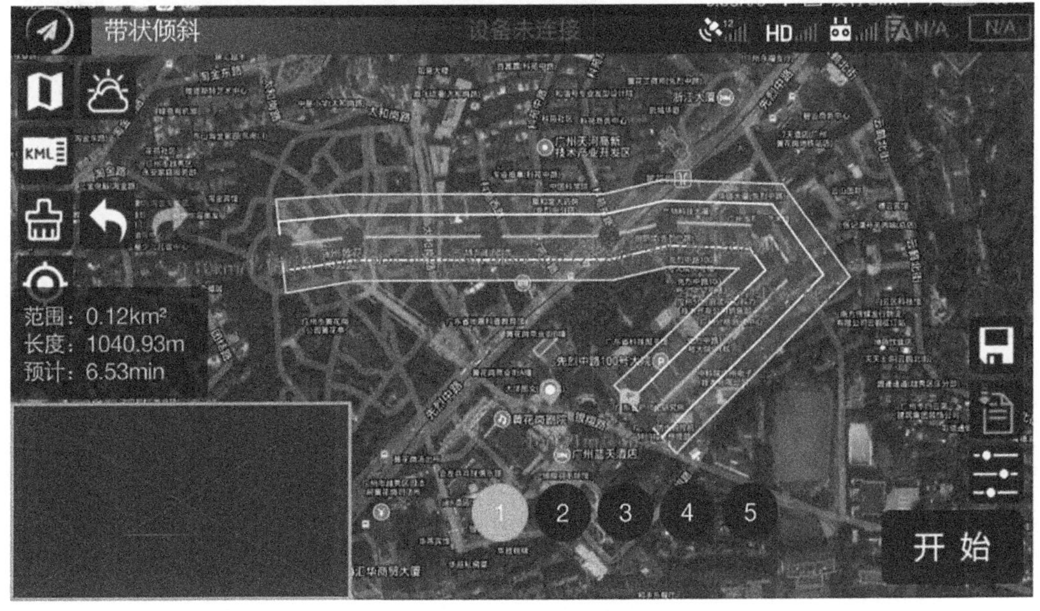

图 3-12　缓冲区设置

(3)线状巡视模式(见图 3-14)。

功能概述:通过选择模式切换,选择线状巡视,设置相关飞行参数后,可完成全自动的线状巡视影像采集。

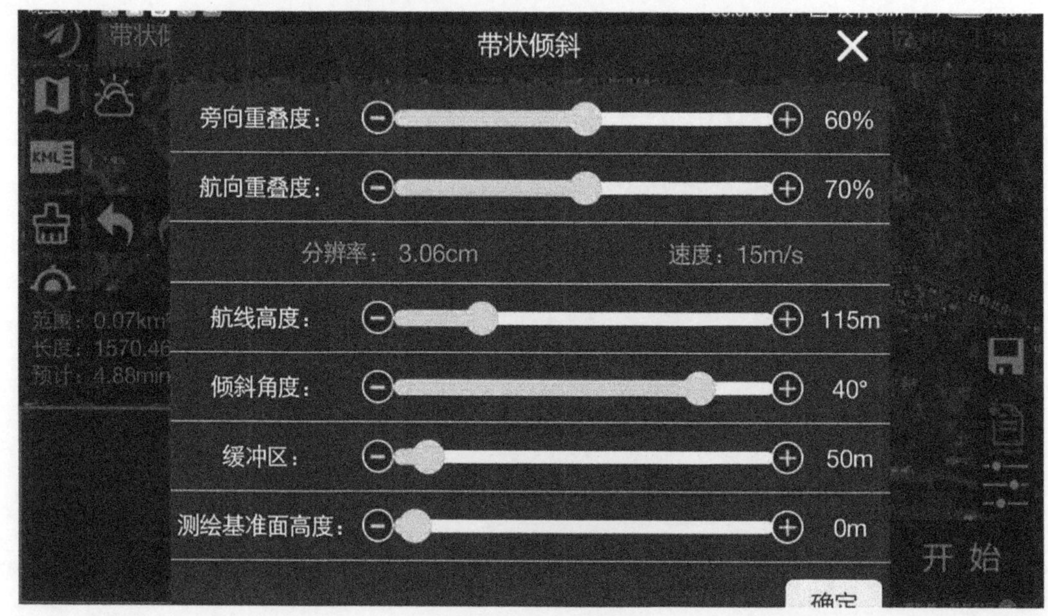

图 3-13　飞行参数设置

图 3-14　线状巡视模式

①KML 文件导入(见图 3-15)。

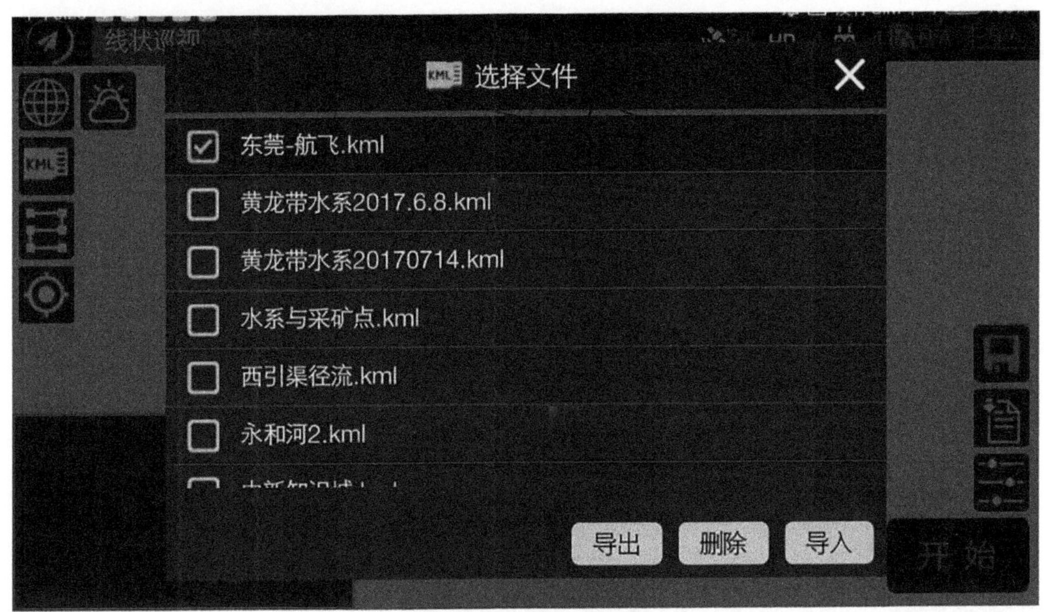

图3-15 KML文件导入

功能概述:提供KML本地文件加载功能,实现KML与地图的叠加。

②飞行手动绘制航飞路线。

功能概述:手动规划飞行路线,软件平台上显示飞行路线、路线距离以及预计飞行时间等信息。

③飞行任务保存(见图3-16)。

功能概述:保存飞行任务。

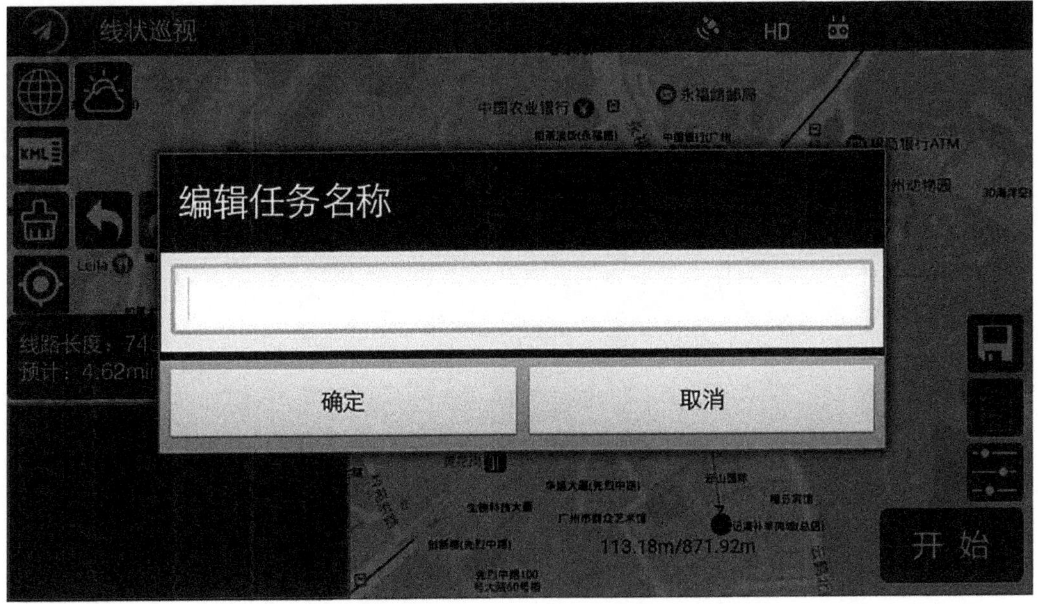

图3-16 飞行任务保存

④飞行参数设置(见图 3-17)。

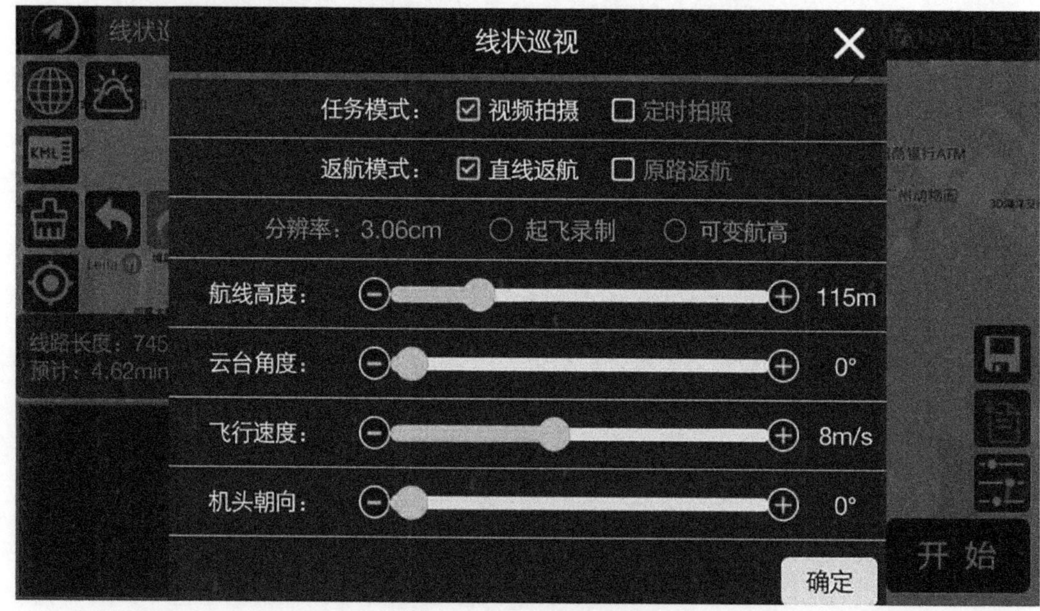

图 3-17　飞行参数设置

功能概述:任务模式设置了视频拍摄与定时拍照。可根据情况返航模式设置为直线返航与原路返航,飞机飞行速度、云台角度、航线高度、机头朝向都可根据飞行区域周边的实际环境进行调整。

⑤天气预报功能(见图 3-18)。

图 3-18　天气预报功能

功能概述:如系统接入中国气象大数据,能够对任意航飞区域的实况天气进行实时分钟级预测和一周天气预报。为航线规划和飞行准备提供高效、便捷的天气数据。

⑥底图切换(见图 3-19)。

图 3-19　底图切换

功能概述:内置 Google 地图和高德地图两种互联网主流地图,每种地图均包含常用路网地图或卫星影像地图,可通过地图切换完成转换显示。地图均可通过网络进行自动智能更新,同时具有离线地图自动缓存功能。

3.1.2.6　无人机综合管控平台

1. WebGIS 实景地理信息平台

基于二三维地理信息数据、水系专题数据,结合无人机低空遥感流域巡查数据,构建区域基础河情数据库的同时,以无人机高清正射影像图、三维地形、全景影像搭建三维可视化平台作为研究区综合管控平台的展示基础。

图 3-20 是一个覆盖无人机集群测量、巡检业务、设备、资源、数据、成果全流程的一体化平台,能够实现无人机全自主集群测量和巡检,运用创新的管理模式,对无人机智能集群测量设备以及作业人员进行智能化立体协同管控,实现测量人才多元化、测量设备规范化、测量模式实用化以及测量过程标准化建设,完成测量资源集约化管控和优化配置。

平台核心架构包含基础资源库、管理功能模块和配套的 APP 巡检系统。

搭建基础资源库,包括人才知识库、智能设备库、配网资源库等,为后续作业提供底层数据支持。开发管理功能模块,包括任务规划管理、智能指挥管理和巡检成果管理等模块,配合配套的 APP,实现任务编制、下发、直播、指挥调度、成果上传、图片分类、缺陷标记、报告生成的全流程自主智能测量作业。

2. 无人机航线管理(见图 3-21)

现有航线采集使用大疆自带软件进行人工示教采集,采集后航线保存在遥控器中,不利于航线统筹复用且存在数据丢失风险,航线示例如图 3-22 所示。

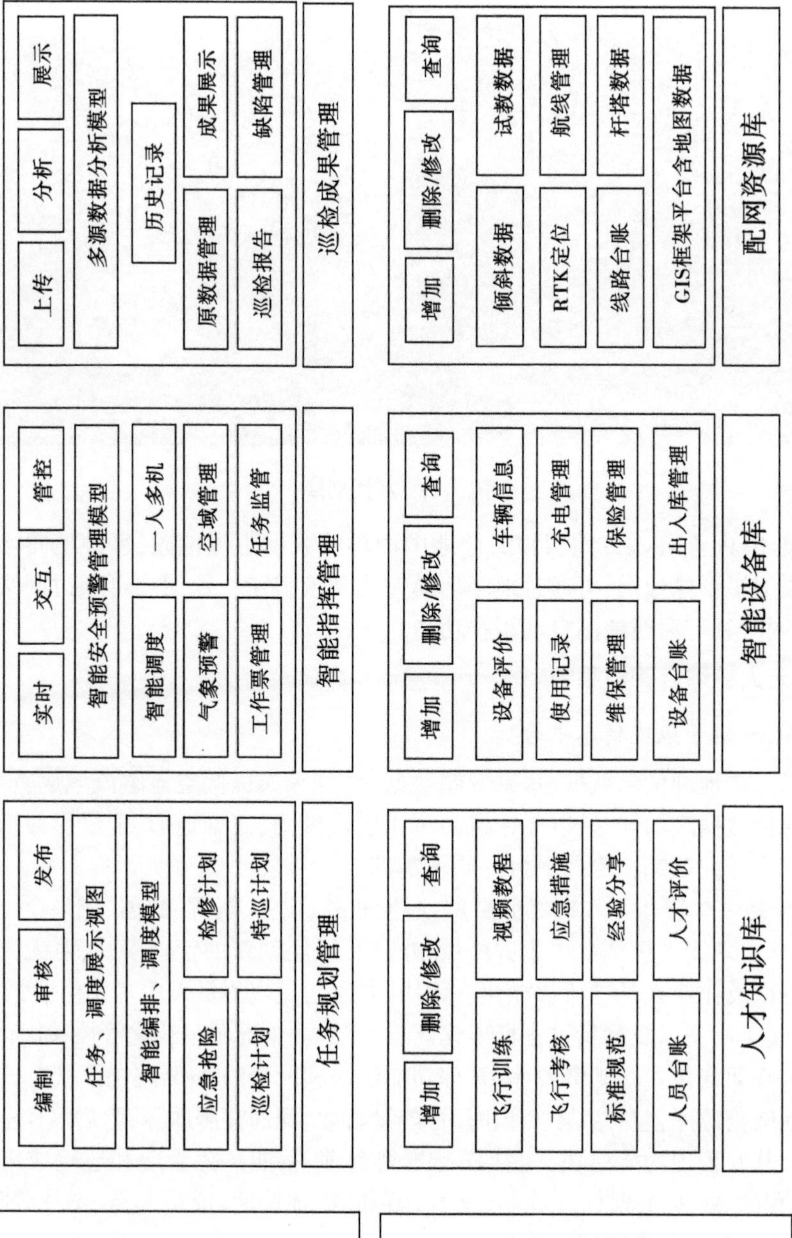

图 3-20　无人机集群测量巡检综合管控平台架构

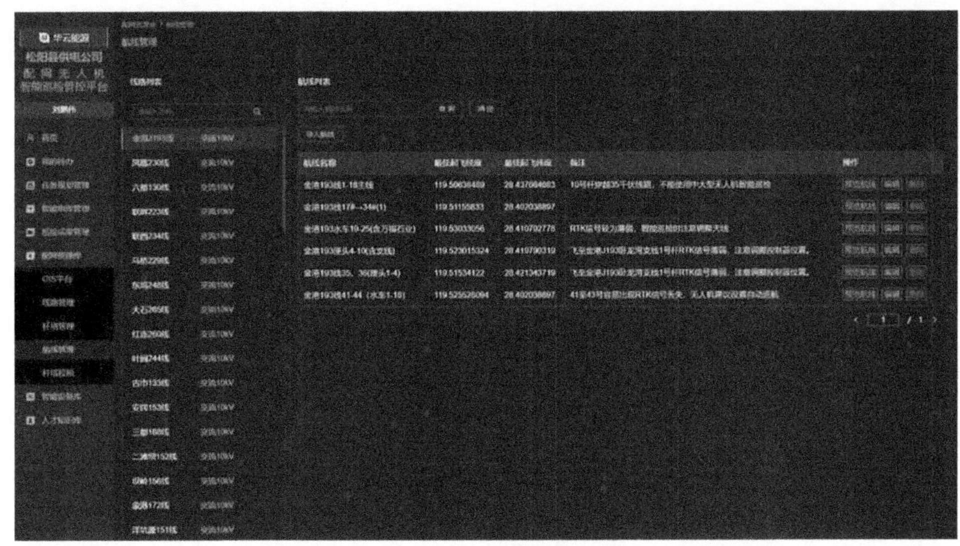

图 3-21 航线管理


```
{"area":{"place":[{"accuracy":0.0,"action":0,"altitude":28.9,"cameraAction":1,"gimbalPitch":-6.3,"lat":28.432426981794254,"lng":119.51150268227447,"yaw":-37.6},
{"accuracy":0.0,"action":0,"altitude":39.9,"cameraAction":1,"gimbalPitch":-90.0,"lat":28.434674992666846,"lng":119.51024455041689,"yaw":45.7},{"accuracy":0.0,"action":0,
"altitude":12.7,"cameraAction":1,"gimbalPitch":-30.0,"lat":28.43467855241937,"lng":119.51026445864622,"yaw":55.1},{"accuracy":0.0,"action":0,"altitude":12.6,
"cameraAction":1,"gimbalPitch":-40.2,"lat":28.43470755029098,"lng":119.51031018368238,"yaw":-127.8},{"accuracy":0.0,"action":0,"altitude":15.0,"cameraAction":1,
"gimbalPitch":-29.2,"lat":28.434217376662563,"lng":119.51064183846623,"yaw":179.2},{"accuracy":0.0,"action":0,"altitude":15.0,"cameraAction":1,"gimbalPitch":-53.2,
"lat":28.434154690792187,"lng":119.51062955611609,"yaw":22.2},{"accuracy":0.0,"action":0,"altitude":14.8,"cameraAction":1,"gimbalPitch":-74.8,"lat":28.434178704426635,
"lng":119.5061470058019,"yaw":100.5},{"accuracy":0.0,"action":0,"altitude":11.2,"cameraAction":1,"gimbalPitch":-59.8,"lat":28.434260443664986,"lng":119.51049601146195,
"yaw":12.7},{"accuracy":0.0,"action":0,"altitude":11.2,"cameraAction":1,"gimbalPitch":-63.2,"lat":28.434274775222804,"lng":119.51051400583712,"yaw":-110.9},{"accuracy":0.
0,"action":0,"altitude":17.8,"cameraAction":1,"gimbalPitch":-27.7,"lat":28.433844302904713,"lng":119.51080069077672,"yaw":123.2},{"accuracy":0.0,"action":0,"altitude":15.
7,"cameraAction":1,"gimbalPitch":-38.2,"lat":28.43380701857206,"lng":119.51086900606441,"yaw":98.7},{"accuracy":0.0,"action":0,"altitude":15.8,"cameraAction":1,
"gimbalPitch":-37.0,"lat":28.43380126081097,"lng":119.5109299445148,"yaw":-78.6},{"accuracy":0.0,"action":0,"altitude":15.8,"cameraAction":1,"gimbalPitch":-57.7,"lat":28.
4337729446451,"lng":119.51088967934439,"yaw":15.1},{"accuracy":0.0,"action":0,"altitude":14.7,"cameraAction":1,"gimbalPitch":-52.9,"lat":28.43368816477611 8,"lng":119.
5108232829376 6,"yaw":-98.2},{"accuracy":0.0,"action":0,"altitude":14.7,"cameraAction":1,"gimbalPitch":-58.2,"lat":28.433689272639135,"lng":119.51084677353532,"yaw":-74.2}
,{"accuracy":0.0,"action":0,"altitude":17.4,"cameraAction":1,"gimbalPitch":-35.6,"lat":28.43325872627244,"lng":119.51124553161749,"yaw":116.2},{"accuracy":0.0,"action":0,
"altitude":17.4,"cameraAction":1,"gimbalPitch":-44.7,"lat":28.433242296861874,"lng":119.51131022810213,"yaw":-74.7},{"accuracy":0.0,"action":0,"altitude":24.0,
"cameraAction":1,"gimbalPitch":-42.1,"lat":28.432613382423458,"lng":119.51169696680691,"yaw":-140.9},{"accuracy":0.0,"action":0,"altitude":21.2,"cameraAction":1,
"gimbalPitch":-68.7,"lat":28.432577085409886,"lng":119.51167381376598,"yaw":-120.7},{"accuracy":0.0,"action":0,"altitude":21.3,"cameraAction":1,"gimbalPitch":-51.1,
"lat":28.432549470751635,"lng":119.5116151986509,"yaw":46.6},{"accuracy":0.0,"action":0,"altitude":13.8,"cameraAction":1,"gimbalPitch":-34.4,"lat":28.431812262689988,
"lng":119.51169304840155,"yaw":108.4},{"accuracy":0.0,"action":0,"altitude":13.8,"cameraAction":1,"gimbalPitch":-56.8,"lat":28.43180672384388,"lng":119.5117120661825,
"yaw":108.4},{"accuracy":0.0,"action":0,"altitude":13.8,"cameraAction":1,"gimbalPitch":-32.1,"lat":28.43180871669456,"lng":119.5117681433288,"yaw":-101.0},{"accuracy":0.
```


图 3-22 航线示例

平台开发航线管理模块，兼容现有采集航线数据格式，提供批量导入按钮，航线导入之后解析成可用数据，支持在线预览查看航线走势。利用平台统一管控航线，后续制定巡检计划时可以直接复用航线，将对应航线下发到飞手手中。航线管理界面原型如图 3-23 所示。

3. 任务调度管理

用于集群测量计划编制、调度管理与任务的辅助执行，设置测量类型，分配测量任务、测量线路、测量时间及设备等，系统根据测量计划、设备情况计算，自动计算任务所需要的资源及完成进度情况，让管理人员及时、全面掌控测量任务的状态。同时，应有相应的子系统，根据分配的测量任务和资源辅助进行巡检工作。

4. 指挥协调管理

指挥协调管理主要对无人机集群测量工作进行全过程管理，包括空域管理、交通道路指挥、应急指挥管理、气象预警以及现场飞行任务的实时管控等功能。监控接入的无人机的运行状态，同时可获取所在区域的天气情况进行气象预警，动态跟踪实时航线。

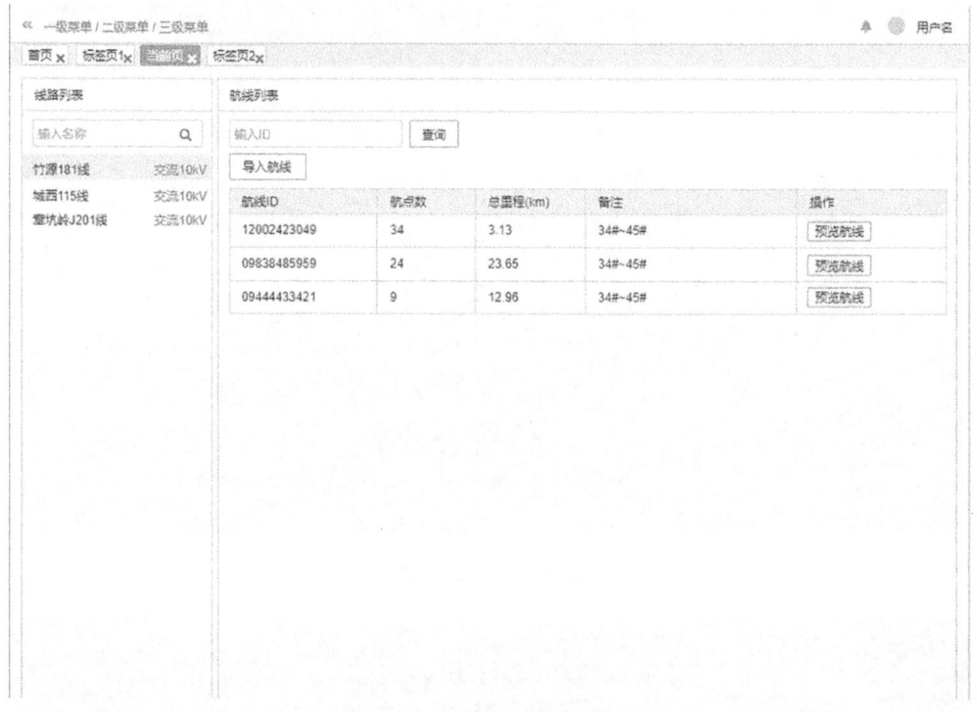

图 3-23　航线管理界面原型

5. 测量成果管理

对无人机集群测量成果进行统一规范化管理，包括测量的历史记录、测量图片、测量视频、全景图、无人机高光谱影像、多光谱影像、测量报告，支持测量成果的上传、下载、查看、归档、删除等功能。并且根据图片地理位置自动匹配管线，实现自动分类(见图 3-24)，分类后图片下载到本地自动根据所属管线和所属节点创建文件夹存储。

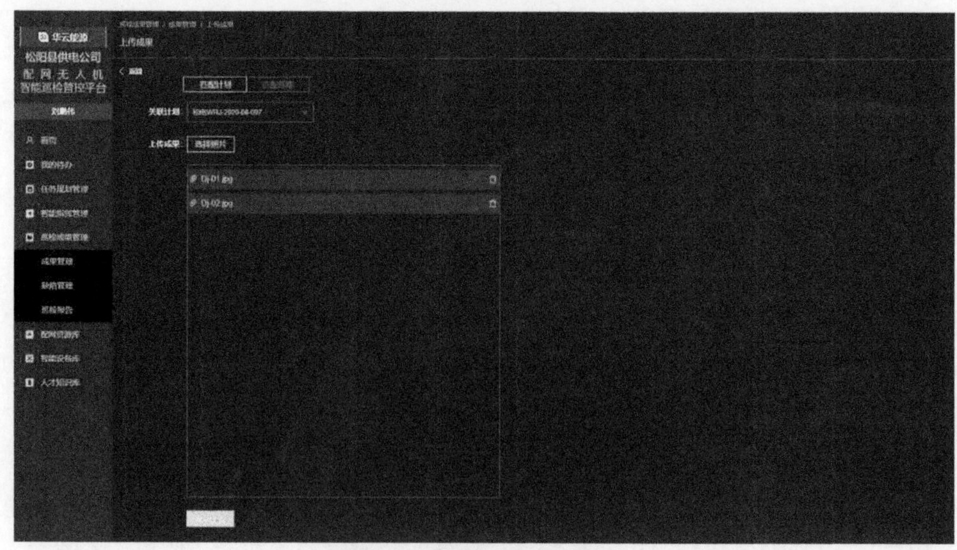

图 3-24　成果上传自动分类

3.1.3　无人船集群测量系统

集成传感器、无人平台、控制及显示系统等研发无人船集群测量系统,实现多无人船集群测量快速获取水陆测量成果,提高生产效率,系统组成如图 3-25 所示。

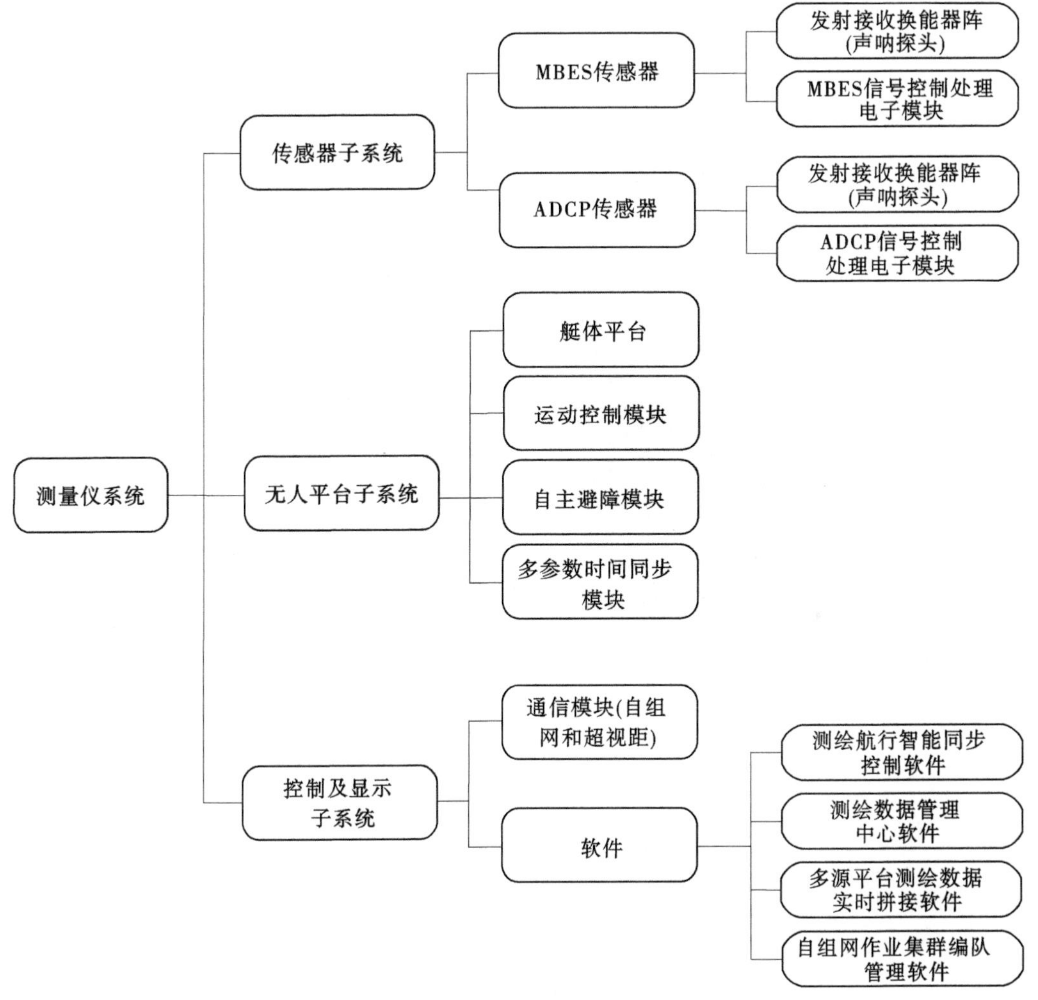

图 3-25　无人船集群测量系统组成

3.1.3.1　系统组成

系统包括软件平台和硬件平台,其中软件平台包含 2 个模块,如图 3-26 所示,硬件平台均含无人平台、MBES、ADCP(见图 3-27)。

3.1.3.2　功能及性能参数

功能及性能参数见表 3-1。

(a)自组网作业集群编队管理软件

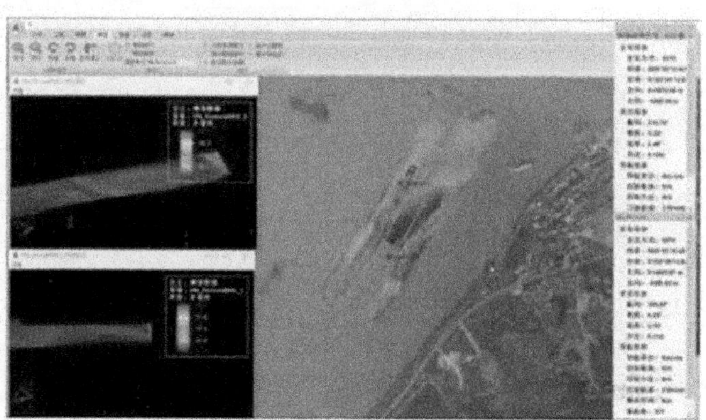

(b)多源平台测绘数据实时拼接软件

图 3-26　软件平台

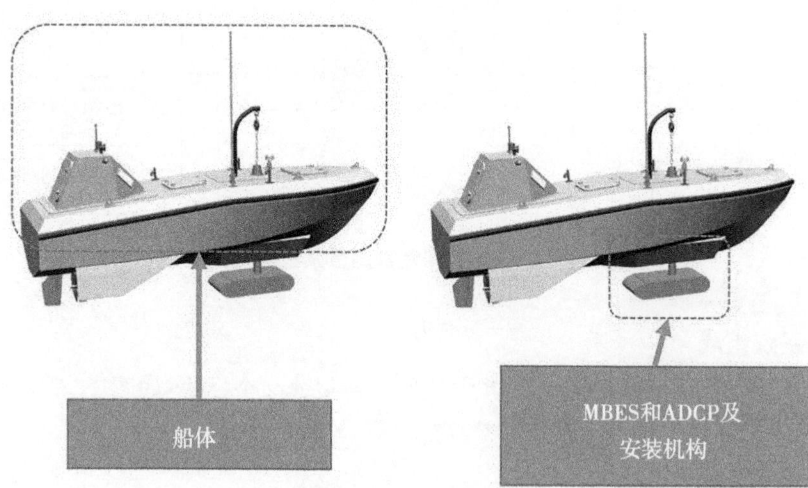

图 3-27　硬件平台

表 3-1　功能及性能参数

项目	指标名称	指标
海底地形测量	工作频率	200~400 kHz
	斜距里程	≥500 m
	斜距里程分辨率	≤1.5 cm
海流剖面测量	工作频率	600~650 kHz
	里程	≥70 m
	水流速度测量准确度	≤水流速度 0.3%±0.3 cm/s
	流速测量分辨率	≤0.1 m/s
无人测量平台	远程作业和控制距离	≥35 km
	自组网功能	有

3.1.3.3　自组网集群测量

自组网是一组带有无线收发装置的由移动终端组成的一个多跳频的临时性自治系统。终端的无线通信覆盖范围有限,两个无法直接通信的终端可以借助其他终端的分组转发进行数据通信。本书构建的自组网系统由 3 个节点组成,其中 2 个节点分别安装于 2 个无人平台,另 1 个节点安装于测量仪的控制台,如图 3-28 所示。因此,有人艇与无人平台作为带有无线收发装置的移动终端,在水下无法或者不便利用现有网络基础设施的情况下,构成了一种通信支撑环境。在这种自组织的通信支撑条件下,有人艇可以为各无人平台下发航行编队信息,完成离线规划。当面临航测区域的突发状况时,各无人平台利用彼此之间的无线通信能力,进行在线的实时规划。最终各无人平台将测绘信息传输给有人艇终端,开展集群测量,完成数据拼接。

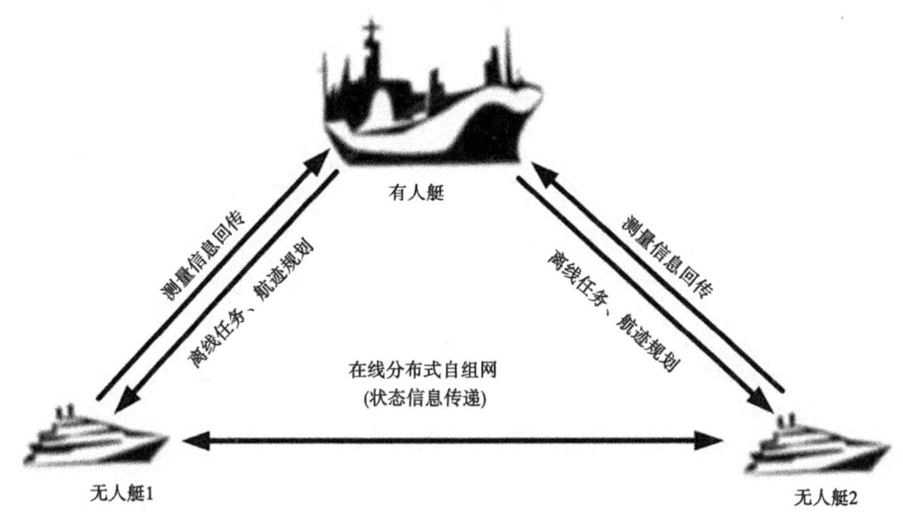

图 3-28　自组网多平台集群测量系统

3.1.4　无人船集群管控平台

无人船集群管控平台是实现无人船集群测量的综合管控平台，主要包括无人船远程调控系统和无人船集群测量系统两大部分。

3.1.4.1　无人船远程调控系统

无人船远程调控系统是一款融合专业水道与海洋测绘调查以及数据中心功能的软件，具备测绘调查现场作业所需的作业规划、调查导航、数据采集、处理与记录、实时显示与质量监控、结果展示与分析等各种实用功能，以及总体测绘任务调度管理、数据汇集/存储/处理/展现/监视/查看、无人调查船远程干预控制等功能，其功能结构如图 3-29 所示，其主要功能特性如下。

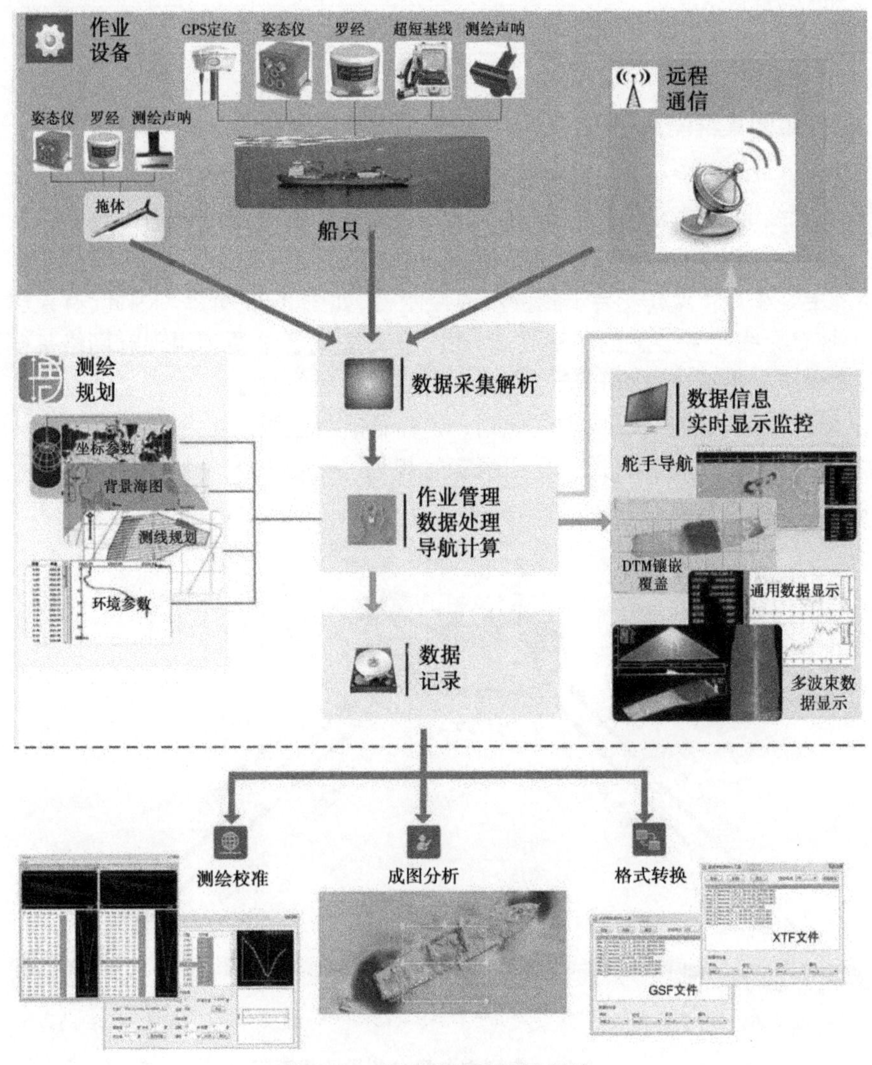

图 3-29　无人船远程调控系统

1. 测绘调查作业整体任务规划

(1)数字海图加载、大地测量学参数设置。

(2)载体及测绘设备的设置管理。

(3)便捷的测线设计和导航线管理。

2. 多船只载体同步作业支持

(1)母船及无人调查船的测绘任务、测绘航线分配及变更控制。

(2)警报事件检测处理与报警。

3. 强大的实时数据采集处理功能

(1)母船(本地)多波束等测绘设备数据采集、处理。

(2)百微秒级别 PPS 时间同步、数据采集。

(3)实时声速剖面及全姿态补偿修正处理。

(4)多无人调查船(船只)测绘数据的实时拼接镶嵌处理。

4. 丰富的实时测绘数据监视与结果展示功能

(1)母船及无人调查船的舵手导航显示。

(2)各种母船及无人调查船数据的文字、曲线形式的实时显示。

(3)截面图、瀑布图、3D 点云图等多波束调查结果的实时显示。

(4)母船及无人调查船测绘数据拼接镶嵌的 DTM 覆盖显示。

5. 快捷数据处理及转化工具

(1)安装偏差校准。

(2)简单拼图查看分析。

(3)后处理格式转换。

3.1.4.2 无人船集群测量系统

无人船集群测量系统的主要功能是实现基于无人调查船的自主测绘作业任务,其功能结构如图 3-30 所示。其主要功能特性如下:

(1)无人调查船的自主导航与自动驾驶。

①基于卡尔曼滤波优化的定位与导航计算。

②支持遥控、测线保持、定速巡航、定点航行、定向航行、预设航行跟踪、移动目标随航、特种航路等多种模式的自动驾驶功能。

③避障:目标识别能力:雷达反射面积大于 0.1 m^2;目标识别距离:不小于 3 n mile (1 n mile=1.852 km);识别碍航物数量:≥500 P。

(2)多波束等测绘设备数据采集、处理百微秒级别 PPS 时间同步、数据采集实时声速剖面及全姿态补偿修正处理。

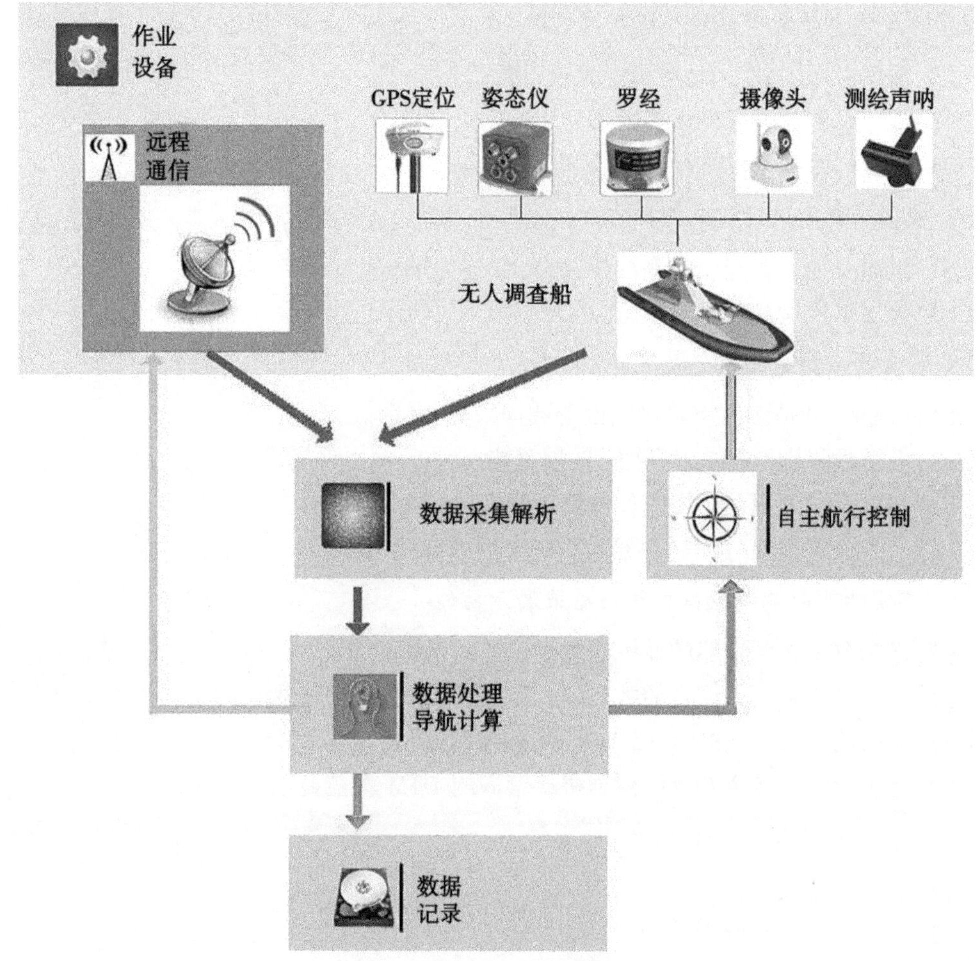

图 3-30　无人船集群测量系统

(3)远程数据通信、控制无人调查船状态信息、测绘数据实时上传任务变更、远程操控命令的接收应响。

3.1.5　“空-地-水”一体化协同测量技术体系

本书基于理论和工程实践相结合的研究思路研究构建的无人组网集群测量系统研究,形成了“空-地-水”一体化协同测量技术体系,可用于指导工程实践。集群测量示意图如图 3-31 所示。

3.1.5.1　多机协同作业

将由单个无人平台执行多个航带的任务,改由多台无人机、无人船集群协同作业完成,构建了并行作业技术方式提高采集作业效率(见图 3-32)。

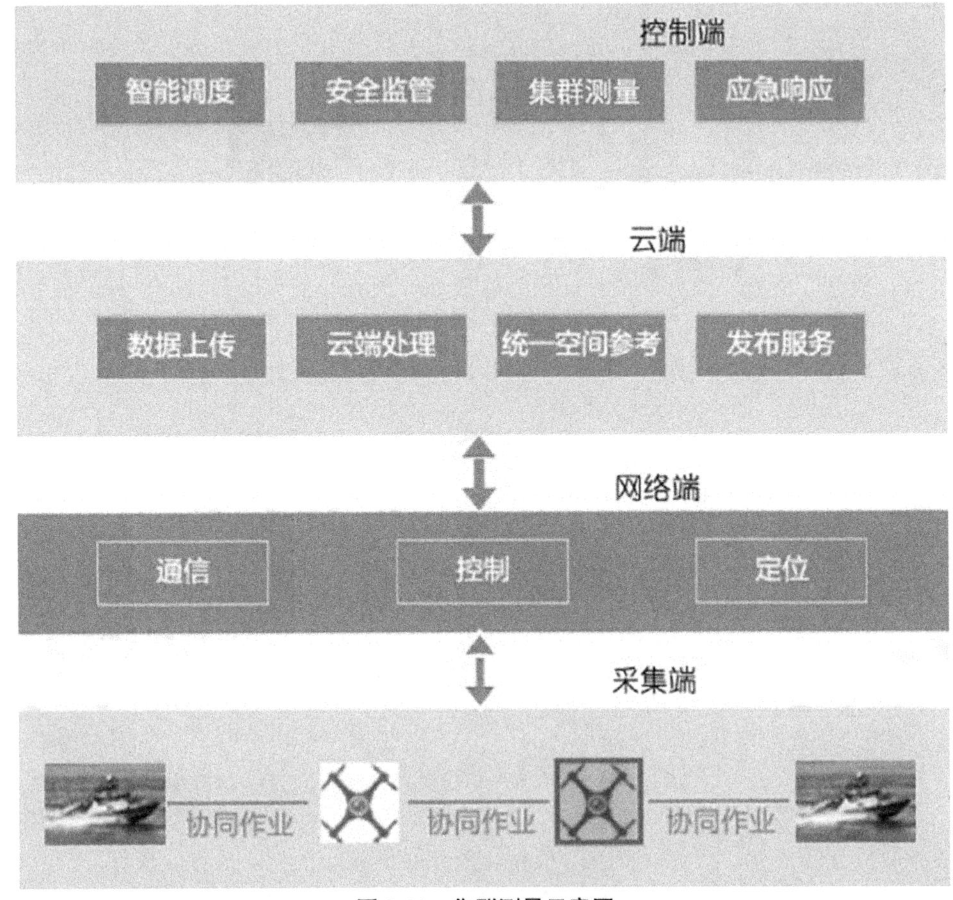

图 3-31　集群测量示意图

3.1.5.2　多角度协同作业

对于倾斜摄影、巡检类或水域巡查等业务，需要进行多个角度的数据采集，构建由单机多次采集改为多机协同采集的技术体系（见图 3-33）。

3.1.5.3　复杂地形区域无人机通信中继

水利工程建设对艰险山区地形和影像高精度数据获取极为困难，其主要原因为山区复杂，无人机通信链路无法达到实时保障。以无人中继站作为信号互联与回传确保了航摄安全和效率。

3.1.5.4　智能协同测量技术体系

融合技术理论和工程实践，采用试验验证手段开展项目成果示范应用，构建无人机和无人船组网的测量作业方法，形成了集群式立体感知的标准化作业流程和技术体系，极大提升了作业效率。无人组网集群测量作业效果如图 3-34 所示。

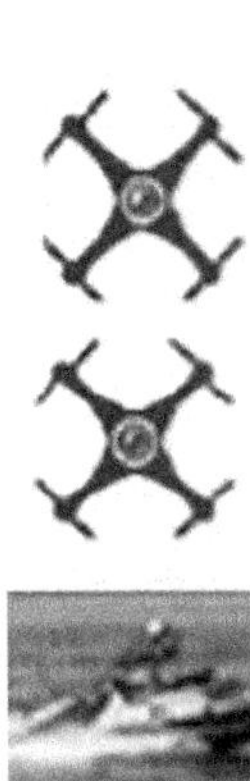

图 3-32　多航线协同作业

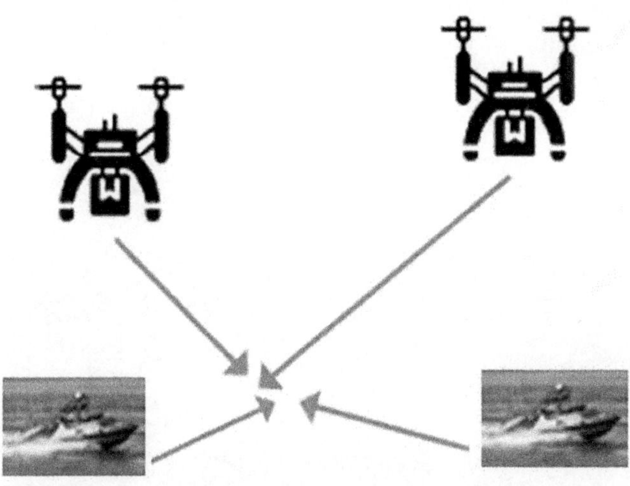

图 3-33 多角度协同作业

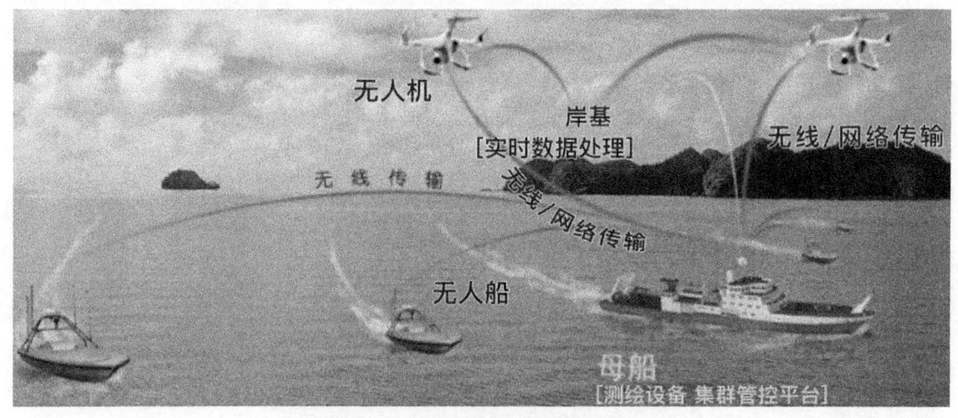

图 3-34 无人组网集群测量作业效果

3.2 实例应用情况及分析

3.2.1 实例应用情况

本书所述的关键技术实现了正射影像、数字高程模型、三维实景模型、地形图、航摄照片和视频等多源基础数据底板的快速获取，提高了生产效率，降低了生产成本。相关技术在“珠江流域重要河道（三期）水下地形测量项目”“珠江河口四期水下地形测量项目”“粤港澳大湾区（河口区）水下地形测量项目”等多个水利部前期水下地形测量项目、环北部湾广东水资源配置工程、环北部湾广西水资源配置十多个大型水利水电工程项目以及十多家单位进行推广应用,将生产效率提升3倍以上,创造了巨大的经济和社会效益。

3.2.2　技术应用优势

随着科技的发展,无人平台搭载的传感器及数据处理方式日趋多样化和智能化,无人平台作业在水利勘察设计、施工建设及运营维护等全生命周期以及数字水利、智慧水利、孪生流域和孪生工程等基础地理信息获取和数据底板建设中扮演着越来越重要的角色。水利工程和数据底板建设等涉水项目均呈带状特征,存在线路跨度大、所处环境复杂多样等困难,无论是正射影像、倾斜实景模型、激光雷达、水下点云、地形,还是航摄照片、视频等数据的获取都需要无人平台多架次、多航次任务,大大限制了其作业效率,而水上尤其是河口近海区域有利作业天气有限以及防洪应急突发情况下作业将严重影响生产进度,给人民的生命财产安全造成不必要的损失。

本书研究构建的无人集群测量系统由集群管控平台控制群体无人平台,并赋予无人平台间相互通信的能力,各架无人机、无人船分别回传测量数据到控制中心,并且控制者可实时发送指令给各无人平台以应对突发情况,大幅降低了地形、自然环境等因素的影响,有效保证了水利工程或河道沿线航空摄影和水下扫测工作的正常运行,极大地提高了生产效率。

3.2.3　实例应用分析

本书所述的技术成果在多源基础地理信息获取、工程监控等多个领域以及水利、测绘等多个行业得到示范应用,并对应用成果开展了相关精度评价,成果质量均优,满足规范要求,并且智能化程度高且效率提升数倍以上,获得多家应用单位的高度赞扬。

3.2.3.1　在基础地理数据底板获取中的应用评价

1. 应用成果及精度评定

无人组网集群测量作为一种新型智能测量技术,具有传统单兵作业无法比拟的优势,为评定无人组网集群测量系统的测量精度和效率,在多个大型项目中进行了工程应用。为评价工程应用效果,选择环境最为复杂和有利作业时间很短的万山群岛海域开展应用成果评定。通过采用无人船搭载多波束测深系统、无人机搭载激光雷达测量系统组成无人机组网集群测量系统。无人船多波束测量系统测线间距设定为50 m;无人机载雷达测量系统按照航向重叠度60%、旁向重叠度30%。工程应用结果表明,伴随功能实现了多伴随船一致、协同地伴随母船进行测线跟踪,组网拼接功能可将母船和伴随船的多波束数据汇总拼接显示、无人机机载雷达测量系统的测量数据汇总显示。

作业时,采用超高密度模式的多波束水深点为1 024点。在数据后处理中,利用CARIS软件对采集到的数据进行姿态改正、声速改正、潮汐改正、粗差剔除等操作,将数据导出为文本文件。对扫测区域不同测线的重复覆盖范围内的水深数据点进行统计,统计数据见表3-2。统计分析表明纵横测线重叠较好,内符合精度符合《海道测量规范》和《海洋工程地形测量规范》等规范中关于内符合的精度要求。

表 3-2　集群测量内符合精度统计情况

水深范围/m	统计点数/点	偏差中误差/m	偏差/%		
			≤0.3 m	≤0.2 m	≤0.1 m
8~21	34 990	0.136	96.32	89.31	59.47

作业时,采用两架无人机同时进行作业,利用点云处理软件进行点云数据处理,利用影像处理软件进行影像数据处理。对不同无人机航飞不同航线的重复覆盖范围里的点云高程和影像数据平面位置进行统计,点云的高程中误差为 0.15 cm,平面位置中误差为 0.06 m,满足《水利水电工程测量规范》中 1:500 地形图测量精度的要求。

2. 应用成果评价

针对传统单体作业的局限性,克服作业环境的影响,充分利用有利条件,提升无人平台测量的效率,实现其作业式的自动化、智能化水平,开展了集成无人机组网测量系统、无人船载多波束组网测量系统的总体设计等关键技术的研究,最后进行系统集成,并对系统集群测量进行了多个工程示范应用,取得了理想的研究成果。

(1)无人机机载激光雷达组网测量系统与无人船船载多波束组网测量系统能够实现多机、多船协同航行、组网测绘的功能,配合伴随控制技术可实现测线高精度跟踪。

(2)组网拼接功能能够实现多台多波束组网测量、多台无人机组网测量,可克服复杂作业环境的影响,将测绘效率提升 3 倍以上,随着组网设备的增加,生产效率成倍提升。

(3)无人机组网激光雷达测量系统陆地测量误差满足《水利水电工程测量规范》、无人船组网多波束测量时的水深测量误差满足《海道测量规范》和《海洋工程地形测量规范》,因此测量数据是可用的。

(4)无人机、无人船组网测量为新型的智能协同集群作业系统,经多个工程实践验证了作业的可行性,可广泛推广,且对工程测量和海洋测绘模式有着借鉴和启发意义。

3.2.3.2　在工程巡检巡查中的应用

大型水利、交通、电力等工程由于建设周期长,为保障建设期的施工安全以及加强运营管理期的监管,需要开展定期或不定期的巡检巡查,传统的单机巡查方式受人为和地理区域因素影响,需要无人平台多架次、多航次任务巡检,巡检效率低下,尤其在防汛、应急等紧急情况下,时效性和效率成为进一步提升管理水平的瓶颈;为进一步提升巡检效率和智能化监控水平,满足数字孪生工程建设的需求,采用无人组网集群测量系统在大藤峡水利枢纽工程、南渡江引水工程等多个大型水利工程开展“空-地-水”一体化巡检巡查应用,取得了良好的示范应用效果。

1. 巡检效率及结果分析

基于无人机、计算机、物联网、4G/5G、目标识别检测算法和图像识别算法、GIS 等先进技术和方法，研发了无人机集群管控平台，在大藤峡水利枢纽工程、南渡江引水工程等多个大型水利工程建设期开展示范应用，实现了对水利工程建设期内的重点施工区进行全方位 24 h 随时巡检。

以大藤峡水利枢纽工程为例，在无人机集群测量巡检方面：大藤峡水利枢纽工程重点施工区 6 km^2 的巡检区域，同等条件下，单机巡检方式需 12 h 巡检完毕，而本系统采用两架次无人机集群巡检完成此飞行仅需 2 h。与传统的单机巡检方式相比，巡检效率提升 6 倍以上，尤其是应急救援等特殊情况下的巡检，具有单无人机巡检无法比拟的优势；在水下巡检巡查方面：2017 年 7 月，受西江上游洪水的影响，大藤峡水利枢纽工程施工便桥被洪水冲垮，情况十分危急，为快速锁定施工便桥倒塌的位置，利用无人船和母船组成无人船集群测量系统进行集群协同扫测，快速锁定了施工便桥坍塌的位置，比预期提前 1 d，极大地提高了扫测效率，尽早地排除了航道通行的安全风险，取得了良好的社会效益和经济效益。

2. 多路远程视频回传效果分析

通过与主流无人机自带的视频回传分享功能对比，自主研发的多路远程视频回传技术在 5 km 范围内回传视频延迟时间在 0.8 s 以内，远小于无人机自带的视频回传功能分享至第三方流媒体服务器 5 s 左右的回传延迟时间；通过试验对比，多路远程视频回传技术最大可支持 16 路视频无损、无延迟高清同步回传，而无人机自带的视频回传功能仅支持单路且视频不流畅。6 路无人机集群测量远程视频传输界面如图 3-35 所示。

图 3-35　6 路无人机集群测量远程视频传输界面

3. 影像识别对比效率及精度分析

为了评估本书所提出的影像识别检测性能，选取了各类别精度和平均精度评价指标，在自制的实际应用场景数据集上进行了有效验证。

（1）试验环境与试验数据集。

本书选取了澳珠供水水资源保障工程航摄的 6 km^2 正射影像图，并针对实际应用场景中的违章建筑物，制作了实际应用场景下的数据集。采用 1 块 NVIDIA RTX 1080Ti　11 G

显卡，64 G 内存，100 轮次训练，使用 Microsoft COCO 数据集预训练权重，再进行 fine-tuning，对澳珠供水水资源保障工程 6 km^2 的测量区域进行训练，训练总时长约 60 h。自动化样本制作工具，并将样本存储于空间数据库。

为防止在训练过程中出现过拟合现象，本书采用两种方法对训练样本进行增强：①根据该数据集的建立规则，选取不同地区、形状各异、不同季节、不同尺度、不同光照条件下的高分辨率遥感影像数据作为训练数据的扩充；②打乱训练样本数据，再进行随机排序，从而达到提升模型检测性能的目的。经过深度卷积神经网络模型识别后的建筑物、交通道路情况如图 3-36 所示。

(a)某工程房屋识别

(b)建设工程道路识别

图 3-36 深度卷积神经网络提取结果图

在建筑物识别结果的基础上，叠加岸线管理范围线，通过矢量逻辑运算，筛选出管理范围线内的建筑物，从而达到提取违建信息的目的。

(2)定量结果试验评估。

为了量化特征识别的效果，本书使用联合交集(IoU)作为基于像素评价的主要指标，其定义为式(3-1)：

$$IoU = \frac{TP}{TP + FP + FN} \tag{3-1}$$

式中:TP 为正确分类为建筑物的像素数;FP 为错误分类为建筑物的像素数;FN 为错误分类为背景的像素数。

结果表明,建筑实例整体的置信度达到了 0.944,道路提取的置信度达到了 0.904,可以为建筑物、道路提取提供一种新的、有效的技术手段。

(3)定性试验结果分析。

为定性分析评价本书影像识别分析效果,选取了本书中的部分典型区域识别效果图对实际检测效果进行评估。从试验结果可以看出,本书提取算法在具有明显结构特征的试验区表现出良好的、稳定的性能。

4. 图像识别效率及精度分析

为了评估本书所提出的 YOLO v3-SE 算法的检测性能,选取了各类别精度和平均精度评价指标,在自制的实际应用场景数据集上进行了有效验证。

(1)试验环境与试验数据集。

本书选取了多个水利工程航摄的图像数据,并针对实际应用场景中的异常特征目标物,基于 VOC 标准制作了实际应用场景下的标准数据集。本书使用 Lableimg 标注工具进行人工标注数据集,依照表 3-3 所示的异常目标物标准,制作了包含 101 540 张图片数据、140 300 个目标物的标准数据集。数据集具体参数如表 3-4 所示。训练集包含 66 000 张图片数据,测试集包含 35 514 张图片数据。YOLO v3-SE 算法一共开展了 90 轮迭代训练,其中前 60 轮学习率设置为 le-4,后 30 轮设置为 le-5,每轮训练的批大小(batchsize)设置为 8,优化策略采用 Adam,深度学习率衰减为 0.95。试验硬件环境为:Intel Xeon Gold 5122 CPU,显卡 NVIDIA GTX-1080Ti(2 张,显存各 11 GB);软件环境为:深度学习框架 Pytorch1.2.0,操作系统 Ubuntu 18.04,3.6.12 版本的 Python 编程语言。

表 3-3　异常目标物标准

类别	描述
g_garbage	聚集型垃圾(坝站设置的拦网或建筑处所形成的聚集型漂浮物)
d_garbage	分散型垃圾(针对河面飘散的不成堆、零散的漂浮物)
trans_boat	运输船
spoil	弃渣(主要为施工区域的废弃建筑垃圾)
stag_water	积水(施工区域的积水)
collapse	塌方(河岸线、道路、护坡等区域的坍塌情况)

表 3-4　数据集参数

类别名	图片数	目标数
g_garbage	10 530	17 750
d_garbage	12 100	12 430
trans_boat	14 050	33 910
spoil	18 200	12 080
stag_water	29 490	45 130
collapse	17 170	19 000

(2)定量试验结果分析。

为了评估 YOLO v3-SE 算法性能,将该算法与 YOLO v3 基础算法、融入注意力模块的 SKNet-YOLO v3 算法和 CBAM-YOLO v3 算法进行了比较。选取了各类别的识别精度 AP,以及所有类别的平均精度 mAP 作为评估标准,统计情况如表 3-5 所示。由表 3-5 可以看出,本书算法相较于 YOLO v3 基础算法、SKNet-YOLO v3 算法和 CBAM-YOLO v3 算法在积水(stag_water)、塌方(collapse)、运输船(trans_boat)、聚集型漂浮物(g_garbage)、弃渣(spoil)和分散型漂浮物(d_garbage)6 类目标物的检测精度,AP 均有较大幅度的提升。

表 3-5　各算法的识别精度统计　　%

网络结构	collapse	stag_water	trans_boat	d_garbage	spoil	g_garbage	AP
YOLO v3	62	59	61	60	56	61	59. 83
SKNet-YOLO v3	81	80	78	76	83	76	79
CBAM-YOLO v3	75	74	74	71	70	68	72
本书算法	95	89	93	91	81	92	90. 17

综上所述,本书提出的 YOLO v3-SE 算法相较于 YOLO v3 基础算法和其他添加注意模块的改进 YOLO v3 算法,在针对无人机图像的单个目标物,检测精度 AP 及 mAP 均有明显提升。

(3)定性试验结果分析。

从自制标准数据集 HE-DS 中选取了 6 个类别的图片数据，对本书算法的实际检测效果进行评估。不同角度、不同区域的实际检测效果良好。实际可视化结果如图 3-37 所示。

图 3-37　6 类目标物可视化结果

第 4 章　技术特点及应用前景分析

4.1　技术特点

4.1.1　高效率、低成本、智能化的无人组网集群测量

在传统的地形测量工作中,需要专业的测量人员并调用大量的人力、物力配合才能开展大型水利工程的基础地理信息数据的采集工作,效率低且成本高,尤其是在工期紧张、防汛、应急救援等关键阶段发挥的时效性和价值不高,不能及时提供所需的基础地理信息数据。集成智能机巢、“云-端”协同无人机集群管控技术、基站和无人船集群管控技术等构建的无人组网集群测量系统具有高效率、低成本和智能化的特点。通过操控平台,根据规划线路,可实现多源地理信息数据的快速采集和获取,智能化程度高,专业性要求不高。

4.1.2　身临其境的视觉体验,实时掌握现场状况

随时随地的鼠标一键巡检操作,多路远程视频回传直播技术,流畅无延迟的视频直播,便于作业人员随时随地实时掌握现场情况。尤其是遇到抗洪抢险、应急处置以及人员无法到达的突发情况,集群管控平台具有常规人工操控设备无法比拟的速度到达现场,实时快速回传视频让决策者了解现场情况,进而及时做出应对措施,降低或避免风险和损失。

4.1.3　可操作性、可扩展性、可推广性、适用性强

本技术可推广至地形测量、数字孪生建设、实景三维中国建设等测绘领域,也可推广应用于水利工程监测、河道岸线和环境监测、智慧水利建设等水利行业以及输变电线巡检、应急抢险救援等领域。

本技术产品重复利用率高,维护费用低,智能化程度高,测量数据可永久保存,作为数字孪生建设的数据底板,能够持续节约成本,提高效率与安全性。

4.2　技术优势

与国内外同类水平比较,本书所述的研究成果技术优势主要体现在以下几个方面:

(1)无人平台具有明显优势:目前无人设备与传感器分开设计且多采用单一技术来实现避障,综合避障技术的应用案例较少,无人作业的安全性有待提高。通过与国内外主流无人船的多组试验对比,无人船传感器防气泡性能佳,无明显气泡,十分有利于对水下地形的全覆盖扫测,确保了船只的航行安全。基于融合视频图像的目标跟踪算法提高了目标跟踪的鲁棒性,克服了跟踪漂移和目标漏检等难点;自主研发了多模融合定位算法,提升了整体感知系统对环境目标感知的能力,从而很好地提升了自主避障能力。

(2)超高宽带的自组网通信技术具有明显优势:当前,通信组网技术较为单一,跨域、异构通信互联效果不佳,本书所述的近程通信网通信距离可达 10 km,基于异构通信组网技术构建的远程通信距离可达 35 km。基于无线传输硬件平台、路由协议和宽窄带融合通信技术,搭建的基于宽窄带融合的自组网通信网络和高冗余通信方式,实现了无人设备航拍视频远距离无损高清传输。同时,利用异地组网技术实现批量无人设备的远程监控与作业。

(3)高精度导航定位技术处于领先水平:目前主流定位技术较为单一,精度不高,卫星容易失锁,且多机协同定位技术较差。本书所述的无人组网集群协同测量系统基于卫星、视觉定位、激光雷达和惯性导航等的融合导航定位技术,通过增加组合因子,提高了导航稳定性能,克服自身和复杂环境的制约影响,实现了复杂情况下的精准定位和自动避障。无人平台相互通信,保持定位数据不丢失,利用数据融合技术进一步提高了融合导航系统的性能。上千次的零事故试验确保了本书所述的导航定位技术的可靠性,提升了无人设备的安全作业能力,与依靠卫星导航为主的无人平台相比,更加适用于山区、峡谷和城镇密集区等环境复杂的工程勘察设计行业。

(4)实现了无人机三维航线规划:当前无人平台航线规划均是采用二维的航线规划方法,难以满足复杂的作业环境和全方位立体化感知测量作业的要求,基于影像、地图和三维实景模型等多源数据,通过优化 A^* 算法提出的协同搜索 A^* 算法,研发的三维航线规划算法,确保了最终规划的可行性。无人机三维航线规划示意图如图 4-1 所示。

(5)无人集群管控平台具有明显作业优势:当前,国内外大多数采用基于人工作业或单体无人系统作业的方式采集数据,费时费力效率低下且危险性高,对于海事应急机动处置速度也不够及时;而研发的管控平台多是对单一无人平台或同构平台进行管控,只能同时执行少量作业任务,作业效率低,受制约条件较多。与国内外数据采集方式对比,本书所述的无人集群管控平台具有以下优势:①实现了无人值守的无人机与无人船集群自动化数据采集功能,目前管控平台最大上限实现多架无人机、无人船协同作业;②集群协同作业释放了大量人力,人力资源成本下降 70%且时间成本下降 80%;③利用无人机中低空视角与无人船水面视角实现对水域与周边环境的信息 100%全覆盖,同时针对突发事件的机动响应时间,由工作人员平均 8 h 的响应时间可缩短至 10 min 内无人设备抵达现

图 4-1　无人机三维航线规划示意图

场进行取证和处理,大大提高了处理问题的效率。

无人机集群管控平台远程操控图如图 4-2 所示。无人船集群管控平台远程操控图如图 4-3 所示。

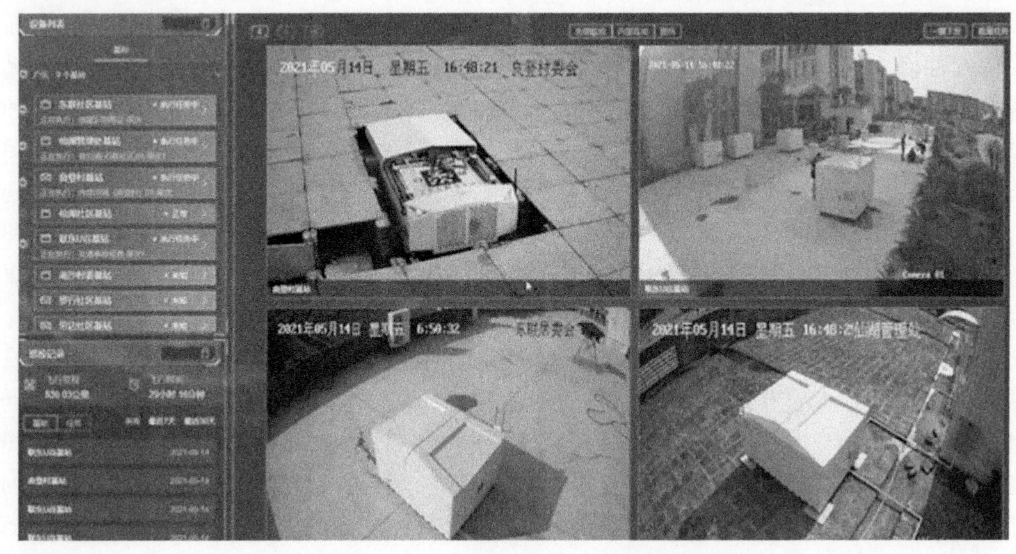

图 4-2　无人机集群管控平台远程操控图

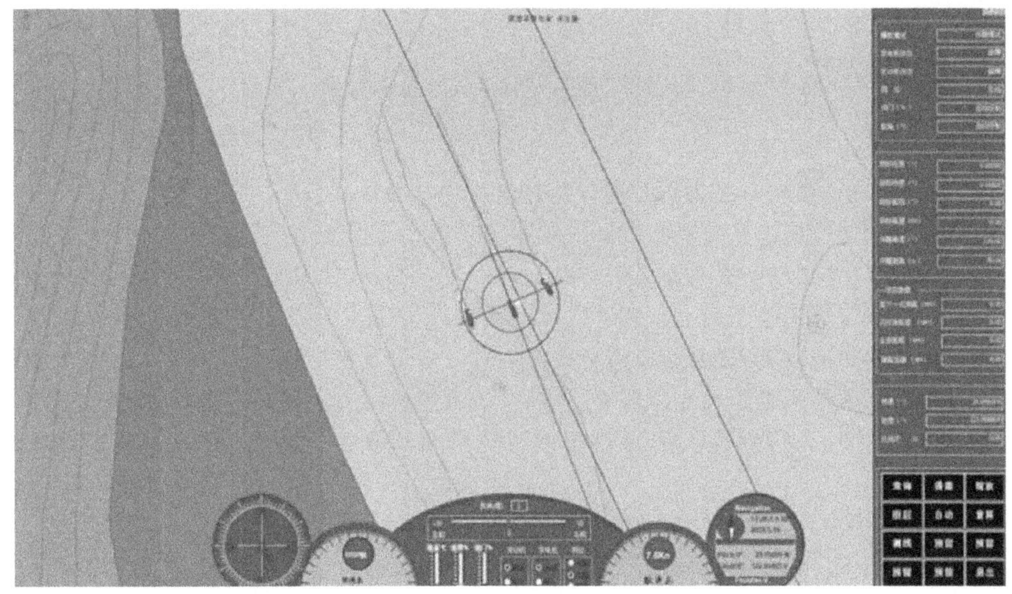

图4-3 无人船集群管控平台远程操控图

(6)集群协同测量效率高:当前无人平台集群绝大多数应用于军事领域,在民用领域以集群表演为主,在工程测量和基础地理信息获取等领域国内外未见相关研究。且目前对无人设备协同控制技术多是局限于理论研究与数字仿真阶段,几乎没有成功运用于实际工程中,难以达到工程实践要求。通过集成多源感知手段,融合多种感知信息,本书所述的无人组网集群协同测量系统实现了"空-地-水"一体化全方位的精准协同感知和集群测量,极大地提升了测量的精度、效率和鲁棒性。通过研发基于无人机、无人船的集群管控平台,构建基于无人机和无人船组网的测量作业体系,本书所述的无人组网集群协同测量系统实现了"云-端"协同集群、跨域异构伴随协同管控以及多源数据的精准性、及时性、同步性的快速获取,协同效果好,集群协同测量效率高,与单体无人平台相比,作业效率提升了3倍以上。

(7)AI算法学习正确率高:目前AI算法实现方式主要采用传统的人工设计特征描述卷积神经网路。人工设计的特征在简单分类任务中有时可取得较优的效果,但其特征的深度层次有限,面临复杂分类问题时,由于其计算单元有限,存在泛化能力不足、鲁棒性差的问题,精确度有待提高。卷积神经网络算法技术难度较大,成本高,且处理信息量大,运算量及参数需求大,对硬件设备参数需求很高,给实际应用过程中的落地部署带来极大困难,动态识别精度大多不理想,不能满足工程应用需求。与国内外同类技术相比,本书所述的图像识别技术实现了自动识别工地弃渣、塌方、船只、漂浮物、积水等异常特征物和自动提取建筑物、道路等地形要素,提高了地形生成的效率,识别精度均达到90%以上。

4.3 解决的具体问题

(1)解决无人平台及测量传感器一体化优化设计与集成技术问题。

通用无人平台往往是面向航行任务而非面向测绘任务优化设计。无人平台与测量传感器分开设计,可能会导致无人机平台航行时产生松动、无人船航行时产生气泡,以及因为传感器安装位置刚性不足、振动大,导致传感器真实位姿与姿态传感器数据不符,影响测量传感器的数据质量,甚至导致测量数据失效。采用量身定制理念,机巢、无人机、艇型设计首先需要满足调查作业环境要求,例如具备更强的抗风浪摇晃的性能等;其次考虑传感器的优化安装,以得到无人船在航行中更低的水流噪声、气泡及无人机集成设备的振动。

(2)解决卫星、激光雷达和机器视觉融合的高精度实时动态导航定位问题。

开展卫星、激光雷达和机器视觉定位技术的多模融合定位方法研究,突破了无人平台高精度动态导航定位技术,实现在复杂应用场景和强干扰环境下集群测量作业的精准、可靠和安全。

(3)解决航行测量智能控制与自主避障技术问题。

无人平台自主避障属于平面移动机器人路径规划,是无人平台在空中和水面上安全自主航行的基本前提。然而无论是空中无人平台还是水面无人平台自主航行有其自身挑战性。为解决空中无人机自主避障问题,开展了基于点云的三维场景快速重建与激光雷达自主避障问题研究,突破复杂网络和危险环境下无人机三维航线规划与自动驾驶技术难题,为实现无人值守、远程控制和自主作业提供支撑。针对水面平台本体惯性大且干扰强、海上避碰规则并没有像陆上交通规则那样定义明确的问题,为解决大惯性强干扰下的稳定控制问题,利用艇载传感器对干扰进行估计,利用主动抗干扰方法对无人平台进行大干扰控制;利用鲁棒非线性在线建模控制方法进行小干扰控制,实现无人平台平稳控制。为解决安全航行问题,借鉴人类驾驶车辆过程中避障的思想,通过各种尺度的感知信息先宏观建立导航线路,调整航行路线,再微尺度调整瞬时航速和航向,建立基于多传感器感知、满足特定海事规则要求的多层多尺度避障模型,以避开航行过程中各种距离和尺度的障碍物。

(4)解决复杂环境下的通信组网技术问题。

①在通信网络较好的区域,基于 5G 的通信组网技术构建了无人机远程视频实时回传技术方法,通过上千次飞行试验,30 多个工程体验、飞行全程可控、超低无延迟、高清回传。

②在通信网络不理想的区域,通过采用异构网络融合技术、窄带融合自组网技术等自主研发自组网通信技术,实现无人平台之间的自由通信,通过 30 多次海试,20 多次迭代升级,近程通信距离 10 km,通过通信中继站,构建异构通信组网,远程回传最远达 35 km。

无人机通信中继站如图 4-4 所示。

(5)解决面向任务的多平台协同与管理技术问题。

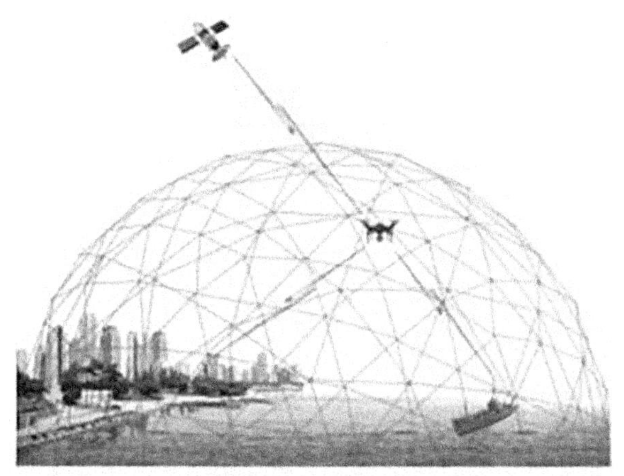

图 4-4　无人机通信中继站

针对协同控制管理任务需求,采用多平台离线规划与协同一致性在线规划相结合的控制技术。根据不同测绘任务,对无人平台先做离线规划;当无人平台在测量区域,需在线自主协同进行测量时,运用分布式协同一致性控制技术,将无人平台网络数学抽象成拓扑矩阵,无人平台之间相互传递目标量信息,设计一定的控制器,分析拓扑矩阵的特征值变化情况,确保系统稳定,并使得整个无人平台网络的目标量信息及状态信息在有限时间内达到一致。同时,为确保测量数据实时拼接的准确性,将拼接的结果作为控制系统的反馈,调整无人平台实时状态,以及为实时掌握作业现场情况,构建了基于"云-端"协同无人机管控平台。

(6)解决海量多源测量数据的处理、分析和管理效率低下问题。

传统的人工处理、分析、管理测量的照片、视频和正射影像等多源数据的方法不仅费时、费力且效率不高,采用人工智能识别和深度学习算法构建了自动识别系统可实现海量多源数据的融合、处理和分析。

(7)解决远程多路视频回传延迟、不流畅等技术壁垒。

大疆无人机操控 APP 由于其自带的使用局限性,视频回传仅支持 4G 网络技术,视频不流畅、延迟且不支持多路无人机视频回传,不便于实时掌握现场情况。自主研发的无人机操控 APP 支持一键视频分享,通过自建流媒体服务器,实现无人机集群测量视频的回传且视频流畅基本不延迟。

(8)解决大型水利工程全天候、全覆盖的周期监控难题。

当前水利工程重建、轻管的现象依然存在,如何利用新技术、新手段实现对大型水利工程全程监控显得尤为重要。传统的手动操控无人机、无人船巡查,不仅费时、费力且无法实现全天候、全覆盖的周期监控。本技术以极少智能机巢、基站为依托,全自动化、智能化的无人组网集群测量智慧监控系统可实现大型水利工程全天候、全覆盖的周期监控。并可应用于河湖环境监测、河道违法岸线占用巡检等水利行业定期巡查中。

4.4 推广应用情况

本书所阐述的技术成果在无人组网集群测量系统的研发、软硬件系统集成、技术标准研制、行业示范应用、科技成果转化等方面积累了丰富经验,获得专利 45 项、软件著作权 43 项,多项科研成果达到国际领先水平,并在 10 多家单位推广应用,创造了巨大的经济价值和社会价值。

4.4.1 在基础数据底板构建领域的应用

项目构建了无人机、无人船集群测量系统,自主研发了无人机、无人船集群管控平台,实现了多架无人机、多艘无人船的集群协同测量作业,极大地提升了基础地理信息数据底板采集获取的效率,丰富了数据成果的类型。

本书所阐述的相关研究成果在中水珠江规划勘测设计有限公司承担的珠江流域重要河道地形测量(三期)、珠江河口四期水下地形测量、粤港澳大湾区(河口区)水下地形测量以及环北部湾广东水资源配置工程、环北部湾广西水资源配置工程、澳门珠海供水工程等重大工程项目中得到成功运用,极大地提高了生产效率,取得了重大的经济效益和社会效益。

无人组网集群测量系统数据底板获取示意图如图 4-5 所示。

图 4-5 无人组网集群测量系统数据底板获取示意图

4.4.2 在水利行业的推广应用

本书所述的相关技术已在大藤峡水利枢纽工程等多个大型水利工程中推广应用,并在中水珠江规划勘测设计有限公司和广西大藤峡水利枢纽开发有限责任公司等多家单位推广应用。无人组网集群协同测绘系统的应用为工程建设期开展周期性的自动巡检巡查,获取了建设期的第一手照片、视频、影像和全景图等资料,丰富了建设期历史资料样式,满足了工程建设期对多源数据的需求,达到了智慧监控的目的,提高了生产效率,降低了劳动成本,巡视数据可实时回传至服务器端,管理人员可随时查看,为大藤峡水利枢纽工程全生命周期的智慧监控提供了技术支撑,产生了重大的经济效益和社会效益。

本书所述的相关技术基于多种类型无人组网集群测量技术,研究开发了可实现水利工程建设期实时巡检监控的无人组网集群管控平台,技术水平达到国内领先水平,适用于大中型水利工程建设管理智慧监控,可以提高建设管理的技术水平,并增加存档施工过程的影像数据,应用到多个水利工程取得良好的经济效益和社会效益。

(1)本书所述的相关技术在大藤峡水利枢纽工程中进行了研究开发和示范应用。

(2)本书所述的相关技术成果在环北部湾广东水资源配置工程、环北部湾广西水资源配置工程、澳珠供水水资源保障工程等多个大型工程中推广应用,取得良好的效果。

(3)在广西大藤峡水利枢纽开发有限责任公司等多家单位多个工地和大型项目中得到推广应用。

4.4.3　广泛的推广应用前景

本书所述的相关技术成果不仅可应用于基础地理信息数据的快速获取和采集,为智慧水利和数字孪生建设提供基础数据底板;也可推广至水利工程监测、河道岸线和环境监测、输变电线巡检、应急抢险监测等领域,且无人组网集群管控平台可操作性强,点下鼠标即可实现自动集群测量,多源数据自动融合、处理、分析;技术方法研发的产品功能具有可扩展性,适应性强。具体推广应用领域如下:

数字孪生:多源基础数据底板的采集、获取;河湖监测:流域、水库巡检,实现智能识别河涌违建、排污口、非法采砂等信息;水利工程建设监测:大型水利工程建设期内的不定期巡检、巡查;城管执法:违章建筑、工地渣土车、建筑工地、环卫市容、垃圾堆放视频等;国土:违章建筑、土地开发视频监测和大面积的测绘;应急监测、测绘:自然灾害、事故灾难、公共卫生事件和社会安全事件等应急视频巡查和区域地形测绘;交通执法:道路违停、交通疏导等执法视频监测等。

4.5　经济、社会和环境效益分析

基于超高精度和高可靠性导航定位、超宽带的通信技术、超管控“空-地-水”智能技术和超容量数据融合技术,构建了超网群协同测绘技术系统,突破了“空-地-水”多平台智能测绘技术系统的无缝拼接,解决了复杂环境下的多源数据获取的可靠性。并在多个项目、多家单位推广应用,取得了较大的经济、社会环境等效益,具有广阔的应用前景。

4.5.1 可观的经济效益

本书所述的相关技术成果成功应用于珠江流域重要河道地形测量(三期)、珠江河口四期水下地形测量、粤港澳大湾区(河口区)水下地形测量以及大范围水域水下地形测量等多个水利部前期项目,以及大藤峡水利枢纽工程、南渡江引水工程、环北部湾广东水资源配置工程、环北部湾广西水资源配置工程、澳门珠海水资源保障工程等多个大型水利水电工程的勘测设计等阶段的基础地理数据获取采集等;同时也应用于大藤峡水利枢纽工程等大型水利工程建设期的智慧监控,利用无人组网集群测量系统对大藤峡水利枢纽工程进行集群协同测量航拍监控,快速获取360度全景图、航摄视频、正射影像、三维实景模型、影像数据等,为智慧大藤峡和孪生大藤峡的建设提供了丰富的基础地理信息数据底板,为智慧水利示范工程建设提供了翔实可靠的数据底板,取得了重大的经济效益。

4.5.2 良好的社会效益

本书所述的相关技术成果实现了无人值守下的无人组网集群协同测量作业,降低了人工作业风险;获得国家授权专利45项(其中实用新型专利10项,发明专利35项),获得软件著作权证书43项,制定标准4部,出版专著3部,发表学术论文30余篇。培养水利部青年拔尖人才1名以及其他高端技术人才4名、中青年科技人才30名、青年硕士研究生导师2名,培训基层技术推广人员200余人(次),显著提高了科研人员和技术推广人员的科技素质,推动了测绘科技进步和行业高技术人才的扩充,加强了无人机、无人船等智能无人设备集群协同技术研究及应用的广度和深度,取得了良好的社会效益。

4.5.3 持续的生态环境效益

本书所述的相关技术成果规避采集数据的弊端,无人机、无人船等智能无人设备非接触式集群协同测量作业,规避和降低了人为对生态环境的影响;以清洁能源为动力的无人机、无人船等无人设备减少了废气、废渣、废油等污染物的排放对生态环境造成的影响。同时,本书的研究成果也可以推广应用于河湖环境监测等领域,为生态环境保护提供技术支撑。综上所述,本书的研究成果取得了友好持续的生态环境效益。

4.5.4 综合效益

本书所述的相关技术成果产品重复利用率高,维护费用低,智能化程度高,测量数据成果永久保存长期适用,为智慧水利、孪生流域建设提供基础数据底板,能够持续节约成本,提高效率与安全性,具有广阔的推广应用前景,也可推广应用至水利工程监测、河道岸线和环境监测、智慧水利建设等水利行业,也可推广应用于国土监测、输变电线巡检、应急抢险监测和交通执法等领域。

4.6　推广应用前景

无人组网集群测量系统可为孪生流域、智慧水利、大型水利水电工程建设以及防洪抗旱等行业对基础地理信息数据的需求提供快速获取的技术支撑,也可为河道岸线、水利工程巡检及智慧水利建设等提供有力的技术支撑,同时可推广应用于工程设施(水库、水电站等)巡检、交通辅助管理、应急救援、环境监测等领域。因此,本书所述的相关技术成果具有广阔的应用前景和重大的经济、社会和环境效益。

4.6.1　多源基础地理信息获取

利用无人组网集群测量系统可以快速获取工程勘察、设计、建设等所需的多源基础数据底板,满足工程建设的需求。利用无人机集群测量系统获取陆地多源基础地理信息数据,利用无人船集群测量系统获取水下基础地理信息数据。无人机和无人船组网集群测量可极大地提升测量效率,快速获取水陆一体化无缝融合的三维时空信息数据,具有广阔的推广应用前景。

4.6.2　河道常态化巡查

利用无人机、无人船集群测量技术进行河道巡检,利用科技手段,进行“空-地-水”结合、人-机-船结合、立体交叉的巡河模式。无人机因其机动灵活的起降方式、低空循迹的自主飞行方式、快速响应的多数据获取能力,可以快速获取排污口、非法采砂、沿岸垃圾倾倒、水面污染、河岸违建、围垦侵占、围网养殖等情况,无人船由于其小巧、便捷性,可沿河道开展近距离常态化巡检。同时,架设装有 5G 通信技术的智慧基站网,以其高速率、低时延和大连接的特点,可实现人-机-船互联,为影像数据实时传输云端处理提供低延迟、高速率传输通道。

利用基于边缘计算模块的 AI 智能识别算法,可实现无人机、无人船前端航摄视频的智能识别、发现异常自动报警和远程喊话功能。开展支持边缘计算的无人机前端图像智能识别算法设计,是通过海量样本训练,形成样本库,从中正确识别出无人机目标,用于实现无人机、无人船前端智能识别以及“云-端”协同的数据实时分析与应用。

河道常态化巡查的一般内容如下。

4.6.2.1　污水排放口监测

无人机搭载可见光进行日常巡查污水排污现象,无人机搭载热红外进行夜间污水偷排的监察,无人船搭载高清摄像头进行河岸排污口监测。通过实时监测和拍照取证对非法排污现象进行控制,有效打击工厂违规排污现象,保护河湖水质和生态环境健康。

4.6.2.2　河道违建清查

无人机正射影像可以获取准确的涉河两岸违法建筑信息。对处理前和处理后河涌两岸建筑正射影像分析、成图,可以监测到清违行动前后的变化情况。对河涌正射影像的分析,可以实时监测出涉河违法建筑的分布情况。

4.6.2.3 偷采河砂监察

通过无人机日常检查非法采砂,节省巡河人力,提高巡河效率,对于违法采砂现象能及时拍照取证,不让违法人员有转移的时间,记录沙堆堆放面积。有效打击非法采砂行为,保护坡岸和生态环境健康,维护防洪功能。

4.6.2.4 偷倒垃圾监察

由于河道岸线较长、人工监测困难等特点,偷倒垃圾现象一直存在。可利用无人机、无人船便捷快速等特点实现对水域区域河道垃圾堆放现象进行高精度巡查,获取垃圾堆放位置及分布,并拍照取证。

4.6.2.5 沿岸围垦侵占监察

无人机可以对水域沿岸情况进行精准扫描,确保巡查无盲区和死角,对于岸边围垦侵占等乱采现象以及沿河挡水建筑物进行拍照取证,有效保障坡岸环境健康,预防水土流失。

4.6.2.6 沿岸围网养殖监察

采取无人机、无人船日间常态化巡查,对河道淤塞、河堤边上围网养殖、河堤废料堆积等沿岸"乱占"现象进行抓拍取证,并将现场数据回传至信息平台。定期利用无人机进行航拍暗访核查,采集点位整治信息,跟踪问题整治工作进展,确保生态保护整治工作监督到位。

4.6.2.7 水面污染物巡查

无人机、无人船可通过前端 AI 实时识别对水面异常现象进行监测巡查,对水面漂浮物、水体颜色异常、水面垃圾污染等现象进行识别并实时回传。通过无人机精细化巡查判断附近潜在污染源,追溯污染源头,逐一攻破。可有效防范污染物的扩散,通过查找污染源,进而保证水环境的安全。

无人组网协同巡检河道示意图如图 4-6 所示。

4.6.3 水库常态化巡查

水库管理区域的无人机精细化巡查内容包括水面漂浮物、水色、油污、浑浊度以及活动船只、人员等,在巡查过程中兼顾湖区周边的安保问题,发现异常,及时报告。同时,针对已发现的漂浮物处理等问题进行快速跟踪,减少后期数据处理的工作量以及提高响应程度。

基于前端智能识别技术的无人机、无人船可实现对水库的人为活动的实时监测与报警,包括对钓鱼、毒鱼、炸鱼、捕鱼、游泳等违法行为进行监测,保证生态环境健康和人身安全。基于大量的训练样本,通过前端智能识别和人工智能技术,若发现违法活动,无人机会自动报警警告,数据和坐标信息也会实时回传至后台,情节严重的时候,会发送工作人员调动指令,使人员及时赶到现场或者通过喊话功能对闯入人员进行警示和驱赶。

图4-6　无人组网协同巡检河道示意图

4.6.3.1　河面精细化巡查

通过无人机、无人船集群协同对水库水面进行常态化巡查，可对水面任何异常现象进行实时AI分析并拍照取证，如水面漂浮物、水色异常、油污、浑浊度异常以及水面出现的活动船只、人员等现象。同时会及时向后台告警，辅助工作人员进行处理。

4.6.3.2　人类活动巡查

通过无人机、无人船对库区周边的情况进行巡查，及时发现是否存在入侵人员进行钓鱼、网鱼、游泳或其他异常行为。无人机在巡查飞行过程中，发现异常，需进行定点细查，可调整无人机的高度及距离，拍照或录像取证，并利用喊话器进行警告、驱赶，并及时通知周边巡逻人员进行处理；无人船在巡查过程中，发现可疑情况进行拍照取证，并进行喊话。

无人组网协同水库巡检示意如图4-7所示。

4.6.4　水源地常态化巡查

无人机、无人船的水源地常态化巡查主要针对饮用水源保护区周边环境卫生、取水口漂浮物、排污状况、水源地周边垂钓、界桩围网等隔离设施及标识标牌完好等情况开展巡查。要全面清除河道内的漂浮物和河床、河坝处积存的垃圾，围绕水源污染等环境问题做好调查摸底工作并清理整治到位，确保城镇居民能喝上卫生安全的饮用水。

图 4-7　无人组网协同水库巡检示意图

4.6.4.1　水污染巡查

通过基于前端智能识别技术的无人机、无人船常态化巡查,可对水源地区域倾倒垃圾、水面漂浮物、非法排污、违建等情况进行实时 AI 识别分析并后台告警。

4.6.4.2　人类活动巡查

水源地周围一般情况下不允许出现人类活动,因此可通过无人机、无人船对各种人类活动进行常态化巡查和喊话驱离。若发现违法活动,如在水源保护区范围内进行毒鱼、电鱼、炸鱼、养殖投料、滥用化肥、游泳、钓鱼等行为,无人机、无人船会拍照取证,实时向后台告警并喊话驱离。

4.6.4.3　界桩巡查

无人机可通过搭载可见光传感器对水源地周遭的界桩情况进行巡查。可及时发现任何界桩的异常并向后台告警,辅助工作人员下一步决策。另外,界桩巡查可能存在树木遮挡情况,部分树木遮挡的界桩需定期清除树障。

4.6.4.4　围网巡查

利用基于前端智能识别技术的无人机对围网是否有破损、围网周围环境以及是否存在有隐患点等现象进行监测和实时识别,若出现异常,无人机可进行拍照取证并实时向后台告警。

4.6.5　暗管摸查

面对河涌及周边沿岸排水暗管分布隐蔽、地形复杂等条件,通过无人机巡查能高效、快速获取流域内污染源、空间分布等信息，再结合夜间挂载的热红外传感器，利用偷排废水与河流内水体的温度差异来监测排口，实现对水域区域精细化巡查、数据处理与污染源解译。

对于潜在的暗管偷排，采用无人船进行快速摸查。暗管探测无人船通过声呐扫描技术，将测扫的声波实时、直观地反馈在电脑基站系统中，现场排查人员即可通过声波呈现的图像，初步甄别该水域是否有暗管偷排。通过定位定向仪，工作人员还可精确定位目标位置和获取具体参数，方便取证。对暗管偷排现象的数据记录完整、准确，给排污口排查带来了效率上的直接提升。

4.6.6　大型工程监测

大型工程的巡检调查前期，可采取无人机、无人船对所需监测区域进行航拍和采集测绘数据。工作人员可利用无人机在第一时间掌握资源调查信息，根据实时监控数据可以清晰分析基础地理信息资源的实时动态，并后期制作电子版或相片成果图。利用无人机能够在几个小时内获取厘米级的区域地形和三维模型，拍摄绘制工程建设区域周围环境的高清影像，利用无人船可以获取高清水下地形数据，可对周遭的地形、地貌、植被环境、水环境、生态环境的勘查和现状评估，排除建设隐患、评价环境影响、预估修复成本等提供数据参考。可有效提高资源调查小组户外调查办事效率，快速准确地为工程建设范围的水文地质信息调查、地理信息提供了不可代替的作用。

利用无人机对所需监测工程项目进行工程全天候动态监测，无人机可进行定点实时监控、巡视，通过拍摄工程建设期间的 720 全景图，能够清晰、直观地了解工程建设不同时间段的发展情况，也可以切换不同的方位，从不同的视角了解项目建设状况，精确把握工程建设情况。

在工程建设过程中的巡护工作可通过无人机搭载高倍变焦相机与喊话器，进行全天候自动巡逻防护，减少人力物力的损耗，做到全天候自动化巡护，并对违法行为进行及时喊话制止。同时无人机通过搭载边缘计算模块可对施工过程中人员是否头戴安全帽等安全现象进行实时监测识别，发现异常自动报警与喊话，保障施工安全。

同时通过无人机常态化巡查，可第一时间掌握施工过程中周围环境的情况，当施工区域周围出现被污染水域时，无人机可悬停在空中对污染水域进行拍照取证和实时分析，并回传至中心平台。

施工过程中可派无人机对重要设备设施安全和周边环境进行监测。当工程设施出现故障时，无人机能快速做出应急反应，前往事故地点进行拍照取证，对故障设备进行实时监控并回传至平台大屏幕，为工作人员的下一步决策提供依据。

大坝监测如图 4-8 所示。堤岸监测如图 4-9 所示。无人机对施工现场进行动态监测如图 4-10 所示。无人集群测量系统对码头监测如图 4-11 所示。

图 4-8　大坝监测

图 4-9　堤岸监测

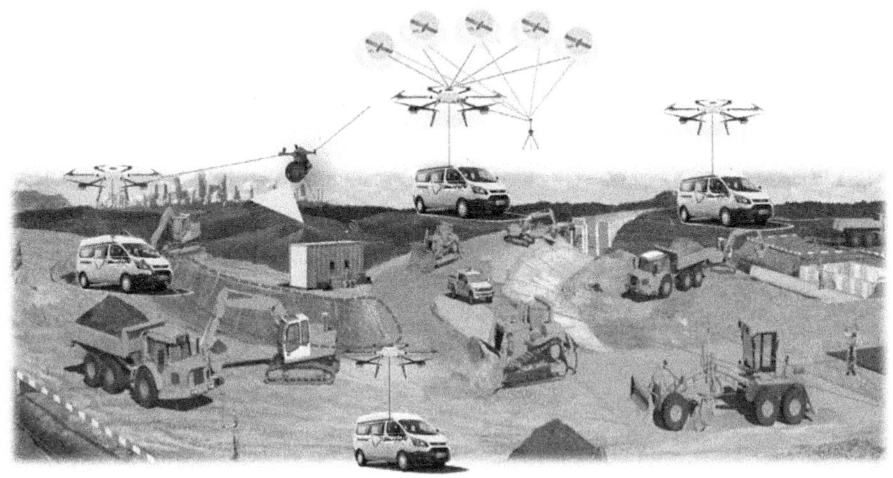

图 4-10　无人机对施工现场进行动态监测

图 4-11　无人集群测量系统对码头监测

4.6.7　智慧水利建设

利用无人机、无人船集群测量系统可快速获取研究区的多源基础地理信息数据底板，为智慧水利基础数据底板建设提供技术支撑。与传统的基础地理信息数据获取方式相比，无人组网集群测量系统能克服复杂环境的影像，作业效率更高，测量成果的精度更高，满足数字孪生流域、工程建设对多源基础地理信息数据底板建设的需求。

智慧水利"天-空-地-水"一体化立体感知网示意图如图 4-12 所示。

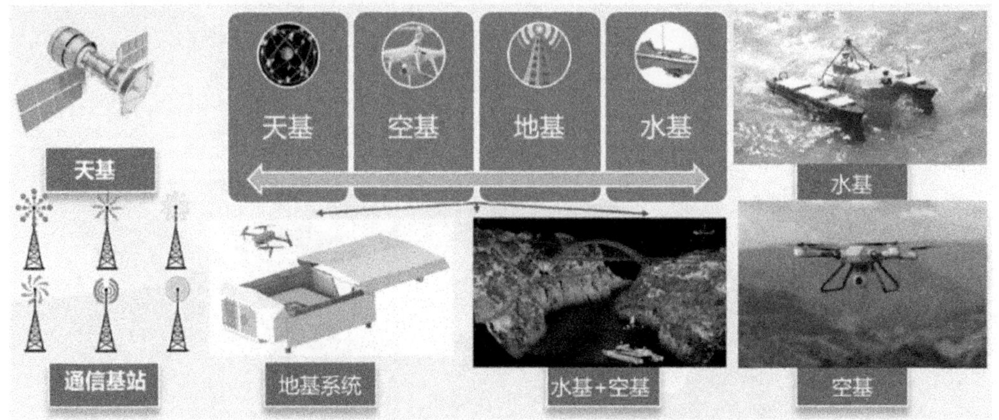

图 4-12 智慧水利“天-空-地-水”一体化立体感知网示意图

4.6.8 数字桥梁建设

桥梁是连接水陆两岸的重要纽带,桥梁的安全稳定性对于交通出行尤为重要,利用无人机、无人船组网集群测量可以获取桥梁精细化的纹理结构,对桥梁进行水上水下一体全方位的立体检测,为桥梁的安全保驾护航。

无人机和无人船集群检测桥梁如图 4-13 所示。无人机扫测桥梁如图 4-14 所示。无人船扫测桥梁水下构筑物如图 4-15 所示。

图 4-13 无人机和无人船集群检测桥梁

图 4-14　无人机扫测桥梁

图 4-15　无人船扫测桥梁水下构筑物

4.6.9　在其他领域的应用

本书所述的关键技术成果不仅可为河道岸线、水利工程巡检及智慧水利建设等提供有力的技术支撑，也可推广应用于海岸带巡查、海岛及其周边地形测量、数字海洋建设、交通、城管、国土执法巡查和环境监测等领域，具有广阔的应用前景。

(1)环境监测领域：可利用无人机、无人船集群协同开展水质、水上污染物的调查等。环境监测应用示例如图 4-16 所示。

图 4-16　环境监测应用示例

(2)工程建设监测领域:可利用无人机或无人船对水上、岸上的工程建设进行实时动态监测和安全巡查等。

工程建设监测示意图如图 4-17 所示。

图 4-17　工程建设监测示意图

(3)园区巡检巡查:利用无人机或无人船开展工业园区的巡检巡查等。

厂区或园区巡检巡查如图 4-18 所示。厂区或园区非法闯入巡检巡查如图 4-19 所示。

(4)输变电巡查:利用无人机集群测量系统对输变电线路进行巡检巡查。

固定机巢站到站自动巡视如图 4-20 所示。输变站巡查如图 4-21 所示。

(5)海岛海岸带调查和测绘:海上环境复杂多变,天气瞬息变化,作业时间有限;受制于单体无人系统作业的各项数据与性能及工作效率,以及天气和作业环境,都需要发展新的作业方式,争取有利条件,提高作业效率。利用无人机、无人船等无人平台开展组网集

图 4-18　厂区或园区巡检巡查

图 4-19　厂区或园区非法闯入巡检巡查

群测量可充分利用有利作业时间，极大提高生产效率，降低海上作业的安全风险。

复杂的海上环境如图 4-22 所示。海岛海岸带调查测绘示意图如图 4-23 所示。无人组网集群测量系统海上作业现场如图 4-24 所示。

(6)地质调查：传统的陡崖地质调查采用人工攀岩的方式，安全风险大且效率低，利用无人机集群贴近摄影测量可快速获取崖体表面的高精度三维纹理结构，极大地提高了作业效率。

无人机组网集群测量系统海上作业现场如图 4-25 所示。

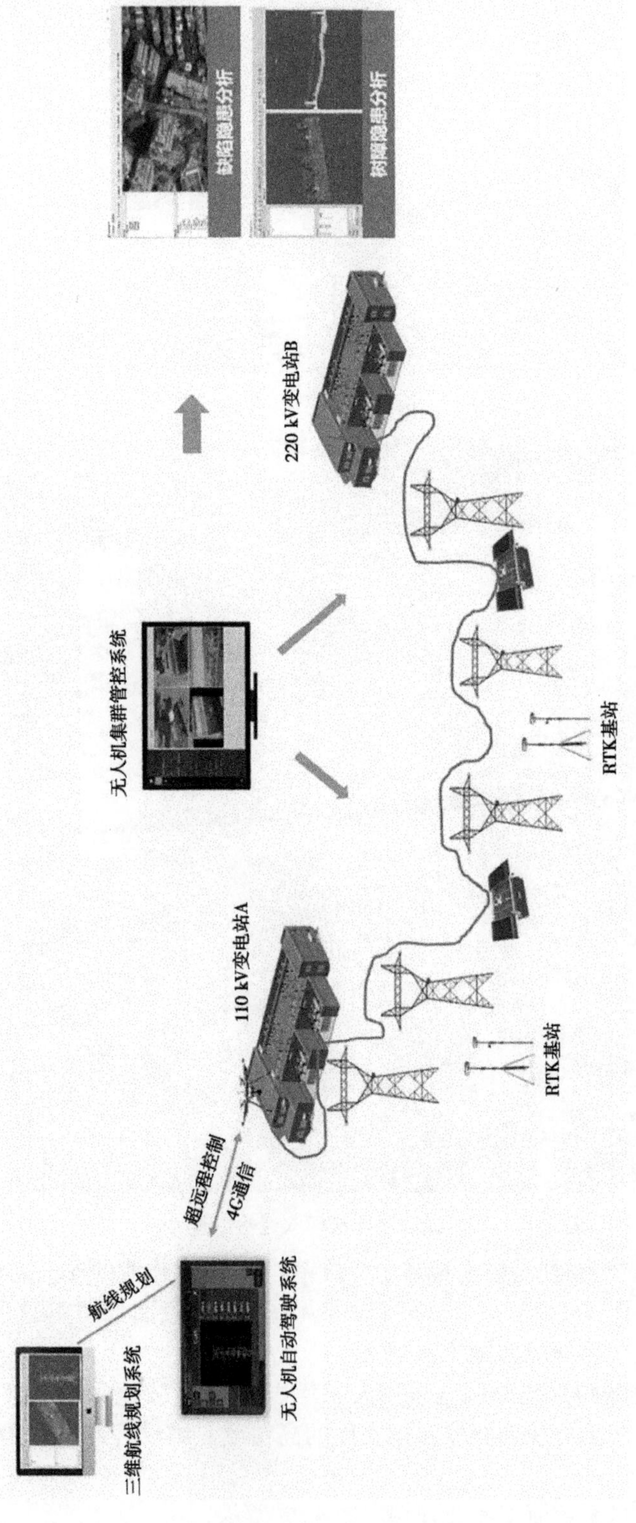

图 4-20　固定机巢站到站自动巡视

图 4-21　输变站巡查

图 4-22　复杂的海上环境

图 4-23 海岛海岸带调查测绘示意图

图 4-24 无人组网集群测量系统海上作业现场

图 4-25　无人机组网集群测量系统海上作业现场

第 5 章　展　望

随着科学技术的发展,人工智能离我们越来越近,未来无人组网将向无人机、无人船、测量机器人、无人水下机器人等智能无人系统组网集群协同测绘的方向发展,构建"天-空-地-水-底"五位一体集群协同的方向发展(见图 5-1)。

图 5-1　"天-空-地-水-底"五位一体集群协同测量体系示意图

5.1　基于 6G 通信技术的无人智能系统发展展望

本书阐述的无人机和无人船等智能无人系统跨域异构自组网通信技术,实现了对同构/异构无人平台的同域/跨域集群协同管控,在 4G/5G 和宽带网络支持下,实现了远程多路视频的无损低延迟传输。未来随着通信技术的发展,6G 通信网络将提升组网通信的能力,本书中所述的通信组网技术已融合了 6G 通信网络,未来在 6G 通信网络大力发展和普及下,仍可兼容 6G 网络,将进一步提升远程视频和数据的传输效率。针对 6G 技术的发展前景,后文将进一步阐述。

5.1.1　6G 通信的愿景

人们对无线通信的要求总是难以满足的,随着技术的突飞猛进,移动通信带给人们的便利难以估量,而5G的优势更是让人们意识到,无线通信或许在下一代将会彻底改变人类社会结构。基于此,各研究机构对6G愿景提出了自身的观点和看法,并展开先前研究,这对6G通信技术体系的发展产生了重大影响。

5.1.1.1 人工智能AI融合

时至今日,1G发展到5G,移动通信主要是针对用户侧和网络架构进行技术升级和架构优化,并没有突破传统网络框架。随着射频天线、计算芯片以及软件无线电等技术的飞速发展,用户侧与网络侧的整合将成为可能,这是6G网络结构的一个重要发展趋势。当前5G已基本满足了超大带宽、超低时延和海量连接的需求。在发展后期,万物互联形态将初步形成。而6G早期体系因通信的延伸性可以确定是5G的深入和拓展,也就是基于AI、物联网等新兴技术的融合运用。在中后期,随着AI技术的深度融合,构建以AI为基础的全新网络架构,通过打造6G的核心,全面实现虚拟现实、虚拟用户以及智能网络等功能的人-机-灵-物应用场景,满足用户的物质与精神的全方位需求。

5.1.1.2 全息通信

全息显示通过整合一个或多个3D图像,构建全息显示场景,为使用者提供一个身临其境的全3D体验,是下一代多媒体的主要演变目标。与传统双目视差的3D影像相比,真正的全息影像可以提供一个肉眼难以分辨的真实立体影像,如微软HoloLens技术,在未来各类全息应用将会全面铺开。然而全息图像包含帧率、倾角、位置等超量信息参数,是传统2D图像体量的千倍以上,即使图片压缩技术深度改良,也至少需要50 Mb/s至4.3 Tb/s通信带宽作为后备支持,同时为增强使用者的交互体验感,提升端到端的实时交互性,需要将数据传输时延降低至毫秒级以下, 对通信时延要求更为苛刻。而构建全息影像也需大量图像处理单元进行图像合成,这对移动式计算单元能力也有了新的要求。因此,全息通信的发展各个阶段在实现全息和多感官的通信方面,尤其各类全息通信融合运用时均存在着较大的挑战。

5.1.1.3 万物互联

万物互联在5G后期将拉开序幕,但是真正的完成应发展到6G的中期。随着5G的不断推广运用,各类传感器的数量正在呈爆炸式增长,有演变成万物互联的趋势。但目前各类接入设备主要以监控、家居和物流为主,且分布区域主要集中在大都市尤其是人员密集区,而万物互联则是将信息延伸至每个地方、每个角落,真正做到无处不在,当前离万物互联还有很长的路。在6G时期,进入万物互联时代,全自动无人驾驶、即时远程医疗、工业自动化、全息远程办公和海空地全方位综合网络等场景将成为现实,届时人类社会将逐步向智能社会演进。

5.1.2 6G技术发展趋势展望

6G的技术发展必然建立在5G的基础之上,依据6G愿景需求,6G的网络架构和技术制式将会有根本性的改变。新频谱、毫米波技术已经引入5G系统,也是未来6G使用的主流频段;与传统的射频技术相比,6G可使用的带宽更大,未来运营商使用频率可能高达300

GHz,由此可以极大地拓宽无线电信道容量,缓解用户更高速率的要求,同时由于天线尺寸的减小可以进一步提升设备的便携性和集成度,增大天线阵列,在波束聚合上更具优势;但是由于使用波段频率极高,极易被大气分子衰减吸收,在信号衍射方面效果极差,造成信号传输衰减严重,影响通信质量。太赫兹技术是下一代无线电重要的方向之一,性能要优于毫米波,其在较好的 LOS 传播环境中可以提供超高性能的吞吐量、时延和可靠性,同时因其尺寸更小可以集成更大规模的通信单元,实现超高流量传输和海量连接;但是与毫米波相似存在衰减过大问题,对天线、放大器和调制器要求极高,目前此方面研发进程已取得一定突破。可见光通信则是数十年后的通信主流,其频段主要为 400~800 THz,在吞吐量、时延和可靠性方面发挥更加出色,同时采用光通信,因不需要无线电产生模块,则轻松实现低功耗并降低成本;但其传输特性使得信道环境成为整体通信的关键,尤其是对收发接收器的空间对准更为敏感。虽然新频谱存在诸多挑战,但其具备的优势是 6G 所不容忽视的。

5.1.2.1 调制技术变革

OFDM 因 4G 运用大放异彩,其抗多径干扰好、频谱利用率高、MIMO 兼容性强等优势延伸运用至 5G 系统,尤其在边缘计算等方面,在 6G 中运用也有一定的话语权。但是频谱分散敏感、多普勒频移影响大、功率峰均比高等缺陷一直被研究人员诟病,随着系统使用频段的不断升高,尤其是在毫米波或太赫兹条件下,此类问题更加凸显。为此研究人员提出了正交时频空(orthogonal time and frequency space,OTFS)技术,可在时频双选信道下实现高可靠和高速率的数据传输。OTFS 技术是直接在时延-多普勒(delay-Doppler,DD)域进行数据调制并且在整个时频域上扩展,使得各项历经性及稀疏性趋于相同,有效地降低了功率峰均比,也克服了多普勒频移造成的不良影响,同时其时频资源配置的高效性可以较好地匹配大规模 MIMO 阵列,实现更多终端的多路接入。然而 OTFS 接收机领域研究进展较缓,其线性和非线性接收机均存在不同的缺陷,亟待科研人员解决。

5.1.2.2 虚拟化网络架构

为融合应用更多应用场景,5G 核心网络和下一代 RAN 架构均将采用了灵活度更高的虚拟化网络(Network Function Virtualization,NFV)技术。但 NFV 在实际运用中存在多方面难点,如虚拟网络功能数量增加、各类不同需求,虚拟资源共享排列管理等,需要采用更为可靠的技术方案来解决在多用户条件下的虚拟资源合理配合、部署、协同和管理等问题,如引入 AI 技术和机器学习(ML)算法等。在 NFV 中利用 AI 和 ML 技术,可以依据用户需求、环境特点和具体业务实时动态调整网络服务中的虚拟网络功能,但目前该方面的研究还处于初级阶段。而继承了 NFV 功能的软件定义网络(SDN)则可提供高灵活性的网络管理功能,在系统管理、网络架构等方面发挥着重要的作用;但就目前而言,SDN 控制器在网络中的最优部署、网络拓扑的动态维护以及端到端的有效管理等关键技术还不成熟,在未来 6G 演变过程中,随着 SDN、AL 和 ML 等关键技术的不断突破,在 NFV 中部署 SDN、AL 和 ML 将会进一步提升整体网络性能。

5.1.3 6G 无人机通信的技术挑战与未来方向

无人机辅助的移动通信在 6G 中具有非常广阔的前景。然而,由于无人机通信自身的发展仍处于初级阶段,并且6G相较于5G又有了全新的技术发展,因而将无人机应用于6G移动通信仍有诸多挑战需要深入地探索与研究。本节从无人机的续航时间、“空-天-地-水”全覆盖异构网络的融合、射频相关的天线技术与太赫兹技术、移动用户的安全问题等方面,对面向6G的无人机通信所存在的技术挑战与未来研究方向进行探讨。

5.1.3.1 无人机的续航时间

无人机的续航时间一直是限制其发展与应用的瓶颈。旋翼无人机多为电池驱动,市面上的电池多为锂电池,无法为无人机提供长时间的续航。目前,旋翼无人机续航时间多在30 min左右。已有研究提出可以利用能量采集技术为无人机供能,而如何提升无线能量的采集效率也是一大技术难题。此外,尽管已有可以为无人机自动更换电池的航站装置,但这仍无法从根本上解决无人机续航时间短的难题。

5.1.3.2 无人机与异构网络间融合

为了满足更广域的无缝覆盖,6G致力于实现“天-空-地-水”的全维度通信,因此如何实现空域网的无人机与其他不同异构网络间数据交互的高速率、低时延、海量连接便成为亟待解决的技术难题。不同网络的传输协议、网络架构均不同,数据的跨网络传输需要进行缓存、转发,这将会产生多余的处理步骤。因此,为了解决数据在不同类型网络间的交互,需要重新设计各网络架构以及数据分发协议并考虑它们之间的兼容性,在保证用户数据准确性的同时实现低时延、高带宽传输。

“天-空-地-水”一体化6G通信网如图5-2所示。

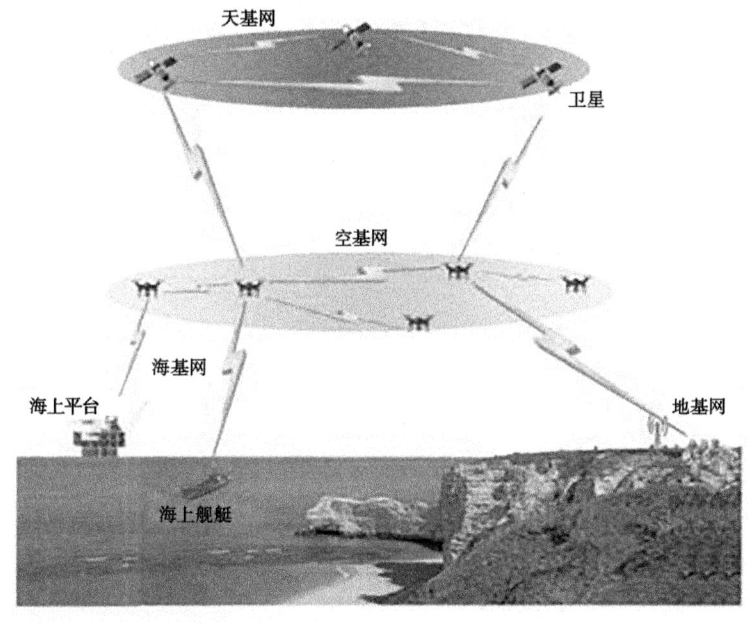

图5-2 “天-空-地-水”一体化6G通信网

5.1.3.3 智能反射面及超大规模天线阵列与无人机的兼容性

智能反射面可以通过软件定义主动调节入射信号来改变反射信号的相位和幅值,以达到对信道的重构来提高接收端信号功率的目标并同时抑制干扰。由于智能反射面是无源反射而不需要通过接收-放大/解码-转发的方式传输信号,与传统中继相比更加节能。但在实际部署中,由于智能反射面需要装配在无人机表面,考虑到无人机的尺寸以及有限的续航载荷能力,需要有效限制智能反射面的尺寸与重量。此外,由于 6G 中采用超大规模天线阵列,即便采用太赫兹频段已明显减小单元尺寸,但天线阵列规模巨大,在设计中仍需将其体积纳入考量范围。

5.1.3.4　太赫兹相关技术及设备研发

太赫兹作为 6G 移动通信中备受关注的突破性技术之一,具有更宽的带宽并可提供接近 Tbit/s 的传输速率。一方面由于其频率较高、波长较短,因此在波束赋形中具有更窄的主瓣宽度和更精确的传输方向以保证用户信息安全。然而,无人机端受限于体积与续航能力,太赫兹波束的搜索与对准技术难以实现。另一方面,太赫兹频率较高且易被分子吸收,因此太赫兹传输衰减增大,这也造成了传输距离较短问题。此外,目前的半导体、金属材料和光学元件还不能满足太赫兹通信的性能,因此未来还需要对适用于太赫兹频段的材料进行大力研发。

5.1.3.5　用户信息的安全性

由于无线通信具有广播特性,用户的信息暴露在空中引发了安全隐患。另外,无人机的运行范围在空中,无论是空对地信道还是空对空信道都更接近视距信道,因而无人机通信更容易被窃听者进行信道估计,进而对用户的私密信息进行截获与窃听。6G 移动通信中将采用太赫兹信道,虽然其信道模型尚未充分建立,但视距信道更具稳定性,因而信道特性更容易被窃听者获取,进而对用户信息隐私造成威胁。此外,窃听者还可能发射干扰噪声来攻击无人机的正常通信,如何克服主动干扰攻击也是亟待解决的问题。

5.1.3.6　蜂群网络冲突规避

无人机的高移动性使其受到广泛关注,然而在大规模无人机蜂群网络中,其移动性给蜂群系统的信道建模、飞行部署和轨迹优化等造成极大的挑战。尽管空地无线信道可以近似为视距链路,然而由于蜂群网络的复杂性以及无人机间的相互干扰,无人机信道仍存在极大的不确定性,这也会对空地信道建模造成影响,进而对 6G 移动通信网络中各无人机的轨迹规划造成干扰,影响无人机的编队飞行,甚至产生冲突。因此,如何对无人机蜂群进行有效的冲突规避,也是未来 6G 无人机通信网络所面临的严峻挑战。

无人机基站蜂群系统如图 5-3 所示。

5.1.3.7　海量密集接入的频谱稀缺

6G 移动通信网络中无人机需要作为临时空中基站配合海量用户的超密集接入。尽管无人机可以分担部分网络负载,然而有限的频谱资源仍会极大地限制用户的信息传输速率并造成网络的高时延。尽管太赫兹频段的引入将会对频谱短缺有所缓解,然而频谱资源利用率低的问题仍亟待解决。因此,将认知无线电技术有效地引入 6G 无人机通信中,通过无人机进行频谱感知并将冗余的频带高效利用,从而改善频谱资源稀缺的问题迫在眉睫。

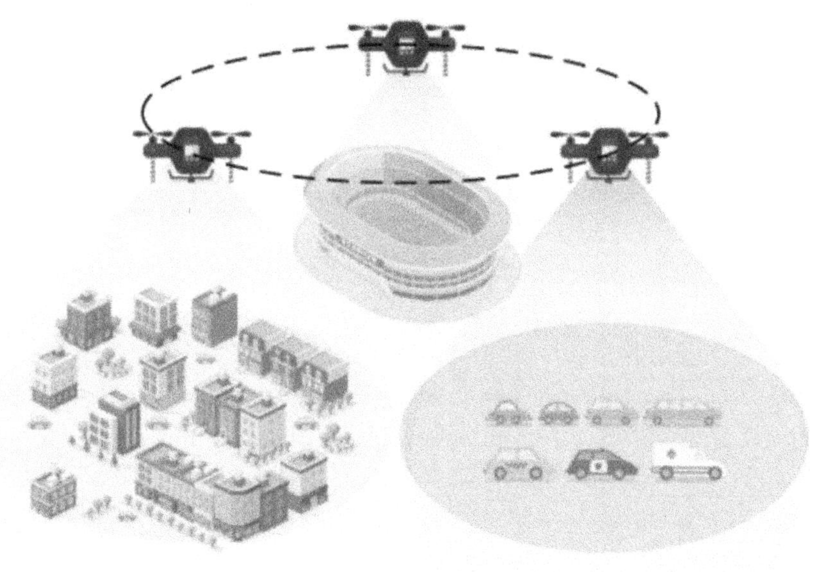

图 5-3 无人机基站蜂群系统

5.2 无人智能系统集群协同技术展望

本书所述的基于无人机和无人船的无人组网集群测量系统、无人机和无人船组网集群协同管控平台,实现了“空-地-水”一体化多源信息的立体智能感知,形成了无人机和无人船组网集群测量技术体系。随着人工智能的发展,未来将进一步拓展无人机、无人船、无人车、水下机器人、机器狗等无人智能系统的无缝集成,实现对陆地、水下等地球表面物体进行全方位、多角度的立体动态感知,拓宽研究成果的应用领域。

5.2.1 测量机器人集群协同测量技术展望

测量机器人是指利用移动载体实现实时、自主目标测量的智能装备。具体来讲,就是采用移动载体搭载多种传感器,按照任务定义,依赖自主导航,自主探测,自主获取并重建目标场景,自主实时完成场景分析,以及在线获取目标的位置信息。

按照载体或用途,可将测量机器人分为多种类型。从需求角度分析,飞行测量机器人、地面测量机器人、地下测量机器人、水下测量机器人则更具有现实需求。

测量机器人系统一般由硬件层、感知层、决策层、服务层与运动控制系统 5 部分组成,其系统结构如图 5-4 所示。硬件层包括移动平台、传感器模块、通信模块,主要负责实现测量机器人的移动、数据采集与通信功能。感知层负责对传感器模块采集的各类数据进行分析,实现机器人的自主定位并建立对周围环境的认知,继而辅助决策层进行任务制定与相应的路径规划。决策层依据感知层的输出信息,结合实际任务需求进行作业规划,同

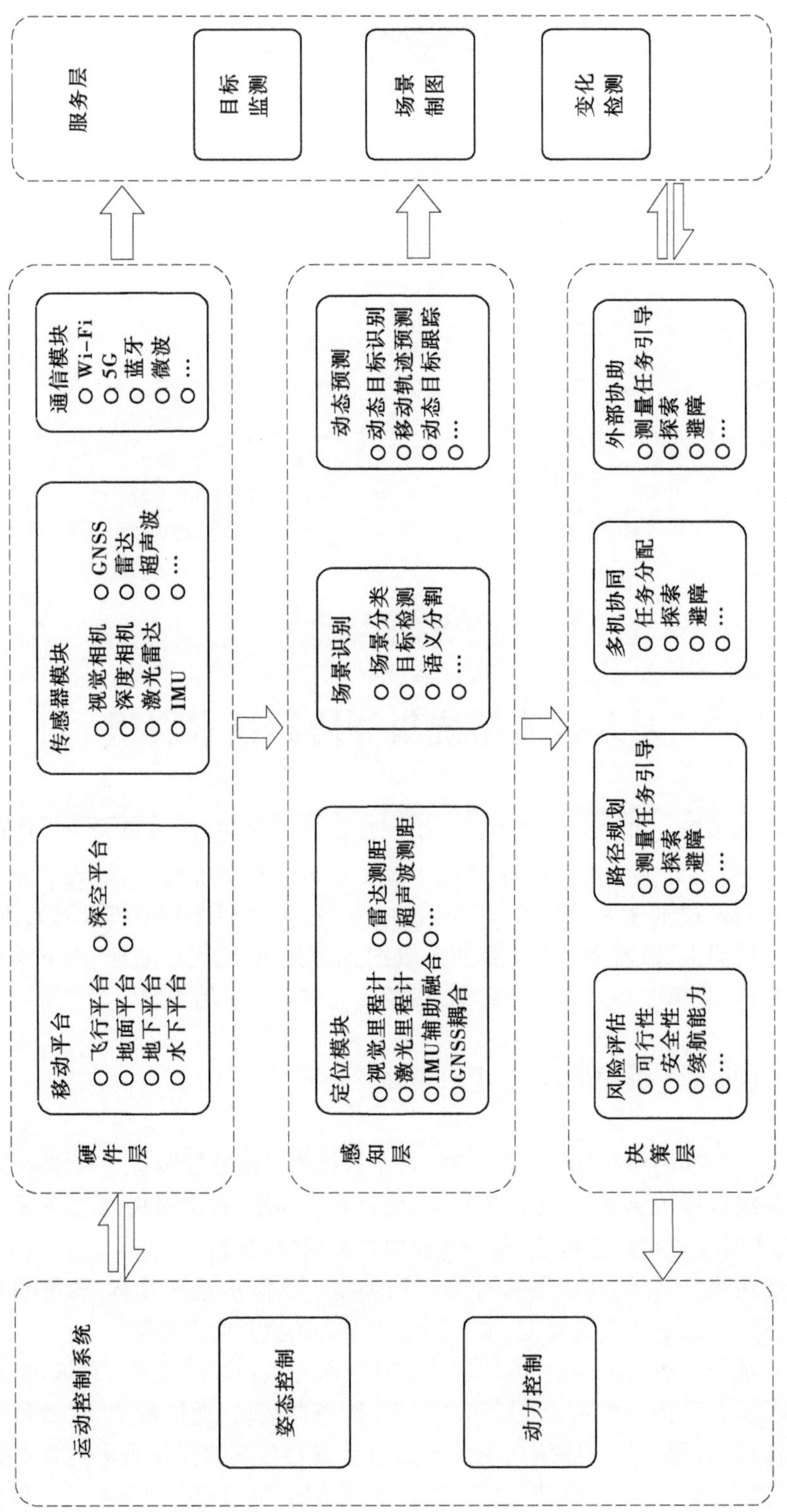
服务层
目标监测
场景制图
变化检测
硬件层
移动平台
○ 飞行平台 ○ 深空平台
○ 地面平台 ○ …
○ 地下平台
○ 水下平台
传感器模块
○ 视觉相机 ○ GNSS
○ 深度相机 ○ 雷达
○ 激光雷达 ○ 超声波
○ IMU ○ …
通信模块
○ Wi-Fi
○ 5G
○ 蓝牙
○ 微波
○ …
感知层
定位模块
○视觉里程计 ○雷达测距
○激光里程计 ○超声波测距
○IMU辅助融合 ○…
○GNSS耦合
场景识别
○ 场景分类
○ 目标检测
○ 语义分割
○ …
动态预测
○动态目标识别
○移动轨迹预测
○动态目标跟踪
○…
决策层
风险评估
○可行性
○安全性
○续航能力
○…
路径规划
○测量任务引导
○探索
○避障
○…
多机协同
○ 任务分配
○ 探索
○ 避障
○ …
外部协助
○测量任务引导
○探索
○避障
○…
运动控制系统
姿态控制
动力控制

图 5-4 测量机器人组成

时向运动控制系统传输指令。运动控制系统在获取决策层提供的指令后,计算机器人的运动控制量,实现机器人精确稳定地运动。服务层根据既定测量任务的需求,通过综合处理硬件层、感知层和决策层提供的数据及分析结果,提供目标跟踪、场景制图和变化检测等服务。

测量机器人的关键技术主要有定位与建图、场景识别、路径规划和多机协同等。其中,定位与建图技术用于确定机器人自身位姿,并建立周围环境的三维地图;场景识别技术负责为机器人提供场景感知与理解能力;路径规划技术旨在为机器人规划安全高效的移动测量路线;多机协同技术能够协调多台机器人共同作业,完成测量任务。

测量机器人集群协同测量技术的发展将按照定位与建图、场景理解、路径规划和多机集群协同等关键技术攻关方向发展,详细关键技术叙述如下。

5.2.1.1 定位与建图

GNSS 技术通过无线电信号进行定位,能够确定全局坐标系下移动平台的位置和速度,在理想情况下定位精度可以达到厘米级,被广泛地应用于机器人领域。但是由于测量机器人工作范围存在大量 GNSS 拒止环境,因此为了实现测量机器人在这些环境下的稳定定位,需要使用同步定位与建图(simultaneous localization and mapping, SLAM)技术。SLAM 技术在构建环境地图的同时完成对机器人的定位,统一了定位与建图问题。

经典的 SLAM 系统主要由前端与后端组成,前端的任务是通过对传感器数据处理,建立数据关联,估计数据帧间的相对位置变化,完成机器人的运动及局部地图的重建。而后端通过接收前端输送的关联数据,对其进行优化,估计整个系统的状态,并向前端提供反馈,以进行回环检测和验证,最终得到全局一致的轨迹和地图。SLAM 技术框架如图 5-5 所示。

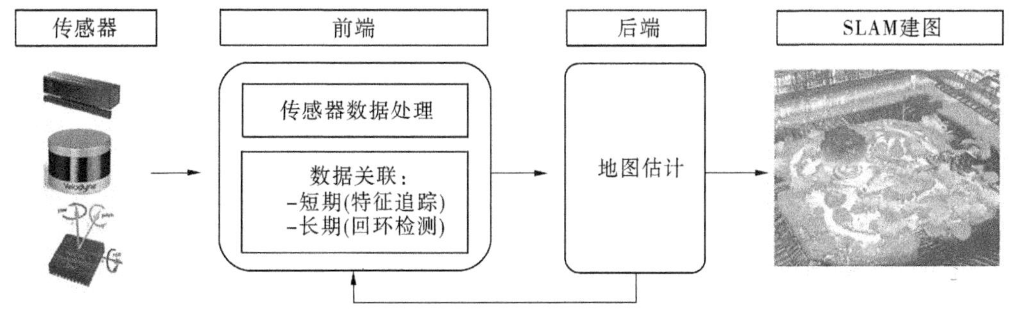

图 5-5 SLAM 技术框架

根据使用的主要传感器不同,SLAM 技术可以分为 3 种:基于激光雷达的 SLAM、基于视觉的 SLAM 和基于多传感器融合的 SLAM。

(1)基于激光雷达的 SLAM 技术通过对不同时刻的点云进行匹配与优化,计算激光雷达相对运动的距离和姿态,实现对机器人的定位和建图。激光 SLAM 研究在理论和工程上都比较成熟,具有制图精度高、稳定性强、不受外界光照影响等优点。

(2)基于视觉的 SLAM 技术主要是通过对连续的图像数据进行位姿估计和后端优

化,完成定位并建立满足任务要求的地图。相较于激光雷达,摄像头的成本低、探测距离远,此外视觉传感器采集的图像信息比激光雷达扫描的信息丰富,可以提取目标纹理信息,有利于后期处理。但是,无论适用场景、累计误差,还是定位和建图精度等问题,激光传感器和视觉传感器的单独使用都存在其局限性。

(3)基于多传感器融合的 SLAM 技术,利用卡尔曼滤波或图优化等技术对不同传感器的数据进行结合,实现多传感器之间的优势互补。

常见的融合技术可以分为松耦合和紧耦合两大类。松耦合是指各传感器分别进行自身估计,然后对其位姿估计结果融合。相较于松耦合技术,紧耦合将各传感器的状态合并,共同构建观测和运动模型,消除了直接在位姿层面融合造成的信息损失,可以实现更高的定位和建图精度。因此,基于紧耦合的融合技术是目前多传感器 SLAM 研究的主流方向。

此外,随着深度学习技术的发展,其在特征提取、动态物体识别、观测值相似度计算等方面展现出的优势开始在 SLAM 研究领域受到重视。将深度学习技术应用于 SLAM 里程计、闭环检测或语义建图中的一个或多个环节,提高系统的准确率、计算效率及稳健性,已成为定位与制图技术的一大发展方向。

5.2.1.2　场景理解

场景理解是对场景进行认知和推断的过程,是测量机器人可以自主完成测量任务的必要基础。如图 5-6 所示,在所有场景理解任务中最常见的 3 类任务是场景分类、目标检测与语义分割。其中,场景分类负责判断机器人所在场景的类别,例如室内或室外环境,人工或自然环境,继而辅助定位模块切换不同的模式。目标检测负责识别场景中的关键对象,例如在电力巡线时识别电力设施,在隧道测量中识别裂隙等。语义分割负责依照不同目标区域类别对整个场景进行划分和标注,例如在土地调查中进行不同土地利用类型的划分。

在场景分类领域,依据分类过程使用的不同特征,分类方法主要分为 3 类:基于底层特征的方法、基于中层特征的方法、基于高层特征的方法。

(1)基于底层特征的方法通常采用底层视觉属性特征形成的向量来描述图像,包括 SIFT 算法、梯度直方图、Census 变换直方图等。

(2)基于中层特征的方法采用的是统计特征,介于底层特征与高级语义特征之间,通过对底层特征进行统计与分析得到,常用的中层特征有词袋模型、概率潜在语义分析和三层贝叶斯概率模型等。

(3)基于高层特征的方法通常基于深度学习框架,通过卷积神经网络进行场景分类,比较常见的深度学习框架有 ResNet、CaffeNet 和 GoogleNet 等,这些经典的框架通常需要大量的样本训练网络参数,建立场景分类模型,达到分类的目的。

在目标检测领域,传统的检测方法主要分为 4 类:基于模板匹配的方法、基于知识的方法、基于对象的方法和基于传统机器学习及基于深度学习的方法。

场景分类

基于底层特征
SIFT
梯度直方图
Census变换直方图
⋮

基于中层持征
词袋模型
概率潜在语义分析
三层贝叶斯概率模型
⋮

基于高层特征
ResNet
CaffeNet
GoogleNet
⋮

目标检测

基于模板匹配
严格模板匹配方法
变形模板匹配方法

基于知识
基于几何知识
基于纹理知识

基于对象
图像分割
对象分类

语义分割

基于人工特征工程
HOG
Textons
Dimensionality Reductiion
⋮

基于深度学习
基于区域
Mask PCNN
BlendMask
⋮
基于上采样
FCN
U-Net
DeepLat
⋮

基于传统机器学习
特征提取
分类器

基于深度学习
一阶检测器
YOLO系列
⋮
二阶检测器
RCNN系列
⋮

图 5-6 场景理解分类

(1)基于模板匹配的方法通过人工标注或者样本学习的方式生成用于检测目标的模板,然后利用相似性测度判断目标与模板的相似性程度进行目标检测。

(2)基于知识的方法将目标的几何信息和上下文信息转换为形状、几何、空间关系及其他类型的规则,用于检测目标。

(3)基于对象的方法主要包含图象分割和对象分类两个过程,首先根据人工设计准则将数据分割成多个同质区域,然后通过分类方法,根据每个区域的特征确定包含目标的所属类别。

(4)基于传统机器学习的方法主要包括特征提取、特征融合与降维、分类器分类等过程,通过训练样本数据自动建立目标检测模型。

基于深度神经网络的算法主要分为两大类:二阶检测器与一阶检测器。二阶检测器首先生成一系列可能包含物体的候选框,然后再对每个候选框进行分类;一阶检测器在没有中间级的情况下同时生成目标的所在区域和类别信息。通常由于二阶检测器结构相比于一阶检测器更加复杂,其检测精度更高但是计算速度较慢。

在语义分割领域,传统的语义分割方法主要依赖于人工特征工程,常见的流程为:首先将图像分割为图块或超像素,然后计算分割结果的特征,输入如随机森林、支持向量机等分类器中,预测中心像素的分类概率或每个像素的分类概率。基于深度学习的语义分割方法主要可以分为基于区域的语义分割方法和基于上采样的语义分割方法。基于区域的方法首先从图像中提取自由形态区域并描述它们,然后对这些提取的区域进行分类。在测试时,每个像素的预测值由包含该像素得分最高区域的预测值确定。基于上采样的方法通过设计一个上采样层把 CNN 网络经过卷积层和池化层的输出上采样到原图的大小,从而得到像素级的分类结果。常见的上采样算法有双线性插值法、反卷积法和反池化法等。此外,针对单个像素的预测噪声,研究者们通常使用条件随机场等方式进行平滑以提高精度。

5.2.1.3 路径规划

路径规划是测量机器人自主作业过程中非常重要的一环,其主要任务是根据测量任务需求,在静态或动态的测量区域内基于距离、能耗及安全性等指标寻找到一条符合动力学约束且无碰撞的最优或次优路线,以确保机器人能够安全地从起始位置到达目标位置。根据对环境先验知识获取程度的不同,路径规划主要分为全局路径规划以及局部路径规划两类。全局路径规划是指在测量区域环境信息保持不变且完全已知的情况下,预先规划出一条满足测量任务需求的最优路径。由于其对先验知识的依赖,难以在未知环境以及动态环境中工作。而局部路径规划不依赖于场景的先验信息,面向的是完全未知或者部分已知的测量场景,其主要借助传感器获取的局部环境信息并结合一定的探索策略进行路径规划,因此其适用范围更广。通常情况下,为了能够适应各种测量环境,测量机器人会采用全局路径规划和局部路径规划相结合的方式进行作业,通过全局路径规划算法确定大致的测量路线,同时采用局部路径规划算法对路径进行风险规避和优化提升。近几十年来,很多研究人员和学者对路径规划算法进行了深入研究,并提出了一系列优秀的路径规划算法,按照原理的不同可以将各种算法大致分为传统算法及启发式算法两大类。

(1)传统算法。在人工智能技术发展以前,传统算法一直主导着机器人路径规划领域,其中典型的算法主要有以下几类:①细胞分割法。细胞分割法将机器人的搜索空间划分为不重叠的网格,通过不断遍历相邻网格并对包含障碍物的网格进行分割,最终搜索到一条从起始点到目标点的无碰撞路径。②人工势场法。其基本思想是利用目标和障碍物信息构建一个人工势场,通过势差产生的力引导机器人安全地向目标点运动。③基于图搜索方法。其主要思想是将机器人的工作空间分解为规则的网格单元并采用特定的扩展策略对不包含障碍物的网格进行扩展,最终搜索得到一条无碰撞的路径。④基于采样的算法。该方法通过随机采样技术对状态空间进行采样,通过对采样点的搜索扩展实现路径规划。目前主要分为 PRM 和 RRT 两大类。

(2)启发式算法。虽然传统方法得到深入的发展并进行了广泛的应用,但是始终存在如路径最优性无法保证、容易陷入局部最小值和时间成本高等问题。为了解决这些问题,研究人员基于人工智能技术提出了启发式路径规划算法。

根据启发式规划算法的原理,可以将其分为以下几类:①神经网络类算法。该类算法利用深度学习技术,通过大量数据样本训练得到规划模型,根据获取的环境信息生成行进路线。②模糊逻辑类算法。模糊逻辑通过模拟人脑根据经验总结实行模糊综合判断的能力,解决机器人在移动过程中遇到的不确定性干扰。③自然启发类算法。该类算法主要是受生物行为启发而提出的仿生类算法,主要有遗传算法、粒子群优化算法、蚁群算法等。④混合类算法。该类算法通过算法融合,弥补了单一算法的局限性,提高了路径规划算法的稳健性。

5.2.1.4 多机集群协同

机器人多机协同是通过集群控制系统和集群智能系统协调控制多机器人运动,完成多机器人协同感知决策的技术。相较于单一机器人,多机器人协同技术可以提升机器人系统的作业效率和任务执行能力,以及拓展机器人系统的应用范围。集群机器人可携带多种类的传感器,传感器之间能够对目标进行全方位、多角度检测,相互配合弥补探测盲区,提高感知范围和精度;同时,在大地测量、气象观测以及抢险救灾、森林灭火等领域,多机器人携带分布式载荷可以完成单机器人无法完成的大规模任务。

通常,机器人多机协同系统的技术框架由 3 个部分组成:数据获取层、控制层与决策层。数据获取层通过机载传感器和集群的协作对任务区域进行探测。传感器获取与所需任务有关的原始数据,并将数据传输到计算模块。控制层利用集群协同编队控制技术对机器人运动路线进行规划控制;利用通信及组网技术保障机器人机组之间的信息交互,从而实现机器人集群的协同导航。多机器人控制层包括两个子阶段:感知阶段和规划阶段。感知阶段融合多传感器数据,通常使用数据挖掘或数据处理算法来实现对环境的理解;规划阶段利用感知信息来制定相应的执行任务。决策层通过既定算法按照效率最大化原则对任务进行划分,由多机器人同时执行,利用协同智能决策技术引导多机器人协作完成测量任务。

5.2.2　无人船载水下机器人集群协同测量技术展望

随着我国经济建设的不断发展,我国目前保有的水库、大坝、水电站、水下管线等水上和水下工程设施数量庞大且在不断增加,由于水下特殊环境的限制,长期运行于水下的设施其运行状况并不清楚,开发异构机器人水下检测系统,定期巡检和监测这些设施,对于水上和水下设施的保护、运维和故障抢修等都非常重要。可通过开展水面无人船、水下机器人一体化集成的异构巡检机器人应用系统研究,针对水下设施安全监测的需求,突破异构机器人总体设计、异构机器人协同作业、水面水下感知融合、水下设施自主识别与跟踪、水下高精度测量定位、异常点抵近调查与评估等关键技术,形成基于无人船与水下机器人集成的水底一体化监测系统。该系统的关键技术路线如图 5-7 所示。

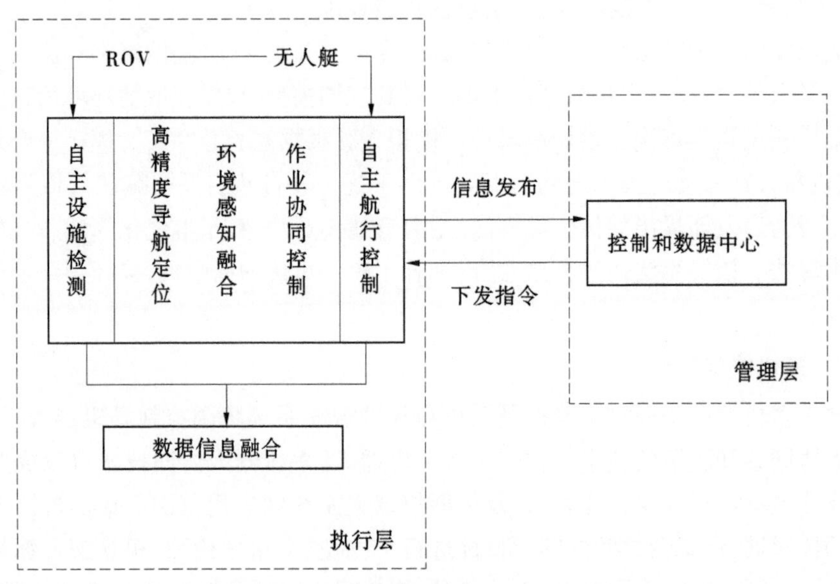

图 5-7　关键技术路线

5.2.2.1　水面、水下异构机器人系统总体设计

1. 使命任务和系统组成

水面无人船、水下机器人一体化集成的异构巡检机器人主要使命是在湖泊、河流、近海等水域,在岸基或母船指挥下,自主开展以水下设施检测为主,兼具水下地形勘验、水下目标探测功能,具备较强续航力、高精度导航定位、水面水下一体化感知能力的先进无人装备。

它由无人艇、有缆水下机器人(ROV)、控制站(母船或岸基)三部分组成。其中,水下探测的主体工作由 ROV 完成,无人艇主要提供作业保障和通信中继。

无人艇主要承担三项职能:一是对 ROV 的作业保障功能,包括供电保障、精确定位保障、控制信号发送、水下目标探测数据接收和预处理;二是对水域周边环境和水下目标的广域感知功能;三是通信中继功能,与母船或岸基控制站建立通信链路,形成远程控制站-无人艇-ROV 的信息链路。

有缆机器人主要承担:一是按照设定路线和搜索策略,自主或遥控执行水下搜索探测任务;二是通过多波束、摄像头等各类传感器,近距离感知水下目标状态。

母船或岸基控制站主要承担对无人艇和 ROV 的任务规划、指挥控制、数据处理等功能。

2. 系统原理

本书研究的水面无人船、水下机器人一体化集成的异构巡检机器人应用系统具备 ROV 水下三维导航、ROV 自主检测、检测数据智能展示与分析的功能,提供了贯穿水下设施运维、ROV 作业方案设计、ROV 作业状态动态监测的作业支持。运行原理如下:

(1)硬件平台建设:围绕 ROV 展开,包含 ROV 水下基站,ROV 水下电源管理系统,水下高精度导航控制等。通过 ROV 水下基站,为 ROV 提供电力补给、信号中继以及流速较高时间段下的停泊等功能。同时通过水下绞车系统管理水下基站与 ROV 之间的脐带缆/光缆,防止其在水下发生缠绕或其他故障,从而提升了系统的可靠性。

(2)软件平台建设:围绕水下设施安全监测应用及评价体系,本书构建了以多波束测深声呐实采数据为基础的水下三维仿真地图,ROV 作业过程中实时加载 ROV 位置和姿态数据,辅助作业人员动态感知 ROV 水下作业状态;同时建立了水下设施巡检数据库和数据分析展示应用平台,科学分析和评估水下设施的健康状态。

(3)系统运行过程:首先通过多波束测深声呐建立水下三维地形并对水下设施进程初步探测。部署 ROV 后,ROV 通过初步探测获取的位置信息对水下设施进行确切定位,通过水下高精度导航系统,实时获取 ROV 当前精确的水下位置信息,并将此位置信息投影到三维地形图内。ROV 通过携带的多参数传感器,对水下设施当前状态进行实时探测感知,同时将光学、声学及其他传感器的探测数据实时上传到巡检数据库。后期数据分析展示应用平台调用巡检数据库中的检测数据,科学分析和评估水下设施的健康状态,并以可视化的形式进行展示。

3. 系统框架

围绕水下目标检测的实际应用需求,未来无人船载水下机器人系统的研究方向主要体现在多类型探测传感器数据融合技术方面,该技术为水下设施的状态分析提供了科学的数据支撑;因为通过多源异构导航数据融合技术,可提供水面、水下精确、可靠的实时导航定位信息;对水下检测机器人进行了改造,实现了无人平台上光学、声学等不同类型探测传感器的集成及搭载。

未来无人船载水下机器人系统框架如图 5-8 所示。

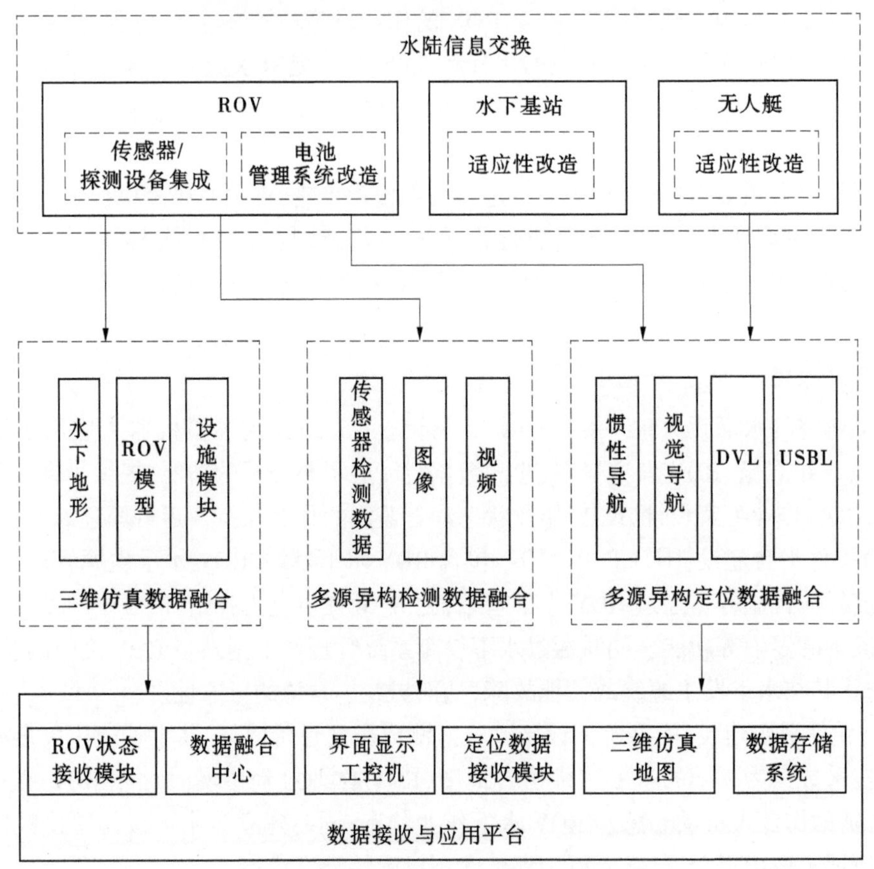

图 5-8　未来无人船载水下机器人系统框架

4. 协同作业技术研究

为保证水下异构机器人的协同作业，未来的研究方向将重点围绕水下异构机器人协同感知和定位技术、系统协同控制技术、系统协同任务技术开展研究工作（见图 5-9）。通过水面、水下多源传感器数据融合，为机器人系统提供精确定位修正，并形成水面、水下一体化感知态势。旨在解决无人艇、脐带缆、ROV 本体三者相互耦合非线性运动控制问题，通过开展岸基、无人艇、ROV 进行协同任务规划，形成各有侧重、有序衔接的作业任务，并根据水面和水下环境，实时进行任务调整。

5.2.2.2　发展方向及应用前景

未来无人船载水下机器人集群测量系统根据水下目标检测的需求，主要发展方向是设计和开发适用于我国大部分内陆及近海水域水下目标检测的机器人系统的产品化开发，重点突破模块化设计技术、电力驱动与推进技术、综合导航定位信息融合技术、实时虚拟仿真系统、多源传感器数据采集技术，完成控制系统、推进器系统的产品化，形成水下目标检测 ROV 产品。

未来水下巡检 ROV 系统作业效果图如图 5-10 所示。

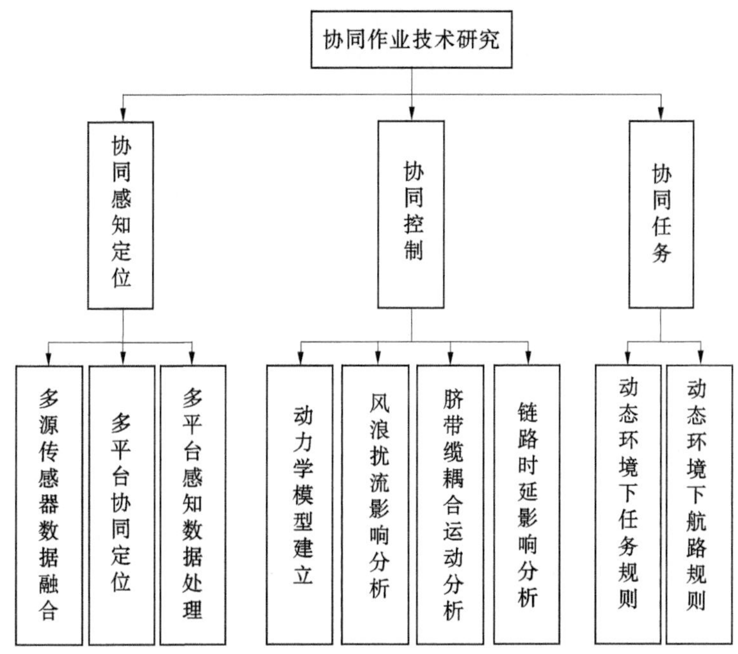

图 5-9 协调作业结构

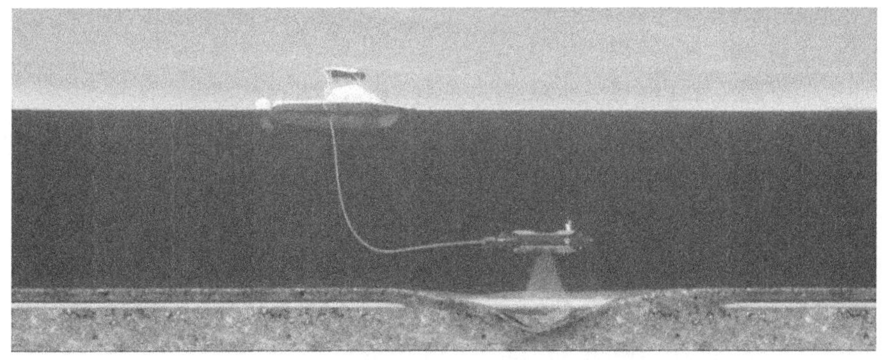

图 5-10 水下巡检 ROV 系统作业效果图

无人船载水下机器人集群测量系统可实现对水上、水下构筑物抵近调查测量(见图 5-11、图 5-12),获取水上、水下构筑物高精度的三维纹理结构,可应用于水库、大坝动态监测和海底电缆抵近调查等,具有广阔的应用前景。

5.2.3 无人车和无人机集群协同测量技术展望

5.2.3.1 无人车和无人机集群协同研究现状

当前,国内外的相关研究主要体现在无人车与无人机协同定位、路径规划、起降控制和动态追踪等方面,下面针对部分研究现状进行阐述。

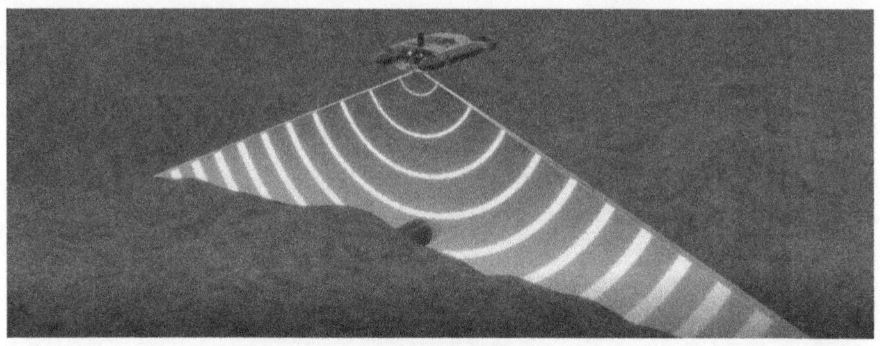

图 5-11　水下自主识别与检测效果图

图 5-12　ROV 抵近调查

1. 无人车和无人机集群协同定位研究

慕尼黑大学 Zhang T G 等提出了一种基于扩展卡尔曼滤波(EKF)框架的协同定位方式。以无人机为研究对象,为了提高准确性,无人车上搭载了 2 个 LED 光源,便于无人机进行识别。以 EKF 的方式融合无人机搭载的视觉与传感器数据。试验表明,相对定位方式的精度很高。香港科技大学 Changsheng Shen 等提出了一种集中式 EKF 协同定位方式,在其方案中,存在着无人机、无人车与目标点 3 个研究物体。无人车与目标点均被 AprilTag 码标识,且目标点不可移动,如图 5-13 所示。

利用无人机与无人车通过自身的传感器均能提供转角、速度等量,经过计算,可以得到每个智能体的位置信息。以 AprilTag 码作为观测量,整个系统为可观系统,进行 EKF 的更新。实验证明,该种方法能够很好地满足协同定位的需求。

沈阳航空航天大学的梁宵等针对在无人机与无人车定位过程中,无人车上的 AprilTag 会发生遮挡现象,造成跟踪丢失的问题,提出了一种基于 AprilTag 识别的跟踪方案。该方案在没有遮挡的情况下跟踪 Tag 目标,发生遮挡时,该方案会跟踪标签周围的颜色特征。跟踪算法的准确性和遮挡问题得到了极大的改善。仿真和试验结果表明,该方法增强了 AprilTag 方式跟踪方法的稳定性。

此外,西北工业大学的 Tao Yang 等、得克萨斯大学圣安东尼奥分校的 Patrick Benavidez 等、米兰理工大学的 Francesco Cocchioni 等的研究都实现了空地协同的定位方式。

图 5-13 香港科技大学空地协同系统

美国佐乔治亚理工学院的 Jisoo Park 等在研究复杂的工地场景时,由于光线的入射角倾斜,由无人机的图像构建的 3D 点云中垂直元素的准确性相对较差;同样,UGV 无法感知比 UGV 高的对象的水平面点云;为了减轻两个系统的弊端,提出了一种基于梯度和占用图的路径规划的无人车和无人机的协同操作方法。试验证明,Jisoo Park 所提出的方法可以显著减少人工干预及在建筑工地收集和处理工地数据的时间。

新加坡国立大学 Hailong Qin 等在无 GPS 环境下,提出了一种无人机与无人车在未知的 3D 环境中进行自主探索、测绘和导航的方式。该方法主要为两层探索策略,将感知任务分解为一个粗糙的探索层和一个精细的映射层。粗略勘探利用 UGV 进行快速自主勘探,并进行主动 2. 5D SLAM 以生成粗略环境模型,该模型可为随后由无人机进行的互补 3D 精细制图提供导航参考。这两层共享一个新颖的优化探索路径规划和导航框架,该框架提供了最佳探索路径,并通过基于 OctoMap 的体积运动规划界面整合了协作探索和制图工作。试验证明,通过主动 SLAM 实施异构 UAV 和 UGV 协同探索以及环境结构重建的能力强,为之后的导航任务提供了最佳的感知能力。

2012 年米兰地震之后,无人机与无人车协同系统就已经被应用于灾后环境的构建工作,异构机器人的优势得到了很好的体现,无人车先进入灾区中,进行三维环境的构建;之后,无人机进入灾区中,在无人车得到的三维环境地图基础之上补充,起到了良好的效果。

在国内,许多学者也对空地协同系统的环境建模有着很深的理解与研究。例如,浙江工业大学的刘盛等针对单一机器人的视野局限性,提出了无人机与无人车信息相融合的协同定位与融合建图的方法,在多组试验中验证了该算法的有效性,并取得了很好的效果。武汉大学的王晨捷等提出了一种基于无人机视觉的导航定位方式,在无人机完成建图之后,利用搭载单线激光雷达的无人车来对原始地图更新,并且还完成了无人车路径的二次规划。其行驶轨迹变得更加安全。中国科学院沈阳自动化研究所也提出了利用高程图进行空地协同的环境构建,融合无人机与无人车的环境信息,构建出了良好的三维环境地图。

2. 路径规划研究现状

在机器人领域中,路径规划一直是国内外研究的热点话题。路径规划是指移动机器人在通过传感器获得所处环境的全局信息之后,通过路径规划算法来规划出一条最优路径,可以使得移动机器人安全且快速地由起始点运动到目标点。因此,当无人机提供了周边环境信息之后,就需要无人车以当前动态目标的坐标作为导航终点,进行路径规划。路径规划算法主要包含两个方面,一种是传统的路径规划算法,包含可视图法、人工势场法、RRT 算法、A^* 算法等。另一种为新兴的智能算法,例如遗传算法、蚁群算法、强化学习算法等。在空地协同的路径规划中,各种路径规划算法均得到了应用。例如,卡耐基梅隆大学的 Tony Stentz 等,首先利用无人机的视野优势,建立地面环境的二维栅格环境地图,并将地图传递给无人车;之后,无人车利用已有的地图和自身的激光雷达和 GPS 传感器,用于自身的定位与导航。阿尔卡拉大学的 Fernando Ropero 等,在研究类似迷宫的环境中,利用无人机进行主要的探索,但由于无人机自身的续航里程问题,无人车作为无人机的能量供给站,在进行探索时,如何使无人机能够最快地进行能量补充,是研究的重点问题;提出了名为 TERRA 的一种路径规划方式,该方式提出的五步法完美地解决了自身面临的问题,并在试验中取得了良好的效果。国内一些大学也存在类似的研究,贵州大学的赵津等在空地协同的路径规划上,提出了改进的 A^* 算法用于无人车的导航。沈阳航空航天大学的梁宵等提出了基于图优化的无人机路径规划算法,该算法相较于一些智能算法简单且内存花费少,并且有着很好的效果。

3. 协同系统研究现状

近几年,国内外学者在无人机、无人车协同领域进行了大量研究工作。在美国南卡罗莱纳大学的帮助下,Shannon Hood 等设计了名为鸟瞰系统的无人车、无人机合作探索系统,应用场景为损坏建筑物中的搜索救援。如图 5-14 所示,设计者让无人车的摄像头跟踪四旋翼无人机底部标签,以四旋翼无人机为领导者,无人车实时跟随;该系统无人机以固定偏航角运行,既有利于无人车对无人机底部图像的识别跟踪,也有利于降低无人机本身运动控制的复杂度。

阿联酋大学的 Abderrahmane Lakas 等将 UWB 基站置于无人机上,UWB 标签置于无人车上,设计了无人机、无人车协同的路径探索规划系统(见图 5-15)。

新加坡南洋理工大学的 K Harikumar 等利用无人机为传感器失灵的地面无人车规划路线,辅助无人车在室外环境避障运动。而国内西北工业大学的 ao Yang 与西安邮电大学的 Hailei Ren 等针对无 GPS 环境,合作设计了基于混合相机阵列的无人机与无人车协同动态着陆系统,解决了无人机降落回收问题,图 5-16 即为该系统协同自主着陆试验场景。

5.2.3.2 无人车与无人机协同系统结构框架

无人机与无人车协同系统主要有三种控制模式。第一种为集中式控制,利用无人机或无人车作为控制中心,处理所有的信息,另一个智能体只作为执行机构,而缺少了一定的决策能力。该系统具有部署相对简单、能够获得全局最优的优点,但也会造成控制中心的计算要求过高,当其发生故障时,所控制的另一个智能体也会失控。第二种为分层式结

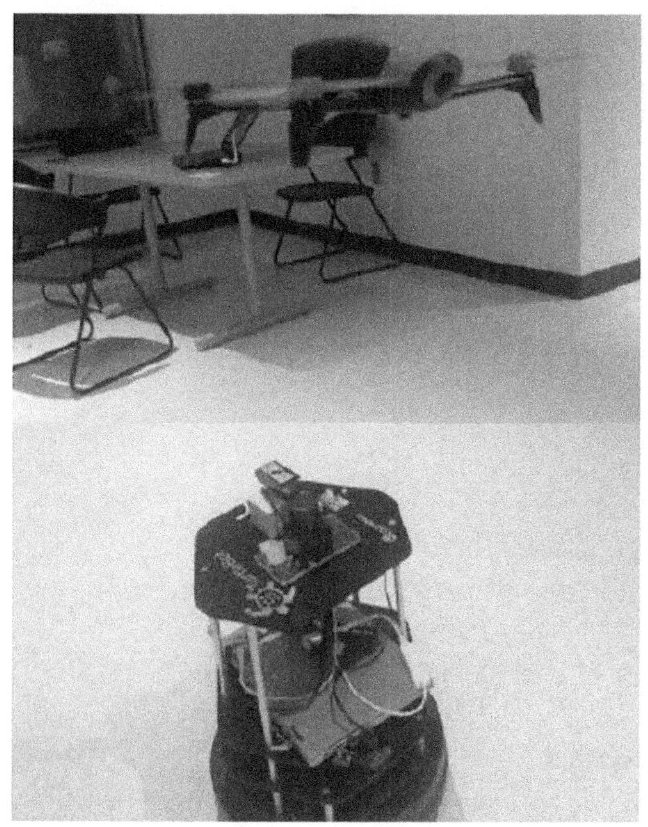

图 5-14 无人机、无人车协同系统

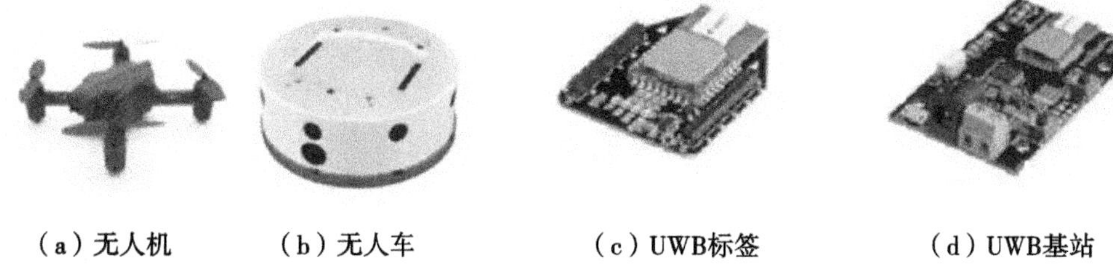

（a）无人机 （b）无人车 （c）UWB标签 （d）UWB基站

图 5-15 阿联酋大学的无人机、无人车协同试验装备

构，将所有的任务按照层次划分，每一层都有着相对应的任务。该方案的优点是任务分布明确，对于每个智能体的计算要求变低。但是此方案往往需要依托于地面基站，造成远距离通信的障碍，使得无人机与无人车协同系统无法长距离完成任务。第三种为分布式控制模式，每一个智能体都具有自身的处理单元，只是将所需要的信息进行交互，智能体间不会相互影响。但要求每个智能体的智能化程度较高。

贵州大学基于无人机与无人车智能化程度高的特点，考虑到系统的鲁棒性，采用了分布式控制结构。其结构框架和所需要完成的任务如图 5-17 所示。

图 5-16 无人机、无人车协同自主着陆试验场景

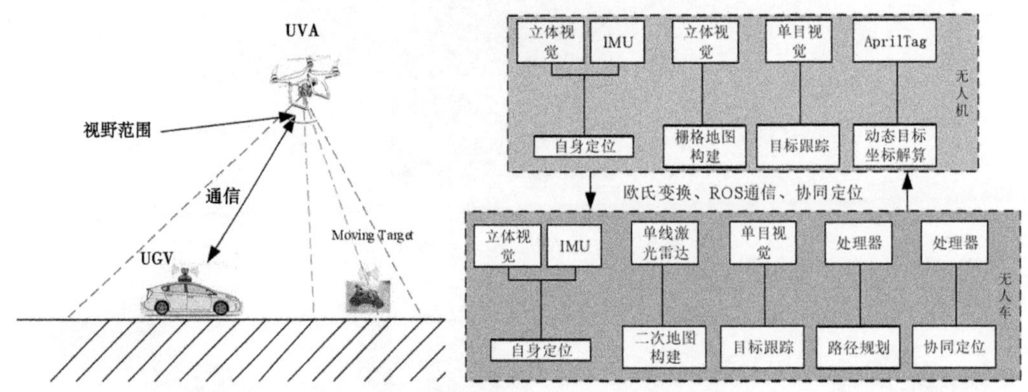

图 5-17 无人机与无人车协同系统结构框架

5.2.3.3 发展方向

无人车技术越来越成熟了,可以自动导航驾驶、自动避障等,未来也更贴近我们的生活。通过无人车搭载无人机、测量机器人等,可以实现异构跨域集群协同地对陆地地形的全方位无死角测绘。例如,无人车对街道等空旷区域进行近距离扫测,无人机进行空中航空摄影测量,测量机器人进行窄巷等困难区域测绘(见图 5-18)。

5.2.4 多基协同的无人智能集群协同测量技术展望

未来通过融合导航定位技术、自组网通信技术、集群协同管控技术的深入研究,实现无人机、无人船、无人水下机器人、无人车等任意无人平台的同构、异构集群测量(见图 5-19),构建对陆地、水下全方位、立体式的智能感知,是无人智能集群测量的发展方向之一。

图 5-18 无人车与无人机协同测绘作业

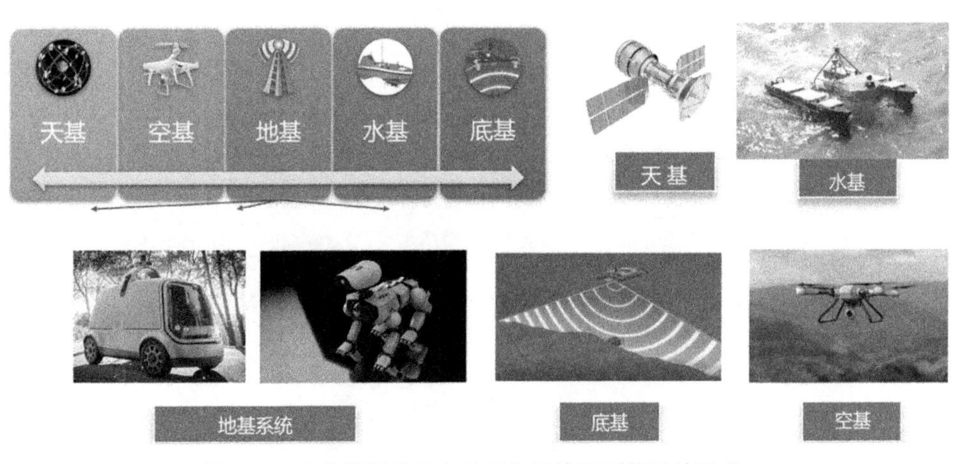

图 5-19 多基协同的无人组网集群协同测量系统组成

5.3 多源数据的融合获取与智能处理展望

5.3.1 基于云计算的大数据快速处理技术

云计算技术是我国服务范围最广的计算技术,它通过运用集中式远程计算机资源池进行数据的存储、计算,以按需分配的方式为用户提供相应的服务。云计算以其超强的计算能力,超高的服务质量、超大的存储空间,在诸多数据处理技术中体现出巨大的优势。其特征主要表现在:①透明化。云计算的资源池对每个用户都是透明的,并且保证数据的开放性。②无限制。云计算可以为计算机系统提供不受任何时间限制、行业限制的服务,允许各行业根据需要科学选取合适的计算模式，以期得到更精准且有效的数据信息。③便捷性。数据获取方便快捷，成本较低，为用户处理数据节省时间，提升数据处理的效率。④灵活性。云计算提供灵活的服务与方式。可根据用户需求选择合适的计算方法，提供有针对性的服务，更能提升用户的满意度。

当前无人机、无人船等无人系统获取的多源基础地理信息数据是从采集终端拷贝下来后，再进行处理，对于应急测绘等领域显然难以满足应用需求。未来随着云计算和计算机处理性能的不断提升，基于云计算大数据进行的测量数据的实时处理可满足诸如应急测绘等方面的需求。

5.3.2　无人系统前端实时识别技术

智能无人系统与 AI 技术的融合，实现无人系统前端测量的实时识别，如无人机在河道巡检巡查中对违规游泳、钓鱼的识别喊话，以及水下测量的前端识别，如无人船搭载测扫声呐对水底的高精度实时识别。前端智能算法示例如图 5-20 所示。

图 5-20　前端智能算法示例

5.3.3　高精度实时地物提取识别和对比分析

当前基于 AI 技术的地物提取虽然取得了一定的发展，但是离大规模的工程应用还存在一定的距离。为解放生产力、发展生产力，未来在高精度实时地物提取识别和对比分析等方面还存在较大的提升空间。

参考文献

[1] Buffi G, Manciolaa P, Grassib S, et al. Survey of the Ridracoli Dam UAV-based photogrammetry and traditional topographic techniques in the inspection of vertical structures[J]. Geomatics, Natural Hazards and Risk, 2017, 8(2): 1562-1579.

[2] Fu Y, Ding M, Zhou C, et al. Route Planning for Unmanned Aerial Vehicle (UAV) on the Sea Using Hybrid Differential Evolution and Quantum-Behaved Particle Swarm Optimization[J]. IEEE Transactions on Systems, Man, and Cybernetics: Systems, 2013, 43(6): 1451-1465.

[3] Gazi V, Passino K M. Stability analysis of swarms[J]. IEEE Transactions on Automatic Control, 2003, 48(4): 692-697.

[4] Liang X, Meng G, Luo H, et al. Dynamic path planning based on improved boundary value problem for unmanned aerial vehicle[J]. Cluster Computing, 2016, 19(4): 2087-2096.

[5] Zhang X, Duan H. Differential evolution-based receding horizon control design for multi-UAVs formation reconfiguration[J]. Transactions of the Institute of Measurement and Control, 2012, 34(1): 165-183.

[6] Acikmese B, Ploen S R. Convex programming approach to powered descent guidance for Mars landing [J]. Journal of Guidance Control and Dynamics, 2007, 30(5): 1353-1366.

[7] Agrawal A, Cleland-Huang J, Steghofer J P. Model-Driven Requirements for Humans-on-the-Loop Multi-UAV Missions[J]. IEEE Tenth International Model-Driven Requirements Engineering (MoDRE), 2020: 1-10.

[8] Almeida C, Franco T, Ferreira H, et al. Radar based collision detection developments on USV ROAZ II [J]. Oceans 2009-Europe (Oceans), 2009: 6 pp. -6 pp.

[9] Anil P N, Natarajan S. Road Extraction Using Topological Derivative and Mathematical Morphology[J]. Journal of the Indian Society of Remote Sensing, 2013, 41(3): 719-724.

[10] Asha C S, Narasimhadhan A V. Adaptive Learning Rate for Visual Tracking using Correlation Filters [C]. Proceedings of the 12th International Conference on Communication Networks (ICCN) / 12th International Conference on Data Mining and Warehousing (ICDMW) / 12th International Conference on Image and Signal Processing (ICISP), Bangalore, INDIA, F Aug 19-21, 2016.

[11] Augugliaro F, Schoellig A P, D'andrea R, et al. Generation of collision-free trajectories for a quadrocopter fleet: A sequential convex programming approach[C]. proceedings of the 25th IEEE\RSJ International Conference on Intelligent Robots and Systems (IROS), Algarve, PORTUGAL, F Oct 07-12, 2012.

[12] Badrloo S, Varshosaz M, Pirasteh S, et al. Image-Based Obstacle Detection Methods for the Safe Navigation of Unmanned Vehicles: A Review[J]. Remote Sensing, 2022, 14(15):3824.

[13] Baldassarre G, Trianni V, Bonani M, et al. Self-organized coordinated motion in groups of physically connected robots[J]. IEEE Transactions on Systems Man and Cybernetics Part B-Cybernetics, 2007, 37 (1): 224-239.

[14] Bella S, Belbachir A, Belalem G. A Hybrid Architecture for Cooperative UAV and USV Swarm Vehicles [C]. Proceedings of the 1st International Conference on Machine Learning for Networking (MLN), Paris, FRANCE, F Nov 27-29, 2018.

[15] Benjamin M, Grund M, Newman P, et al. Multi-objective optimization of sensor quality with efficient marine vehicle task execution[C]. Proceedings of the IEEE International Conference on Robotics and Automation (ICRA), Orlando, FL, F May 15-19, 2006.

[16] Bennet D J, Mcinnes C R, Suzuki M, et al. Autonomous Three-Dimensional Formation Flight for a Swarm of Unmanned Aerial Vehicles[J]. Journal of Guidance Control and Dynamics, 2011, 34(6): 1899-1908.

[17] Berg A, Ahlberg J, Felsberg M. A thermal object tracking benchmark[J]. 2015 12th IEEE International Conference on Advanced Video and Signal-Based Surveillance (AVSS), 2015: 6 pp. -6 pp.

[18] Berton D. Qt designer: code generation and GUI design[J]. C/C++ Users J (USA), 2004, 22(7): 34-37.

[19] Bertuccelli L F, Bethke B, How J P, et al. Robust Adaptive Markov Decision Processes in Multi-vehicle Applications[C]. Proceedings of the American Control Conference 2009, St Louis, MO, F Jun 10-12, 2009.

[20] Birnbaum Z, Dolgikh A, Skormin V, et al. Unmanned Aerial Vehicle Security Using Recursive Parameter Estimation[C]. Proceedings of the International Conference on Unmanned Aircraft Systems (ICUAS), Orlando, FL, F May 27-30, 2014.

[21] Bovcon B, Mandeljc R, Pers J, et al. Stereo obstacle detection for unmanned surface vehicles by IMU-assisted semantic segmentation[J]. Robotics and Autonomous Systems, 2018, 104: 1-13.

[22] Bovcon B, Kristan M. Obstacle Detection for USVs by Joint Stereo-View Semantic Segmentation[C]. Proceedings of the 25th IEEE/RSJ International Conference on Intelligent Robots and Systems (IROS), Madrid, SPAIN, F Oct 01-05, 2018.

[23] Boykov Y, Veksler O, Zabih R. Fast approximate energy minimization via graph cuts[J]. Proceedings of the Seventh IEEE International Conference on Computer Vision, 1999, 371: 377-384.

[24] Candeloro M, Lekkas A M, Sorensen A J. A Voronoi-diagram-based dynamic path-planning system for underactuated marine vessels[J]. Control Engineering Practice, 2017, 61: 41-54.

[25] Capitan J, Spaan M T J, Merino L, et al. Decentralized Multi-Robot Cooperation with Auctioned POMDPs[C]. Proceedings of the IEEE International Conference on Robotics and Automation (ICRA), St Paul, MN, F May 14-18, 2012.

[26] Carrillo-Arce L C, Nerurkar E D, Gordillo J L, et al. Decentralized Multi-robot Cooper ative Localization using Covariance Intersection[C]. Proceedings of the IEEE/RSJ International Conference on Intelligent Robots and Systems (IROS), Tokyo, JAPAN, F Nov 03-08, 2013.

[27] Casalino G, Turetta A, Simetti E. A three-layered architecture for real time path planning and obstacle avoidance for surveillance USVs operating in harbour fields[J]. Oceans 2009-Europe (Oceans), 2009: 8 pp. -8 pp.

[28] Cataldo A, Liu X. Soft Walls: Modifying Flight Control Systems to Limit the Flight Space of Commercial Aircraft[J].

[29] Cekmez U, Ozsiginan M, Sahingoz O K. Multi colony ant optimization for UAV path planning with obstacle avoidance[C]. Proceedings of the International Conference on Unmanned Aircraft Systems, F, 2016.

[30] Cetin O, Yilmaz G. Real-time Autonomous UAV Formation Flight with Collision and Obstacle Avoidance in Unknown Environment[J]. Journal of Intelligent & Robotic Systems, 2016, 84(1-4): 415-433.

[31] Chang Boon L. A dynamic virtual structure formation control for fixed-wing UAVs[J]. 2011 9th IEEE

International Conference on Control and Automation (ICCA 2011), 2011: 627-632.

[32] Chang D E, Shadden S C, Marsden J E, et al. Collision avoidance for multiple agent systems[C]. Proceedings of the 42nd IEEE Conference on Decision and Control, Maui, HI, F Dec 09-12, 2003.

[33] Chen D X, Vicsek T, Liu X L, et al. Switching hierarchical leadership mechanism in homing flight of pigeon flocks[J]. Epl, 2016, 114(6):60008.

[34] Chen L C, Barron J T, Papandreou G, et al. Semantic Image Segmentation with Task-Specific Edge Detection Using CNNs and a Discriminatively Trained Domain Transform[C]. Proceedings of the 2016 IEEE Conference on Computer Vision and Pattern Recognition (CVPR), Seattle, WA, F Jun 27-30, 2016.

[35] Chen S, Li J, Yao C, et al. DuBox: No-Prior Box Objection Detection via Residual Dual Scale Detectors [J]. 2019:

[36] Chen Y, Chen X D, Zhu J J, et al. Development of an Autonomous Unmanned Surface Vehicle with Object Detection Using Deep Learning[C]. Proceedings of the 44th Annual Conference of the IEEE Industrial-Electronics-Society (IECON), Washington, DC, F Oct 20-23, 2018.

[37] Chen Y F, Cutler M, How J P, et al. Decoupled Multiagent Path Planning via Incremental Sequential Convex Programming[C]. Proceedings of the IEEE International Conference on Robotics and Automation (ICRA), Seattle, WA, F May 26-30, 2015.

[38] Chen Y Y, Tian Y P. Coordinated path following control of multi-unicycle formation motion around closed curves in a time-invariant flow[J]. Nonlinear Dynamics, 2015, 81(1-2): 1005-1016.

[39] Cho Y, Park J, Kang M, et al. Autonomous detection and tracking of a surface ship using onboard monocular vision [C]. Proceedings of the 12th International Conference on Ubiquitous Robots and Ambient Intelligence (URAI), Goyang, SOUTH KOREA, F Oct 28-30, 2015.

[40] Choi H L, Brunet L, How J P. Consensus-Based Decentralized Auctions for Robust Task Allocation[J]. IEEE Transactions on Robotics, 2009, 25(4): 912-926.

[41] Chon J, Kim H, Lin C S. Seam-line determination for image mosaicking: A technique minimizing the maximum local mismatch and the global cost[J]. Isprs Journal of Photogrammetry and Remote Sensing, 2010, 65(1): 86-92.

[42] Chung T H, Clement M R, Day M A, et al. Live-Fly, Large-Scale Field Experimentation for Large Numbers of Fixed-Wing UAVs[C]. Proceedings of the IEEE International Conference on Robotics and Automation (ICRA), Royal Inst Technol, Ctr Autonomous Syst, Stockholm, SWEDEN, F May 16-21, 2016.

[43] Comaniciu D, Ramesh V, Meer P, et al. Real-time tracking of non-rigid objects using mean shift[C]. Proceedings of the IEEE Conference on Computer Vision and Pattern Recognition (CVPR 2000), Hilton Head Isl, Sc, F Jun 13-15, 2000.

[44] Coppola M, Mcguire K N, De Wagter C, et al. A survey on swarming with micro air vehicles: fundamental challenges and constraints[J]. Frontiers in Robotics and Ai, 2020(7):18.

[45] Deng Q B, Yu J Q, Wang N F. Cooperative task assignment of multiple heterogeneous unmanned aerial vehicles using a modified genetic algorithm with multi-type genes[J]. Chinese Journal of Aeronautics, 2013, 26(5): 1238-1250.

[46] Djapic V, Prijic C, Bogart F. Autonomous Takeoff & Landing of Small UAS from the USV[J]. Oceans 2015 - MTS/IEEE Washington, 2015: 807-814.

[47] Dong H Y, Xu P, Liu Q, et al. The Water Coastline Detection Approaches Based on USV Vision[C].

Proceedings of the IEEE International Conference on Cyber Technology in Automation, Control, and Intelligent Systems (CYBER), Shenyang, PEOPLES R CHINA, F Jun 09-12, 2015.

[48] Du X-N, Xi Y-G, Li S-Y. Distributed optimization algorithm for predictive control[J]. Control Theory Appl (China), 2002, 19(5): 793-796.

[49] Dufek J, Murphy R. Visual Pose Estimation of LSV from UAV to Assist Drowning Victims Recovery[C]. Proceedings of the 14th IEEE International Symposium on Safety, Security, and Rescue Robotics (SSRR), Lausanne, SWITZERLAND, F Oct 23-27, 2016.

[50] Dufek J, Xiao X S, Murphy R, et al. Visual Pose Stabilization of Tethered Small Unmanned Aerial System to Assist Drowning Victim Recovery[C]. Proceedings of the IEEE International Symposium on Safety, Security and Rescue Robotics (SSRR), Shanghai, PEOPLES R CHINA, F Oct 11-13, 2017.

[51] Enmi Y, Lei C, Guojin T. A survey of numerical methods for trajectory optimization of spacecraft[J]. Journal of Chinese Society of Astronautics, 2008, 29(2): 397-406.

[52] Eslami M, Faez K. Automatic Traffic Monitoring from Satellite Images Using Artificial Immune System [C]. Proceedings of the Joint IAPR International Workshop on SSPR & SPR, Izmir, TURKEY, F Aug 18-20, 2010.

[53] Esposito J M, Graves M. An algorithm to identify docking locations for autonomous surface vessels from 3-D LiDAR scans[C]. Proceedings of the 2014 IEEE International Conference on Technologies for Practical Robot Applications (TePRA), F, 2014.

[54] Everingham M, Eslami S M A, Van Gool L, et al. The PASCAL Visual Object Classes Challenge: A Retrospective[J]. International Journal of Computer Vision, 2015, 111(1): 98-136.

[55] Farrokhsiar M, Najjaran H, Ieee. An Unscented Model Predictive Control Approach to the Formation Control of Nonholonomic Mobile Robots[C]. Proceedings of the IEEE International Conference on Robotics and Automation (ICRA), St Paul, MN, F May 14-18, 2012.

[56] Feng L, Wiltsche C, Humphrey L, et al. Synthesis of Human-in-the-Loop Control Protocols for Autonomous Systems[J]. IEEE Transactions on Automation Science and Engineering, 2016, 13(2): 450-462.

[57] Francesca G, Brambilla M, Brutschy A, et al. AutoMoDe: A novel approach to the automatic design of control software for robot swarms[J]. Swarm Intelligence, 2014, 8(2): 89-112.

[58] Francesca G, Brambilla M, Brutschy A, et al. AutoMoDe-Chocolate: automatic design of control software for robot swarms[J]. Swarm Intelligence, 2015, 9(2-3): 125-152.

[59] Gazi V. Swarm aggregations using artificial potentials and sliding-mode control[J]. IEEE Transactions on Robotics, 2005, 21(6): 1208-1214.

[60] Ge S S, Cui Y J. Dynamic motion planning for mobile robots using potential field method[J]. Autonomous Robots, 2002, 13(3): 207-222.

[61] Ghabcheloo R, Aguiar A P, Pascoal A, et al. Coordinated path-following in the presence of communication losses and time delays[J]. Siam Journal on Control and Optimization, 2009, 48(1): 234-265.

[62] Ghommam J, Mehrjerdi H, Saad M, et al. Adaptive coordinated path following control of non-holonomic mobile robots with quantised communication[J]. Iet Control Theory and Applications, 2011, 5(17): 1990-2004.

[63] Grabe V, Riedel M, Bulthoff H H, et al. The TeleKyb Framework for a Modular and Extendible ROS-based Quadrotor Control[C]. Proceedings of the 6th European Conference on Mobile Robots (ECMR),

Inst Robotica & Informatica Ind, Barcelona, SPAIN, F Sep 25-27, 2013.

[64] Gu Y, Seanor B, Campa G, et al. Design and flight testing evaluation of formation control laws[J]. IEEE Transactions on Control Systems Technology, 2006, 14(6): 1105-1112.

[65] Han-Pang H, Shu-Yun C. Dynamic visibility graph for path planning[J]. 2004 IEEE/RSJ International Conference on Intelligent Robots and Systems (IROS) (IEEE Cat No04CH37566), 2004, 2813: 2813-2818.

[66] Han J, Cho Y, Kim J. Coastal SLAM With Marine Radar for USV Operation in GPS-Restricted Situations [J]. IEEE Journal of Oceanic Engineering, 2019, 44(2): 300-309.

[67] Han J, Cho Y, Kim J, et al. Autonomous collision detection and avoidance for ARAGON USV: Development and field tests[J]. Journal of Field Robotics, 2020, 37(6): 987-1002.

[68] Han W, Zhuo W, Sisong W, et al. A vision-based obstacle detection system for Unmanned Surface Vehicle[J]. Proceedings of the 2011 IEEE 5th International Conference on Robotics, Automation and Mechatronics (RAM), 2011: 364-369.

[69] Han W, Zhuo W, Sisong W, et al. Real-time Obstacle Detection for Unmanned Surface Vehicle[J]. 2011 Defense Science Research Conference And Expo (DSR), 2011: 4 pp.-4 pp.

[70] Hart P E, Member, Ieee, et al. A Formal Basis for the Heuristic Determination of Minimum Cost Paths [J]. 2007, 4(2): 100-107.

[71] Hauert S, Leven S, Varga M, et al. Reynolds flocking in reality with fixed-wing robots: Communication range vs. maximum turning rate[J]. 2011 IEEE/RSJ International Conference on Intelligent Robots and Systems (IROS 2011), 2011: 5015-5020.

[72] Hayat S, Yanmaz E, Muzaffar R. Survey on Unmanned Aerial Vehicle Networks for Civil Applications: A Communications Viewpoint [J]. IEEE Communications Surveys and Tutorials, 2016, 18 (4): 2624-2661.

[73] Haykin S, Zia A, Xue Y B, et al. Control theoretic approach to tracking radar: First step towards cognition[J]. Digital Signal Processing, 2011, 21(5): 576-585.

[74] He J A, Sun M W, Chen Q, et al. An improved approach for generating globally consistent seamline networks for aerial image mosaicking [J]. International Journal of Remote Sensing, 2019, 40 (3): 859-882.

[75] Hermann D, Galeazzi R, Andersen J C, et al. Smart Sensor Based Obstacle Detection for High-Speed Unmanned Surface Vehicle[C]. Proceedings of the 10th IFAC Conference on Manoeuvring and Control of Marine Craft, Copenhagen, DENMARK, F Aug 24-26, 2015.

[76] Hoai A L T, Nguyen D M, Dinh T P. Globally solving a nonlinear UAV task assignment problem by stochastic and deterministic optimization approaches[J]. Optimization Letters, 2012, 6(2): 315-329.

[77] Hoy M, Matveev A S, Savkin A V. Algorithms for collision-free navigation of mobile robots in complex cluttered environments: a survey[J]. Robotica, 2015, 33(3): 463-497.

[78] Hoy M, Matveev A S, Garratt M, et al. Collision-free navigation of an autonomous unmanned helicopter in unknown urban environments: sliding mode and MPC approaches[J]. Robotica, 2012, 30: 537-550.

[79] Hsu S, Sawhney H S, Kumar R. Automated mosaics via topology inference [J]. IEEE Computer Graphics and Applications, 2002, 22(2): 44-54.

[80] Hu H Y, Yoon S Y, Lin Z L. Coordinated Control of Wheeled Vehicles in the Presence of a Large Communication Delay Through a Potential Functional Approach [J]. IEEE Transactions on Intelligent Transportation Systems, 2014, 15(5): 2261-2272.

[81] Hu X T, Pang B Z, Dai F Q, et al. Risk Assessment Model for UAV Cost-Effective Path Planning in Urban Environments[J]. IEEE Access, 2020, 8: 150162-150173.

[82] Huang L, Yang Y, Deng Y, et al. DenseBox: Unifying Landmark Localization with End to End Object Detection[J]. Computer Science, 2015:

[83] Ihle I a F, Arcak M, Fossen T I. Passivity-based designs for synchronized path-following[J]. Automatica, 2007, 43(9): 1508-1518.

[84] Jain R P, Aguiar A P, Borges De Sousa J. Cooperative path following of robotic vehicles using an event-based control and communication strategy[J]. IEEE Robot Autom Lett (USA), 2018, 3(3): 1941-1948.

[85] Jevtic A, Gutierrez A, Andina D, et al. Distributed Bees Algorithm for Task Allocation in Swarm of Robots[J]. IEEE Systems Journal, 2012, 6(2): 296-304.

[86] Jiang C J, Fang Y, Zhao P H, et al. Intelligent UAV Identity Authentication and Safety Supervision Based on Behavior Modeling and Prediction[J]. IEEE Transactions on Industrial Informatics, 2020, 16(10): 6652-6662.

[87] Jiayuan Z, Yumin S, Yulei L. Unmanned surface vehicle target tracking based on marine radar[J]. 2011 International Conference on Computer Science and Service System (CSSS), 2011: 1872-1875.

[88] Jimin Z, Junfeng X, Guangyu Z, et al. Flooding disaster oriented USV & UAV system development & demonstration[J]. OCEANS 2016-Shanghai, 2016: 4 pp.-4 pp.

[89] Julier S J, Uhlmann J K. A non-divergent estimation algorithm in the presence of unknown correlations[J]. Proceedings of the 1997 American Control Conference (Cat No97CH36041), 1997: 2369-2373 vol. 2364.

[90] Junyoung N. New approach to multichannel linear prediction problems[J]. 2002 IEEE International Conference on Acoustics, Speech, and Signal Processing Proceedings (Cat No02CH37334), 2002: II-1341-II-II-1344 vol. 1342.

[91] Kaiwen D, Song B, Lingxi X, et al. CenterNet: Keypoint Triplets for Object Detection[J]. 2019 IEEE/CVF International Conference on Computer Vision (ICCV) Proceedings, 2019: 6568-6577.

[92] Kakaletsis E, Symeonidis C, Tzelepi M, et al. Computer Vision for Autonomous UAV Flight Safety: An Overview and a Vision-based Safe Landing Pipeline Example[J]. Acm Computing Surveys, 2022, 54(9):181.

[93] Kathib O J S N Y. Real-Time Obstacle Avoidance for Manipulators and Mobile Robots[J]. 1986:

[94] Kerschner M. Seamline detection in colour orthoimage mosaicking by use of twin snakes[J]. Isprs Journal of Photogrammetry and Remote Sensing, 2001, 56(1): 53-64.

[95] Keviczky T, Borrelli F, Balas G J. Decentralized receding horizon control for large scale dynamically decoupled systems[J]. Automatica, 2006, 42(12): 2105-2115.

[96] Keviczky T, Borrelli F, Fregene K, et al. Decentralized receding horizon control and coordination of autonomous vehicle formations[J]. IEEE Transactions on Control Systems Technology, 2008, 16(1): 19-33.

[97] Kim H, Kim D, Shin J U, et al. Angular rate-constrained path planning algorithm for unmanned surface vehicles[J]. Ocean Engineering, 2014, 84: 37-44.

[98] Kong T, Sun F, Liu H, et al. FoveaBox: Beyond Anchor-based Object Detector[J]. 2019:

[99] Kownacki C, Ambroziak L. Local and asymmetrical potential field approach to leader tracking problem in rigid formations of fixed-wing UAVs[J]. Aerospace Science and Technology, 2017, 68: 465-474.

[100] Kristan M, Matas J, Leonardis A, et al. A Novel Performance Evaluation Methodology for Single-Target Trackers[J]. IEEE Transactions on Pattern Analysis and Machine Intelligence, 2016, 38(11): 2137-2155.

[101] Kuchar J. Safety Analysis Methodology for Unmanned Aerial Vehicle (UAV) Collision Avoidance Systems[J]. 2005:

[102] Lan Y, Yan G F, Lin Z Y. Synthesis of Distributed Control of Coordinated Path Following Based on Hybrid Approach[J]. IEEE Transactions on Automatic Control, 2011, 56(5): 1170-1175.

[103] Larson J, Bruch M, Ebken J. Autonomous navigation and obstacle avoidance for unmanned surface vehicles[C]. Proceedings of the Conference on Unmanned Systems Technology VIII, Kissimmee, FL, F Apr 17-20, 2006.

[104] Lee S M, Kwon K Y, Joh J. A fuzzy logic for autonomous navigation of marine vehicles satisfying COLREG guidelines[J]. International Journal of Control Automation and Systems, 2004, 2(2): 171-181.

[105] Lewis M A, Kar-Han T. High precision formation control of mobile robots using virtual structures[J]. Auton Robots (Netherlands), 1997, 4(4): 387-403.

[106] Li B, Wu W, Wang Q, et al. SiamRPN plus plus : Evolution of Siamese Visual Tracking with Very Deep Networks[C]. Proceedings of the 32nd IEEE/CVF Conference on Computer Vision and Pattern Recognition (CVPR), Long Beach, CA, F Jun 16-20, 2019.

[107] Li B, Yan J J, Wu W, et al. High Performance Visual Tracking with Siamese Region Proposal Network [C]. Proceedings of the 31st IEEE/CVF Conference on Computer Vision and Pattern Recognition (CVPR), Salt Lake City, UT, F Jun 18-23, 2018.

[108] Li D D, Wen G J, Kuai Y L, et al. End-to-End Feature Integration for Correlation Filter Tracking With Channel Attention[J]. IEEE Signal Processing Letters, 2018, 25(12): 1815-1819.

[109] Li H, Nashashibi F. Cooperative Multi-Vehicle Localization Using Split Covariance Intersection Filter [J]. IEEE Intelligent Transportation Systems Magazine, 2013, 5(2): 33-44.

[110] Li J, Huang S. YOLOv3 Based Object Tracking Method[J]. Electron Opt Control (China),2019,26 (10):87-93.

[111] Li L, Yao J,Xie R P,et al. Edge-Enhanced Optimal Seamline Detection for Orthoimage Mosaicking [J]. IEEE Geoscience and Remote Sensing Letters, 2018, 15(5): 764-768.

[112] Li Q, Jiang Z P, Ieee. Pattern Preserving Path Following of Unicycle Teams with Communication Delays[C]. Proceedings of the Joint 48th IEEE Conference on Decision and Control (CDC) / 28th Chinese Control Conference (CCC), Shanghai, PEOPLES R CHINA, F Dec 15-18, 2009.

[113] Liao T, Haridevan A, Liu Y, et al. Autonomous Vision-based UAV Landing with Collision Avoidance using Deep Learning[J]. 2021.

[114] Lienhart R, Maydt J. An extended set of Haar-like features for rapid object detection[J]. Proceedings 2002 International Conference on Image Processing (Cat No02CH37396), 2002: I-900-I-I-903 vol. 901.

[115] Lin T Y, Dollár P, Girshick R, et al. Feature Pyramid Networks for Object Detection [J]. arXiv eprints,2016:

[116] Liu W, Liao S C, Ren W Q, et al. High-level Semantic Feature Detection: A New Perspective for Pedestrian Detection[C]. Proceedings of the 32nd IEEE/CVF Conference on Computer Vision and Pattern Recognition (CVPR), Long Beach, CA, F Jun 16-20,2019.

[117] Liu Y C, Song R, Bucknall R, et al. A practical path planning and navigation algorithm for an unmanned surface vehicle using the fast marching algorithm[C]. Proceedings of the Oceans 2015 Genova, Ctr Congressi Genova, Genova, ITALY, F May 18-21, 2015.

[118] Liu Z X, Zhang Y M, Yu X, et al. Unmanned surface vehicles: An overview of developments and challenges[J]. Annual Reviews in Control, 2016, 41: 71-93.

[119] Liu Z Y, Zhou F G, Bai X Z, et al. Automatic detection of ship target and motion direction in visual images[J]. International Journal of Electronics, 2013, 100(1): 94-111.

[120] Loomans M J H, Wijnhoven R G J, De With P H N, et al. Robust automatic ship tracking in harbours using active cameras[C]. Proceedings of the 20th IEEE International Conference on Image Processing (ICIP), Melbourne, AUSTRALIA, F Sep 15-18, 2013.

[121] Lozano-Perez T, Wesley M A. An algorithm for planning collision-free paths among polyhedral obstacles [J]. Commun ACM (USA), 1979, 22(10): 560-570.

[122] Luo Q N, Duan H B. Distributed UAV flocking control based on homing pigeon hierarchical strategies [J]. Aerospace Science and Technology, 2017, 70: 257-264.

[123] Ma H C, Sun J. Intelligent optimization of seam-line finding for orthophoto mosaicking with LiDAR point clouds[J]. Journal of Zhejiang University-Science C (Computers & Electronics), 2011, 12(5): 417-429.

[124] Ma Y, Zhao Y J, Qi X, et al. Cooperative communication framework design for the unmanned aerial vehicles-unmanned surface vehicles formation[J]. Advances in Mechanical Engineering, 2018, 10 (5):1687814018773668.

[125] Mallios A, Ridao P, Ribas D, et al. EKF-SLAM for AUV navigation under Probabilistic Sonar Scan-Matching[C]. Proceedings of the IEEE/RSJ International Conference on Intelligent Robots and Systems, Taipei, TAIWAN, F Oct 18-22, 2010.

[126] Mcfadyen A, Martin T, IEEE. Terminal Airspace Modelling for Unmanned Aircraft Systems Integration [C]. Proceedings of the International Conference on Unmanned Aircraft Systems (ICUAS), Arlington, VA, F Jun 07-10, 2016.

[127] Mclain T W, Chandler P R, Pachter M, et al. A decomposition strategy for optimal coordination of unmanned air vehicles[C]. Proceedings of the 2000 American Control Conference (ACC 2000), Chicago, Ⅱ, F Jun 28-30, 2000.

[128] Mcphail S, Furlong M, Pebody M. Low-altitude terrain following and collision avoidance in a flight-class autonomous underwater vehicle[J]. Proceedings of the Institution of Mechanical Engineers Part M-Journal of Engineering for the Maritime Environment, 2010, 224(M4): 279-292.

[129] Melo J, Matos A. Survey on advances on terrain based navigation for autonomous underwater vehicles [J]. Ocean Engineering, 2017, 139: 250-264.

[130] Mendonca R, Monteiro Marques M, Marques F, et al. A cooperative multi-robot team for the surveillance of shipwreck survivors at sea[J]. Oceans 2016 MTS/IEEE Monterey, 2016: 6 pp. -6 pp.

[131] Mills S, Mcleod P. Global seamline networks for orthomosaic generation via local search[J]. Isprs Journal of Photogrammetry and Remote Sensing, 2013, 75: 101-111.

[132] Morgan D J. Guidance and control of swarms of spacecraft[M]. Guidance and control of swarms of spacecraft. 164 pp.

[133] Mousazadeh H, Jafarbiglu H, Abdolmaleki H, et al. Developing a navigation, guidance and obstacle avoidance algorithm for an Unmanned Surface Vehicle (USV) by algorithms fusion[J]. Ocean

Engineering, 2018, 159: 56-65.

[134] Mu H, Wu M P, Ma H X, et al. A Decentralized Junction Tree Approach to Mobile Robots Cooperative Localization[C]. Proceedings of the 3rd International Conference on Intelligent Robotics and Applications (ICIRA), Shanghai, PEOPLES R CHINA, F Nov 10-12, 2010.

[135] Mueller M, Smith N, Ghanem B. A Benchmark and Simulator for UAV Tracking[C]. Proceedings of the 14th European Conference on Computer Vision (ECCV), Amsterdam, NETHERLANDS, F Oct 08-16, 2016.

[136] Mukherjee A, Keshary V, Pandya K, et al. Flying Ad hoc Networks: A Comprehensive Survey[C]. Proceedings of the 6th International Conference on Frontiers of Intelligent Computing: Theory and Applications (FICTA), KIIT Univ, Sch Comp Applicat, Bhubaneswar, INDIA, F Oct 14-15, 2017.

[137] Nerurkar E D, Roumeliotis S I, Martinelli A, et al. Distributed Maximum A Posteriori Estimation for Multi-robot Cooperative Localization[C]. Proceedings of the IEEE International Conference on Robotics and Automation, Kobe, JAPAN, F May 12-17, 2009.

[138] Noack B, Sijs J, Hanebeck U D, et al. Algebraic Analysis of Data Fusion with Ellipsoidal Intersection [C]. Proceedings of the IEEE International Conference on Multisensor Fusion and Integration for Intelligent Systems (MFI), Baden-Baden, GERMANY, F Sep 19-21, 2016.

[139] Nygard K E, Chandler P R, Pachter M, et al. Dynamic network flow optimization models for air vehicle resource allocation[C]. Proceedings of the American Control Conference (ACC), Arlington, Va, F Jun 25-27, 2001.

[140] Oleynikova E, Lee N B, Barry A J, et al. Perimeter patrol on autonomous surface vehicles using marine radar[J]. OCEANS 2010 IEEE - Sydney, 2010: 5 pp. -5 pp.

[141] Olfati-Saber R, Ieee. Distributed Kalman filtering for sensor networks[C]. Proceedings of the 46th IEEE Conference on Decision and Control, New Orleans, LA, F Dec 12-14, 2007.

[142] Olpin A J, Dara R, Stacey D, et al. Region-Based Convolutional Networks for End-to-End Detection of Agricultural Mushrooms[C]. Proceedings of the 8th International Conference on Image and Signal Processing (ICISP), Cherbourg, FRANCE, F Jul 02-04, 2018.

[143] Pan J, Wang M, Li J L, et al. Region change rate-driven seamline determination method[J]. Isprs Journal of Photogrammetry and Remote Sensing, 2015, 105: 141-154.

[144] Pan J, Yuan S G, Li J L, et al. Seamline optimization based on ground objects classes for orthoimage mosaicking[J]. Remote Sensing Letters, 2017, 8(3): 280-289.

[145] Pan J, Wang M, Li D. Generation of seamline network using area Voronoi diagram with overlap[J]. Geomat Inf Sci Wuhan Univ (China), 2009, 34(5): 518-521.

[146] Pan J, Wang M, Ma D, et al. Seamline Network Refinement Based on Area Voronoi Diagrams With Overlap[J]. IEEE Transactions on Geoscience and Remote Sensing, 2014, 52(3): 1658-1666.

[147] Pang S Y, Sun M W, Hu X Y, et al. SGM-based seamline determination for urban orthophoto mosaicking[J]. Isprs Journal of Photogrammetry and Remote Sensing, 2016, 112: 1-12.

[148] Park B S, Yoo S J. Connectivity-maintaining and collision-avoiding performance function approach for robust leader-follower formation control of multiple uncertain underactuated surface vessels[J]. Automatica, 2021, 127:109501.

[149] Patterson T, Mcclean S, Morrow P, et al. Modelling Safe Landing Zone Detection Options to Assist in Safety Critical UAV Decision Making[C]. Proceedings of the 3rd International Conference on Ambient Systems, Networks and Technologies (ANT) / 9th International Conference on Mobile Web Information

Systems (MobiWIS), Niagara Falls, CANADA, F Aug 27-29, 2012.

[150] Popovic V, Afshari H, Schmid A, et al. Real-time Implementation of Gaussian Image Blending in a Spherical Light Field Camera[C]. Proceedings of the IEEE International Conference on Industrial Technology (ICIT), Cape Town, SOUTH AFRICA, F Feb 25-28, 2013.

[151] Prasad D K, Rajan D, Rachmawati L, et al. Video Processing From Electro-Optical Sensors for Object Detection and Tracking in a Maritime Environment: A Survey[J]. IEEE Transactions on Intelligent Transportation Systems, 2017, 18(8): 1993-2016.

[152] Prorok A, Bahr A, Martinoli A. Low-cost collaborative localization for large-scale multi-robot systems [C]. Proceedings of the IEEE International Conference on Robotics & Automation, F, 2012.

[153] Quan M, Piao S, Li G. An overview of visual SLAM[J]. CAAI Transactions on Intelligent Systems, 2016, 11(6): 768-776,1673-4785.

[154] Ran T, Gavves E, Smeulders A W M. Siamese Instance Search for Tracking arXiv[J]. arXiv (USA), 2016: 10 pp.-10 pp.

[155] Redmon J, Farhadi A. YOLO9000: better, faster, stronger arXiv[J]. arXiv (USA), 2016: 9 pp.-9 pp.

[156] Ren J, Mcisaac K A, Patel R V. Modified Newton's method applied to potential field-based navigation for nonholonomic robots in dynamic environments[J]. Robotica, 2008, 26: 117-127.

[157] Ren S Q, He K M, Girshick R, et al. Faster R-CNN: Towards Real-Time Object Detection with Region Proposal Networks[J]. IEEE Transactions on Pattern Analysis and Machine Intelligence, 2017, 39(6): 1137-1149.

[158] Reyes L a V, Tanner H G. Flocking, Formation Control, and Path Following for a Group of Mobile Robots[J]. IEEE Transactions on Control Systems Technology, 2015, 23(4): 1358-1372.

[159] Rezaee H, Abdollahi F. Motion synchronization in unmanned aircrafts formation control with communication delays[J]. Communications in Nonlinear Science and Numerical Simulation, 2013, 18(10):744.

[160] Rodriguez-Arevalo M L, Neira J, Castellanos J A. On the Importance of Uncertainty Representation in Active SLAM[J]. IEEE Transactions on Robotics, 2018, 34(3): 829-834.

[161] Rong Y, Tang M J, Chen X B, et al. Information Geometric Approach to Multisensor Estimation Fusion (vol 67, pg 279, 2019)[J]. IEEE Transactions on Signal Processing, 2021, 69: 4556-4556.

[162] Roumeliotis S I, Bekey G A. Distributed multirobot localization[J]. IEEE Transactions on Robotics and Automation, 2002, 18(5): 781-795.

[163] Sakr M, Masiero A, El-Sheimy N J S. LocSpeck: A Collaborative and Distributed Positioning System for Asymmetric Nodes Based on UWB Ad-Hoc Network and Wi-Fi Fingerprinting[J]. 2020, 20(1):

[164] Saska M, Baca T, Thomas J, et al. System for deployment of groups of unmanned micro aerial vehicles in GPS-denied environments using onboard visual relative localization[J]. Autonomous Robots, 2017, 41(4): 919-944.

[165] Savkin A V, Hoy M. Reactive and the shortest path navigation of a wheeled mobile robot in cluttered environments[J]. Robotica, 2013, 31: 323-330.

[166] Schouwenaars T, Mettler B, Feron E, et al. Robust motion planning using a maneuver automaton with built-in uncertainties[C]. Proceedings of the Annual American Control Conference (ACC 2003), Denver, Co, F Jun 04, 2003.

[167] Selvi M U, Kumar S S. Sea Object Detection Using Shape and Hybrid Color Texture Classification[C]. Proceedings of the 1st International Conference on Computer Science, Engineering and Information Technology (CCSEIT 2011), Tirunelveli, INDIA, F Sep 23-25, 2011.

[168] Shelhamer E, Long J, Darrell T. Fully Convolutional Networks for Semantic Segmentation[J]. IEEE Transactions on Pattern Analysis and Machine Intelligence, 2017, 39(4): 640-651.

[169] Shi J N, Jin J, Zhang J. Object Detection Based on Saliency and Sea-Sky Line for USV Vision[C]. Proceedings of the IEEE 4th Information Technology and Mechatronics Engineering Conference (ITOEC), Chongqing, PEOPLES R CHINA, F Dec 14-16, 2018.

[170] Shi L, Zhang S, Wu X. Object tracking in fully-convolutional siamese networks based on Tiny Darknet [J]. J Nanjing Univ Posts Telecommun, Nat Sci Ed (China), 2018, 38(4): 89-95.

[171] Singh P P, Garg R D. Automatic Road Extraction from High Resolution Satellite Image using Adaptive Global Thresholding and Morphological Operations [J]. Journal of the Indian Society of Remote Sensing, 2013, 41(3): 631-640.

[172] Singh Y, Sharma S, Sutton R, et al. A constrained A* approach towards optimal path planning for an unmanned surface vehicle in a maritime environment containing dynamic obstacles and ocean currents [J]. Ocean Engineering, 2018, 169: 187-201.

[173] Singh Y, Sharma S, Sutton R, et al. Feasibility study of a constrained Dijkstra approach for optimal path planning of an unmanned surface vehicle in a dynamic maritime environment[C]. Proceedings of the 2018 IEEE International Conference on Autonomous Robot Systems and Competitions (ICARSC), F, 2018.

[174] Sinisterra A J, Dhanak M R, Ellenrieder K V. Stereovision-based target tracking system for USV operations[J]. Ocean Engineering, 2017,133(15):197-214.

[175] Song M X, Ji Z, Huang S, et al. Mosaicking UAV orthoimages using bounded Voronoi diagrams and watersheds[J]. International Journal of Remote Sensing, 2018, 39(15-16): 4960-4979.

[176] Song R, Liu Y C, Bucknall R. A multi-layered fast marching method for unmanned surface vehicle path planning in a time-variant maritime environment[J]. Ocean Engineering, 2017,129:301-317.

[177] Sujit P B, Saripalli S, Sousa J B. Unmanned aerial vehicle path following a survey and analysys of algorthms for fixed-wing unmanned aerial vehicles[J]. IEEE Control Systems Magazine,2014,34(1): 42-59.

[178] Sun R, Zhang W Y, Zheng J Z, et al. GNSS/INS Integration with Integrity Monitoring for UAV No-fly Zone Management[J]. Remote Sensing,2020,12(3):524.

[179] Svec P, Schwartz M, Thakur A, et al. Trajectory Planning with Look-Ahead for Unmanned Sea Surface Vehicles to Handle Environmental Disturbances [C]. Proceedings of the IEEE/RSJ International Conference on Intelligent Robots and Systems,San Francisco,CA,F Sep 25-30,2011.

[180] Tang P P, Zhang R B, Liu D L, et al. Local reactive obstacle avoidance approach for high-speed unmanned surface vehicle[J]. Ocean Engineering,2015,106:128-140.

[181] Tanner H G, Boddu A. Multiagent Navigation Functions Revisited[J]. IEEE Transactions on Robotics, 2012,28(6):1346-1359.

[182] Thirtyacre D, Brents R, Goldfein M, et al. Standardization of Human-Computer-Interface for Geo-Fencing in Small Unmanned Aircraft Systems [C]. Proceedings of the International Conference on Physical Ergonomics and Human Factors,Fl,F Jul 27-31, 2016.

[183] Tian Z, Shen C, Chen H, et al. FCOS: Fully Convolutional One-Stage Object Detection [C].

Proceedings of the 2019 IEEE/CVF International Conference on Computer Vision (ICCV), F, 2020.

[184] Tillerson M, Inalhan G, How J P. Co-ordination and control of distributed spacecraft systems using convex optimization techniques[J]. International Journal of Robust and Nonlinear Control, 2002, 12(2-3): 207-242.

[185] Toan T Q, Sorokin A A, Trang V T H, et al. Using modification of visibility-graph in solving the problem of finding shortest path for robot[C]. Proceedings of the International Siberian Conference on Control and Communications, Astana, KAZAKHSTAN, F Jun 29-30, 2017.

[186] Tran Thi Nhu N, Tran Van H, Nguyen Anh T. Some advanced techniques in reducing time for path planning based on visibility graph[J]. 2011 Third International Conference on Knowledge and Systems Engineering, 2011: 190-194.

[187] Trianni V, Nolfi S, Dorigo M. Cooperative hole avoidance in a swarm-bot[J]. Robotics and Autonomous Systems, 2006, 54(2): 97-103.

[188] Turner J, Meng Q G, Schaefer G, et al. Distributed Strategy Adaptation with a Prediction Function in Multi-Agent Task Allocation[C]. Proceedings of the 17th International Conference on Autonomous Agents and MultiAgent Systems (AAMAS), Stockholm, SWEDEN, F Jul 10-15, 2018.

[189] Van Der Werff H M A, Van Der Meer F D. Shape-based classification of spectrally identical objects[J]. Isprs Journal of Photogrammetry and Remote Sensing, 2008, 63(2): 251-258.

[190] Vasarhelyi G, Viragh C, Somorjai G, et al. Optimized flocking of autonomous drones in confined environments[J]. Science Robotics, 2018, 3(20): eaat3536.

[191] Vicsek, Czirok, Ben J, et al. Novel type of phase transition in a system of self-driven particles[J]. Physical review letters, 1995, 75(6): 1226-1229.

[192] Wan Y C, Wang D L, Xiao J H, et al. Automatic determination of seamlines for aerial image mosaicking based on vector roads alone[J]. Isprs Journal of Photogrammetry and Remote Sensing, 2013, 76: 1-10.

[193] Wanasinghe T R, Mann G K I, Gosine R G, et al. Decentralized Cooperative Localization for Heterogeneous Multi-Robot System Using Split Covariance Intersection Filter[C]. Proceedings of the 11th Canadian Conference on Computer and Robot Vision (CRV), Montreal, CANADA, F May 07-09, 2014.

[194] Wang D L, Cao W, Xin X P, et al. Using vector building maps to aid in generating seams for low-attitude aerial orthoimage mosaicking: Advantages in avoiding the crossing of buildings[J]. Isprs Journal of Photogrammetry and Remote Sensing, 2017, 125: 207-224.

[195] Wang M, Yuan S G, Pan J, et al. Seamline Determination for High Resolution Orthoimage Mosaicking Using Watershed Segmentation[J]. Photogrammetric Engineering and Remote Sensing, 2016, 82(2): 121-134.

[196] Watanabe Y, Amiez A, Chavent P. Fully-Autonomous Coordinated Flight of Multiple UAVs using Decentralized Virtual Leader Approach[C]. Proceedings of the IEEE/RSJ International Conference on Intelligent Robots and Systems (IROS), Tokyo, JAPAN, F Nov 03-08, 2013.

[197] Wei Y, Blake M B, Madey G R. An Operation-time Simulation Framework for UAV Swarm Configuration and Mission Planning[C]. Proceedings of the 13th Annual International Conference on Computational Science (ICCS), Barcelona, SPAIN, F Jun 05-07, 2013.

[198] Wilson D B, Goktogan A H, Sukkarieh S. Vision-aided Guidance and Navigation for Close Formation Flight[J]. Journal of Field Robotics, 2016, 33(5): 661-686.

[199] Wubben J, Morales C, Calafate C T, et al. Improving UAV Mission Quality and Safety through Topographic Awareness[J]. Drones, 2022, 6(3):74.

[200] Xargay E, Dobrokhodov V, Kaminer I, et al. Time-Critical Cooperative Control of Multiple Autonomous Vehicles[J]. IEEE Control Systems Magazine, 2012, 32(5): 49-73.

[201] Xargay E, Kaminer I, Pascoal A, et al. Time-Critical Cooperative Path Following of Multiple Unmanned Aerial Vehicles over Time-Varying Networks[J]. Journal of Guidance Control and Dynamics, 2013, 36(2): 499-516.

[202] Xiang T Z, Xia G S, Bai X, et al. Image stitching by line-guided local warping with global similarity constraint[J]. Pattern Recognition, 2018, 83: 481-497.

[203] Xiao X S, Dufek J, Woodbury T, et al. UAV Assisted USV Visual Navigation for Marine Mass Casualty Incident Response[C]. Proceedings of the IEEE/RSJ International Conference on Intelligent Robots and Systems (IROS), Vancouver, CANADA, F Sep 24-28, 2017.

[204] Xiaoyang L, Shenghong X. Multi-UAV Cooperative Navigation Algorithm Based on Federated Filtering Structure[J]. 2018 IEEE CSAA Guidance, Navigation and Control Conference (CGNCC), 2018: 5 pp. -5 pp.

[205] Xie J F, Wan Y, Kim J H, et al. A Survey and Analysis of Mobility Models for Airborne Networks[J]. IEEE Communications Surveys and Tutorials, 2014, 16(3): 1221-1238.

[206] Xiong J, Li J, Cheng W, et al. A GIS-Based Support Vector Machine Model for Flash Flood Vulnerability Assessment and Mapping in China[J]. International Journal of Geo-Information, 2019, 8(7):297.

[207] Yang J M, Tseng C M, Tseng P S. Path planning on satellite images for unmanned surface vehicles [J]. International Journal of Naval Architecture and Ocean Engineering, 2015, 7(1):87-99.

[208] Yao X, Shan Y, Li J, et al. LiDAR Based Navigable Region Detection for Unmanned Surface Vehicles [C]. Proceedings of the 2019 IEEE/RSJ International Conference on Intelligent Robots and Systems (IROS), F, 2019.

[209] Yu L, Holden E J, Dentith M C, et al. Towards the automatic selection of optimal seam line locations when merging optical remote-sensing images[J]. International Journal of Remote Sensing, 2012, 33(4):1000-1014.

[210] Yu X, Liu L. Distributed Formation Control of Nonholonomic Vehicles Subject to Velocity Constraints [J]. IEEE Transactions on Industrial Electronics, 2016, 63(2): 1289-1298.

[211] Zarei-Jalalabadi M, Malaek S M B, Kia S S. A Track-to-Track Fusion Method for Tracks With Unknown Correlations[J]. IEEE Control Systems Letters, 2018, 2(2): 189-194.

[212] Zedu C, Bineng Z, Guorong L, et al. Siamese Box Adaptive Network for Visual Tracking arXiv[J]. arXiv (USA), 2020: 10-10.

[213] Zhang K, Zhang T, Liao Y, et al. UAV flight status real-time monitoring evaluation system based on Labview[J]. Transactions of the Chinese Society of Agricultural Engineering, 2016, 32(18): 183-189, 1002-6819.

[214] Zhang Q, Ma J-C, Ma L-Y. Environment Modeling Approach Based on Simplified Visibility Graph[J]. J Northeast Univ, Nat Sci (China), 2013, 34(10): 1383-1386, 1391.

[215] Zhang T-F, Yu L, Lu Y. Trajectory planning for coordinated rendezvous of unmanned air vehicles[J]. Fire Control Command Control (China), 2009, 34(2): 143-145.

[216] Zhang W B, Ning Y H, Suo C G. A Method Based on Multi-Sensor Data Fusion for UAV Safety

Distance Diagnosis[J]. Electronics, 2019, 8(12):1467.

[217] Zhang Y, Li Q Z, Zang F N. Ship detection for visual maritime surveillance from non-stationary platforms[J]. Ocean Engineering, 2017, 141: 53-63.

[218] Zhang Y Z, Li J W, Hu B, et al. An Improved PSO Algorithm for Solving multi-UAV Cooperative Reconnaissance Task Decision-Making Problem [C]. Proceedings of the IEEE/CSAA International Conference on Aircraft Utility Systems (AUS), Beijing, PEOPLES R CHINA, F Oct 10-12, 2016.

[219] Zhaojin H, Lichao H, Yongchao G, et al. Mask Scoring R-CNN[J]. 2019 IEEE/CVF Conference on Computer Vision and Pattern Recognition (CVPR) Proceedings, 2019: 6402-6411.

[220] Zheng M T, Xiong X D, Zhu J F. Automatic seam-line determination for orthoimage mosaics using edge-tracking based on a DSM[J]. Remote Sensing Letters, 2017, 8(10): 977-986.

[221] Zhiqiang Z, Bo W, Jie Y, et al. Fast object recognition using local scale-invariant features[J]. Optical Technology, 2008, 34(5): 742-745,1002-1582.

[222] Zhu C, He Y, Savvides M. Feature Selective Anchor-Free Module for Single-Shot Object Detection[J]. 2019:

[223] Zong Q, Wang D, Shao S, et al. Research status and development of multi UAV coordinated formation flight control[J]. Journal of Harbin Institute of Technology, 2017, 49(3): 1-14. 0367-6234.

[224] 毕瑞,甘淑,袁希平,等.复杂地貌无人机遥感 3D 场景构建[J].山地学报,2022,40(1):151-164.

[225] 毕卫华,赵星涛,杨化超,等.基于智能手机的无人机低空倾斜摄影测量系统及其应用研究[J].国土资源遥感,2021,33(2):248-255.

[226] 陈鼎豪, 任杰, 孙玉超, 等. 基于无人船组合编队的河口地区水下地形测绘技术及实践[J].海洋技术学报, 2022,41(4):36-42.

[227] 党云刚. 陕西省水资源空间均衡状态分析与协调研究[J].华北水利水电大学学报(自然科学版), 2022, 43(3):36-42.

[228] 冯啸. 无人机倾斜摄影测量技术在地质灾害监测中的应用——以四川省茂县叠溪镇山体滑坡为例[J].华北自然资源, 2022,(4):98-101.

[229] 广州日报. 全球首艘无人货船明年珠海下水[J].海洋与渔业,2018(7):1.

[230] 胡翔志. 智能无人测量船在河道水下地形测量中的应用[J].工程技术研究,2020,5(13):107-108.

[231] 胡义强, 杨骥, 荆文龙, 等. 基于无人机遥感的海岸带生态环境监测研究综述[J].测绘通报,2022,(6):18-24.

[232] 贾永楠, 田似营, 李擎. 无人机集群研究进展综述[J].航空学报,2020,41(S1):723-738.

[233] 李德仁,李明.无人机遥感系统的研究进展与应用前景[J].武汉大学学报(信息科学版), 2014,39(5):505-513.

[234] 李聚方, 曹雪琴, 崔建明. 黄河下游河道大比例尺地形图测绘方案[J].山西水利, 2009,25(4):85-86.

[235] 李猛, 刘震磊, 金钊, 等. 基于多无人机协同的地貌测量关键技术研究[J].中国高新科技,2019(4):

[236] 李书逸.简析植保无人机在玉米生产中的作用[J].农业工程技术, 2022,42(18):43-44.

[237] 李阳,袁琳,赵志远,等.基于无人机低空遥感和现场调查的潮滩地形反演研究[J].自然资源遥感,2021,33(3):80-88.

[238] 吕娜, 刘创, 陈柯帆, 等. 一种面向航空集群的集中控制式网络部署方法[J]. 航空学报, 2018,39(7):321961.

[239] 沈佳颖. 多无人艇一致性自主编队控制研究[D]. 哈尔滨:哈尔滨工程大学, 2019.

[240] 盛海泉,覃婕,周吕,等. 无人机倾斜摄影测量与 GNSS 土方量测算精度对比分析[J]. 测绘通报, 2022,(S1):310-315.

[241] 石泉. 新疆水利贯彻落实"节水优先,空间均衡,系统治理,两手发力"治水思路的几点思考[J]. 水利发展研究, 2021,21(4):23-27.

[242] 苏震, 张钊, 陈聪,等. 基于深度强化学习的无人艇集群博弈对抗[J]. 兵器装备工程学报,2022, 43(9):9-14.

[243] 孙建华. 多旋翼无人机在矿山 1:1 000 地形图测量中的应用[J]. 测绘与空间地理信息, 2022, 45(8): 164-167.

[244] 万婧. 无人机自主编队飞行控制系统设计方法及应用研究[D]. 上海:复旦大学,2009.

[245] 王耀南, 安果维, 王传成, 等. 智能无人系统技术应用与发展趋势[J]. 中国船舰研究, 2022:1-18.

[246] 王玥璞, 秦伟, 杨文涛, 等. 基于气象和覆被条件考量的无人机地形勘察适宜期——以东北黑土区为例[J]. 中国水土保持科学(中英文),2021,19(4):121-128.

[247] 王铮, 张思齐, 郭行, 等. 智能无人系统的若干科学技术问题探究[J]. 中国自动化大会, 2020:

[248] 吴浩, 董凯, 徐婧. 从俄乌冲突看无人机与反无人机未来发展趋势[J]. 战术导弹技术, 2022,(7): 7-15.

[249] 徐栋, 杨敏, 王新胜, 等. 无人机组网技术在海洋观测中的应用研究[J]. 海洋科学, 2018,42(1):45-51.

[250] 薛艳丽, 李英成, 王广亮, 等. 民用轻小型无人机监管与遥感组网观测技术[J]. 北京测绘,2019, 33(8):912-915.

[251] 袁建飞. 多种智能测量设备在水库水下地形测量中的联合应用[J]. 测绘与空间地理信息, 2020, 43(7):188-190.

[252] 张思齐,郭行,王铮. 智能无人系统发展战略研究[J]. 科技成果管理与研究, 2020:

[253] 赵彬. 无人机倾斜测量技术在不动产测绘中的应用[J]. 自动化技术与应用,2022,41(10):28-31.

[254] 赵尚弘, 陈柯帆, 吕娜, 等. 软件定义航空集群机载战术网络[J]. 通信学报,2017, 38(8):140-155.

[255] 周熙, 李孝伟, 李春欣, 等. 一种新型隐身无人艇气水混合层水动力作用研究[J]. 水动力学研究与进展(A 辑),2022,37(4):590-598.

[256] 蔡伟杰. 面向农业植保智能化作业的无人机地面站系统研究[D]. 深圳:深圳大学,2017.

[257] 蔡文学,周兴,许靖,等. 基于路网压缩策略的改进 Highway Hierarchical 算法[J]. 同济大学学报(自然科学版), 2012,40(11):1654-1659.

[258] 崔洲涓, 安军社, 张羽丰, 等. 面向无人机的轻量级 Siamese 注意力网络目标跟踪[J]. 光学学报,2020,40(19):132-144.

[259] 段梦梦. 基于视差图的数字正射影像镶嵌线自动搜索及其质量评价方法研究[D]. 武汉:武汉大学, 2015.

[260] 方群, 徐青. 基于改进粒子群算法的无人机三维航迹规划[J]. 西北工业大学学报, 2017,35(1): 66-73.

[261] 高国柱. 中国民用无人机监管制度研究[J]. 北京航空航天大学学报(社会科学版),2017,30(5): 28-36.

[262] 高立宁, 毕福昆, 龙腾, 等. 一种光学遥感图像海面舰船检测算法[J]. 清华大学学报(自然科学版),2011,51(1):105-110.

[263] 葛宝义,左宪章,胡永江. 视觉目标跟踪方法研究综述[J]. 中国图象图形学报,2018, 23(8):1091-1107.

[264] 韩哲,刘玉明,管文艳,等. osgEarth 在三维 GIS 开发中的研究与应用[J]. 现代防御技术, 2017,45(2):14-21.
[265] 何立居, 李启华. 基于蚁群算法的航线自动生成研究[J]. 中国航海,2009,32(3):71-75.
[266] 黄捷,陈谋,姜长生. 无人机空对地多目标攻击的满意分配决策技术[J]. 电光与控制,2014,21(7):10-13,30.
[267] 姬栋. 基于泄漏电缆的周界入侵信号探测系统研究[D]. 北京:华北电力大学,2017.
[268] 蒋才明, 唐洪良, 陈贵, 等. 基于 Google Earth 的输电线路巡视无人机地面站监控系统[J]. 浙江电力,2012,31(2):5-8,52.
[269] 康冰, 王曦辉, 刘富. 基于改进蚁群算法的搜索机器人路径规划[J]. 吉林大学学报(工学版), 2014,44(4):1062-1068.
[270] 亢洁, 孙阳, 沈钧戈. 基于难样本挖掘的孪生网络目标跟踪[J]. 计算机应用研究, 2021,38(4): 1216-1219,1223.
[271] 雷兴明, 邢昌风, 吴玲. 基于分布式约束优化的武器目标分配问题研究[J]. 计算机工程,2012, 38(7):128-130.
[272] 李畅, 杨德东, 宋鹏, 等. 基于全局感知孪生网络的红外目标跟踪[J]. 光学学报, 2021,41(6): 172-182.
[273] 李德仁, 王密, 潘俊. 光学遥感影像的自动匀光处理及应用[J]. 武汉大学学报(信息科学版), 2006,(9):753-756.
[274] 李娟, 张昆玉. 基于改进合同网算法的异构多 AUV 协同任务分配[J]. 水下无人系统学报,2017, 25(6):418-423.
[275] 李擎, 张超, 韩彩卫, 等. 动态环境下基于模糊逻辑算法的移动机器人路径规划[J]. 中南大学学报(自然科学版), 2013, 44(S2):104-108.
[276] 李源惠, 潘明阳, 吴娴. 基于动态网格模型的航线自动生成算法[J]. 交通运输工程学报, 2007,(3):34-39.
[277] 李梓龙. 基于激光雷达的无人测量船环境感知系统研究[D]. 武汉:武汉理工大学,2017.
[278] 梁爽. 小型无人机飞控系统硬件及航姿参考系统的设计与实现[D]. 重庆:重庆大学,2016.
[279] 刘斌, 王涛. 一种高效的平面点集凸包递归算法[J]. 自动化学报, 2012,38(8):1375-1379.
[280] 刘惠, 王泓森, 胡楠, 等. 无人机通用指控平台设计与实现[J]. 计算机测量与控制,2017,25(7):170-173.
[281] 刘科, 郭小和, 周继强, 等. 基于 multi-agent 的多任务分配问题研究[J]. 计算机应用研究,2014, 31(7):1980-1983,1988.
[282] 刘奇胜. 基于视觉的四旋翼无人机目标跟踪系统的设计与实现[D]. 成都:电子科技大学, 2019.
[283] 刘砚菊,代涛,宋建辉. 改进人工势场法的路径规划算法研究[J]. 沈阳理工大学学报, 2017,36(1):61-65,76.
[284] 卢艳军, 刘季为, 张晓东. 无人机地面站发展的分析研究[J]. 沈阳航空航天大学学报,2014,31(3):60-64.
[285] 吕红光. 基于电子海图的多船避碰决策及路径规划研究[D]. 大连:大连海事大学,2019.
[286] 马闯, 殷波, 马文帅. 水上机器人三维实时避障算法研究[J]. 微计算机信息,2009,25(8): 235-237.
[287] 孟晓燕, 段建民. 基于相关滤波的目标跟踪算法研究综述[J]. 北京工业大学学报,2020,46(12): 1393-1416.
[288] 潘峰, 陈杰, 任智平, 等. 基于计算智能方法的无人机任务指派约束优化模型研究[J]. 兵工学

报,2009,30(12):1706-1713.

[289] 潘爽，施建礼,聂永芳,等.自主水下航行器同时定位与制图技术研究[J].舰船科学技术,2018,40(11):124-127.

[290] 钱艳平,夏洁,刘天宇.基于合同网的无人机协同目标分配方法[J].系统仿真学报,2011,23(8):1672-1676.

[291] 秦梓荷.水面无人艇运动控制及集群协调规划方法研究[D].哈尔滨:哈尔滨工程大学,2018.

[292] 曲小宇.民用飞机模拟飞行软件研究[J].软件导刊,2016,15(7):115-117.

[293] 任广山,常晶,陈为胜.无人机系统智能自主控制技术发展现状与展望[J].控制与信息技术,2018,(6):7-13.

[294] 沈林成，陈璟，王楠.飞行器任务规划技术综述[J].航空学报,2014,35(3):593-606.

[295] 石国强，赵霞.基于联合优化的强耦合孪生区域推荐网络的目标跟踪算法[J].计算机应用研究,2020,40(10):2822-2830.

[296] 宋育武，贾林通，李娟，等.异构型无人机群体并行任务分配算法[J].科学技术与工程,2020,20(4):1492-1497.

[297] 苏菲，彭辉，沈林成.基于协同进化多子群蚁群算法的多无人作战飞机协同航迹规划研究[J].兵工学报,2009,30(11):1562-1568.

[298] 汤青慧，唐旭，崔晓晖，等.基于动态通达网络模型的最优航程规划方法[J].武汉大学学报(信息科学版)，2015,40(4):521-528.

[299] 唐平鹏，张汝波，史长亭，等.水面无人艇分层策略局部危险规避[J].应用科学学报,2013,31(4):418-426.

[300] 唐平鹏，刘德丽，洪昌建，等.水面无人艇全局航迹多目标规划算法[J].华中科技大学学报(自然科学版),2015,43(S1):290-293.

[301] 王峰，张衡，韩孟臣，等.基于协同进化的混合变量多目标粒子群优化算法求解无人机协同多任务分配问题[J].计算机学报,2021,44(10):1967-1983.

[302] 王然然,魏文领,杨铭超,等.考虑协同航路规划的多无人机任务分配[J].航空学报,2020,41(S2):24-35.

[303] 王树朋，徐旺,刘湘德，等.基于自适应遗传算法的多无人机协同任务分配[J].电子信息对抗技术,2021,36(1):59-64.

[304] 王维.某型无人机指挥控制系统的研究与设计[D].成都:电子科技大学，2013.

[305] 王祥科,李迅，郑志强.多智能体系统编队控制相关问题研究综述[J].控制与决策，2013,28(11):1601-1613.

[306] 王祝，刘莉，龙腾，等.基于罚函数序列凸规划的多无人机轨迹规划[J].航空学报,2016,37(10):3149-3158.

[307] 向祖权，靳超，杜开君，等.基于粒子群优化算法的水面无人艇分层局部路径规划[J].武汉理工大学学报(交通科学与工程版)，2015，37(7):38-45.

[308] 邢镇.小型无人机地面站软件设计[D].南昌:南昌航空大学，2018.

[309] 许可，宫华，秦新立，等.基于分布式拍卖算法的多无人机分组任务分配[J].信息与控制,2018,47(3):341-346.

[310] 薛晋强.四旋翼飞行器监测平台软件的研究与开发[D].西安:西安工业大学，2017.

[311] 严月浩,蒋文全,何修军,等.民用无人机地面站研究[J].装备制造技术,2022,(7):146-149,170.

[312] 尹高扬，周绍磊，吴青坡.无人机快速三维航迹规划算法[J].西北工业大学学报,2016,34(4):564-570.

[313] 于文涛,彭军,吴敏,等. 基于拍卖的多智能体任务分配算法[J]. 计算机仿真,2008,25(12): 184-188.

[314] 余磊. 光学遥感卫星色彩一致性合成影像生成关键技术研究[D]. 武汉:武汉大学,2017.

[315] 袁胜古, 王密, 潘俊, 等. 航空影像接缝线的分水岭分割优化方法[J]. 测绘学报,2015,44(10): 1108-1116.

[316] 袁修孝, 段梦梦, 曹金山. 正射影像镶嵌线自动搜索的视差图算法[J]. 测绘学报,2015,44(8): 877-883.

[317] 袁修孝, 钟灿. 一种改进的正射影像镶嵌线最小化最大搜索算法[J]. 测绘学报, 2012,41(2): 199-204.

[318] 张剑清, 孙明伟, 张祖勋. 基于蚁群算法的正射影像镶嵌线自动选择[J]. 武汉大学学报(信息科学版),2009,34(6):675-678.

[319] 张进, 郭浩,陈统. 基于可适应匈牙利算法的武器-目标分配问题[J]. 兵工学报,2021,42(6): 1339-1344.

[320] 张林广, 方金云, 申排伟. 基于配对堆改进的 Dijkstra 算法[J]. 中国图象图形学报, 2007(5): 922-926.

[321] 张梦颖, 王蒙一, 王晓东, 等. 基于改进合同网的无人机群协同实时任务分配问题研究[J]. 航空兵器,2019,26(4):38-46.

[322] 张树凯, 刘正江, 蔡垚, 等. 无人船艇航线自动生成研究现状及展望[J]. 中国航海, 2019,42(3):6-11.

[323] 张友安,王丽英,张刚,等. 轨迹优化的直接数值解法综述[J]. 海军航空工程学院学报, 2012,27(5):481-486,498.

[324] 张煜,张万鹏,陈璟,等. 基于 Gauss 伪谱法的 UCAV 对地攻击武器投放轨迹规划[J]. 航空学报, 2011,32(7):1240-1251.

[325] 张桢. 四旋翼无人机地面监控系统的设计[D]. 哈尔滨:东北农业大学,2017.

[326] 赵立慧,李美安, 王蒙. 基于动态规划算法的云任务分配策略[J]. 计算机应用,2013,33(S1):20-21,25.

[327] 赵玉梁. 基于三维激光雷达的无人船目标检测[D]. 哈尔滨:哈尔滨工程大学,2018.

[328] 郑烈心. 水面无人艇建模与运动控制系统设计[D]. 广州:华南理工大学, 2016.

[329] 郑伟铭, 徐扬, 罗德林. 多四旋翼无人机系统分布式分层编队合围控制[J]. 北京航空航天大学学报, 2022, 48(6): 1091-1105.

[330] 周德云, 王鹏飞,李枭扬,等. 基于多目标优化算法的多无人机协同航迹规划[J]. 系统工程与电子技术, 2017,39(4):782-787.

[331] 周清华, 潘俊, 李德仁. 遥感图像镶嵌接缝线自动生成方法综述[J]. 国土资源遥感,2013,25(2): 1-7.

[332] 朱锐. 小型无人机飞控系统设计[D]. 哈尔滨:哈尔滨工业大学, 2018.

[333] 庄佳园, 苏玉民, 廖煜雷, 等. 基于航海雷达的水面无人艇局部路径规划[J]. 上海交通大学学报,2012,46(9):1371-1375,1381.

[334] 左志权, 张祖勋, 张剑清, 等. DSM 辅助下城区大比例尺正射影像镶嵌线智能检测[J]. 测绘学报,2011,40(1):84-89.